第四次全国中药资源普查（湖北省）系列丛书

湖北中药资源典藏丛书

总编委会

主　　任： 涂远超

副 主 任： 张定宇　姚　云　黄运虎

总 主 编： 王　平　吴和珍

副总主编（按姓氏笔画排序）：

王汉祥　刘合刚　刘学安　李　涛　李建强　李晓东　余　坤

陈家春　黄必胜　詹亚华

委　　员（按姓氏笔画排序）：

万定荣　马　骏　王志平　尹　超　邓　娟　甘啟良　艾中柱

兰　州　邬　姗　刘　迪　刘　渊　刘军锋　芦　妤　杜鸿志

李　平　杨红兵　余　瑶　汪文杰　汪乐原　张志由　张美娅

陈林霖　陈科力　明　晶　罗晓琴　郑　鸣　郑国华　胡志刚

聂　晶　桂　春　徐　雷　郭承初　黄　晓　龚　玲　康四和

森　林　程桃英　游秋云　熊兴军　潘宏林

湖北应城

药用植物志

主　编

丁绍平　陈　麒　高志平

副主编

阙立明　蔡　生　汪　婧　聂楠琪

编　委（按姓氏笔画排序）

丁绍平　刘　恒　苏　瑾　汪　婧　陈　麒
陈芝芝　袁清波　聂楠琪　徐　庆　高志平
彭红丽　阙立明　蔡　生　黎江红

摄　影

汪　婧　高志平　陈　麒

華中科技大學出版社
http://www.hustp.com
中国·武汉

内容简介

本书是湖北省应城市第一部资料齐全、翔实、系统的地方性中草药专著和中药工具书。

本书共收载应城市境内83科235种中草药，分别介绍其中文名、拉丁名、别名、来源、植物形态、生境、采收加工、质地、性味归经、功能主治、用法用量等，并附有植物彩色照片、标本扫描图片。

本书图文并茂，具有系统性、科学性和实用性等特点。本书可供中药植物研究、资源开发利用及科普等领域人员参考使用。

图书在版编目(CIP)数据

湖北应城药用植物志 / 丁绍平，陈麒，高志平主编 . — 武汉 : 华中科技大学出版社，2022.6

ISBN 978-7-5680-8139-9

Ⅰ . ①湖…　Ⅱ . ①丁…　②陈…　③高…　Ⅲ . ①药用植物－植物志－应城　Ⅳ . ① Q949.95

中国版本图书馆CIP数据核字(2022)第072832号

湖北应城药用植物志
Hubei Yingcheng Yaoyong Zhiwuzhi

丁绍平　陈　麒　高志平　主编

策划编辑：罗　伟
责任编辑：罗　伟　李艳艳
封面设计：廖亚萍
责任校对：阮　敏
责任监印：周治超
出版发行：华中科技大学出版社（中国·武汉）　电话：(027)81321913
武汉市东湖新技术开发区华工科技园　邮编：430223
录　　排：华中科技大学惠友文印中心
印　　刷：湖北恒泰印务有限公司
开　　本：889mm×1194mm　1/16
印　　张：17.75　插页：2
字　　数：482 千字
版　　次：2022 年 6 月第 1 版第 1 次印刷
定　　价：268.00 元

\前　言\

应城市位于湖北省中部偏东、孝感市西南，地处鄂中丘陵与江汉平原的过渡地带，以低岗为主，兼有平原，整个地势自西北向东南倾斜。应城市属于亚热带季风气候，四季变化显著，雨热高峰同季出现，日照充足，雨水充沛，无霜期长。大富水在中部穿过，东临漳河、涢水与云梦县为界，东北与安陆市毗连，西与天门市、京山市接壤，南与汉川市为邻，介于东经113°19′～113°45′，北纬30°43′～31°08′之间。应城市总面积为1103.38平方千米，其得天独厚的自然环境、不胜枚举的草药品种、源远流长的中医文化，使应城市人民养成了多年来信任中医、注重养生的健康习惯。享誉海内外的应城三宝（石膏、灵芝草、温泉）不仅具养心、养颜、养生、养神的功能，还与中医药有不解之缘。

随着生态文明建设被提到前所未有的高度，绿色发展、药用生物多样性及其保护愈发引起重视。为全面了解应城市现有中药资源的种类、分布，系统总结应城市中医药工作者和人民群众使用中草药的经验，为生产、经营、教学、临床等用途提供翔实资料，我市以第四次全国中药资源普查为契机，成立应城市中药资源普查小组，在湖北中医药大学药学系专家的指导下，通过查阅、走访、实地辨识等多种方式，重点对杨岭镇和田店镇范围内21块样地、105个样方套及样线内的野生品种进行全面普查，还对其他9个办事处（镇、场）进行普查补充。同时，完成了对所有采集品种的记录、国家数据库系统填报、标本采集和鉴定及制作、重点药材采收和加工及称量、种质资源的收集，共整理照片2万余张，录像资料达50 G。此次普查工作更加细致完善，并且更新了应城市中药资源各项记录数据，一定程度上做到了查漏补缺，意义深远。

本书是应城市第一部资料齐全、翔实、系统的地方性中草药专著，全书收载了应城市辖区内药用植物的中文名、拉丁名、别名、来源、植物形态、生境、采收加工、质地、性味归经、功能主治、用法用量等，并附有植物彩色照片、标本扫描图片，图文并茂，使读者能够多方面、近距离地了解和感受应城市的药用植物。全书收录了应城市境内野生、栽培共计83科235种中草药，基本涵盖全市药用植物的种类、生长环境、分布状况和蕴藏量。历时两年，数易其稿，终于编撰完成《湖北应城药用植物志》。

由于相关条件的限制，书中难免存在不足和错误之处，恳请读者批评指正。

本书的编辑及出版工作，承蒙湖北中医药大学吴和珍教授及其团队的指导和大力支持，在此表示感谢！

编　者

\ 目录 \

蕨类植物门

Pteridophyta

一、木贼科

1. 节节草 *Equisetum ramosissimum* Desf.

【别名】土木贼、锁眉草、笔杆草。

【来源】木贼科木贼属节节草的全草。

【植物形态】中小型蕨类；根茎直立、横走或斜升，黑棕色，节和根疏生黄棕色长毛或无毛，地上枝多年生；侧枝较硬，圆柱状，有脊 5 ～ 8，脊平滑，或有 1 行小瘤，或有浅色小横纹，鞘齿 5 ～ 8，披针形，革质，边缘膜质，上部棕色，宿存；孢子囊穗短棒状或椭圆形，长 0.5 ～ 2.5 cm，中部直径 4 ～ 7 mm，顶端有小尖突，无柄。

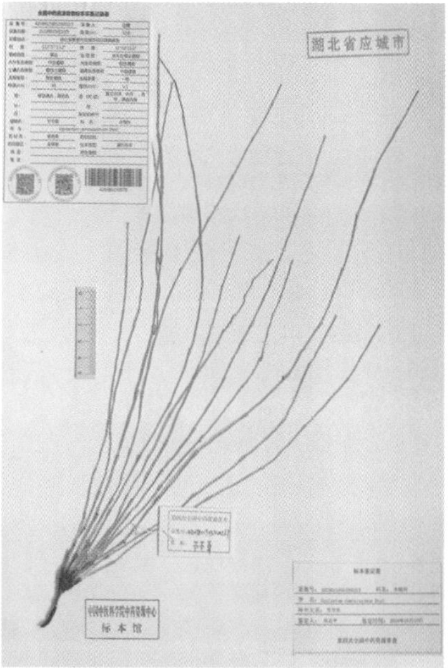

【生境】生于路边、山坡、草丛、溪旁、池沼边等地。模式标本采自湖北省孝感市应城市田店镇樊家营，E113°27′13.20″，N31°00′10.20″。

【采收加工】四季可采，割取地上全草，洗净，晒干备用。

【质地】本品圆形，直立，被黄棕色长毛或光滑无毛。

【性味归经】味甘、微苦，性平；归肝、肺经。

【功能主治】清热，利尿，明目退翳，祛痰止咳；用于目赤肿痛，角膜云翳，肝炎，咳嗽，支气管炎，泌尿系感染。

【用法用量】内服：煎汤，9 ～ 30 g，鲜品 30 ～ 60 g。外用：适量，捣敷；或研末撒。

二、海金沙科

2. 海金沙 *Lygodium japonicum* (Thunb.) Sw.

【别名】狭叶海金沙。

【来源】海金沙科海金沙属海金沙的成熟孢子。

【植物形态】攀援植物；高攀达 4 m；叶轴具窄边，羽片多数，对生于叶轴短距两侧；不育羽片尖三角形，两侧有窄边，二回羽状，叶干后褐色，纸质；孢子囊穗长 2 ～ 4 mm，往往长度远超过小羽片中央不育部分，排列稀疏，暗褐色，无毛。

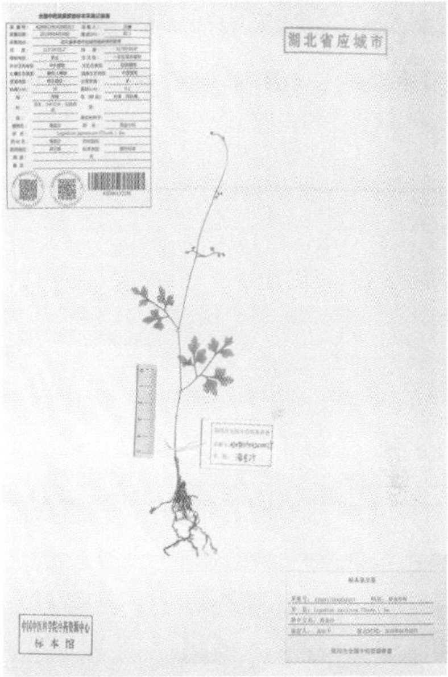

【生境】多生于路边、山坡、灌丛、林缘、溪谷丛林中，常缠绕生于其他较大型的植物上。应城境内各地均有分布。模式标本采自湖北省孝感市应城市杨岭镇何家湾，E113°24′05.2″，N31°00′06.9″。

【采收加工】孢子成熟时，选晴天清晨露水未干时，摘下孢子叶，放于有纸或布的筐内，于避风处晒干，然后轻轻搓揉、抖动，使孢子弹出，再用细筛筛出叶片即得孢子（海金沙），装于罐或塑料袋内，置于通风干燥处，注意防潮、霉变。

【质地】孢子粉状，棕黄色，质轻滑润，着火燃烧发出爆鸣及闪光。

【性味归经】味甘、咸，性寒；归膀胱、小肠经。

【功能主治】清热利湿，通淋止痛；用于热淋，石淋，血淋，膏淋，尿道涩痛。

【用法用量】内服：煎汤，6 ～ 15 g，包煎。

三、凤尾蕨科

3. 刺齿半边旗 *Pteris dispar* Kze.

【别名】半边蕨、单片锯、半边牙、半边梳、半边风药。

【来源】凤尾蕨科凤尾蕨属刺齿半边旗的全草。

【植物形态】根状茎斜向上，先端及叶柄基部被黑褐色鳞片，鳞片先端纤毛状并稍卷曲。叶簇生，近二型；柄长，与叶轴均为栗色，有光泽；叶片卵状长圆形，二回深裂或二回半边深羽裂；顶生羽片披针形，基部宽，先端渐尖，基部圆形，篦齿状、深羽状几达叶轴，裂片多对，对生，开展，彼此接近，阔披针形或线披针形，略呈镰刀状，先端钝或有时急尖，基部下侧不下延或略下延，不育叶缘有长尖刺状的锯齿；侧生羽片 5 ～ 8 对，与顶生羽片同形，对生或近对生斜展，下部的有短柄，先端尾状渐尖，基部偏斜，两侧或仅下侧深羽裂几达羽轴，裂片与顶生羽片的同形同大，但下侧的较上侧的略长，并且基部下侧一片最长，斜向下，有时在下部 1 ～ 2 对羽片上再次篦齿状羽裂。羽轴下面隆起，基部栗色；上部禾秆色，上面有浅栗色的纵沟，纵沟两旁有啮蚀状的浅灰色狭翅状的边，侧脉明显，斜向上，二叉，小脉直达锯齿的软骨质刺尖头。叶干后草质，绿色或暗绿色，无毛。

【生境】生于阔叶林、山谷疏林下。应城境内混交林中多有分布。模式标本采自湖北省孝感市应城市杨岭镇潘家七屋，E113°27′08.9″，N30°58′44.3″。

【采收加工】全年均可采收，鲜用或晒干备用。

【质地】叶草质，密生，近二型；营养叶柄栗色至栗褐色，长 8 ～ 12 cm，具三或四棱，光滑，仅在基部有棕色线形鳞片，叶轴及羽轴两侧隆起的狭边上有短刺，叶片长圆形至长圆状披针形。柄极短，羽片三角状披针形或三角形。孢子囊群线形，生于羽片边缘的小脉上，仅顶部不育；囊群盖线形，膜质，灰绿色，全缘。

【性味归经】味苦、辛，性凉；归肝、大肠经。

【功能主治】清热解毒，消肿止痛；用于细菌性痢疾，急性肠炎，黄疸型肝炎，结膜炎；外用治跌打损伤，外伤出血，疮疡疖肿，湿疹，毒蛇咬伤。

【用法用量】内服：煎汤，15 ～ 30 g。外用：适量，捣敷。

4. 剑叶凤尾蕨 *Pteris ensiformis* Burm.

【别名】三叉草、井边茜、凤冠草。

【来源】凤尾蕨科凤尾蕨属剑叶凤尾蕨的全草。

【植物形态】根茎短，斜升或横卧，被黑褐色鳞片。叶密生，二型；不育叶柄长，与叶轴均为禾秆色；叶片长圆状卵形，奇数二回羽状；羽片 2 ～ 4 对，下部的有短柄，卵形或三角状卵形，羽状，小羽片 1 ～ 4 对，对生，斜展，无柄，长尾状倒卵形或披针形，圆钝头，基部常下延，不育叶具锯齿；羽片及小羽片较窄，羽片通常 2 ～ 5 叉，中央分叉最长，顶生羽片基部不下延，下部两对羽片有时为羽状，小羽片 2 ～ 3 对，线形，渐尖头，基部下侧下延，先端不育边缘有锯齿。主脉禾秆色，下面隆起，侧脉密接，通常 2 叉。叶干后草质，灰绿色或暗褐色。

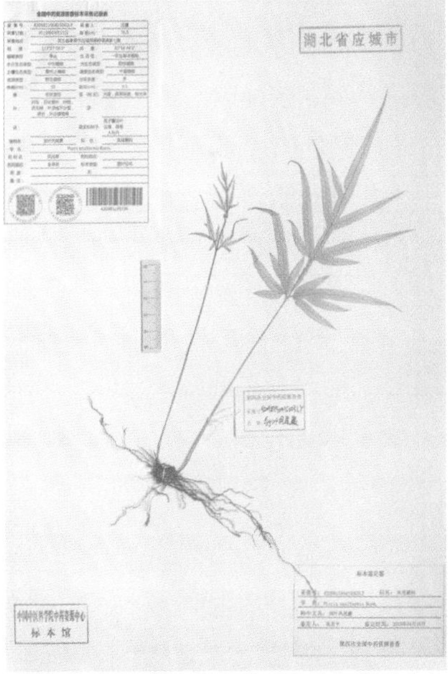

【生境】生于林下或溪边潮湿的酸性土壤中。应城境内林地多有分布。模式标本采自湖北省孝感市应城市杨岭镇潘家七屋，E113°27′08.9″，N30°58′44.3″。

【采收加工】全年可采，鲜用或晒干备用。

【质地】全株长 15 ～ 50 cm，根状茎粗壮，表面密被棕褐色细小鳞片，下方及侧方丛生灰褐色须根，上方簇生多数叶。叶柄细长，黄白色，光滑，具四棱，直径约 1 mm，易折断，叶片稍皱缩，灰绿色，二回羽状分裂，二型；着生孢子的叶片其小羽片狭细，顶生小羽片特长，和其下的一对小羽片合生，顶部以下全缘，稍反卷，不生孢子的叶片较小，小羽片矩圆形或披针形，宽达 1 cm，边缘有尖齿，质脆易碎。孢子囊密生于叶下面边缘，褐色，呈长带状隆起。气微，味淡。

【性味归经】味苦、微涩，性微凉；归肝、大肠、膀胱经。

【功能主治】清热利湿，凉血止血，解毒消肿；用于痢疾，泄泻，黄疸，淋病，带下，咽喉肿痛，痄腮，痈疽，疟疾，崩漏，痔疮出血，外伤出血，跌打损伤，疥疮，湿疹。

【用法用量】内服：煎汤，15 ～ 30 g，大剂量 60 ～ 120 g。外用：适量，煎水洗；或捣敷。

四、金星蕨科

5. 渐尖毛蕨 *Cyclosorus acuminatus* (Houtt.) Nakai

【别名】尖羽毛蕨、小毛蕨、小水花蕨。

【来源】金星蕨科毛蕨属渐尖毛蕨的根茎或全草。

【植物形态】根茎长而横走，顶端密被鳞片。叶 2 列疏生；叶柄褐色，向上渐变为深禾秆色，无鳞片；叶片中部宽，长圆状披针形，二回羽裂；羽片 13 ～ 18 对，柄极短，中部以下羽片长 7 ～ 11 cm，中部宽 8 ～ 12 cm，披针形，羽状深裂；裂片多对，基部上侧披针形，下侧近镰刀状披针形，全缘；下部羽片不缩短。叶脉明显，每裂片侧脉 7 ～ 9 对，单一，基部 1 对侧脉出自主脉基部，先端交接成钝三角形网眼，自交接点向缺刻下的透明膜质连线伸出外行小脉。孢子囊群生于侧脉中部以上；囊群盖密生柔毛，宿存。孢子深褐色，单裂缝，极面观为椭圆形，赤道面观为半圆形。外壁具颗粒。周壁两层，外层向外隆起形

成孢子纹饰，呈鸡冠状。

【生境】生于灌丛、草地、田边、路边、沟旁湿地或山谷乱石中。模式标本采自湖北省孝感市应城市杨岭镇易家湾，E113°25′27.97″，N30°59′31.14″。

【采收加工】夏、秋季采收，晒干备用。

【质地】根茎长而横走，连同叶柄基部疏被棕色、全缘的披针形鳞片。叶远生；叶片厚纸质，两面近无毛，披针形，叶脉羽状，下面隆起，每裂片侧脉 7 ～ 9 对，基部 1 对交接，第 2 对伸达缺刻底部的透明膜，第 3 对以上伸达缺刻以上的叶边。孢子囊群圆形，背生于侧脉中部稍上处；囊群盖大，圆肾形，棕色，膜质，最后卷缩，密生柔毛。气微，味微苦。

【性味归经】味微苦，性平；归心、肝经。

【功能主治】清热解毒，祛风除湿，健脾；用于泄泻，痢疾，热淋，咽喉肿痛，风湿痹痛，小儿疳积，狂犬咬伤，烧烫伤。

【用法用量】内服：煎汤，15 ～ 30 g，大剂量 150 ～ 180 g。

五、乌毛蕨科

6. 狗脊 *Woodwardia japonica* (L. f.) Sm.

【别名】金毛狗脊、金毛狗、金狗脊、金毛狮子、猴毛头、黄狗头。

【来源】乌毛蕨科狗脊属狗脊的干燥根茎。

【植物形态】根茎粗壮，横卧，暗褐色，与叶柄基部密被全缘深棕色披针形或线状披针形鳞片。叶近生，叶柄暗棕色，坚硬，叶片长卵形，二回羽裂，顶生羽片卵状披针形或长三角状披针形；叶干后棕色或棕绿色，近革质。孢子囊群线形，着生于主脉两侧的狭长网眼上，不连续，单行排列；囊群盖线形，成熟时开向主脉或羽轴，宿存。

【生境】生于山脚沟边及林下阴处的酸性土壤中。应城有名店林场有少量分布。模式标本采自湖北省孝感市应城市田店镇汪凡村，E113°26′02.7″，N30°59′36.8″。

【采收加工】秋、冬季采挖，除去泥沙，干燥；或去硬根、叶柄及金黄色茸毛，切厚片，干燥，为“生狗脊片”；蒸后，晒至六七成干，切厚片，干燥，为“熟狗脊片”。放置在通风干燥处，注意防潮。

【质地】本品呈不规则的长块状，表面深棕色，残留金黄色茸毛；上面有数个红棕色的木质叶柄，下面残存黑色细根。无臭，味淡、微涩。生狗脊片呈不规则长条形或圆形，切面浅棕色，较平滑，边缘不整齐，偶有金黄色茸毛残留；质脆，易折断，有粉性。熟狗脊片呈黑棕色，质坚硬。

【性味归经】味苦、甘，性温；归肝、肾经。

【功能主治】祛风湿，补肝肾，强腰膝；用于风湿痹痛，腰膝酸软，下肢无力，尿频，遗尿，白带过多；外敷止血。

【用法用量】内服：煎汤，6 ～ 12 g；或浸酒。外用：适量，鲜品捣敷。

裸子植物门

Gymnospermae

六、银杏科

7. 银杏 *Ginkgo biloba* L.

【别名】白果、公孙树、鸭脚子、鸭掌树。

【来源】银杏科银杏属银杏的成熟种子或干燥叶。

【植物形态】落叶大乔木，胸径可达 4 m；幼树树皮较平滑，浅灰色，大树树皮灰褐色，不规则纵裂，有长枝与生长缓慢的距状短枝。叶互生，在长枝上辐射状散生，在短枝上成簇生状，有细长的叶柄，扇形，两面淡绿色，在宽阔的顶缘多数具缺刻或 2 裂，具多数叉状并列细脉。雌雄异株，稀同株，球花单生于短枝的叶腋；雄球花成柔荑花序状，雄蕊多数，各有 2 个花药；雌球花有长梗，梗端常分两叉，叉端生 1 个具有盘状珠托的胚珠，常 1 个胚珠发育成种子。种子核果状，具长梗，下垂，椭圆形、长圆状倒卵形、卵圆形或近球形；外种皮肉质，被白粉，成熟时淡黄色或橙黄色；中种皮骨质，白色，常具 2（稀 3）纵棱；内种皮膜质，淡红褐色。

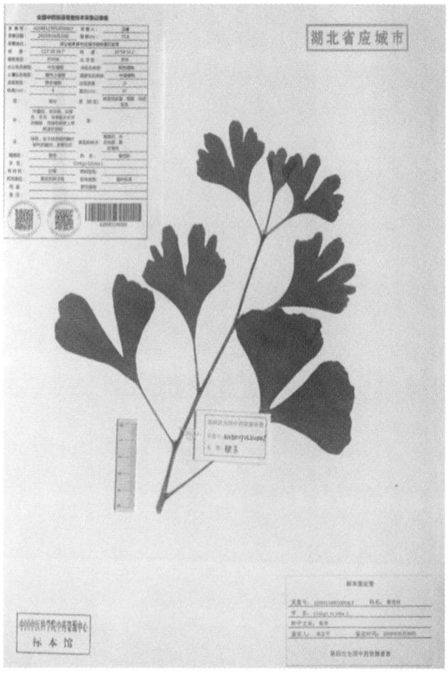

【生境】银杏的分布范围很广。应城境内多有分布，以栽培为主。模式标本采自湖北省孝感市应城市杨岭镇何家湾，E113°28′39.7″，N30°58′54.1″。

【采收加工】种子：采收成熟种子，堆放在地上，或浸入水中，使肉质外种皮腐烂（亦可捣去外种皮），洗净，晒干备用。叶：秋季叶尚绿时采收，及时干燥。

【质地】干燥的种子呈倒卵形或椭圆形，略扁，外壳（种皮）白色或灰白色，平滑，坚硬，顶端渐尖，基部有圆点状种柄痕。壳内有长而扁圆形的种仁，剥落时一端有淡棕色的薄膜。种仁淡黄色或黄绿色，内部白色，粉质。中心有空隙，以外壳白色、种仁饱满、里面色白者为佳。本品叶多皱褶或破碎，完整者呈扇形，黄绿色或浅棕黄色，上缘呈不规则的波状弯曲，有的中间凹入。具二叉状平行叶脉，细而密，光滑无毛，易纵向撕裂。叶基楔形，叶柄长。体轻。气微，味微苦。

【性味归经】味甘、苦、涩，性平，白果（种子）有小毒；果归肺、肾经，叶归心、肺经。

【功能主治】白果：敛肺气，定喘嗽，止带浊，缩小便，消毒杀虫；用于哮喘，痰嗽，梦遗，带下，白浊，小儿腹泻，虫积，肠风脏毒，淋病，小便频数，以及疥癣、漆疮、白癜风等病症。叶：活血化瘀，通络止痛，敛肺平喘，化浊降脂；用于瘀血阻络，胸痹心痛，中风偏瘫，肺虚喘咳，高脂血症。

【用法用量】白果：内服，煎汤，5 ～ 9 g，或捣汁，或入丸、散；外用，适量，捣敷。叶：内服，煎汤，9 ～ 12 g。

七、松科

8. 马尾松 *Pinus massoniana* Lamb.

【别名】枞松、山松、青松。

【来源】松科松属马尾松的幼根和根皮、树皮、针叶、枝干结节、花粉、球果。

【植物形态】常绿乔木，高达 45 m，胸径 1.5 m。树皮红褐色，下部灰褐色，裂成不规则长块状。小枝常轮生，红褐色，具宿存鳞片状叶枕，常翘起，较粗糙；冬芽卵状圆柱形，褐色，先端尖，芽鳞边缘丝状，红褐色，先端尖或有长尖头。叶针形，2 针一束，稀 3 针一束，长 13 ～ 20 cm，细长而柔韧，叶缘具细锯齿，树脂道 4 ～ 8 个，在背面边生，或腹面也有 2 个边生；叶鞘膜质，灰白色，宿存。雄球花椭圆形至卵形，开后延长成柔荑状，黄色，雄蕊具 2 花粉囊；雌球花单生或 2 ～ 4 个聚生于新枝近顶端，淡紫红色。球果卵圆形或圆锥状卵圆形，长 4 ～ 7 cm，直径 2.5 ～ 4 cm，有短梗，下垂，成熟时栗褐色；中部种鳞近长圆状倒卵形，长约 3 cm；果鳞木质，鳞盾菱形，微具脊，鳞脐小而短，微凹或微凸。种子长卵形，长 4 ～ 6 mm，连翅长 2 ～ 2.7 cm。花期 4—5 月，果期翌年 10—12 月。

【生境】生于海拔 1500 m 以下山地，有栽种。应城境内各地均有分布，一般见。模式标本采自湖北省孝感市应城市杨岭镇干冲乡，E113°24′39.4″，N30°59′11.7″。

【采收加工】幼根和根皮：全年均可采挖，或剥取根皮，切段或片，晒干备用。树皮：全年均可采剥，洗净，切段，晒干备用。针叶：5—10 月采收，鲜用或晒干备用。枝干结节：多于采伐时或木器厂加工时锯取之，经过选择整修，晒干或阴干。花粉：4—6 月开花期间采收雄花穗，晾干，搓下花粉，过筛，收取细粉，晒干。球果：5—6 月采收，鲜用或干燥备用。

【质地】枝干结节：呈扁圆节段状或不规则的片状或块状，长短粗细不一；表面黄棕色、浅黄棕色或红棕色，纵断面纹理直或斜，较均匀；质坚硬而重；横断面木部深棕色，心材色稍深，可见有同心环纹，有时可见散在棕色小孔状树脂道，显油性；髓部小，淡黄棕色，纵断面纹理直或斜，不均匀；有松节油香气，味微苦、辛。针叶：叶呈针状，长 6 ～ 18 cm，直径约 0.1 cm；马尾松叶 2 针一束，基部有长约 0.5 cm 的鞘，叶片深绿色或枯绿色，表面光滑，中央有一细沟；质脆；气微香，味微苦、涩。花粉：黄色的细粉，质轻，易飞扬，手捻有滑润感，不沉于水；气微香，味有油腻感。球果：类球形或卵圆形，由木质化螺旋状排列的种鳞组成；直径 4 ～ 6 cm，多已破碎；表面棕色或棕褐色；种鳞背面先端宽厚隆起，鳞脐钝尖；基部有残存的果柄或果柄痕，质硬，有特异松脂香气，味微苦、涩。

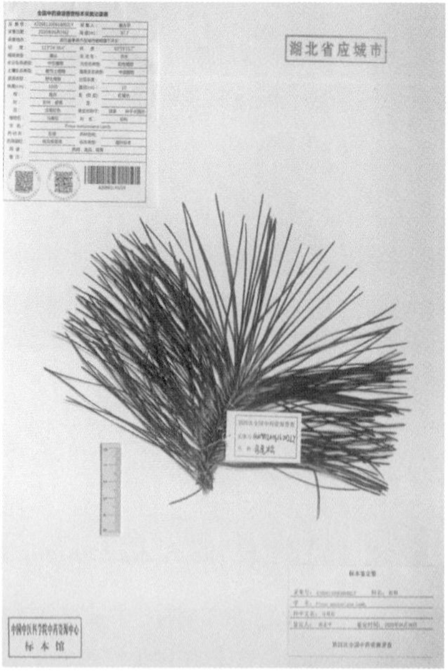

【性味归经】幼根和根皮：味苦，性温；归肺、胃经。树皮：味苦，性温；归肺、大肠经。枝干结节：味苦，性温；归肝、肾经。针叶：味苦，性温；归心、脾经。花粉：味甘，性平；归肝、脾经。球果：味甘、苦，性温；归肺、大肠经。

【功能主治】幼根和根皮：祛风除湿，活血止血；用于风湿痹痛，风疹瘙痒，赤白带下，风寒咳嗽，跌打损伤，吐血，风虫牙痛。树皮：祛风除湿，活血止血，敛疮生肌；用于风湿骨痛，跌打损伤，金刃伤，肠风下血，久痢，湿疹，烧烫伤，痈疽久不收口。枝干结节：祛风，燥湿，舒筋，活络，止痛；用于风寒湿痹，历节风痛，转筋挛急，脚痹痿软，鹤膝风，跌打损伤。针叶：祛风燥湿，杀虫止痒，活血安神；用于风湿痹痛，湿疮，癣，风疹瘙痒，跌打损伤，头风头痛，神经衰弱，慢性肾炎，预防乙脑、流感。花粉：益气，燥湿，止血；用于久泻久痢，胃脘疼痛，湿疹湿疮，创伤出血。球果：祛风除痹，化痰止咳平喘，利尿，通便；用于风寒湿痹，白癜风，慢性支气管炎，淋浊，便秘，痔疮。

【用法用量】幼根和根皮：内服：煎汤，30 ～ 60 g，或研末，3 g；外用，适量，鲜品捣敷，或煎水洗。

树皮：内服，煎汤，9 ～ 15 g，或研末；外用，适量，研末调敷，或煎水洗。枝干结节：内服，煎汤，10 ～ 15 g，或浸酒、醋等；外用，适量，浸酒搽，或炒焦研末调敷。针叶：内服，煎汤，6 ～ 15 g，鲜品 30 ～ 60 g，或浸酒；外用，适量，鲜品捣敷，或煎水洗。花粉：内服，煎汤，3 ～ 9 g，或冲服；外用，适量，干撒或调敷。球果：内服，煎汤，9 ～ 15 g，或入丸、散；外用，适量，鲜果捣汁搽或煎水洗。

八、杉科

9. 杉木 *Cunninghamia lanceolata* (Lamb.) Hook.

【别名】杉、刺杉、木头树、正木、正杉、沙树、沙木。

【来源】杉科杉木属杉木的根或根皮、树皮、心材及树枝、树干结节、叶、种子、球果、木材中的油脂。

【植物形态】高大乔木，幼树树冠尖塔形，大树树冠圆锥形；树皮灰褐色，裂成长条片，内皮淡红色；大枝平展；小枝近对生或轮生，常成二列状，幼枝绿色，光滑无毛；冬芽近球形，具小型叶状芽鳞；叶披针形，常呈镰状，革质、坚硬；雄球花圆锥状，通常多个簇生枝顶；雌球花单生或数个集生，绿色；球果卵圆形，熟时苞鳞革质，棕黄色，先端有坚硬的刺状尖头；种子扁平，具种鳞，长卵形或矩圆形，暗褐色，两侧边缘有窄翅。

【生境】生于山的中部、下部，土层深厚、质地疏松、富含有机质、排水良好的酸性土壤中，忌盐碱地。模式标本采自湖北省孝感市应城市杨岭镇下伍份湾，E113°28′30″，N30°59′36.7″。

【采收加工】根或根皮：7—10 月采收，鲜用或晒干备用。树皮：春夏之交采削，鲜用或晒干备用。

心材及树枝：5—11 月采树枝，9—11 月采心材，鲜用或晒干备用。树干结节：7—10 月采收，鲜用或晒干备用。叶：春、秋季采收，鲜用或晒干备用。种子：7—8 月间采摘球果，晒干后收集种子。球果：7—8 月采摘，晒干备用。木材中的油脂：常年可采制，取碗，先用绳将碗口扎成“十”字形，后于碗口处盖以卫生纸，上放杉木锯末堆成塔状，从尖端点火燃烧杉木，待烧至接近卫生纸时，除去灰烬和残余锯末，碗中液体即为杉木油。

【质地】树皮：呈板片状或扭曲的卷状，大小不一，外表面灰褐色或淡褐色，具粗糙的裂纹，内表面棕红色，稍光滑；干皮较厚，枝皮较薄；气微，味涩。叶：叶条状披针形，先端锐渐尖，基部下延而扭曲，边缘有细齿，表面墨绿色或黄绿色，主脉 1 条，上表面主脉两侧的气孔腺较下表面少；下表面可见白色粉带 2 条；质坚硬；气微香，味涩。种子：扁平，长 6 ～ 8 mm，表面褐色，两侧有狭翅；种皮坚硬，种仁含丰富油脂；气香，味涩。

【性味归经】根或根皮、树皮、心材及树枝、树干结节、叶、种子、球果：味辛，性微温。木材中的油脂：味苦、辛，性温；归胃、脾经。

【功能主治】根或根皮：祛风利湿，行气止痛，理伤接骨；用于风湿性关节炎，骨折，血瘀崩漏。树皮：利湿，消肿解毒；用于水肿，脚气，漆疮，流火，烫伤，金疮出血，毒虫咬伤。心材及树枝：辟恶除秽，除湿散毒，降逆气，活血止痛；脚气肿满，奔豚，霍乱，心腹胀痛，风湿毒疮，跌打损伤，创伤出血，烧烫伤。树干结节：祛风止痛，散湿毒；用于风湿骨节疼痛，胃痛，脚气肿痛，带下，跌打损伤，臁疮。叶：祛风，化痰，活血，解毒；用于风疹，咳嗽，牙痛，鹅掌风，跌打损伤。球果：温肾壮阳，杀虫解毒，宁心，止咳；用于遗精，阳痿，白癜风，乳痈，心悸，咳嗽。木材中的油脂：利尿排石，消肿杀虫；用于淋证，尿路结石，遗精，带下，疔疮。

【用法用量】根或根皮：内服，煎汤，30 ～ 60 g；外用，适量，捣敷，或烧存性研末调敷。树皮：内服，煎汤，10 ～ 30 g；外用，适量，煎水洗，或烧存性研末调敷。心材及树枝：内服，煎汤，15 ～ 30 g；外用，适量，煎水熏洗，或烧存性研末调敷。树干结节：内服，煎汤，10 ～ 30 g，或入散剂，或浸酒；外用，适量，煎水浸泡，或烧存性研末调敷。叶：内服，煎汤，15 ～ 30 g；外用，适量，煎水含漱，或捣汁搽，或研末调敷。种子：内服，煎汤，5 ～ 10 g。球果：内服，煎汤，10 ～ 90 g；外用，适量，研末调敷。木材中的油脂：内服，煎汤，3 ～ 20 g，或冲服；外用，适量，搽患处。

10. 水杉 *Metasequoia glyptostroboides* Hu & W. C. Cheng

【别名】活化石、梳子杉。

【来源】杉科水杉属水杉的干燥叶或种子。

【植物形态】落叶乔木，高达 50 m。侧生小枝排成羽状，叶、芽鳞、雄球花、雄蕊、珠鳞与种鳞均交互对生。叶条形，在侧枝上排成羽状。雄球花排成总状或圆锥状花序，雌球花单生于侧生小枝顶端。球果下垂，当年成熟，近球形，种子扁平。我国特有单种属。花期 4—5 月，果期 10—11 月。

【生境】水杉适应性强，喜湿润，生长快，喜光，不耐贫瘠和干旱。各地均有栽培。模式标本采自湖北省孝感市应城市杨岭镇赵四塆，E113°27′28.02″，N30°59′45.21″。

【采收加工】球果成熟后即采种，经过暴晒，筛出种子，干藏。

【质地】叶呈条形，柔软；果近球形，质硬。

【性味归经】味辛，性温；归肝经。

【功能主治】清热，解毒，止痛；用于痈疮肿痛，癣疮。

【用法用量】叶：内服，煎汤，15 ～ 30 g。种子：内服，煎汤，5 ～ 10 g。

九、柏科

11. 侧柏 *Platycladus orientalis* (L.) Franco

【别名】香柯树、香树、扁桧、香柏。

【来源】柏科侧柏属侧柏的嫩枝与叶、干燥成熟种仁。

【植物形态】乔木；高达 20 m，幼树树冠卵状尖塔形，老树树冠广圆形；树皮淡灰褐色；生鳞叶的小枝直展，扁平，排成一平面；鳞叶二型，交互对生，背面有腺点；雌雄同株，球花单生于枝顶；雄球花具 6 对雄蕊，花药 2 ～ 4 枚；雌球花具 4 对珠鳞，仅中部 2 对珠鳞各具 1 ～ 2 个胚珠；球果当年成熟，卵状椭圆形，长 1.5 ～ 2 cm，成熟时褐色；种鳞木质，扁平，厚，背部顶端下方有一弯曲的钩状尖头，最下部 1 对很小，不发育，中部 2 对发育，各具 1 ～ 2 粒种子；种子椭圆形或卵圆形，灰褐色或紫褐色，无翅，或顶端有短膜，种脐大而明显；子叶 2 片，发芽时出土。

【生境】耐干旱，喜湿润，但不耐水淹；耐贫瘠，可在微酸性至微碱性土壤中生长；生长缓慢，寿命极长。造林地多见。模式标本采自湖北省孝感市应城市田店镇樊家营，E113°27′13.2″，N31°00′10.2″。

【采收加工】嫩枝与叶：夏、秋季采收，剪取小枝，除去杂质，揉碎去梗，筛净灰屑，晾干备用。种仁：除去杂质及残留的种皮，放缸内，置阴凉干燥处，宜在 30 ℃以下保存，防蛀，防热，防霉，防泛油变色。

【质地】干燥枝叶，长短不一，分枝稠密。叶为细小鳞片状，贴伏于扁平的枝上，交互对生，青绿色。小枝扁平，线形，外表棕褐色；质脆，易折断；微有清香气，味微苦、微辛；以叶嫩、青绿色、无碎末者为佳。种仁长卵形或长椭圆形；新货黄白色或淡黄色，久置陈货则呈黄棕色，并有油点渗出；种仁外面常包有薄膜质的种皮，顶端略尖，圆三棱形，基部钝圆；质软油润，断面黄白色，均含丰富的油质；气微香，味淡而有油腻感。

【性味归经】嫩枝与叶：味苦、涩，性寒；归心、肝、大肠经。种仁：味甘，性平；归心、肾、大肠经。

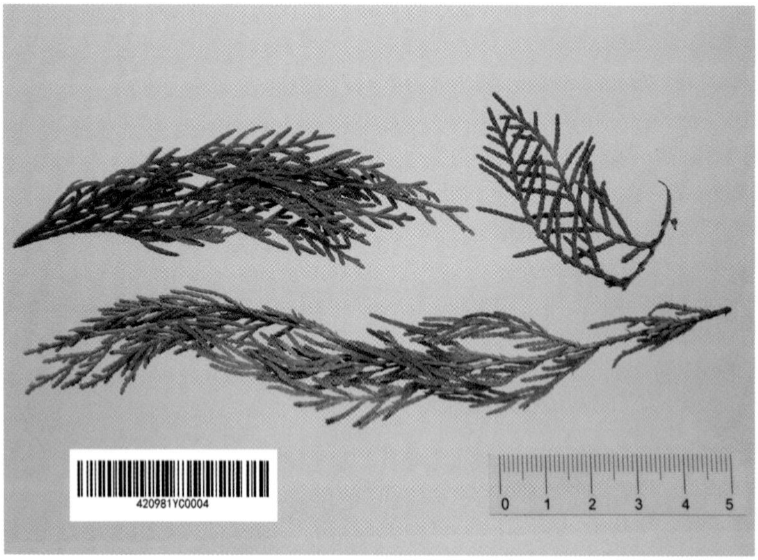

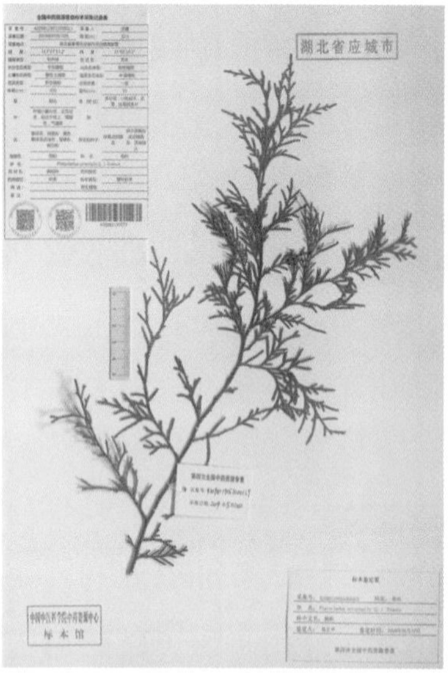

【功能主治】嫩枝与叶：凉血，止血，乌发，祛风湿，散肿毒；用于吐血，衄血，尿血，血痢，肠风，崩漏，血热引起的掉发、斑秃，胡须和头发过早发白，风湿痹痛，细菌性痢疾，高血压，咳嗽，丹毒，痄腮，烫伤。种仁：养心安神，润肠通便；用于虚烦失眠，心悸怔忡，肠燥便秘等。

【用法用量】嫩枝与叶：内服，煎汤，6 ～ 15 g，或入丸、散；外用：适量，煎水洗，或捣敷，或研末调敷。种仁：内服，煎汤，6 ～ 15 g。

被子植物门

Angiospermae

十、杨柳科

12. 大叶杨 *Populus lasiocarpa* Oliv.

【别名】大叶泡、瓜儿树、疏果杨、水冬瓜。

【来源】杨柳科杨属大叶杨的花。

【植物形态】乔木，高 20 m 以上，胸径 0.5 m。树冠塔形或圆形；树皮灰暗色，纵裂。枝粗壮而稀疏，黄褐色或稀紫褐色，有棱脊，嫩时被茸毛或疏柔毛。芽大，卵状圆锥形，微具黏质，基部鳞片具茸毛。叶卵形，比任何杨叶均大，先端渐尖，稀短渐尖，基部深心形，常具 2 腺点，边缘具反卷的圆腺锯齿，上面光滑，亮绿色，近基部密被柔毛，下面淡绿色，具柔毛，沿脉尤为显著；叶柄圆，有毛，较长，通常与中脉同为红色。花序下垂，花轴具柔毛；苞片倒披针形，光滑，赤褐色，先端条裂。果序较长，轴具毛；蒴果卵形、大，密被茸毛，有柄或近无柄，3 瓣裂。种子小，多数棒状，暗褐色。花期 4—5 月，果期 5—6 月。

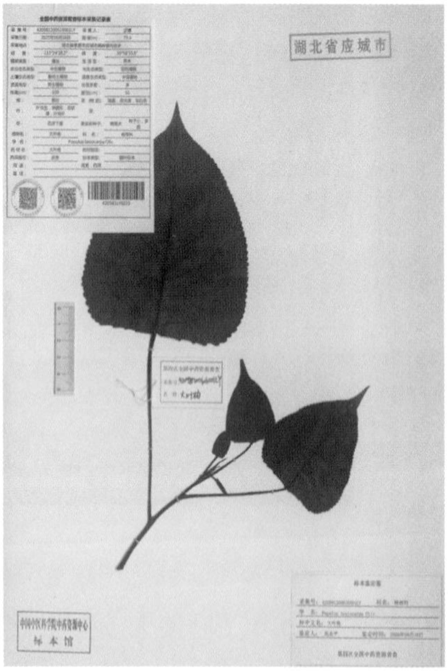

【生境】生于干燥的坡边、林边、草丛旁。应城境内各地均有分布，多见。模式标本采自湖北省孝感市应城市杨岭镇均合材，E113°24′28.2″，N30°58′55.9″。

【采收加工】取原药材，除去杂质，或切碎，存于干燥容器内，置通风干燥处。

【质地】本品圆柱形，由若干小花组成，淡黄色或黄棕色，质疏松而柔软。无臭，味淡。

【性味归经】味苦，性寒；归大肠经。

【功能主治】清热解毒，化湿止痢。

【用法用量】内服：煎汤，9 ~ 15 g。外用：适量，热熨。

十一、壳斗科

13. 白栎 *Quercus fabri* Hance

【别名】金刚栎、白反栎。

【来源】壳斗科栎属白栎果实上带有虫瘿的果实、总苞或根。

【植物形态】落叶乔木或灌木状；高达 20 m；小枝密被茸毛；叶倒卵形或倒卵状椭圆形，先端短钝尖，基部楔形或窄圆形，叶缘具波状锯齿或粗钝锯齿，幼叶两面被毛，老叶上面近无毛，下面被灰黄色星状毛，侧脉 8 ～ 12 对；叶柄长 3 ～ 5 mm，密被茸毛；雄花序较长，花序轴被茸毛；雌花序生 2 ～ 4 朵花，壳斗杯形，包裹约 1/3 坚果；坚果长椭圆形或卵状长椭圆形，果脐凸起。

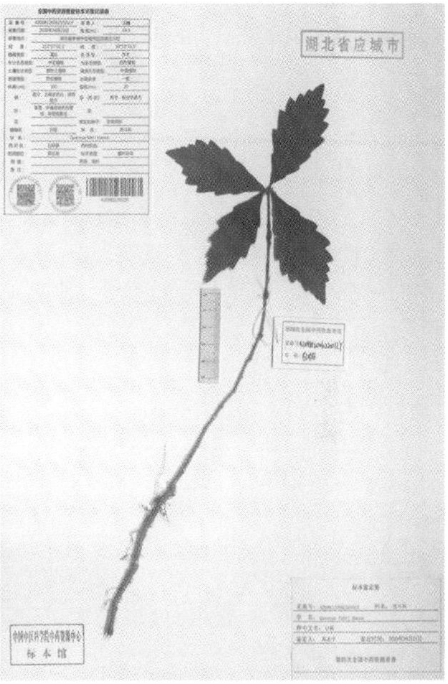

【生境】喜阳，常生于丘陵、山地杂木林中。应城境内各地均有分布，一般见。模式标本采自湖北省孝感市应城市田店镇汪凡村，E113°27′02.3″，N30°59′36.5″。

【采收加工】10 月采收带虫瘿的果实及总苞，晒干。全年均可采根，鲜用或晒干备用。

【质地】坚果长椭圆形，直径 0.7 ～ 1.2 cm，高 1.7 ～ 2 cm，无毛，果脐略隆起。

【性味归经】味苦、涩，性温；归肺、肝经。

【功能主治】理气消积，明目解毒；用于疳积，疝气，泄泻，痢疾，火眼赤痛，疮疖。

【用法用量】内服：煎汤，15 ～ 21 g。外用：适量，煅炭研敷。

十二、榆科

14. 朴树 *Celtis sinensis* Pers.

【别名】朴榆、小叶牛筋树。

【来源】榆科朴属朴树的根皮、树皮、叶、成熟果实。

【植物形态】高大落叶乔木；高达 20 m；一年生枝密被柔毛；芽鳞无毛；叶卵形或卵状椭圆形，先端尖或渐尖，基部近对称或稍偏斜，近全缘或中上部具圆齿；果单生于叶腋，稀 2 ～ 3 集生，近球形，成熟时黄色或橙黄色，具果柄；果核近球形，白色。

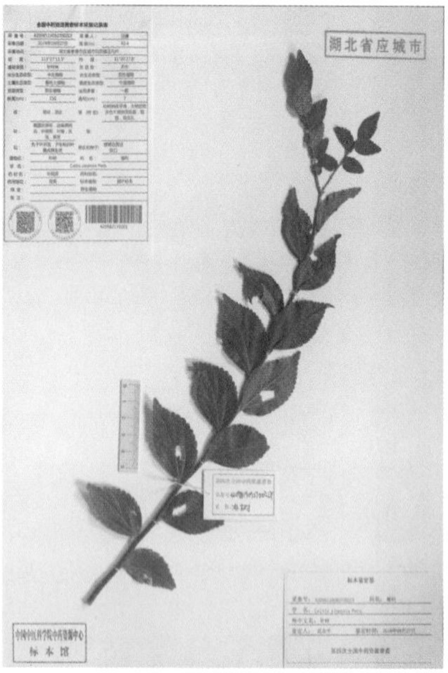

【生境】喜阳，生于海拔 100 ～ 1500 m 的路旁、山坡、林缘处。应城境内多地均有分布，一般见。模式标本采自湖北省孝感市应城市田店镇汪凡村，E113°27′11.5″，N31°00′27.8″。

【采收加工】根皮：全年均可采收，刮去粗皮，洗净，鲜用或晒干备用。树皮：全年均可采收，洗净，切片，晒干备用。叶：夏季采收，鲜用或晒干备用。成熟果实：冬季果实成熟时采收，晒干备用。

【质地】树皮呈板块状，表面棕灰色，粗糙而不开裂，有白色皮孔；内表面棕褐色；气微，味淡。

【性味归经】根皮：味苦、辛，性平；归脾经。树皮：味苦、辛，性平；归脾经。叶：味微苦，性凉；归肝经。成熟果实：味苦、涩，性平；归肺经。

【功能主治】根皮：祛风透疹，消食止泻；用于麻疹透发不畅，消化不良，食积泻痢，跌打损伤。树皮：祛风透疹，消食化滞；用于麻疹透发不畅，消化不良。叶：清热，凉血，解毒；用于漆疮，荨麻疹。成熟果实：清热利咽；用于感冒，咳嗽，音哑。

【用法用量】根皮：内服，煎汤，15 ～ 30 g；外用，适量，鲜品捣敷。树皮：内服，煎汤，

15 ~ 60 g。叶：外用，适量，鲜品捣敷，或捣烂取汁涂敷。成熟果实：内服，煎汤，3 ~ 6 g。

十三、桑科

15. 构树 *Broussonetia papyrifera* (L.) L′ Hert . ex Vent.

【别名】楮树、沙纸树、谷木、谷浆树。

【来源】桑科构属构树的根或根皮、枝条、内皮、叶、果实。

【植物形态】高大乔木或灌木状；小枝密被灰色粗毛；叶宽卵形或长椭圆状卵形，先端渐尖，基部近心形或圆形，边缘具粗锯齿，不裂至 5 裂，多型，上面粗糙，基出 3 脉；花雌雄异株，雄花序粗，花被 4 裂，雌花序头状；聚花果球形，直径 1.5 ~ 3 cm，成熟时橙红色，肉质；瘦果具小瘤。

【生境】喜阳，适应性强，耐干旱瘠薄，也能生于水边。常野生或栽于村庄附近的荒地、田园及沟旁。应城境内各地均有分布，多见。模式标本采自湖北省孝感市应城市田店镇汪凡村，E113°27′04.8″，N31°00′21.3″。

【采收加工】根或根皮：春季挖嫩根，或秋季挖根，剥取根皮，鲜用或晒干备用。枝条：春季采收，晒干备用。内皮：春、秋季剥取树皮，除去外皮，晒干备用。叶：全年均可采收，鲜用或晒干备用。果实：移栽 4 ~ 5 年，9 月果实变红时采摘，除去灰白色膜状宿萼及杂质，晒干备用。

【质地】干燥果实呈卵圆形至宽卵形，顶端渐尖，外表面黄红色至黄棕色，粗糙，具细皱纹。一侧具内凹的沟纹，另一侧显著隆起，呈脊纹状，基部具残留的果柄，剥落果皮后可见白色充满油脂的胚体。

气弱，味淡而有油腻感。

【性味归经】根：味甘，性微寒；归肺、肾经。枝：味甘，性平；归肾经。内皮：味甘，性平；归肾经。叶：味甘，性凉；归肝、肾经。果：味甘，性寒；归肝、肾、脾经。

【功能主治】根或根皮：凉血散瘀，清热利湿；用于咳嗽吐血，崩漏，水肿，跌打损伤。枝条：祛风，明目，利尿；用于风疹，目赤肿痛，小便不利。内皮：利水，止血；用于小便不利，水肿胀痛，便血，崩漏。叶：凉血止血，利尿解毒；用于吐血，衄血，崩血，金疮出血，水肿，疝气，痢疾，毒疮。果：滋肾，清肝明目，健脾利水；用于肾虚，腰膝酸软，阳痿，目翳，水肿。

【用法用量】根：内服，煎汤，30 ～ 60 g。枝：内服，煎汤，6 ～ 9 g，或捣汁饮；外用，适量，煎水洗。内皮：内服，煎汤，6 ～ 9 g，或酿酒，或入丸、散；外用，适量，煎水洗，或烧存性，研末点眼。叶：内服，煎汤，3 ～ 6 g，或捣汁，或入丸、散；外用，适量，捣敷。果：内服，煎汤，6 ～ 10 g，或入丸、散；外用，适量，捣敷。

16. 葎草 *Humulus scandens* (Lour.) Merr.

【别名】割人藤、拉拉秧、拉拉藤、勒草。

【来源】桑科葎草属葎草的全草。

【植物形态】一年生或多年生缠绕草本，茎、枝、叶柄均具倒钩刺。叶纸质，肾状五角形，掌状 5 ～ 7 深裂，稀 3 裂，长、宽均 7 ～ 10 cm，基部心形，上面疏被糙伏毛，下面被柔毛及黄色腺体，裂片卵状三角形，边缘具锯齿；叶柄长 5 ～ 10 cm。雄花小，黄绿色，花序长 15 ～ 25 cm；雌花序直径约 5 mm，苞片纸质，三角形，被白色茸毛；子房为苞片包被，柱头 2，伸出苞片外；瘦果成熟时露出苞片外。

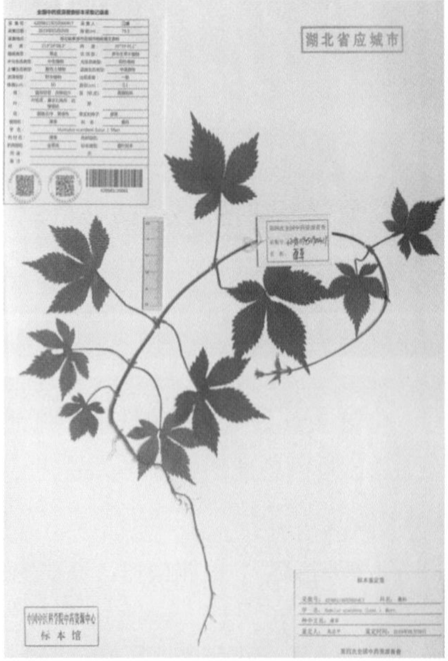

【生境】喜温暖湿润气候，适应性较强，常生于沟边、荒地、废墟、林缘边。应城境内多地均有分布，一般见。模式标本采自湖北省孝感市应城市杨岭镇文家岭，E113°24′08.3″，N30°59′46.1″。

【采收加工】夏、秋季选晴天采收全草或割取地上部分，晒干备用，鲜用生长期随时采。

【质地】本品为茎、叶混合的枝段，被毛。茎棕黑色或黄褐色，有棱及倒钩刺或钩刺脱落的痕迹，切断面中空。叶多已破碎，深绿色或棕褐色，偶见黄绿色小花。气微，味涩，有刺舌感。

【性味归经】味甘、苦，性寒；归肺、肾经。

【功能主治】清热，利尿，消瘀，解毒；用于淋病，小便不利，疟疾，腹泻，痢疾，肺结核，肺脓疡，肺炎，癞疮，痔疮，痈毒，瘰疬。

【用法用量】内服：煎汤 10 ～ 15 g，鲜品 30 ～ 60 g；或捣汁。外用：适量，捣敷；或煎水熏洗。

17. 柘 *Maclura tricuspidata* Carr.

【别名】棉柘、灰桑。

【来源】桑科橙桑属柘的根、木材、树皮或根皮、枝叶、成熟果实。

【植物形态】落叶灌木或小乔木；树皮灰褐色，小枝无毛，略具棱，有棘刺，刺长 5 ～ 20 mm；冬芽赤褐色。叶卵形或菱状卵形，偶为三裂，长 5 ～ 14 cm，宽 3 ～ 6 cm，先端渐尖，基部楔形至圆形，表面深绿色，背面绿白色，无毛或被柔毛，侧脉 4 ～ 6 对；叶柄长 1 ～ 2 cm，被微柔毛。雌雄异株，雌雄花序均为球形头状花序，单生或成对腋生，具短总花梗；雄花序直径 0.5 cm，雄花有苞片 2 枚，附着于花被片上，花被片 4，肉质，先端肥厚，内卷，内面有黄色腺体 2 个，雄蕊 4 枚，与花被片对生，花丝在花芽时直立，退化雌蕊锥形；雌花序直径 1 ～ 1.5 cm，花被片与雄花同数，花被片先端盾形，内卷，内面下部有 2 黄色腺体，子房埋于花被片下部。聚花果近球形，直径约 2.5 cm，肉质，成熟时橘红色。花期 5—6 月，果期 6—7 月。

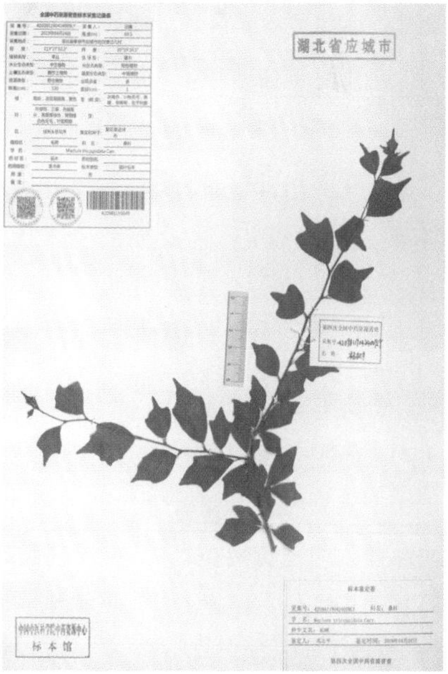

【生境】喜光，耐阴、耐寒、耐干旱瘠薄，适应性强，生于海拔 500 ～ 1500 m 的阳光充足的林中、岗丘、荒山、荒地、埂堤边坡等。应城境内各地均有分布，多见。模式标本采自湖北省孝感市应城市田店镇汪凡村，E113°27′02.3″，N30°59′36.5″。

【采收加工】根：全年可采，晒干或趁鲜切片后晒干，亦可鲜用。木材：全年均可采收，砍取树干及粗枝，趁鲜剥去树皮，切段或切片，晒干。皮：全年可采，剥取根皮和树皮，刮去栓皮，鲜用或晒干。枝叶：6—9 月采收，鲜用或晒干。果实：8—10 月果实将成熟时采收，切片，鲜用或晒干备用。

【质地】根圆柱形，长短不一或已切成圆形厚片；外皮黄色或橙红色，具显著的纵皱纹及少数须根痕；栓皮薄而易脱落；质地坚硬，不易折断，断面皮部薄，灰黄色，具韧性纤维，木部占绝大部分；黄色，柴性，导管孔明显，有的中央部位有小髓；气微，味淡。木材圆柱形，较粗壮，全体黄色或淡黄棕色；表面较光滑；质地硬，难折断，断面不平坦，黄色至黄棕色，中央可见小髓；气微，味淡。根皮为扭曲的卷筒状，外表面淡黄白色，偶有残留未除净的橙黄色栓皮，内表面黄白色，有细纵纹。树皮为扭曲的条片，常纵向裂开，露出纤维，全体淡黄白色，体轻质韧，纤维性强；气微，味淡。茎枝圆柱形，表面灰褐色或黄灰色，可见灰白色小点状皮孔；茎节上有坚硬棘刺，粗针状，有的略弯曲。单叶互生，易脱落，叶痕明显；叶片倒卵状椭圆形、椭圆形或长椭圆形，先端钝或渐尖，或有微凹缺，基部楔形，全缘，基出脉 3 条，侧脉 6 ～ 9 对，两面无毛，深绿色或绿棕色，厚纸质或近革质；叶柄长 5 ～ 10 mm；气微，味淡。完整果实近球形，直径约 2.5 cm，鲜品肉质，橙黄色；干品多为对开切片，呈皱缩的半球形，全体橘黄色或棕红色，长约 0.5 cm，内含种子 1 粒，棕黑色；气微，味微甘。

【性味归经】根：味淡、微苦，性凉；归心、肝经。木材：味甘，性温；归肝、脾经。树皮或根皮：味甘、微苦，性平；归肝、肾经。枝叶：味甘、微苦，性凉；归肺、脾经。果实：味苦，性平；归心、肝经。

【功能主治】根：祛风通络，清热除湿，解毒消肿；用于风湿痹痛，跌打损伤，黄疸，肺结核，胃和十二指肠溃疡，淋浊，鼓胀，闭经，劳伤咯血，疔疮痈肿。木材：用于虚损，妇女崩中血结，疟疾。树皮或根皮：补肾固精，利湿解毒，止血，化瘀；用于肾虚耳鸣，腰膝酸痛，遗精，带下，黄疸，疮疖，呕血，咯血，崩漏，跌打损伤。枝叶：清热解毒，祛风活络；用于痄腮，痈肿，湿疹，跌打损伤，腰腿痛。果实：清热凉血，舒筋活络；用于跌打损伤。

【用法用量】根：内服，煎汤，9 ～ 30 g，鲜品可用至 120 g；或浸酒；外用，适量，捣敷。木材：内服，煎汤，15 ～ 60 g；外用，适量，煎水洗。树皮或根皮：内服，煎汤，15 ～ 30 g，大剂量可用至 60 g；外用，适量，捣敷。枝叶：内服，煎汤，9 ～ 15 g；外用，适量，煎水洗，或捣敷。果：内服，煎汤，15 ～ 30 g，或研末。

18. 桑 *Morus alba* L.

【别名】白桑、黄桑、加桑、黑椹、桑树。

【来源】桑科桑属桑的干燥根皮、嫩枝、叶、果穗。

【植物形态】落叶灌木或小乔木，高 3 ～ 7 m 或更高，植物体含乳液。根皮黄棕色或红黄色，纤维性强。树皮黄褐色，常有条状裂缝。枝灰白色或灰黄色，细长疏生，嫩时稍有柔毛。单叶互生，叶柄长 1 ～ 2.5 cm；托叶披针形，早落；叶片卵形至广卵形，长 5 ～ 15 cm，宽 3 ～ 12 cm，先端急尖或钝，基部圆形、浅心形或稍偏斜，边缘有粗锯齿，有时呈不规则分裂，上面无毛，有光泽，下面脉上被疏毛，基出脉 3 条，与细脉交织成网状，背面较明显。花单性，雌雄异株；花黄绿色，与叶同时开放；雄花呈柔荑花序；雌花呈穗状花序；萼片 4 裂；雄花有雄蕊 4 枚；雌花无花柱，柱头 2 裂，向外卷。瘦果，多数密集成一卵圆形或长圆形的聚合果，长 1 ～ 2.5 cm，初时绿色，成熟后变肉质，黑紫色或红色。种子小。

花期 4—5 月，果期 6—7 月。

【生境】喜温暖湿润气候，稍耐阴，耐旱，不耐涝，耐瘠薄。对土壤的适应性强。生于丘陵、山坡、村旁、田野，有栽培。应城境内各地均有分布，多见。模式标本采自湖北省孝感市应城市杨岭镇晏王塆，E113°26′11.4″，N30°59′33.2″。

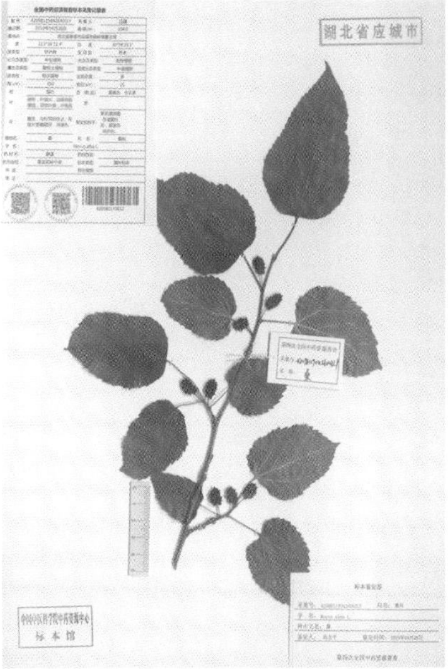

【采收加工】根皮：冬季采挖，洗净，趁新鲜刮去棕色栓皮，纵向剖开，以木槌轻击，使皮部与木心分离，剥取白皮，晒干备用。枝：春末夏初采收，去叶，略晒，趁鲜切成长 30 ~ 60 cm 的段或斜片，晒干备用。叶：10—11 月霜降后采收经霜之叶，除去细枝及杂质，晒干备用。果穗：5—6 月果穗变红时采收，晒干或蒸后晒干备用。

【质地】根皮：呈扭曲的筒状、槽状或板片状，长短宽窄不一，厚 1 ~ 4 mm；外表面橙黄色或淡棕褐色，有粗糙的鳞片状栓皮，横长皮孔样疤痕和须根痕；除去粗皮者表面呈黄白色或灰白色，较平坦；皮孔样疤痕色较浅，微隆起或不隆起，有金黄色鳞片状栓皮残留，内表面黄白色或灰黄色，有细纵纹；体轻质韧，纤维性强，难折断，易纵向撕裂；气微，味微甘。枝：呈长圆柱形，少有分枝，长短不一，直径 0.5 ~ 1.5 cm；表面灰黄色或黄褐色，有多数黄褐色点状皮孔及细纵纹，并有灰白色略呈半圆形的叶痕和黄棕色的腋芽；质坚韧，不易折断，断面纤维性；切片厚 0.2 ~ 0.5 cm，皮部较薄，木部黄白色，射线放射状，髓部白色或黄白色；气微，味淡。叶：多皱缩、破碎，完整者有柄，叶柄长 1 ~ 2.5 cm；叶片展平后呈卵形或宽卵形，先端渐尖，基部截形、圆形或心形，边缘有锯齿或钝锯齿，有的不规则分裂；上表面黄绿色或浅黄棕色，有的有小疣状突起，下表面颜色稍浅，叶脉突出，小脉网状，脉上被疏毛，脉基具簇毛；质脆；气微，味淡、微苦涩。果穗：聚花果由多数小瘦果集合而成，呈长圆形，长 1 ~ 2 cm，直径 5 ~ 8 mm；黄棕色、棕红色至暗紫色，有短果梗；小瘦果卵圆形，稍扁，外具肉质花被片 4 枚；气微，味微酸而甜。

【性味归经】根皮：味甘，性寒；归肺经。枝：味微苦，性平；归肝经。叶：味苦、甘，性寒；归肺、肝经。果：味甘、酸，性寒；归肝、肾经。

【功能主治】根皮：泻肺平喘，利水消肿；用于肺热喘咳，水肿胀满尿少。枝：祛风湿，利关节；

用于风湿痹病，肩臂、关节酸痛麻木。叶：清火解毒，止咳化痰，消肿止痛，杀虫止痒。果：滋阴养血，生津，润肠；用于肝肾不足和血虚精亏的头晕目眩，腰酸耳鸣，须发早白，失眠多梦，津伤口渴，肠燥便秘。

【用法用量】根皮：内服，煎汤，9～15 g，或入散剂；外用，捣汁涂，或煎水洗。泻肺、利水生用，治肺虚咳嗽蜜炙用。枝：内服，煎汤，15～30 g；外用，煎水熏洗。叶：内服，煎汤，4.5～9 g，或入丸、散；外用，煎水洗，或捣敷。果：内服，煎汤，10～15 g，或熬膏，或浸酒，或生食，或入丸、散；外用，浸水洗。

十四、檀香科

19. 百蕊草 *Thesium chinense* Turcz.

【别名】百乳草、小草、细须草、青龙草。

【来源】檀香科百蕊草属百蕊草的根、干燥全草。

【植物形态】多年生柔弱草本；高 15～40 cm，全株多少被白粉，无毛；茎细长，簇生，基部以上疏分枝，斜升，有纵沟；叶线形，长 1.5～3.5 cm，先端急尖或渐尖，具单脉；花单一，5 数，腋生；花梗长 3～3.5 mm；苞片 1，线状披针形；小苞片 2，线形，长 2～6 mm，边缘粗糙；花被绿白色，长 2.5～3 mm，花被管呈管状，裂片先端锐尖，内弯，内面有不明显微毛；雄蕊不外伸；子房无柄，花柱很短；坚果椭圆形或近球形，有明显隆起的网脉，顶端的宿存花被近球形，长约 2 mm；果柄长约 3.5 mm。

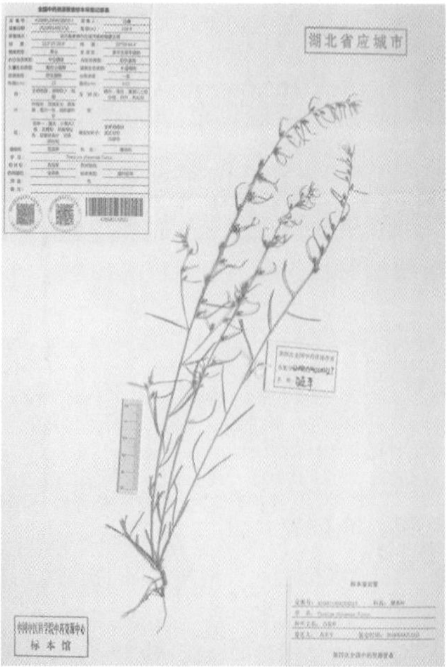

【生境】生于荫蔽湿润或潮湿的小溪边、田野、草甸。应城境内多地均有分布，一般见。模式标本采自湖北省孝感市应城市杨岭镇晏王垱，E113°25′28.8″，N30°59′44.4″。

【采收加工】根：夏、秋季采挖，洗净，晒干备用。全草：春、夏季采挖，除去泥沙，晒干备用。

【质地】根呈圆锥形，直径 1 ～ 4 m，表面棕黄色，有纵皱，侧根细。茎纤细，纵长 12 ～ 30 cm，暗黄绿色，具纵棱；质脆，易折断，断面中空。叶互生，条形，长 1 ～ 3 cm。花小，单生于叶腋，无柄。坚果球形，直径约 2 mm，表面有网状雕纹。气微，味淡。

【性味归经】根：味辛、微苦，性平；归肺经。全草：味辛、微苦，性寒；归肺、脾、肾经。

【功能主治】根：行气活血，通乳；用于月经不调，乳汁不下。全草：清热解毒，消肿；用于感冒发热，扁桃体炎，咽喉炎，支气管炎，肺炎，肺脓疡等。

【用法用量】根：内服，煎汤，3 ～ 10 g。全草：内服，煎汤，9 ～ 30 g，或研末，或浸酒；外用，研末调敷。

十五、蓼科

20. 荞麦 *Fagopyrum esculentum* Moench

【别名】净肠草、乌麦、三角麦。

【来源】蓼科荞麦属荞麦的种子、茎叶。

【植物形态】一年生草本。茎直立，高 40 ～ 110 cm，上部分枝，光滑，绿色或红色，具纵棱，有时生稀疏的乳头状突起。叶互生，上部叶近无柄，下部叶有长柄；托叶鞘短筒状，顶端斜而平截，早落；叶片心状三角形或三角状箭形，有的近五角形，长 2.5 ～ 5 cm，宽 2 ～ 4 cm，先端渐尖，下部裂片圆形或渐尖，基部近心形或戟形，叶脉被乳头状突起。花序总状或伞房状，顶生或腋生；花序梗一侧有小突起；苞片卵形，绿色，每苞内具 3 ～ 5 花；花梗比苞片长；花被 5 深裂，淡红色或白色，裂片椭圆形，长 3 ～ 4 mm；雄蕊 8，短于花被，花药淡红色；雌蕊花柱 3，柱头头状。瘦果三角状卵形或三角形，先端渐尖，具 3 棱，棕褐色，比宿存花被长。花期 5—9 月，果期 6—10 月。

【生境】喜凉爽湿润的气候，不耐高温、干旱、大风，畏霜冻。生于荒地、路边。应城境内多地均有分布，少见。模式标本采自湖北省孝感市应城市杨岭镇戴家冲，E113°24′51.9″，N30°58′48.3″。

【采收加工】种子：霜降前后种子成熟时收割，打下种子，除去杂质，晒干备用。茎叶：6—9 月采收，鲜用或晒干备用。

【质地】种子呈三角状卵形，长 3 ～ 5 mm，先端渐尖，具 3 锐棱，表面棕褐色至黑褐色，光滑；质坚硬，断面粉性；气微，味甘、淡。茎枝长短不一，多分枝，绿褐色或黄褐色，节间有细条纹，节部略膨大；断面中空。叶多皱缩或破碎，完整叶展开后呈三角形或卵状三角形，长 3 ～ 10 cm，宽 3.5 ～ 11 cm，先端狭渐尖，基部心形，叶耳三角状，具尖头，全缘，两面无毛，纸质；叶柄长短不一；有的可见托叶鞘筒状，先端截形或斜截形，褐色，膜质；气微，味淡、略涩。

【性味归经】种子：味甘、微酸，性寒；归脾、胃、大肠经。茎叶：味酸，性寒；归脾、大肠经。

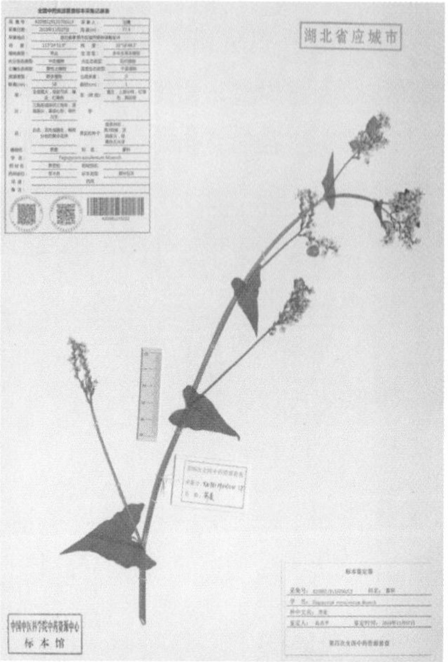

【功能主治】种子：开胃宽肠，消积，止泻；用于肠胃积滞，慢性泄泻，外用治汤火烫伤。茎叶：下气消积，清热解毒，止血，降压；用于噎食，消化不良，痢疾，带下，痈肿，烫伤，咯血，紫癜，高血压，糖尿病并发视网膜炎。

【用法用量】种子：内服，或入丸、散，或制面食服；外用，适量，研末掺，或调敷。茎叶：内服，煎汤，10 ～ 15 g；外用，适量，烧灰淋汁熬膏涂，或研末调敷。

21. 何首乌 *Polygonum multiflorum* Thunb.

【别名】多花蓼、紫乌藤、九真藤。

【来源】蓼科何首乌属何首乌的块根或（带叶的）藤茎。

【植物形态】多年生缠绕藤本。根细长，末端成肥厚的块根，长椭圆形，外表红褐色至暗褐色。茎缠绕，长 2 ～ 4 m，多分枝，基部略呈木质，中空。叶互生，具长柄，1.5 ～ 3 cm；托叶鞘膜质，偏斜，褐色；叶片卵形或长卵形，长 4 ～ 8 cm，宽 2.5 ～ 5 cm，先端渐尖，基部心形或箭形，全缘，上面深绿色，下面浅绿色，两面均光滑无毛。大型圆锥花序顶生或腋生。苞片三角状卵形，每苞内具 2 ～ 4 花；花小，直径约 2 mm，多数，小花梗具节，基部具膜质苞片；花被绿白色，花瓣状，5 深裂，裂片椭圆形，大小不等，外面 3 片较大，背部有翅，结果时增大；雄蕊 8，比花被短；雌蕊 1，子房三角形，花柱极短，柱头 3 裂，头状。瘦果卵形，有 3 棱，黑色，有光泽，外包宿存花被，花被具明显的 3 翅。花期 8—9 月，果期 9—10 月。

【生境】生于草坡、路边、山坡石隙及灌丛中，有栽种。应城境内各地均有分布，一般见。模式标本采自湖北省孝感市应城市杨岭镇何家湾，E113°24′08.65″，N31°00′23.32″。

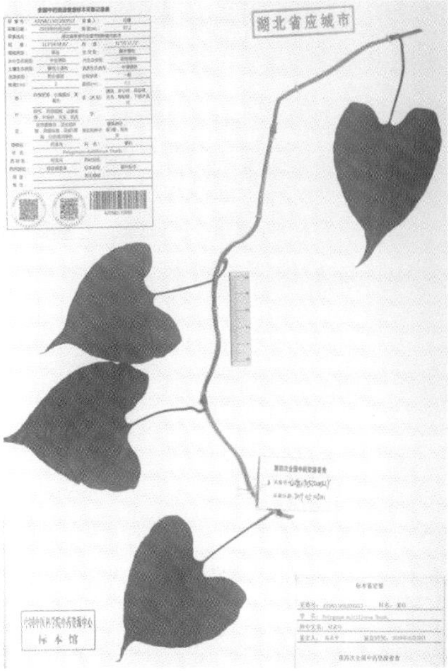

【采收加工】块根：培育 3 ～ 4 年即可收获，在秋季落叶后早春萌发前采挖，除去藤茎，将根挖出，大的切成 2 cm 左右的厚片，小的不切，晒干或烘干即可。藤茎：夏、秋季采割带叶，或秋、冬季采割藤茎，除去残叶，捆成把，晒干或烘干备用。

【质地】块根纺锤形或团块状，一般略弯曲，长 5 ～ 15 cm，直径 4 ～ 10 cm；表面红棕色或红褐色，凹凸不平，有不规则的纵沟和致密皱纹，并有横长皮孔及细根痕；质坚硬，不易折断；切断面淡黄棕色或淡红棕色，粉性，皮部有类圆形的异型维管束作环状排列，形成“云锦花纹”，中央木部较大，有的呈木心；气微，味微苦、甘、涩。藤茎长圆柱形，稍扭曲，长短不一，直径 3 ～ 7 mm；表面红棕色或棕褐色，粗糙，有明显扭曲的纵皱纹及细小圆形皮孔；节部略膨大，有分枝痕；外皮薄，可剥离；质脆，易折断，断面皮部棕红色，木部淡黄色，导管孔明显，中央为白色疏松的髓部；气无，味微苦、涩。

【性味归经】块根：味苦、甘、涩，性微温；归肝、心、肾经。藤茎：味甘、微苦，性平；归心、肝经。

【功能主治】块根：解毒，消痈，截疟，润肠通便；用于疮痈，瘰疬，风疹瘙痒，久疟体虚，肠燥便秘。藤茎：养心安神，祛风，通络；用于失眠多梦，血虚身痛，肌肤麻木，风湿痹痛，风疹瘙痒。

【用法用量】块根：内服，煎汤，10 ～ 20 g，或熬膏，或浸酒，或入丸、散；外用，适量，煎水洗，或研末搽、调涂。养血滋阴，宜用制何首乌；润肠通便，祛风，截疟，解毒，宜用生何首乌。藤茎：内服，煎汤，10 ～ 20 g；外用，适量，煎水洗，或捣敷。

22. 萹蓄 *Polygonum aviculare* L.

【别名】扁竹、竹叶草。

【来源】蓼科蓼属萹蓄的全草。

【植物形态】一年生或多年生草本，高 10 ～ 50 cm。植物体有白色粉霜。茎匍匐或斜上，基部分枝甚多，绿色，具明显的沟纹，无毛，基部圆柱形，幼枝上微有棱角。单叶互生，柄极短；叶片窄长椭圆形或披针形，长 1 ～ 5 cm，宽 0.5 ～ 1 cm，先端钝或急尖，基部楔形，边缘全缘，绿色，两面均无毛，侧脉明显；托叶鞘抱茎，膜质，下部绿色，上部透明无色。花小，常 1 ～ 5 朵簇生于叶腋；花梗短，顶端有关节；苞片及小苞片均为白色透明膜质，花被绿色，5 深裂，裂片椭圆形，边缘白色，结果后呈粉红色，覆瓦状包被果实；雄蕊 8，花丝短；子房长方形，花柱短，柱头 3。瘦果包围于宿存花被内，仅顶端小部分外露，三角状卵形，棕黑色至黑色，具细纹及小点，无光泽。花期 4—8 月，果期 6—9 月。

【生境】喜冷凉、湿润的气候，抗热、耐旱。生于山坡、田野、路旁等处，有栽种。应城境内各地均有分布，一般见。模式标本采自湖北省孝感市应城市田店镇何家坡子，E113°25′13″，N31°00′45.9″。

【采收加工】夏季叶茂盛时采收，除去根及杂质，晒干备用。

【质地】茎呈圆柱形而略扁，有分枝，长 15 ～ 40 cm，直径 0.2 ～ 0.3 cm；表面灰绿色或红棕色，有细密微突起的纵纹；节部稍膨大，有浅棕色膜质的托叶鞘，节间长约 3 cm；质硬，易折断，断面髓部白色。叶互生，近无柄或具短柄，叶片多脱落或皱缩、破碎，完整叶片展平后呈披针形，边缘全缘，两面均呈棕绿色或灰绿色。气微，味微苦。

【性味归经】味苦，性微寒；归膀胱经。

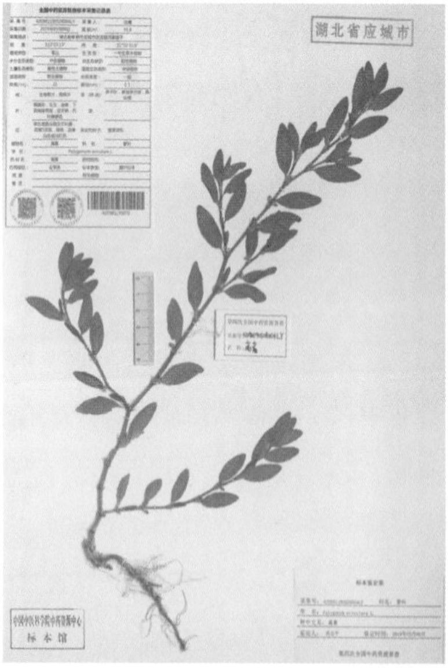

【功能主治】利尿通淋，杀虫止痒；用于热淋涩痛，小便短赤，虫积腹痛，皮肤湿疹，阴痒带下。

【用法用量】内服：煎汤，10 ～ 15 g；或入丸、散；杀虫单用 30 ～ 60 g；鲜品捣汁饮 50 ～ 100 g。外用：适量，煎水洗，或捣敷，或捣汁搽。

23. 绵毛酸模叶蓼（变种） *Polygonum lapathifolium* L. var. *salicifolium* Sibth.

【别名】柳叶蓼。

【来源】蓼科蓼属绵毛酸模叶蓼的全草。

【植物形态】一年生草本，高 0.5 ～ 2.5 m。茎直立，多分枝，表面有多数紫红色小斑点，被绵毛，节稍膨大。叶互生，有短柄或近无柄；叶片披针形，先端渐尖，基部楔形，边缘全缘或微波状，上面深绿色，被疏茸毛，下面密被灰白色茸毛；托鞘膜质，筒状。圆锥花序顶生或腋生，长 2 ～ 6 cm；花小，绿白色或粉红色，密生；花被 4 ～ 5 裂，有脉，无腺点；雄蕊通常 6；子房卵圆形，花柱 2。瘦果卵圆形，扁平，两侧面中部微凹，黑褐色，有光泽，包于宿存花被内。花期初夏，果期秋季。

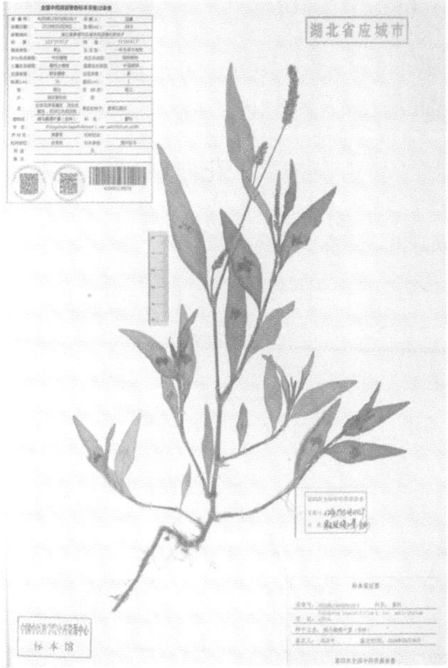

【生境】喜生于农田、路旁、河床等湿润处或低湿地。应城境内各地均有分布，多见。模式标本采自湖北省孝感市应城市田店镇何家坡子，E113°25′07.2″，N31°00′41.7″。

【采收加工】夏、秋季采收，晾干备用。

【质地】茎直径约 6 mm；表面有紫红色斑点。叶上面中央常有黑褐色新月形斑，无毛或被稀疏的白色茸毛，下面密被茸毛，有腺点；托叶鞘无缘毛。圆锥花序，花密生；花被 4 裂，有腺点。气微，味辛、辣。

【性味归经】味辛，性微温；归肝、脾经。

【功能主治】解毒，健脾，化湿，活血，截疟；用于疮疡肿痛，暑湿腹泻，肠炎痢疾，小儿疳积，跌打损伤，疟疾。

【用法用量】内服：煎汤，10 ～ 20 g。

24. 杠板归 *Polygonum perfoliatum* L.

【别名】河白草、贯叶蓼。

【来源】蓼科蓼属杠板归的干燥地上部分。

【植物形态】一年生蔓生草本，全体无毛。茎有纵棱，棱上有倒生钩刺，多分枝，长 1 ～ 2 m。叶互生，叶柄与叶片近等长，有倒生皮刺；叶片三角形，长 3 ～ 7 cm，宽 2 ～ 5 cm，淡绿色，下面叶脉疏生钩刺，有时叶缘亦疏生皮刺；托叶鞘叶状，草质，圆形或卵形，包茎，穿叶，直径 2 ～ 3 cm。总状花序呈短穗状，不分枝顶生或腋生；花小，多数；具苞，每苞含 2 ～ 4 花；花被 5 裂，白色或淡红色，裂片卵形，不甚展开，随果实而增大，变为肉质，深蓝色；雄蕊 8；雌蕊 1，子房卵圆形，花柱三叉状。瘦果球形，直径约 3 mm，黑色，有光泽，包于宿存花被内。花期 6—8 月，果期 7—10 月。

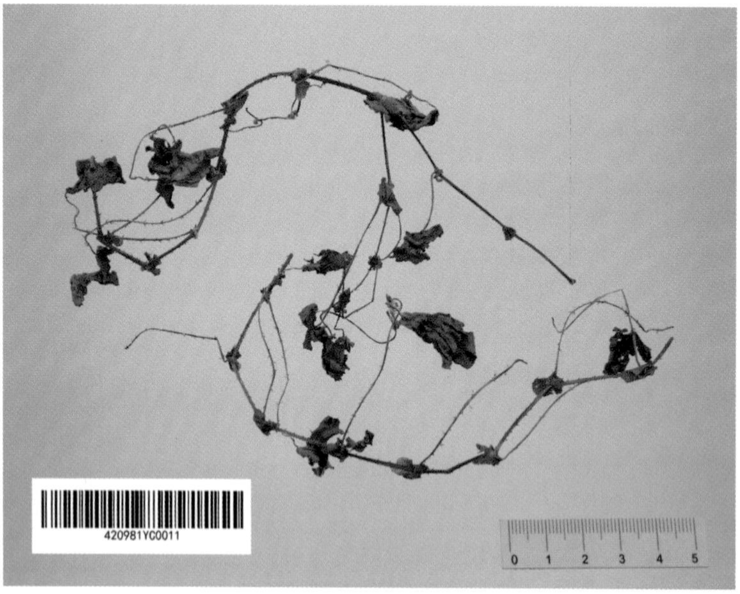

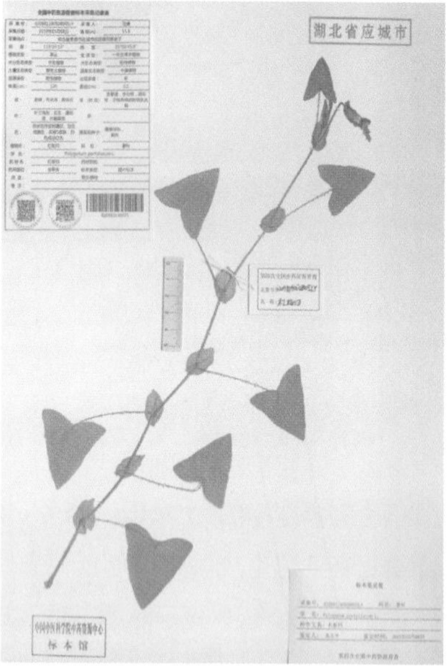

【生境】喜温暖、向阳环境。生于荒芜的沟岸、河边及村庄附近，有栽培。应城境内各地均有分布，多见。模式标本采自湖北省孝感市应城市田店镇何家坡子，E113°25′13″，N31°00′45.9″。

【采收加工】夏、秋季采割去地上部分，鲜用或晒干备用。

【质地】本品茎略呈方柱形，有棱角，多分枝，直径可达 0.2 cm；表面紫红色或紫棕色，棱角上有倒生钩刺，节略膨大，节间长 2 ～ 6 cm，断面纤维性，黄白色，有髓或中空。叶互生，有长柄，盾状着生；叶片多皱缩，展平后呈近等边三角形，灰绿色至红棕色，下表面叶脉和叶柄均有倒生钩刺；托叶鞘包于茎节上或脱落。短穗状总状花序顶生或生于上部叶腋，苞片圆形，花小，多萎缩或脱落。气微，茎味淡，叶味酸。

【性味归经】味酸，性微寒；归肺、膀胱经。

【功能主治】清热解毒，利水消肿，止咳；用于咽喉肿痛，肺热咳嗽，小儿顿咳，水肿尿少，湿热泻痢，湿疹，疖肿，蛇虫咬伤。

【用法用量】内服：煎汤，15 ～ 30 g。外用：适量，煎水熏洗。

25. 虎杖 *Polygonum cuspidatum* Sieb. et Zucc.

【别名】斑庄根、大接骨、酸桶芦、酸筒杆。

【来源】蓼科虎杖属虎杖的干燥根茎和根。

【植物形态】多年生灌木状草本，高1米以上。根茎横卧地下，木质，黄褐色，节明显。茎直立，圆柱形，丛生，具小突起，无毛，中空，散生红色或紫红色斑点。单叶互生，叶柄短，叶片宽卵形至近圆形，长 6 ～ 12 cm，宽 5 ～ 9 cm，近革质，先端短尖，基部圆形或楔形；托叶鞘膜质，褐色，无毛，早落。花单性，雌雄异株，圆锥花序腋生；苞片漏斗状，每苞内具 2 ～ 4 花；花梗细长，上部有翅；花小而密，淡绿色；花被 5 深裂，外轮 3 片，背面有翅，结果时增大；雄花有雄蕊 8；雌花子房上部有花柱 3。瘦果椭圆形，具 3 棱，黑褐色，有光泽，包于宿存花被内。花期 8—9 月，果期 9—10 月。

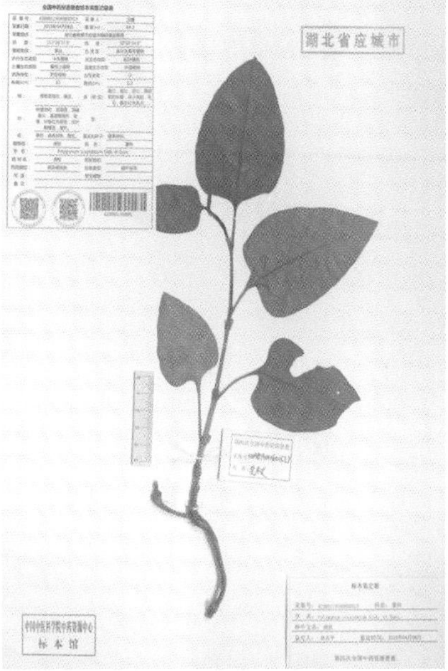

【生境】喜温暖、湿润的气候。生于山坡、灌丛、山谷、路旁、田边湿地，海拔 140 ～ 2000 m。应城境内多地均有分布，少见。模式标本采自湖北省孝感市应城市杨岭镇金家塆，E113°28′ 37.5″，N30°59′ 34.8″。

【采收加工】春、秋季采挖，除去须根，洗净，趁鲜切成短段或厚片，晒干备用。

【质地】本品多为圆柱形短段或不规则厚片，长 1 ～ 7 cm，直径 0.5 ～ 2.5 cm。外皮棕褐色，有纵皱纹和须根痕，切面皮部较薄，木部宽广，棕黄色，呈放射状，皮部与木部较易分离。根茎髓中有隔或呈空洞状。质坚硬。气微，味微苦、涩。

【性味归经】味微苦，性微寒；归肝、胆、肺经。

【功能主治】利湿退黄，清热解毒，散瘀止痛，止咳化痰；用于湿热黄疸，淋浊，带下，风湿痹痛，疮痈肿毒，水火烫伤，闭经，癥瘕，跌打损伤，肺热咳嗽。

【用法用量】内服：煎汤，9 ~ 15 g。外用：适量，制成煎液或油膏搽、敷。

十六、商陆科

26. 垂序商陆 *Phytolacca americana* L.

【别名】美商陆、美洲商陆、美国商陆、洋商陆、见肿消、红籽。

【来源】商陆科商陆属垂序商陆的干燥根。

【植物形态】多年生草本，高 1 ~ 2 m。根肥大，倒圆锥形。茎直立，圆柱形，带紫红色。叶椭圆状卵形，先端急尖。总状花序顶生或侧生，花梗长 4 ~ 12 cm；花白色，微带红晕；雄蕊、心皮及花柱均为 8 ~ 12，心皮合生。果序下垂，轴不增粗；浆果扁球形，熟时紫黑色；种子平滑。花期 6—8 月，果期 8—10 月。

【生境】生于疏林下、路旁和荒地。应城境内各地均有分布，多见。模式标本采自湖北省孝感市应城市杨岭镇文家岭，E113°24′08.3″，N30°59′46.1″。

【采收加工】秋、冬季或春季均可采收，挖取后，除去茎叶、须根及泥土，洗净，横切或纵切成片块，晒干或阴干备用。

【质地】本品为横切或纵切的不规则片块，厚薄不等。外皮灰黄色或灰棕色。横切片弯曲不平，边缘皱缩，直径 2 ~ 8 cm；切面浅黄棕色或黄白色，木部隆起，形成数个突起的同心性环轮。纵切片弯曲或卷曲，长 5 ~ 8 cm，宽 1 ~ 2 cm，木部呈平行条状突起。质硬。气微，味稍甜，久嚼麻舌。

【性味归经】味苦，性寒；有毒；归肺、脾、肾、大肠经。

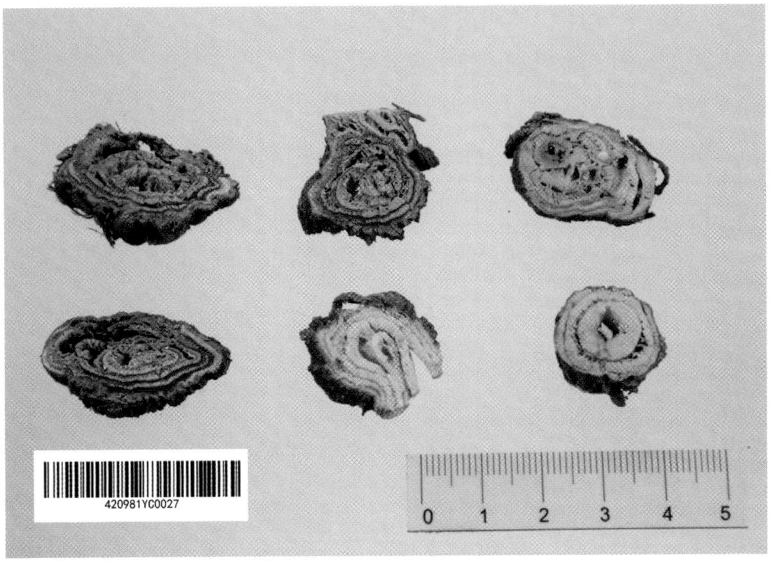

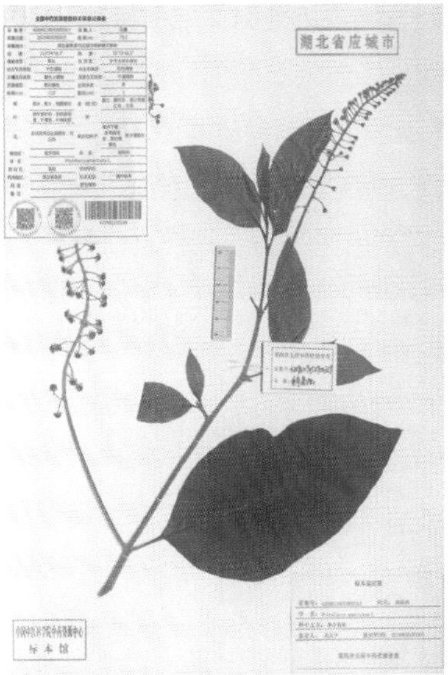

【功能主治】逐水消肿，通利二便，解毒散结；用于水肿胀满，二便不通；外用治疮痈肿毒。

【用法用量】内服：煎汤，3 ～ 9 g。外用：适量，煎水熏洗。

十七、紫茉莉科

27. 紫茉莉 *Mirabilis jalapa* L.

【别名】苦丁香、野丁香、胭脂花。

【来源】紫茉莉科紫茉莉属紫茉莉的根、叶、花、果实。

【植物形态】一年生或多年生草本，高 50 ～ 100 cm。根壮，圆锥形或纺锤形，肉质，表面棕褐色，里面白色，粉质。茎直立，多分枝，圆柱形，节膨大。叶对生；有长柄，下部叶柄超过叶片的一半，上部叶近无柄；叶片纸质，卵形或卵状三角形，长 3 ～ 10 cm，宽 3 ～ 5 cm，先端锐尖，基部截形或稍心形，边缘全缘。花 1 至数朵，顶生，集成聚伞花序；每花基部有一萼状总苞，绿色，5 裂；花两性，单被，红色、粉红色、白色或黄色，花被筒圆柱状，长 4 ～ 5 cm，上部扩大呈喇叭形，5 浅裂，平展；雄蕊 5 ～ 6，花丝细长，与花被等长或稍长；雌蕊 1，子房上位，卵圆形，花柱单生，细长线形，柱头头状，微裂。瘦果近球形，长约 5 mm，成熟时黑色，有细棱，为宿存苞片所包。花期 7—9 月，果期 9—10 月。

【生境】喜温和而湿润的环境，不耐寒。生于水沟边、房前屋后墙脚下或庭园中，常栽培。应城境内各地均有分布，少见。模式标本采自湖北省孝感市应城市四里棚烧香台，E113°36′04″，N30°57′52″。

【采收加工】根：在播种当年 10—11 月采收，挖起全根，洗净泥沙，鲜用；或去尽芦头及须根，刮去粗皮，去尽黑色斑点，切片，立即晒干或烘干备用。叶：叶生长茂盛花未开时采收，洗净，鲜用。花：

7—9 月花盛开时采收，鲜用或晒干备用。果实：9—10 月果实成熟时采收，除去杂质，晒干备用。

【质地】根呈纺锤形或圆锥形，直径 2 ～ 7 cm，外表面棕褐色至黑褐色，皱缩，质硬，不易折断，断面灰白色至灰褐色，颗粒性，具数个明显的同心环；气香，味甘。叶片多卷缩，完整者展开后呈卵形或三角形，长 3 ～ 10 cm，宽约 4 cm，先端锐尖，基部楔形或心形，上表面暗绿色，下表面灰绿色；叶柄较长，被茸毛；气微，味甘。果实呈卵圆形，长 5 ～ 8 mm，直径 5 ～ 8 mm；表面黑色，有 5 条明显棱脊，布满点状突起；内表面较光滑，棱脊明显；顶端有花柱基痕，基部有果柄痕；质硬。种子黄棕色，胚乳较发达，白色粉质。

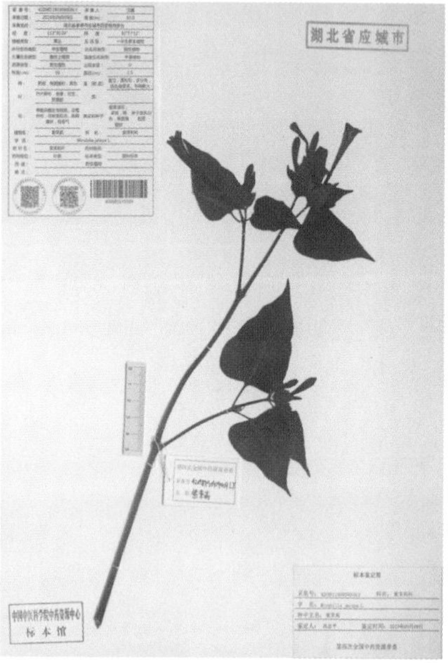

【性味归经】根：味甘、淡，性微寒；归膀胱经。叶：味甘、淡，性微寒；归肺经。花：味微甘，性凉；归肺经。果实：味甘，性微寒；归肺经。

【功能主治】根：清热利湿，解毒活血；用于热淋，白浊，水肿，赤白带下，关节肿痛，疮痈肿毒，乳痈，跌打损伤。叶：清热解毒，祛风渗湿，活血；用于疮痈肿毒，疥癣，跌打损伤。花：润肺，凉血；用于咯血。果实：清热化斑，利湿解毒；用于斑痣，脓疱疮。

【用法用量】根：内服，煎汤，15 ～ 30 g；外用，适量，鲜品捣敷。叶：外用，适量，鲜品捣敷，或取汁外搽。花：内服，煎汤，60 ～ 120 g，或鲜品捣汁。果：外用，去外壳研末搽，或煎水洗。

十八、马齿苋科

28. 马齿苋 *Portulaca oleracea* L.

【别名】马苋、五行草、长命菜、五方草、瓜子菜、麻绳菜、马齿菜、蚂蚱菜。

【来源】马齿苋科马齿苋属马齿苋的全草、种子。

【植物形态】一年生草本，全株无毛，肥厚多汁，高 10 ～ 30 cm。茎多分枝，平卧或斜倚，伏地铺散，圆柱形，长 10 ～ 15 cm，淡绿色或带暗红色。叶互生或近对生；倒卵形、长圆形或匙形，长 1 ～ 3 cm，宽 5 ～ 15 mm，先端圆钝或平截，有时微缺，基部狭窄成短柄，全缘，上面暗绿色，下面淡绿色或带暗红色。花常 3 ～ 5 朵簇生于枝端；总苞片 4 ～ 5，三角状卵形；萼片 2，对生，卵形，长约 4 cm；花瓣 5，淡黄色，倒卵形，基部与萼片同生于子房上；雄蕊 8 ～ 12，花药黄色；雌蕊 1，子房半下位，花柱 4 ～ 5 裂，线形，伸出雄蕊外。蒴果短圆锥形，长约 5 mm，棕色，盖裂。种子黑色，直径约 1 mm，表面具小疣状突起。花期 5—8 月，果期 7—10 月。

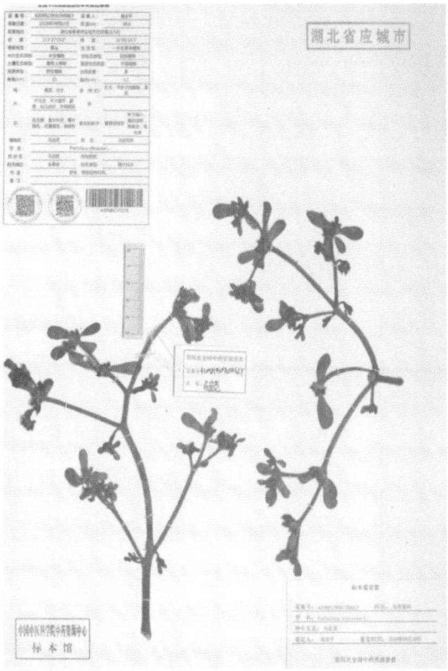

【生境】喜高湿环境，耐旱、耐涝，具向阳性。生于田野路边及庭园废墟等向阳处。应城境内各地均有分布，多见。模式标本采自湖北省孝感市应城市田店镇汪凡村，E113°27′03.2″，N31°00′14.5″。

【采收加工】全草：8—9 月割取全草，洗净泥土，除去杂质，再用开水稍烫（煮）一下或蒸，上汽后，取出晒干或烘干备用，亦可鲜用。种子：8—10 月果实成熟时，割取地上部分，收集种子，除去杂质，干燥备用。

【质地】全草呈不规则的段；茎圆柱形，表面黄褐色，有明显纵沟纹；叶多破碎，完整者展平后呈倒卵形，先端圆钝或微缺，全缘；蒴果圆球形，内含多数细小种子；气微，味微酸。种子扁圆形或类三角形，表面黑色，少数红棕色，于解剖镜下可见密布的细小疣状突起；一端有一凹陷，凹陷旁有一白色种脐；质坚硬，难破碎；气微，味微酸。

【性味归经】全草：味酸，性寒；归肝、大肠经。种子：味甘，性寒；归肝、大肠经。

【功能主治】全草：清热解毒，凉血止血，止痢；用于热毒血痢，痈肿，疔疮，湿疹，丹毒，蛇虫咬伤，便血，崩漏下血。种子：清肝，化湿明目；用于青盲白翳，泪囊炎。

【用法用量】全草：内服，煎汤，9 ～ 15 g；外用，适量，捣敷患处。种子：内服，煎汤，9 ～ 15 g；外用，适量，煎水熏洗。

十九、石竹科

29. 小无心菜 *Arenaria juncea* Bieb. var. *abbreviata* Kitag.

【别名】鹅不食草、大叶米粞草、鸡肠子草、雀儿蛋、蚤缀、铃铃草。

【来源】石竹科无心菜属小无心菜的全草。

【植物形态】一年生或二年生草本，高 10 ～ 30 cm。主根细长，支根较多而纤细。茎丛生，直立或铺散，密被白色短柔毛，节间长 0.5 ～ 2.5 cm。叶片卵形，长 4 ～ 12 mm，宽 3 ～ 7 mm，基部狭，无柄，边缘具缘毛，先端急尖，两面近无毛或疏生柔毛，下面具 3 脉，茎下部的叶较大，茎上部的叶较小。聚伞花序，具多花；苞片草质，卵形，长 3 ～ 7 mm，通常密生柔毛；花梗长约 1 cm，纤细，密生柔毛或腺毛；萼片 5，披针形，长 3 ～ 4 mm，边缘膜质，先端尖，外面被柔毛，具显著的 3 脉；花瓣 5，白色，倒卵形，长为萼片的 1/3 ～ 1/2，先端圆钝；雄蕊 10，短于萼片；子房卵圆形，无毛，花柱 3，线形。蒴果卵圆形，与宿存花萼等长，先端 6 裂；种子小，肾形，表面粗糙，淡褐色。花期 6—8 月，果期 8—9 月。

【生境】生于沙质或石质荒地、田野、园圃、山坡、草地。应城境内各地均有分布，少见。模式标本采自湖北省孝感市应城市田店镇何家坡子，E113°25′13″，N31°00′45.9″。

【采收加工】5—6 月采收，鲜用或晒干备用。

【质地】全草长 10 ～ 30 cm。茎纤细，簇生，密被白色短柔毛。叶对生，完整叶卵形，无柄，长 4 ～ 12 mm，宽 2 ～ 7 mm，两面有稀疏柔毛。茎顶疏被白色小花，花瓣 5。气微，味淡。

【性味归经】味苦、辛，性凉；归肝、肺经。

【功能主治】清热，明目，止咳；用于肝热目赤，翳膜遮睛，肺痨咳嗽，咽喉肿痛，牙龈炎。

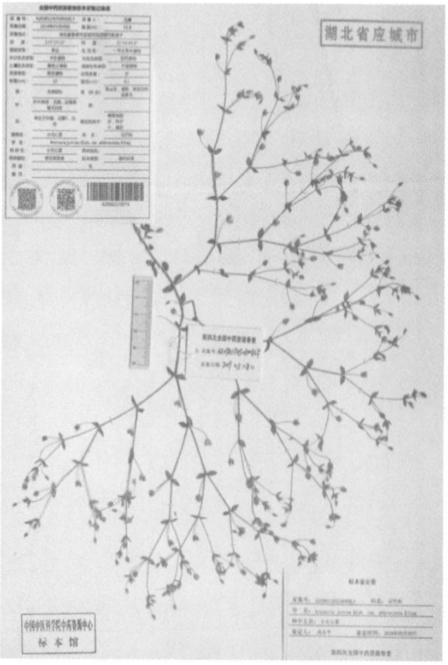

【用法用量】内服：煎汤，9 ～ 15 g；或浸酒。外用，适量：捣敷；或塞鼻孔。

30. 球序卷耳 *Cerastium glomeratum* Thuill.

【别名】圆序卷耳、婆婆指甲菜、瓜子草、高脚鼠耳菜、山马齿苋、天青地白。

【来源】石竹科卷耳属球序卷耳的全草。

【植物形态】一年生草本，高可达 30 cm。全株被灰黄色柔毛。根状茎倾斜，簇生多数直立茎枝，枝带紫红色，上部有腺毛。单叶对生，基生叶匙形或广披针形，基部狭窄成柄；茎生叶对生，叶片窄长椭圆形至宽卵形，长 1 ～ 2 cm，宽 5 ～ 12 mm，先端钝，基部圆形，全缘，主脉明显，在下面突出。顶生二歧聚伞花序，花特密，簇聚成头状，基部有叶状苞片；花梗明显或短；萼片 5，披针形，被腺毛；花瓣 5，白色，较萼片稍长，先端 2 浅裂；雄蕊 10 个，2 轮，短于萼片；子房上位，1 室，卵圆形，花柱 4 ～ 5 条。蒴果圆柱状，上部较窄，熟时先端 10 齿裂。种子褐色，呈三角形，具疣状突起。花期 3—5 月，果期 4—6 月。

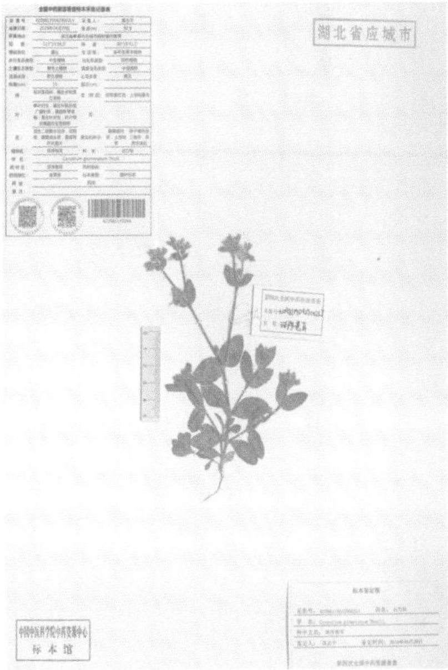

【生境】生于海拔 3000 m 以下的田野、路边、山坡、草丛中。应城境内多地均有分布，偶见。模式标本采自湖北省孝感市应城市杨岭镇何家塆，E113°25′06.5″，N30°59′41.5″。

【采收加工】3—6 月采收，鲜用或晒干备用。

【质地】全草长约 26 cm，密生茸毛。茎纤细，下部红褐色，上部绿色。叶对生，完整叶椭圆形或卵形，长 1 ～ 2 cm，宽 5 ～ 12 mm，主脉突出。茎顶端有二歧聚伞花序；花小，白色。用手触摸有粗糙感。气微，味淡。

【性味归经】味甘、微苦，性凉；归肺、肝经。

【功能主治】清热利湿，凉血解毒；用于感冒发热，湿热泄泻，肠风下血，乳痈，疔疮，高血压。

【用法用量】内服：煎汤，15 ～ 30 g。外用：适量，捣敷；或煎水熏洗。

31. 石竹 *Dianthus chinensis* L.

【别名】兴安石竹、北石竹、钻叶石竹、蒙古石竹、丝叶石竹、高山石竹、辽东石竹。

【来源】石竹科石竹属石竹的干燥地上部分。

【植物形态】多年生草本，高 30 ～ 50 cm，全株无毛，带绿色。茎由根部生出，疏丛生，直立，上部分枝。叶片线状披针形，长 3 ～ 5 cm，宽 2 ～ 4 mm，先端渐尖，基部稍狭，全缘或有细齿，中脉较显。花单生于枝端或数花集成聚伞花序；花梗长 1 ～ 3 cm；苞片 4，卵形，先端长渐尖，长达花萼 1/2 以上，边缘膜质，有缘毛；花萼圆筒形，长 15 ～ 25 mm，直径 4 ～ 5 mm，有纵条纹，萼齿披针形，长约 5 mm，直伸，先端尖，有缘毛；花瓣长 16 ～ 18 mm，倒卵状三角形，长 13 ～ 15 mm，紫红色、粉红色、鲜红色或白色，先缘不整齐浅裂，喉部有斑纹，疏生髯毛状毛；雄蕊露出喉部外，花药蓝色；子房长圆形，花柱线形。蒴果圆筒形，包于宿存花萼内，先端 4 裂；种子黑色，扁圆形。花期 5—6 月，果期 7—9 月。

【生境】生于草原和山坡、草地。应城境内各地均有分布，一般见。模式标本采自湖北省孝感市应城市杨岭镇伍份村，E113°31′29″，N30°59′36″。

【采收加工】夏、秋季花果期采收，除去杂质，干燥备用。

【质地】茎圆柱形，上部有分枝，长 30 ～ 60 cm；表面淡绿色或黄绿色，光滑无毛，节明显，略膨大，断面中空。叶对生，多皱缩，叶片展平后呈条形至条状披针形。枝端具花及果实，花萼筒状，苞片长约为萼筒的 1/2；花瓣先端浅裂，卷曲。蒴果长筒形，与宿萼等长。种子细小，多数。气微，味淡。

【性味归经】味苦，性寒；归心、小肠经。

【功能主治】利尿通淋，活血通经；用于热淋，血淋，石淋，小便不通，淋沥涩痛，闭经瘀阻。

【用法用量】内服：煎汤，9 ～ 15 g。

32. 瞿麦 *Dianthus superbus* L.

【别名】野麦、十样景花、巨句麦。

【来源】石竹科石竹属瞿麦的干燥地上部分。

【植物形态】多年生草本，高 50 ~ 60 cm，有时更高。茎丛生，直立，绿色，无毛，上部分枝。叶片线状披针形，长 5 ~ 10 cm，宽 3 ~ 5 mm，先端锐尖，中脉特显，基部合生成鞘状，绿色，有时带粉绿色。花 1 或 2 朵生于枝端，有时顶下腋生；苞片 2 ~ 3 对，倒卵形，长 6 ~ 10 mm，约为花萼的 1/4，宽 4 ~ 5 mm，先端长尖；花萼圆筒形，长 2.5 ~ 3 cm，直径 3 ~ 6 mm，常染紫红色晕，萼齿披针形，长 4 ~ 5 mm；花瓣长 4 ~ 5 mm，爪长 1.5 ~ 3 cm，包于萼筒内，花瓣宽倒卵形，边缘繸裂至中部或中部以上，通常淡红色或带紫色，稀白色，喉部具丝毛状鳞片；雄蕊和花柱微外露。蒴果圆筒形，与宿存花萼等长或微长，先端 4 裂；种子扁卵圆形，长约 2 mm，黑色，有光泽。花期 6—9 月，果期 8—10 月。

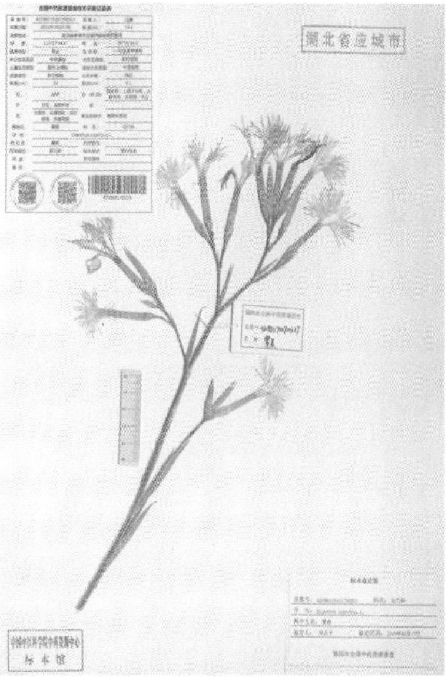

【生境】生于海拔 400 ~ 3700 m 的丘陵山地疏林下、林缘、草甸、沟谷溪边。应城境内各地均有分布，多见。模式标本采自湖北省孝感市应城市杨岭镇易家塆，E113°27′44.5″，N30°59′44.5″。

【采收加工】夏、秋季花果期采收，除去杂质，干燥备用。

【质地】茎圆柱形，上部有分枝，长 30 ~ 60 cm；表面淡绿色或黄绿色，光滑无毛，节明显，略膨大，断面中空。叶对生，多皱缩，展平后叶片呈条形至条状披针形。枝端具花及果实，花萼筒状；苞片 4 ~ 6，宽卵形，长约为萼筒的 1/4；花瓣棕紫色或棕黄色，卷曲，先端深裂成丝状。蒴果长筒形，与宿存花萼等长。

种子细小，多数。气微，味淡。

【性味归经】味苦，性寒；归心、小肠经。

【功能主治】利尿通淋，活血通经；用于热淋，血淋，石淋，小便不通，淋沥涩痛，闭经瘀阻。

【用法用量】内服：煎汤，9～15 g。

二十、苋科

33. 牛膝 *Achyranthes bidentata* Blume

【别名】牛磕膝、倒扣草、怀牛膝、对节草。

【来源】苋科牛膝属牛膝的干燥根。

【植物形态】多年生草本。根粗壮，圆柱形，土黄色。茎直立，可达 1 m，四棱形。叶椭圆状披针形，长 4～15 cm，宽 2～5 cm，先端渐尖，基部楔形，全缘，叶柄长 1～3 cm。穗状花序顶生或腋生，可达 15 cm，花黄绿色，苞片宽卵形，萼片 5，雄蕊 5。胞果长圆形，外有苞片。花期 5—8 月，果期 8—9 月。

【生境】生于山野路旁。应城境内各地均有分布，一般见。模式标本采自湖北省孝感市应城市杨岭镇金家垮，E113°28′48.92″，N30°59′47.41″。

【采收加工】冬季茎叶枯萎时采挖，除去须根和泥沙，捆成小把，晒至干皱后，将顶端切齐，晒干备用。

【质地】本品呈细长圆柱形，挺直或稍弯曲，长 15～70 cm，直径 0.4～1 cm。表面灰黄色或淡棕色，有微扭曲的细纵皱纹、排列稀疏的侧根痕和横长皮孔样的突起。质硬、脆，易折断，受潮后变软，断面平坦，淡棕色，略呈角质样而油润，中心维管束木质部较大，黄白色，其外周散有多数黄白色点状维管束，断续排列成 2 ～ 4 轮。气微，味微甜而稍苦涩。

【性味归经】味苦、甘、酸，性平；归肝、肾经。

【功能主治】逐瘀通经，补肝肾，强筋骨，利尿通淋，引血下行；用于闭经，痛经，腰膝酸痛，筋骨无力，淋证，水肿，头痛，眩晕，牙痛，口疮，吐血，衄血。

【用法用量】内服：煎汤，5 ～ 12 g。

34. 喜旱莲子草 *Alternanthera philoxeroides* (Mart.) Griseb.

【别名】空心莲子草、水花生、革命草、水蕹菜、空心苋、长梗满天星、空心莲子菜。

【来源】苋科莲子草属喜旱莲子草的全草。

【植物形态】多年生草本，长 50 ～ 120 cm。茎基部匍匐，着地节处生根，上部直立，中空，具分枝，幼茎及叶腋有白色或锈色柔毛，老时无毛。叶对生；叶柄长 3 ～ 10 mm；叶片倒卵形或倒卵状披针形，长 3 ～ 5 cm，宽 1 ～ 1.8 cm，先端圆钝，有芒尖，基部渐狭，全缘，上面有贴生毛，边有睫毛状毛。头状花序单生于叶腋，总花梗长 1 ～ 4 cm，苞片和小苞片干膜质，白色，宿存；花被片白色，长圆形；雄蕊 5；花丝基部合生成杯状，花药 1 室，退化雄蕊先端裂成窄条；子房 1 室，具短柄，有胚珠 1 个，柱头近无柄。花期 5—10 月。

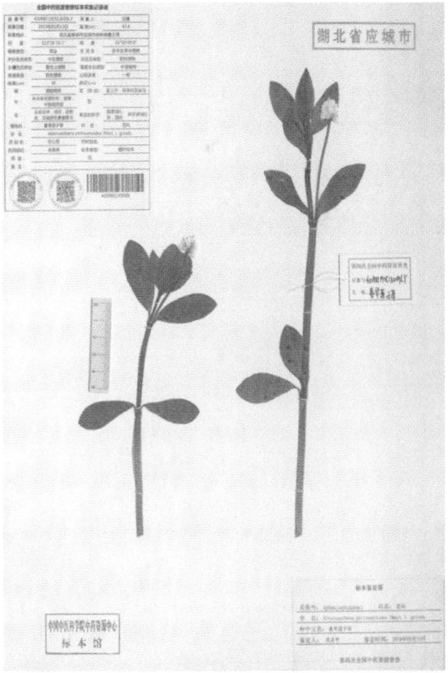

【生境】生于水沟、池塘及田野荒地等处。应城境内各地均有分布，一般见。模式标本采自湖北省孝感市应城市杨岭镇晏王塆，E113°26′10.1″，N31°00′09.9″。

【采收加工】春、夏、秋季均可采收，除去杂草，洗净，鲜用或晒干备用。

【质地】全草长短不一。茎扁圆柱形，直径 1 ～ 4 mm；有纵直条纹，有的两侧沟内疏生茸毛；表面灰绿色，微带紫红色；有的粗茎节处簇生棕褐色须状根；断面中空。叶对生，皱缩，展平后叶片呈长圆形、长圆状倒卵形或倒卵状披针形，基部楔形，全缘，绿黑色，两面均疏生短毛。偶见头状花序单生于叶腋，直径约 1 cm，具总花梗；花白色。气微，味微苦涩。

【性味归经】味苦、甘，性寒；归肺、肝、膀胱经。

【功能主治】清热凉血，解毒，利尿；用于咳血，尿血，感冒发热，麻疹，乙型脑炎，黄疸，淋浊，痄腮，湿疹，痈肿，疥疮，毒蛇咬伤。

【用法用量】内服：煎汤，30 ～ 60 g，鲜品加倍；或捣汁。外用：适量，捣敷；或捣汁涂。

35. 青葙 *Celosia argentea* L.

【别名】百日红、狗尾草。

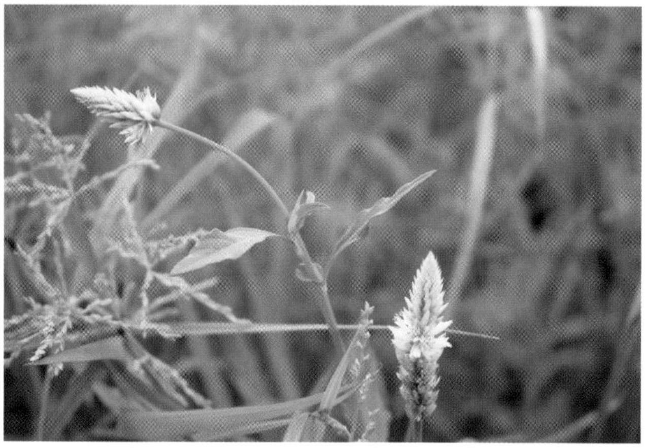

【来源】苋科青葙属青葙的干燥成熟种子、茎叶或根、花序。

【植物形态】一年生草本，高 30 ～ 100 cm。茎为单茎或有分枝，直立，全株光滑无毛。叶互生，披针形或卵形，长 4.5 ～ 15 cm，全缘，有柄。花顶生或腋生，穗状花序呈披针状或直立圆柱状，雌雄同株，花序长 5 ～ 8 cm，小花长 0.6 cm，花白色或紫红色，雄蕊 5 枚，基部合生成杯状，包进子房。果实为胞果球形，成熟后横裂，大小为 3 ～ 4 mm。种子黑色，有光泽，小粒，肾状圆形。花期 5—7 月，果期 8—9 月。

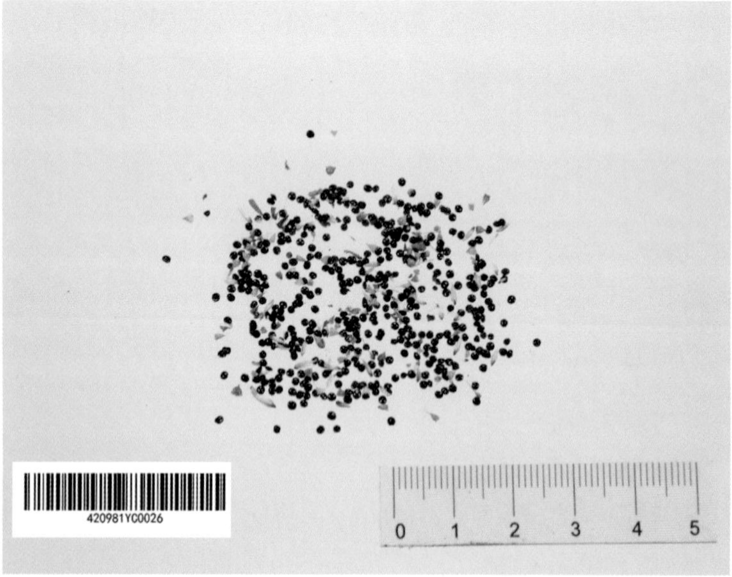

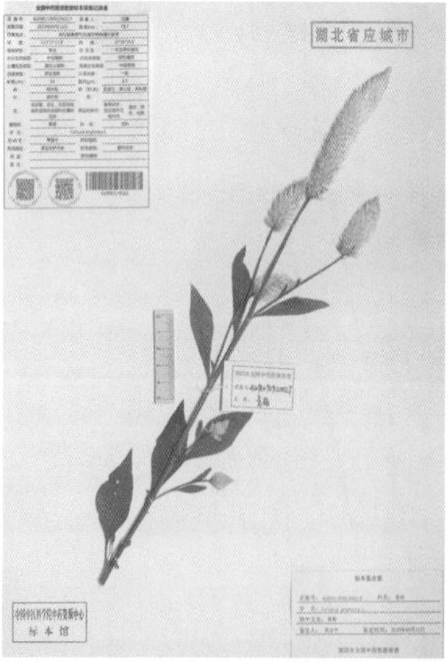

【生境】喜温暖环境，耐热，不耐寒。生于荒野、路边、山沟、河滩、沙丘等疏松的土壤中。应城境内各地均有分布，一般见。模式标本采自湖北省孝感市应城市杨岭镇叶家塆，E113°27′17.8″，N30°58′56.8″。

【采收加工】种子：秋季果实成熟时采收植株或摘取果穗，晒干，收集种子，除去杂质。茎叶或根：

夏季采收，鲜用或晒干备用。花序：7—8 月采收，晒干备用。

【质地】种子扁圆形，少数圆肾形，直径 1 ～ 1.5 mm；表面黑色或红黑色，有光泽，中间微隆起，侧边微凹处有种脐；种皮薄而脆；气微，味淡。穗状花序长 2.5 ～ 15 cm，卵状圆柱形或卵状球形，淡红色，花被长 0.7 ～ 0.9 cm，花柱较长，0.5 ～ 0.6 cm。

【性味归经】种子：味苦，性微寒；归肝经。茎叶或根：味苦，性寒；归肝、膀胱经。花序：味苦，性凉；归肝经。

【功能主治】种子：清肝泻火，明目退翳；用于肝热目赤，目生翳膜，视物昏花，肝火眩晕。茎叶或根：清热燥湿，杀虫止痒，凉血止血；用于湿热带下，小便不利，尿浊，泄泻，阴痒，疥疮，风瘙身痒，痔疮，衄血，创伤出血。花序：凉血止血，清肝除湿，明目；用于吐血，衄血，崩漏，赤痢，血淋，带下，目赤肿痛，目生翳膜。

【用法用量】种子：内服，煎汤，9 ～ 15 g。茎叶或根：内服，煎汤，10 ～ 15 g。外用：适量，捣敷；或煎水熏洗。花序：内服：煎汤，15 ～ 30 g，或炖猪肉等服；外用，适量，煎水洗。

36. 鸡冠花 *Celosia cristata* L.

【别名】鸡髻花、芦花鸡冠、笔鸡冠、小头鸡冠、凤尾鸡冠。

【来源】苋科青葙属鸡冠花的干燥花序。

【植物形态】一年生草本，高 20 ～ 90 cm。茎直立，粗壮，通常呈红色，有棱纹，无毛。叶互生，卵状长圆形，长 5 ～ 10 cm，宽 2 ～ 6 cm，先端渐尖或长尖，基部狭楔形，全缘。花序顶生，扁平鸡冠状，中部以下多花，花色多样而艳丽，有紫、红、淡红、黄或杂色；小花苞片 3，干膜质；花被片 5，披针形，长约 5 mm，先端渐尖或芒尖，干膜质而有光泽；雄蕊 5，花丝下部合生成杯状；子房上位，1 室；花柱细长，柱头 2 浅裂。胞果卵形，盖裂，有多粒扁圆形黑色种子。花期 8—10 月，果期 9—10 月。

【生境】喜温暖干燥气候，喜阳光，不耐涝。生于炎热而干燥的土壤中。应城境内各地均有分布，偶见。模式标本采自湖北省孝感市应城市长荆大道陈塔村，E113°34′16″，N30°55′33″。

【采收加工】秋季花盛开时采收，晒干备用。

【质地】穗状花序，多扁平而肥厚，呈鸡冠状，长 8 ～ 25 cm，宽 5 ～ 20 cm，上缘宽，具皱褶，密生线状鳞片，下端渐窄，常残留扁平的茎；表面红色、紫红色或黄白色；中部以下密生多数小花，每花宿存的苞片和花被片均呈膜质；果实盖裂，种子扁圆肾形，黑色，有光泽；体轻，质柔韧；气微，味淡。

【性味归经】味甘、涩，性凉；归肝、大肠经。

【功能主治】收敛止血，止带，止痢；用于吐血，崩漏，便血，痔血，赤白带下，久痢不止。

【用法用量】内服：煎汤，6 ～ 12 g。

37. 千日红 *Gomphrena globosa* L.

【别名】百日红、火球花。

【来源】苋科千日红属千日红的花序或全草。

【植物形态】一年生草本，高 20 ～ 60 cm。全株密被白色长毛。茎粗壮，有分枝，枝略成四棱形，节部稍膨大。单叶对生；叶柄长 1 ～ 1.3 cm，上部叶几无柄，有灰色长柔毛；叶片纸质，长圆形至椭圆形，长 5 ～ 10 cm，宽 2 ～ 4 cm，先端钝或尖，基部楔形，两面有小斑点，边缘波状。头状花序球形或长圆形，通常单生于枝顶，有时 2 ～ 3 个花序并生，常紫红色，有时淡紫色或白色；总苞片 2 枚，叶状，每花基部有干膜质卵形苞片 1 枚，三角状披针形小苞片 2 枚，紫红色，背棱有明显细锯齿，花被片披针形，外面密被白色绵毛；花丝合生成管状，先端 5 裂；柱头 2，叉状分枝。胞果近球形。种子肾形，棕色，有光泽。花果期 6—9 月。

【生境】全国大部分地区均有栽培。喜阳光，旱生。应城境内各地均有分布，偶见。模式标本采自湖北省孝感市应城市长荆大道陈塔村，E113°34′17″，N30°55′33″。

【采收加工】夏、秋季采摘花序或拔取全株，鲜用或晒干备用。

【质地】头状花序单生或 2 ～ 3 个并生，球形或长圆形，直径 2 ～ 2.5 cm；鲜时紫红色、淡红色或白色，干后棕色或棕红色；总苞片 2 枚，叶状；每花基部有膜质卵形苞片 1 枚，三角状披针形；小苞片 2 枚，紫红色，背棱有明显细锯齿；花被片 5，披针形，外面密被白色绵毛；干后花被片部分脱落；有时可见胞果，近球形，含细小种子 1 粒，种皮棕黑色，有光泽。气微，味淡。

【性味归经】味甘、微咸，性平；归肺、肝经。

【功能主治】止咳平喘，清肝明目，解毒；用于咳嗽，哮喘，小儿夜啼，目赤肿痛，肝热头晕，头痛，痢疾，疮疖。

【用法用量】内服：煎汤，花 3 ～ 9 g，全草 15 ～ 30 g。外用：适量，捣敷；或煎水洗。

二十一、木兰科

38. 玉兰 *Magnolia denudata* Desr.

【别名】白玉兰、木兰、望春花、应春花、玉堂春。

【来源】木兰科木兰属玉兰的干燥花蕾（辛夷）。

【植物形态】落叶乔木，高达 15 m。树冠卵形，分枝少，幼枝有毛。叶互生；叶柄长 1 ～ 2.5 cm，被柔毛；叶片倒卵形或倒卵状矩圆形，长 8 ～ 16 cm，宽 5 ～ 10 cm，先端阔而突尖，基部渐狭，全缘，上面绿色，脉上被疏毛，下面淡绿色，被灰白色柔毛；冬芽密生茸毛。花大，单生，先叶开放，杯状，直径 10 ～ 15 cm，白色，或外面紫色而内面白色；花梗粗短，密生黄褐色柔毛；花萼与花瓣相似，9 片，倒卵形或卵状矩圆形；雄蕊多数，花丝扁平；心皮多数，卵形，聚生于延长的花托上。果实圆筒形，长 7 ～ 10 cm。花期 2 月，果期 6—7 月。

【生境】喜阳光，稍耐阴。生于海拔 1200 m 以下的长绿阔叶树和落叶阔叶树混交林中，现庭园普遍栽培。应城境内各地均有分布，一般见。模式标本采自湖北省孝感市应城市杨岭镇晏王塆，E113°25′43.5″，N30°59′43.2″。

【采收加工】一般 2—3 月，齐花梗处剪下未开放的花蕾，白天置于阳光下暴晒，晚上堆成垛发汗，使内外干湿一致。晒至五成干时，堆放 1 ～ 2 天，再晒至全干。

【质地】花呈长卵形，似毛笔头，长 1.5 ～ 3 cm，直径 1 ～ 1.5 cm；基部枝梗较粗壮，皮孔浅棕色；

苞片外表面密被灰白色或灰绿色茸毛；花被片9，内外轮同型；雄蕊和雌蕊多数，螺旋状排列；体轻，质脆；气芳香，味辛、凉而稍苦。

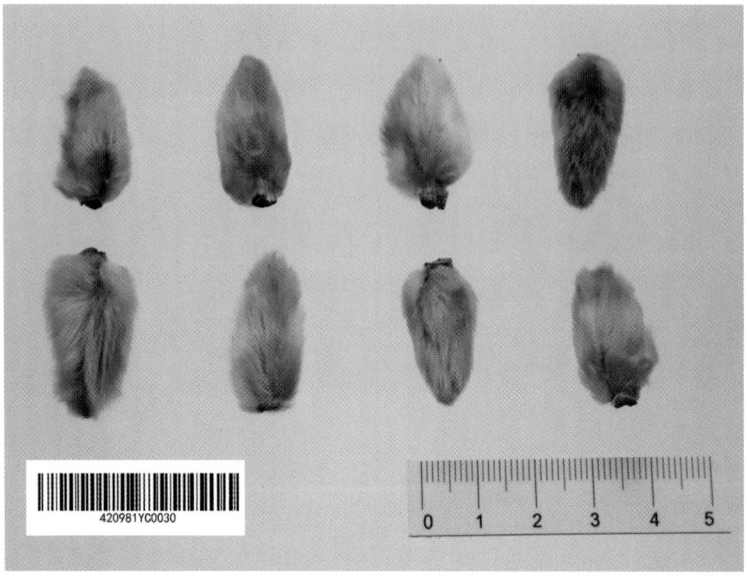

【性味归经】味辛，性温；归肺、胃经。

【功能主治】散风寒，通鼻窍；用于风寒头痛，鼻塞流涕。

【用法用量】内服：3～10 g，包煎。外用：适量。

二十二、樟科

39. 樟 *Cinnamomum camphora* (L.) Presl

【别名】香樟、芳樟、油樟、瑶人柴、栳樟、臭樟、乌樟。

【来源】樟科樟属樟的根、木材、树皮、树叶或枝叶、果实。

【植物形态】常绿大乔木，高可达30 m。树皮灰黄褐色，纵裂。枝、叶及木材均有樟脑气味，枝无毛。叶互生；叶柄细，长2～3 cm，无毛；叶片薄革质，卵形或卵状椭圆形，长6～12 cm，宽2.5～5.5 cm，先端急尖，基部宽楔形或近圆形，边缘全缘，有时呈微波状，上面绿色，有光泽，下面灰绿色，微有白粉，两面无毛，或下面幼时略被微柔毛，离基三出脉，侧脉及支脉脉腋在叶下面有明显腺窝，叶上面明显隆起，窝内常被柔毛。圆锥花序腋生，长3.5～7 cm，无毛，有时节上被白色或黄褐色微柔毛。花两性，长约3 mm，绿白色或黄绿色；花梗长1～2 mm，无毛；花被筒倒锥形，长约1 mm，花被裂片椭圆形，长约2 mm；能育雄蕊9，长约2 mm，花丝被短柔毛；退化雄蕊3，箭形，位于最内轮，长约1 mm，被短柔毛；子房球形，直径约1 mm，无毛，花柱长约1 mm。果实近球形或卵球形，直径6～8 mm，紫黑色；

果托杯状，长约 5 mm，先端平截，直径 4 mm，花期 4—5 月，果期 8—11 月。

【生境】生于山坡或沟谷，常栽培于低山平原。应城境内各地均有分布，一般见。模式标本采自湖北省孝感市应城市杨岭镇黄家么塆，E113°28′39.7″，N30°58′54.1″。

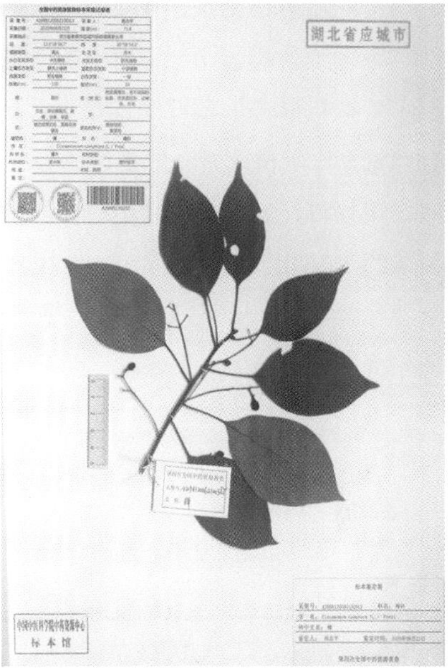

【采收加工】根：春、秋季采挖，洗净，切片，晒干备用，不宜火烘，以免香气挥发。木材：定植 5 ～ 6 年成材后，通常于冬季砍收树干，锯段，劈成小块，晒干备用。树皮：全年可采，剥取树皮，切段，鲜用或晒干备用。叶：3 月下旬前及 5 月上旬后含油多时采收，鲜用或晾干备用。果实：11—12 月采摘成熟果实，晒干备用。

【质地】根：横切或斜切的圆片，直径 4 ～ 10 cm，厚 2 ～ 5 mm，或为不规则条块状，外表赤棕色或暗棕色，有栓皮脱落，横断面黄白色或黄棕色，有年轮；质坚而重；有樟脑香气，味辛而清凉。木材：呈不规则的段或小块；外表红棕色至暗棕色，纹理顺直；横断面可见年轮；质重而硬；有强烈的樟脑香气，味辛而清凉。树皮：表面光滑，黄褐色、灰褐色，有樟脑香气；味辛、苦。果实：呈圆球形，直径 5 ～ 8 mm，棕黑色至紫黑色，表面皱缩不平，或有光泽，基部有时有宿存的花被管，果皮呈肉质而薄，内含大而黑色的种子 1 粒；气极香，味辛辣。

【性味归经】味辛，性温；归肝、脾经。

【功能主治】根：温中止痛，和中，祛湿；用于胃脘疼痛，霍乱吐泻，风湿痹痛，皮肤瘙痒等。木材：祛风散寒，温中理气，活血通络；用于风寒感冒，胃寒胀痛，寒湿吐泻，风湿痹痛，脚气，跌打损伤，疥癣风痒。树皮：祛风除湿，暖胃和中。叶：祛风除湿，杀虫解毒；用于风湿痹痛，胃痛，水火烫伤，疮痈肿毒，慢性下肢溃烂，疥癣，皮肤瘙痒，毒虫咬伤。果实：祛风散寒，温胃和中，理气止痛；用于脘腹冷痛，寒湿吐泻，气滞腹胀，脚气。

【用法用量】根：内服，煎汤，3 ～ 10 g，或研末调服；外用，适量，煎水洗。木材：内服，煎汤，10 ～ 20 g，研末，3 ～ 6 g，或泡酒饮；外用，适量，煎水洗。树皮：内服，煎汤，10 ～ 15 g，或浸酒；外用，适量，煎水洗。叶：内服，煎汤，3 ～ 10 g，或捣汁，或研末；外用，适量，煎水洗，或捣敷。果实：

内服，煎汤，10 ～ 15 g；外用，适量，煎水洗，或研末调敷。

40. 山胡椒 *Lindera glauca* (Sieb. et Zucc.) Bl.

【别名】油金条、香叶子、野胡椒、假死柴、雷公子、牛筋树、药树。

【来源】樟科山胡椒属山胡椒的根、叶、果实。

【植物形态】落叶灌木或小乔木，高达 8 m。小枝灰色或灰白色，幼时淡黄色，初被褐色毛；冬芽长角锥形，芽鳞无脊。叶宽椭圆形、椭圆形、倒卵形或窄倒卵形，长 4 ～ 9 cm，下面被白色柔毛，侧脉 (4)5 ～ 6 对；翌年新叶发出时落叶。伞形花序从混合芽生出，梗长不及 3 mm，具 3 ～ 8 朵花；雄花花梗长约 1.2 cm，密被白柔毛，花被片椭圆形，脊部被柔毛，雄蕊 9，第 3 轮花丝基部具 2 个宽肾形腺体；雌花花梗长 3 ～ 6 mm，花被片椭圆形或倒卵形，柱头盘状；退化雄蕊线形，第 3 轮花丝基部具 2 个有柄不规则肾形腺体。果球形，黑褐色，直径约 6 mm；果柄长 1 ～ 1.5 cm。花期 3—4 月，果期 7—8 月。

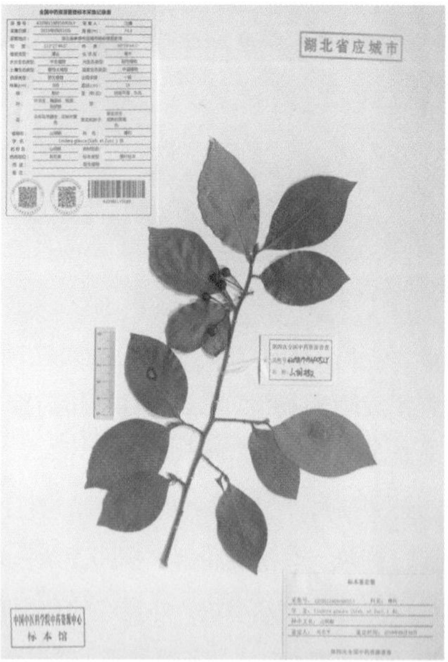

【生境】生于海拔 900 m 以下山坡、林缘、路旁。应城境内各地均有分布，一般见。模式标本采自湖北省孝感市应城市杨岭镇易家塆，E113°27′44.5″，N30°59′44.5″。

【采收加工】根和叶：7—9 月采收，鲜用或晒干备用。果：9—11 月果实成熟时采收，晒干备用。

【质地】根：呈长圆柱形，表面棕褐色，栓皮粗糙，易脱落；质坚硬，难折断；断面皮部褐色，木部黄白色。叶：纸质，呈宽椭圆形、椭圆形、倒卵形或窄倒卵形，上面淡绿色，下面灰白色，被白色柔毛。果实：黑褐色。气微，味辛。

【性味归经】根：味辛、苦，性温；归肝经。叶：味苦、辛，性微寒；归膀胱、肝经。果实：味辛，性温；归肺经。

【功能主治】根：祛风通络，利湿消肿，化痰止咳；用于风湿痹痛，跌打损伤，胃脘疼痛，支气管炎，水肿，外用治疮痈肿痛，水火烫伤。叶：解毒消疮，祛风止痛，止痒，止血；用于疮疡肿毒，风湿痹痛，跌打损伤，外伤出血，皮肤瘙痒，蛇虫咬伤。果实：温中散寒，行气止痛，平喘；用于脘腹冷痛，胸满痞闷，哮喘。

【用法用量】根：内服，煎汤，15 ~ 30 g，或浸酒；外用，适量，煎水熏洗，或鲜品绞汁搽。叶：内服，煎汤，10 ~ 15 g，或泡酒；外用，适量，捣敷或研末调敷。果实：内服，煎汤，3 ~ 15 g。

二十三、毛茛科

41. 威灵仙 *Clematis chinensis* Osbeck

【别名】铁脚威灵仙、铁脚灵仙、铁脚铁线莲、铁耙头。

【来源】毛茛科铁线莲属威灵仙的干燥根和根茎。

【植物形态】木质藤本，长 3 ~ 10 m。根多数丛生，细长，外皮黑褐色。茎干后黑色，具明显条纹，幼时被白色细柔毛，老时脱落。叶对生，一回羽状复叶，小叶 5 有时 3 或 7；小叶片纸质，窄卵形、卵形、卵状披针形或线状披针形，长 1.5 ~ 10 cm，宽 1 ~ 7 cm，先端锐尖或渐尖，基部圆形、宽楔形或浅心形，全缘，两面近无毛，或下面疏生短柔毛，主脉 3 条；叶柄长 4.5 ~ 6.5 cm。圆锥状聚伞花序，多花，腋生或顶生；花两性，直径 1 ~ 2 cm；苞片叶状；萼片 4，有时 5，长圆形或圆状倒卵形，长 0.5 ~ 1.5 cm，宽 1.5 ~ 3 mm，开展，白色，先端常突尖，外面边缘密生茸毛或中间有短柔毛；无花瓣；雄蕊多数，不等长，无毛；雌蕊 4 ~ 6，心皮分离，子房及花柱上密生白色毛。心皮多数，有柔毛。瘦果扁，卵形，长 3 ~ 7 mm，疏生紧贴的柔毛，宿存花柱白色羽毛状，长 2 ~ 5 cm。花期 6—9 月，果期 8—11 月。

【生境】生于山坡、山谷或灌丛中。应城境内各地均有分布，一般见。模式标本采自湖北省孝感市应城市杨岭镇赵四塆，E113°27′34″，N30°59′31.8″。

【采收加工】秋季采挖，除去泥沙，晒干备用。

【质地】根茎呈柱状，长 1.5 ~ 10 cm，直径 0.3 ~ 1.5 cm；表面淡棕黄色；顶端残留茎基；质较坚韧，断面纤维性；下侧着生多数细根。根呈细长圆柱形，稍弯曲，长 7 ~ 15 cm，直径 0.1 ~ 0.3 cm；表面黑褐色，有细纵纹，有的皮部脱落，露出黄白色木部；质硬、脆，易折断，断面皮部较大，木部淡黄色，略呈方形，皮部与木部间常有裂隙。气微，味淡。

【性味归经】味辛、咸，性温；归膀胱经。

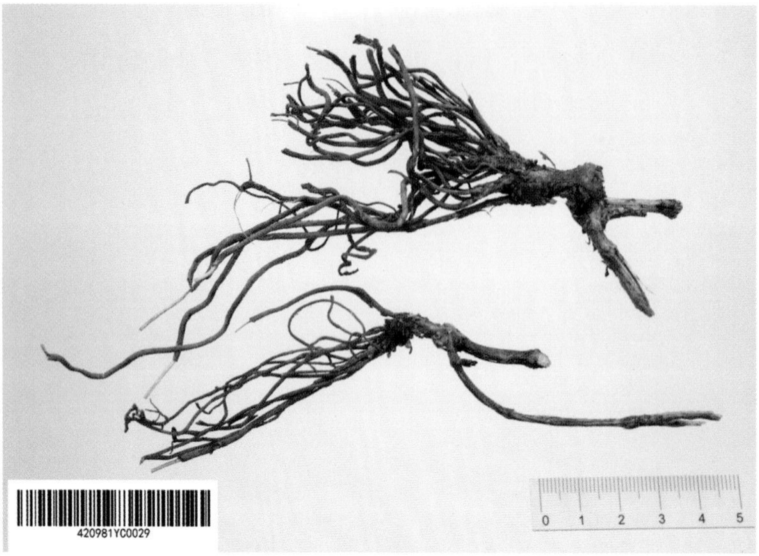

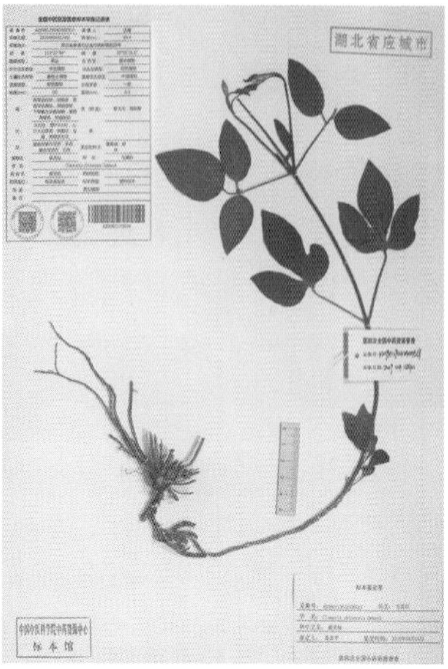

【功能主治】祛风湿，通经络；用于风湿痹痛，肢体麻木，筋脉拘挛，屈伸不利。

【用法用量】6 ~ 10 g。

42. 毛茛 *Ranunculus japonicus* Thunb.

【别名】鱼疔草、鸭脚板、野芹菜、山辣椒、毛芹菜、起泡菜、烂肺草。

【来源】毛茛科毛茛属毛茛的全草及根、果实。

【植物形态】多年生草本。根茎短；茎中空，高达 65 cm，下部及叶柄被开展的糙毛。基生叶数枚，心状五角形，3 深裂，中裂片楔状菱形或菱形，3 浅裂，具不等牙齿，侧裂片斜扇形，不等 2 裂，茎生叶渐小。花序顶生，3 ~ 15 花，萼片 5，卵形，花瓣 5，倒卵形；雄蕊多数，花柱宿存。瘦果扁，斜宽倒卵圆形，具窄边。

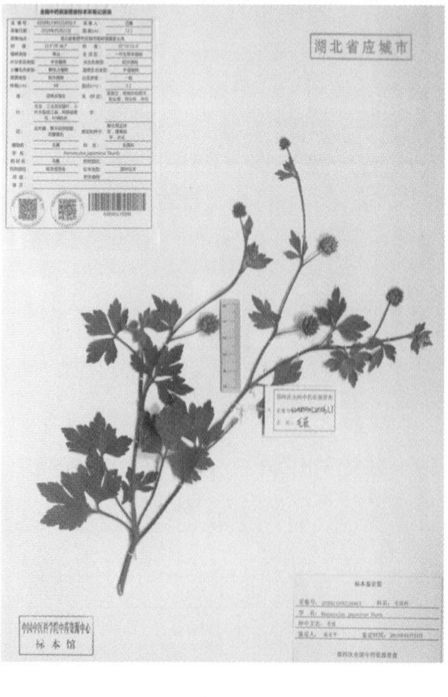

【生境】喜温暖湿润气候。生于田野、湿地、河岸、沟边及阴湿的草丛中。应城境内各地均有分布，一般见。模式标本采自湖北省孝感市应城市杨岭镇黄家么塆，E113°28′38.7″，N30°59′02.4″。

【采收加工】全草及根：一般栽培 10 个月左右，在夏末秋初，即 7—8 月采收全草及根，阴干，鲜用可随采随用。果实：夏季采收，鲜用或阴干备用。

【质地】全草为不规则的段。根茎疙瘩状，残存须根棕黄色。茎圆柱形，稍扁，黄绿色，断面中空。叶多皱缩或破碎，绿褐色，叶背面棕黄色。聚合果球形。味辛，微苦。

【性味归经】全草及根：味辛，性温；有毒；归肝、心经。果：味辛，性温；有毒；归肝、心经。

【功能主治】全草及根：退黄，定喘，截疟，镇痛，消翳；用于黄疸，哮喘，疟疾，偏头痛，牙痛，鹤膝风，风湿性关节炎，目生翳膜，瘰疬，疮痈肿毒。果实：散寒，止血，截疟；用于胃腹冷痛，外伤出血，疟疾。

【用法用量】全草及根：外用，适量，捣敷患处或穴位，局部发赤起泡时取出，或煎水洗。果：内服，煎汤，3 ～ 9 g，或泡酒；外用，适量，捣敷。

43. 石龙芮 *Ranunculus sceleratus* L.

【别名】黄花菜。

【来源】毛茛科毛茛属石龙芮的全草或果实。

【植物形态】一年生草本。茎高达 75 cm，无毛或疏被柔毛。基生叶 5 ～ 13，叶五角形、肾形或宽卵形，长 1 ～ 4 cm，宽 1.5 ～ 5 cm，基部心形，3 深裂，中裂片楔形或菱形，3 浅裂，小裂片具 1 ～ 2 钝齿或全缘，侧裂片斜倒卵形，不等 2 裂，两面无毛或下面疏被柔毛，叶柄长 1.2 ～ 15 cm；茎生叶渐小。花托被柔毛或无毛；萼片 5，卵状椭圆形，长 2 ～ 3 mm；花瓣 5，倒卵形，长 2.2 ～ 4.5 mm；雄蕊 10 ～ 19。瘦果斜倒卵圆形，长约 1 mm，无毛；宿存柱头长约 0.1 mm。

【生境】生于平原湿地或河沟边。应城境内各地均有分布，一般见。模式标本采自湖北省孝感市应城市杨岭镇黄家湾，E113°28′39.7″，N30°58′54.1″。

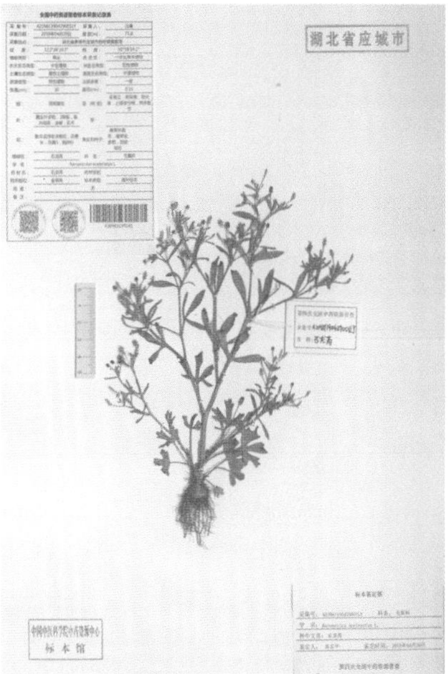

【采收加工】全草：在开花末期 5 月左右采收全草，洗净，鲜用或阴干备用。果实：夏季采收，除去杂质，晒干备用。

【质地】本品叶质较软，茎质较硬，具多数节，较多分支，近似无毛，须根簇生。聚伞花序，花梗长，花瓣 5。瘦果多数，卵圆形，无毛。

【性味归经】全草：味苦、辛，性平；归心、肺经。果：味苦，性平；归心经。

【功能主治】全草：清热解毒，消肿散结，止痛，截疟；用于痈疖肿毒，毒蛇咬伤，瘰疬痰核，风湿性关节肿痛，牙痛，疟疾。果实：和胃，益肾，明目，祛风湿；用于心腹烦满，肾虚遗精，阳痿阴冷，风寒湿痹。

【用法用量】全草：内服，煎汤，干品 3 ～ 9 g，或炒研为散服，每次 1 ～ 1.5 g；外用，适量，捣敷，或煎膏涂患处及穴位。果实：内服，煎汤，3 ～ 9 g。

44. 猫爪草 *Ranunculus ternatus* Thunb.

【别名】小毛茛。

【来源】毛茛科毛茛属小毛茛的干燥块根。

【植物形态】一年生草本。小块根卵球形或纺锤形。茎高达 18 cm，疏被柔毛。基生叶 5 ～ 10，单叶或三出复叶，叶长达 1.5 cm，宽达 2.4 cm，小叶菱形，2 ～ 3 浅裂或多次深裂，单叶五角形或宽卵形，3 浅裂至 3 全裂，叶柄长 2 ～ 6 cm；茎生叶较小，无柄，3 全裂，裂片线形。单花顶生；花托无毛；萼片 5，卵形或宽卵形，长 3 ～ 4 mm；花瓣 5，倒卵形，长 5.5 ～ 7 mm；雄蕊多数。瘦果卵球形，长 1 ～ 1.2 mm，无毛；宿存花柱长约 0.2 mm。

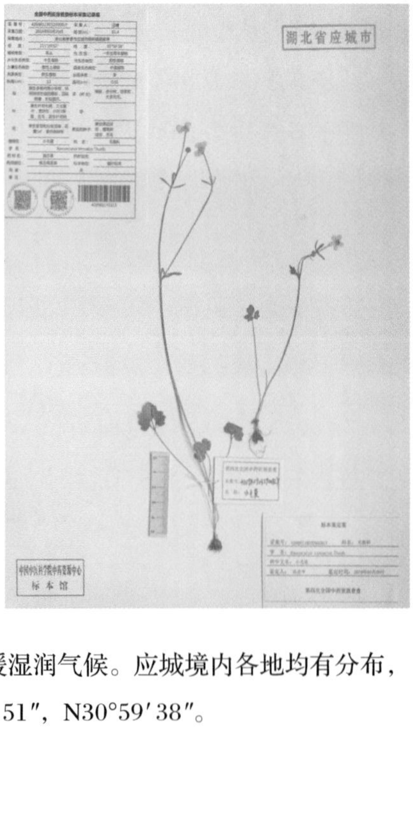

【生境】生于丘陵、旱坡、田埂、路旁、荒地阴湿处。喜温暖湿润气候。应城境内各地均有分布，多见。模式标本采自湖北省孝感市应城市杨岭镇杨家湾，E113°29′51″，N30°59′38″。

【采收加工】春季采挖，除去须根和泥沙，晒干备用。

【质地】本品由数个至数十个纺锤形的块根簇生形成，形似猫爪，长 3 ～ 10 mm，直径 2 ～ 3 mm，顶端有黄褐色残茎或茎痕；表面黄褐色或灰黄色，久存色泽变深，微有纵皱纹，并有点状须根痕和残留须根；质坚实，断面类白色或黄白色，空心或实心，粉性。气微，味微甘。

【性味归经】味甘、辛，性温；归肝、肺经。

【功能主治】化痰散结，解毒消肿；用于瘰疬痰核，疮痈肿毒，蛇虫咬伤。

【用法用量】内服，煎汤，15 ～ 30 g，单味药可用至 120 g。

45. 天葵 *Semiaquilegia adoxoides* (DC.) Makino

【别名】紫背天葵、雷丸草、夏无踪、小乌头、老鼠屎草、旱铜钱草。

【来源】毛茛科天葵属天葵的全草或块根。

【植物形态】块根外皮棕黑色。茎细弱，高 10 ～ 30 cm，疏生短柔毛。基生叶为三出复叶；小叶片扇状菱形或倒卵状菱形，长 0.5 ～ 3 cm，宽 1 ～ 3 cm，3 深裂或近全裂，裂片顶端有缺刻状锯齿；小叶柄长约 3 cm。花小，直径约 5 mm；萼片白色，带淡紫色，狭椭圆形，长 4 ～ 6 mm；花瓣淡黄色，比萼片短，下部管状，基部有距。蓇葖果长 6 ～ 7 mm。

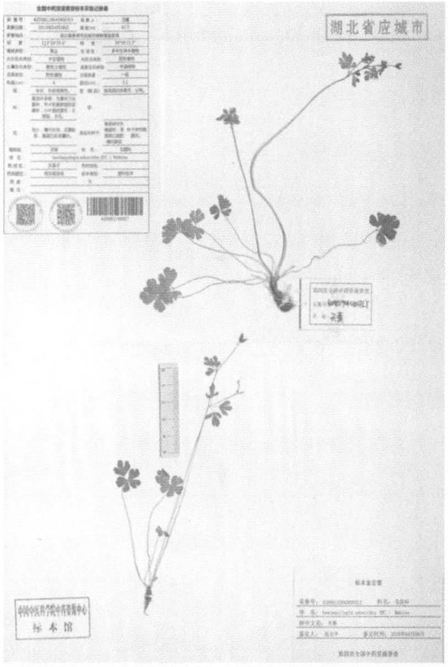

【生境】生于海拔 100 ～ 1050 m 的疏林下、路旁或山谷地的较阴处。应城境内各地均有分布，一般见。模式标本采自湖北省孝感市应城市杨岭镇金家塆，E113°24′39.4″，N30°59′11.7″。

【采收加工】全草：4—5 月采收，除去杂质，洗净，晒干备用。块根：夏初采挖，洗净，除去须根，干燥备用。

【质地】块根肉质，外皮棕黑色，有须状支根。茎纤细，被白色细柔毛。基生叶为三出复叶，具长柄，基部扩大成鞘状；小叶扇状菱形或倒卵状菱形，长 0.6 ～ 2.5 cm，3 深裂，黄绿色，下面常带紫色。茎生叶较细小，互生。单歧或二歧聚伞花序，花小，直径 4 ～ 6 mm；苞片小；花梗纤细，被短柔毛；萼片常带淡紫色；花瓣匙形。蓇葖果卵状长椭圆形，长 6 ～ 7 mm，表面具凸起横向脉纹。种子椭圆形，褐色，长约 1 mm。气微，味微甘、苦。块根呈不规则短柱状、纺锤状或块状，略弯曲，长 1 ～ 3 cm，直径 0.5 ～ 1 cm；表面暗褐色至灰黑色，具不规则的皱纹及须根或须根痕；顶端常有茎叶残基，外被数层黄褐色鞘状鳞片；质较软，易折断，断面皮部类白色，木部黄白色或黄棕色，略呈放射状；气微，味甘、微苦、辛。

【性味归经】全草：味甘，性寒；归心、膀胱经。块根：味甘、苦，性寒；归肝、胃经。

【功能主治】全草：消肿，解毒，利水；用于瘰疬，疝气，小便不利。块根：清热解毒，消肿散结；用于痈肿，疔疮，乳痈，瘰疬，蛇虫咬伤。

【用法用量】全草：内服，煎汤，9 ～ 15 g；外用，适量，捣敷。块根：内服，煎汤，9 ～ 15 g。

46. 芍药 *Paeonia lactiflora* Pall.

【别名】将离、离草、婪尾春、余容、犁食、没骨花、红药。

【来源】毛茛科芍药属芍药的干燥根。

【植物形态】多年生草本，高 50 ～ 80 cm。叶互生，有长柄；茎下部叶为二回三出羽状复叶，枝端为单叶；小叶狭卵形或椭圆形，边缘具小齿。花顶生且腋生；萼片 4，微紫红色；花瓣白色、粉红色或紫红色；雄蕊多数；心皮 4 或 5，无毛或密被白毛；蓇葖果卵形，先端外弯成钩状。花期 6 月，果期 8—9 月。

【生境】喜光，耐寒。生于山坡、山谷的灌丛或草丛中。应城境内各地均有分布，偶见。模式标本采自湖北省孝感市应城市城北雷山村，E113°32′37.5″，N30°58′34.6″。

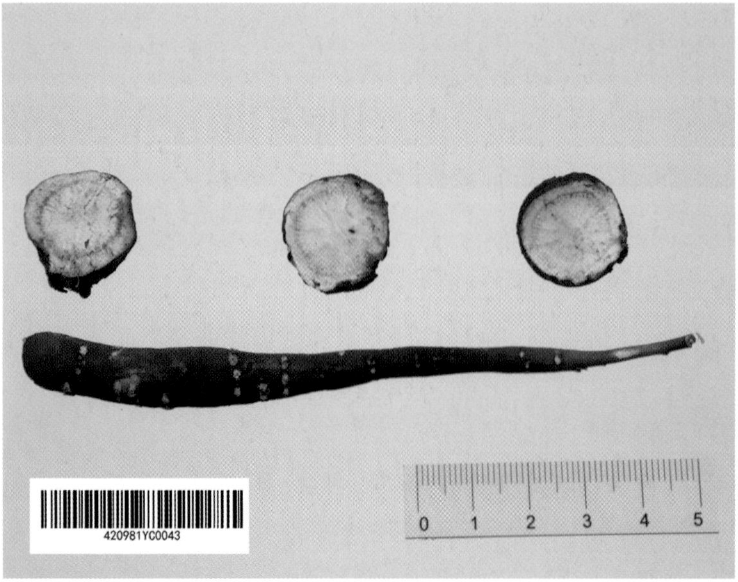

【采收加工】夏、秋季采挖已栽植 3 ～ 4 年的芍药根，除去根茎及须根，洗净，刮去粗皮，放沸水中略煮，使芍药根发软，捞出晒干备用。

【质地】本品呈圆柱形，平直或稍弯曲，两端平截，长 5 ～ 18 cm，直径 1 ～ 2.5 cm；表面类白色或淡棕红色，光洁或有纵皱纹及细根痕，偶有残存的棕褐色外皮；质坚实，不易折断，断面较平坦，类白色或微带棕红色，形成明显层环，呈放射状；气微，味微苦、酸。

【性味归经】味苦、酸，性微寒；归肝、脾经。

【功能主治】养血调经，敛阴止汗，柔肝止痛，平抑肝阳；用于血虚萎黄，月经不调，自汗，盗汗，胁痛，腹痛，四肢挛痛，头痛眩晕。

【用法用量】6 ～ 15 g。

47. 牡丹 *Paeonia suffruticosa* Andr.

【别名】鼠姑、鹿韭、白茸、木芍药、百雨金、洛阳花、富贵花。

【来源】毛茛科芍药属牡丹的根皮。

【植物形态】落叶灌木。二回三出复叶，顶生小叶可长达 10 cm，裂片 3 浅裂或不裂，侧生小叶较小，斜卵形，上面绿色，下面有白粉，中脉有疏毛。花单生，萼片 5；花瓣 5，白色、紫红色或黄色，倒卵形，常为 2 浅裂；雄蕊多数；花盘杯状，紫红色；心皮 5，密生柔毛。蓇葖果卵形，密生黄褐色毛。花期 5—7 月，果期 7—8 月。

【生境】喜温暖、凉爽、干燥、阳光充足的环境。生于向阳及土壤肥沃的地方。应城境内各地均有分布，偶见。模式标本采自湖北省孝感市应城市城北雷山村，E113°32′37.5″，N30°58′34.6″。

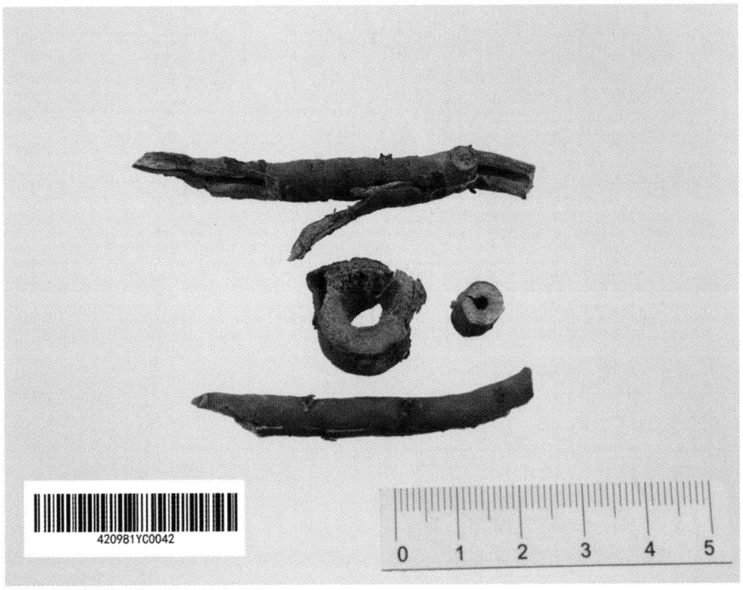

【采收加工】选择栽培 3 ～ 5 年的牡丹，于秋季或春初采挖，洗净泥土，除去须根及茎苗，剖取根皮，晒干备用；或刮去外皮后，再剖取根皮晒干备用。

【质地】本品呈筒状或半筒状，有纵剖开的裂缝，略向内卷曲或张开，长 5 ～ 20 cm，直径 0. 5 ～ 1.2 cm，厚 0. 1 ～ 0.4 cm；外表面灰褐色或黄褐色，有多数横长皮孔样突起和细根痕，栓皮脱落处粉红色；内表面淡灰黄色或浅棕色，有明显的细纵纹，常见发亮的结晶。质硬、脆，易折断，断面较平坦，淡粉红色，粉性。气芳香，味微苦而涩。

【性味归经】味苦、辛，性微寒；归心、肝、肾经。

【功能主治】清热凉血，活血化瘀；用于热入营血，温毒发斑，吐血，衄血，夜热早凉，无汗骨蒸，闭经痛经，跌打损伤，疮痈肿毒。

【用法用量】内服：煎汤，6 ～ 12 g。

二十四、防己科

48. 木防己 *Cocculus orbiculatus* (L.) DC.

【别名】牛木香、金锁匙、紫背金锁匙、百解薯、青藤根。

【来源】防己科木防己属木防己的根。

【植物形态】木质藤本。小枝被毛。叶片纸质至近革质，形状变异极大，边缘全缘至掌状 5 裂不等。聚伞花序具少花，腋生，或具多花组成狭窄聚伞圆锥花序，顶生或腋生，长达 10 cm，被柔毛；雄花具 1 或 2 小苞片，被柔毛；萼片 6，外轮卵形或椭圆状卵形，长 1 ～ 1.8 mm，内轮阔椭圆形或近圆形，长达 2.5 mm；花瓣 6，长 1 ～ 2 mm，下部边缘内折，包着花丝，先端 2 裂，裂片叉开；雄蕊 6，较花瓣短；雌花萼片及花瓣与雄花相同，退化雄蕊 6，微小，心皮 6。核果红色或紫红色，近球形，直径 7 ～ 8 mm；果核骨质，直径 5 ～ 6 mm，背部具小横肋状雕纹。

【生境】喜湿润的土壤，较耐干旱；喜温暖气候，较耐寒。生于灌丛、村边、林缘等处。应城境内各地均有分布，一般见。模式标本采自湖北省孝感市应城市杨岭镇白沙口，E113°24′ 17.7″，N31°00′ 17.2″。

【采收加工】9—10 月采收，刮去粗皮，切段，晒干备用。

【质地】根呈圆柱形，弯曲不直，稍呈连珠状突起；表面黑褐色，有深陷而扭曲的沟纹和少数横向的疤痕及支根痕，木部有放射状纹理和小孔；气微，味微苦。

【性味归经】味苦、辛，性寒；归膀胱、肾、脾经。

【功能主治】祛风除湿，通经活络，解毒消肿；用于风湿痹痛，水肿，小便淋痛，闭经，跌打损伤，咽喉肿痛，疮痈肿毒，湿疹，毒蛇咬伤。

【用法用量】内服：煎汤，5 ～ 10 g。外用：适量，煎水熏洗；或捣敷；或磨浓汁搽敷。

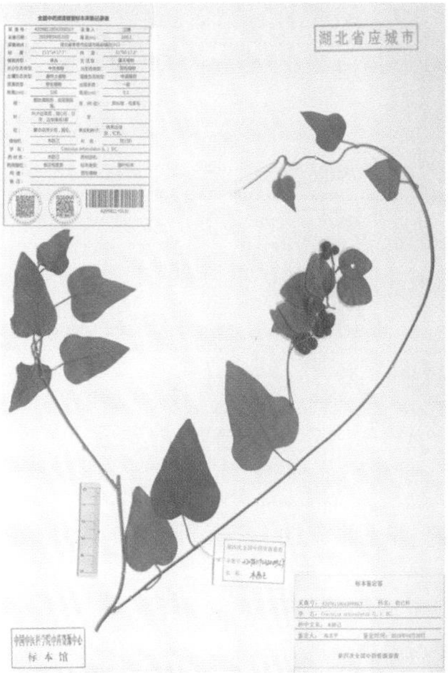

49. 千金藤 *Stephania japonica* (Thunb.) Miers

【别名】金线吊乌龟、公老鼠藤、野桃草、爆竹消、朝天药膏、合钹草、金丝荷叶、天膏药。

【来源】防己科千金藤属千金藤的根或茎叶。

【植物形态】稍木质藤本，全株无毛。根条状，褐黄色。小枝纤细。叶三角状近圆形或三角状宽卵形，长、宽 6 ～ 10 cm，先端具小突尖，基部常微圆，下面粉白，掌状脉 10 ～ 12 条；叶柄长 3 ～ 12 cm，盾状着生。复伞形聚伞花序腋生，伞梗 4 ～ 8，小聚伞花序近无梗，密集成头状。核果倒卵形或近球形，长约 8 mm，红色；果核背部具 2 行小横肋状雕纹，每行 8 ～ 10 条，小横肋常断裂，胎座迹不穿孔，稀具小孔。

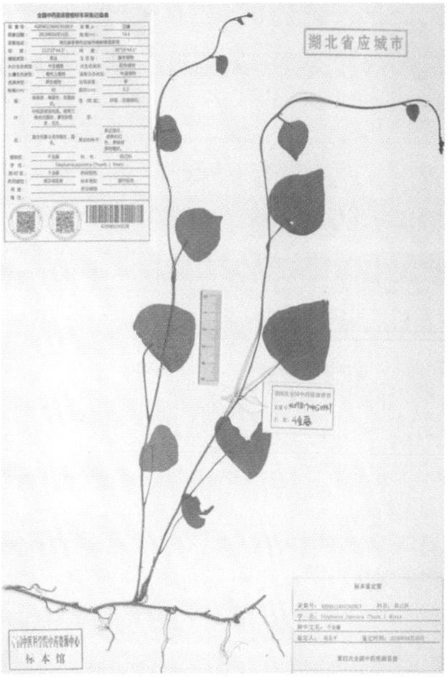

【生境】喜温暖气候，不耐严寒。生于山坡、路边、沟边、草丛或山地、丘陵地、灌丛中。应城境内各地均有分布，多见。模式标本采自湖北省孝感市应城市杨岭镇易家塆，E113°27′44.5″，N30°59′44.5″。

【采收加工】根：9—10 月采收，洗净，晒干备用；茎叶：7—8 月采收，晒干备用。

【质地】本品多呈片块状，直径 4 ～ 6 cm，厚 1.5 ～ 2 cm；外皮为棕褐色，质坚实，粉性较大。

【性味归经】味苦、辛，性寒；归肺、肝经。

【功能主治】清热解毒，祛风止痛，利水消肿；用于咽喉肿痛，痈肿，疮疖，毒蛇咬伤，风湿痹痛，胃痛，脚气，水肿。

【用法用量】内服：煎汤，9 ～ 15 g；或研末，每次 1 ～ 1.5 g，每日 2 ～ 3 次。外用：适量，研末撒；或鲜品捣敷。

二十五、睡莲科

50. 芡实 *Euryale ferox* Salisb. ex DC

【别名】湖南根、假莲藕、刺莲藕、鸡头荷、鸡头莲、鸡头米。

【来源】睡莲科芡属芡实的根、花茎、叶或干燥成熟种仁。

【植物形态】一年生大型水生草本。全株具尖刺。根茎粗壮而短，具白色须根及不明显的茎。初生叶沉水，箭形或椭圆状肾形，长 4 ～ 10 cm，两面无刺；叶柄无刺；后生叶浮于水面，椭圆状肾形至圆形，盾状，全缘，直径 10 ～ 130 cm，革质，上面深绿色，多皱褶，下面深紫色，有短柔毛，叶脉凸起，边缘向上折。叶柄及花梗粗壮，长可达 25 cm，有硬刺。花单生，昼开夜合，长约 5 cm；萼片 4，披针形，长 1 ～ 1.5 cm，内面紫色，外生硬刺；花瓣多数，长圆状披针形或披针形，长 1.5 ～ 2 cm，紫红色，成数轮排列；雄蕊多数；子房下位，心皮 8，柱头红色，成凹入的圆盘状，扁平。浆果球形，直径 3 ～ 5 cm，海绵质，暗紫红色，外生硬刺。种子球形，直径约 10 mm，黑色。花期 7—8 月，果期 8—9 月。

【生境】喜温暖阳光的环境。生于水田或池塘中。应城境内各地均有分布，少见。模式标本采自湖北省孝感市应城市义和镇张万湾，E113°30′57″，N30°46′49″。

【采收加工】根：9—10 月采收，晒干备用。花茎：7—9 月采收，晒干备用。叶：6—8 月采集，晒干备用。种仁：9—10 月果实成熟时采收，阴干备用。

【质地】叶柄长，密生刺，中空。叶片箭形、椭圆状肾形或近圆盾形，上面深绿色，多隆起及皱缩，叶脉分枝处多刺，下面深绿色或带紫色，掌状网脉明显凸起，脉上有刺，并密布茸毛。种仁呈类球形，多为破粒，完整者直径 5 ~ 8 mm；表面有棕红色或红褐色内种皮，一端黄白色，约占全体 1/3，有凹点状的种脐痕，除去内种皮显白色；质较硬，断面白色，粉性；气微，味淡。

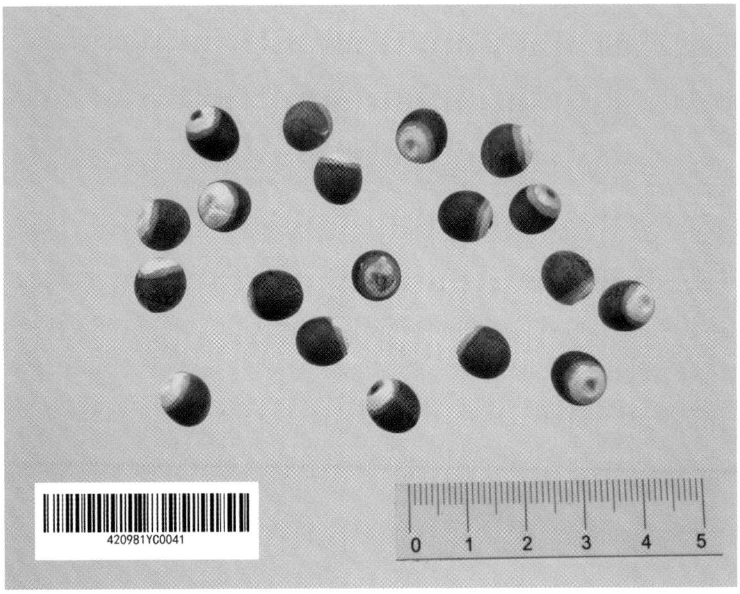

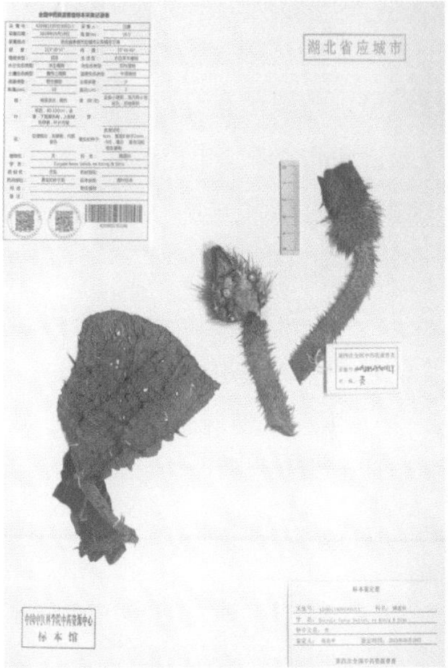

【性味归经】根：味咸、甘，性平；归肝、肾、脾经。花茎：味甘、咸，性平；归心、脾、胃经。叶：味苦、辛，性平；归肝经。种仁：味甘、涩，性平；归脾、肾经。

【功能主治】根：散结止痛，止带；用于疝气疼痛，带下，无名肿毒。花茎：清虚热，生津液；用于虚热烦渴，口干咽燥。叶：行气活血，祛瘀止血；用于吐血，便血，妇女产后胞衣不下。种仁：益肾固精，补脾止泻，除湿止带；用于遗精滑精，遗尿，尿频，脾虚久泻，白浊，带下。

【用法用量】根：内服，煎汤，30 ~ 60 g，或煮食；外用，适量，捣敷。花茎：内服，煎汤，15 ~ 30 g。叶：内服，煎汤，9 ~ 15 g，或烧存性研末，冲服。种仁：内服，煎汤，9 ~ 15 g。

51. 莲 *Nelumbo nucifera* Gaertn.

【别名】荷花、菡萏、芙蓉、芙蕖、莲花、碗莲、缸莲。

【来源】睡莲科莲属莲的根茎、叶柄或花柄、叶、花蕾、花托、雄蕊、成熟果实、种子、种皮、幼叶及胚根。

【植物形态】多年生水生草本。根茎横生，肥厚，节间膨大，内有多数纵行通气孔道，节部缢缩，上生黑色鳞片，下生须状不定根。节上生叶，露出水面；叶柄着生于叶背中央，粗壮，圆柱形，多刺；叶片圆形，盾状，直径 25 ~ 90 cm，全缘或稍呈波状，上面粉绿色，光滑，下面叶脉从中央射出，有 1 ~ 2 次叉状分枝。花单生于花梗顶端，花梗与叶柄等长或稍长，也散生小刺；花芳香，红色、粉红色或白色，直径 10 ~ 20 cm；花瓣矩圆状椭圆形至倒卵形，长 5 ~ 10 cm，宽 3 ~ 5 cm，由外向内渐小；雄蕊多数，花药条形，花丝细长，着生于花托下；心皮多数埋藏于膨大的花托内，子房椭圆形，花柱极短，柱头顶生。

花后结“莲蓬”，倒锥形，直径 5 ～ 10 cm，有小孔 20 ～ 30 个，每孔内含果实 1 枚；坚果椭圆形或卵形，长 1.5 ～ 2.5 cm，果皮革质，坚硬，成熟时黑褐色。种子卵形或椭圆形，长 1.2 ～ 1.7 cm，种皮红色或白色。花期 6—8 月，果期 8—10 月。

【生境】自生或栽培在池塘或水田内。应城境内各地均有分布，一般见。模式标本采自湖北省孝感市应城市杨岭镇晏王垮，E113°28′02″，N30°59′35″。

【采收加工】根茎：秋、冬季及春初采收，多鲜用。叶柄或花柄：6—9 月采取，用刀刮去刺，切段，鲜用或晒干备用。叶：6—9 月花未开放时采收，除去叶柄，晒至七八成干，对折成半圆形，晒干备用；夏季亦用鲜叶或初生嫩叶（荷钱）。花蕾：6—7 月采收含苞未放的大花蕾或将开放的花，阴干备用。花托：9—10 月果实成熟时，割下莲蓬，除去莲子及梗，晒干备用。雄蕊：夏季花开时选晴天采收，盖纸晒干或阴干备用。果实：当莲子成熟时，取出果实，晒干备用。种子：秋季果实成熟时采割莲房，取出果实，除去果皮，干燥备用。种皮：9—10 月果实成熟时，取出种子，剥皮，晒干备用。幼叶及胚根：将莲子剥开，取出绿色胚（莲心），晒干备用。

【质地】根茎：呈短圆柱形，中部稍膨大，长 2 ～ 4 cm，直径约 2 cm；表面灰黄色至灰棕色，有残存的须根和须根痕，偶见暗红棕色的鳞叶残基；两端有残留的藕，表面皱缩有纵纹；质硬，断面有多数类圆形的孔；气微，味微甘、涩。叶柄或花柄：近圆柱形，长 40 ～ 80 cm，直径 8 ～ 15 mm；表面棕黄色或黄褐色，有数条深浅不等的纵沟和细小的刺状突起；体轻，质脆，易折断，断面有大小不等的孔道；气微，味淡。叶：呈半圆形或折扇形，展开后呈类圆形，全缘或稍呈波状，直径 20 ～ 50 cm；上表面深绿色或黄绿色，较粗糙，下表面淡灰棕色，较光滑，有粗脉 21 ～ 22 条，自中心向四周射出，中心有凸起的叶柄残基；质脆，易破碎；稍有清香气，味微苦。花托：呈倒圆锥状或漏斗状，多撕裂，直径 5 ～ 8 cm，高 4.5 ～ 6 cm；表面灰棕色至紫棕色，具细纵纹和皱纹，顶面有多数圆形孔穴，基部有花梗残基；质疏松，破碎面海绵样，棕色；气微，味微涩。雄蕊：呈线形；花药扭转，纵裂，长 1.2 ～ 1.5 cm，直径约 0.1 cm，淡黄色或棕黄色；花丝纤细，稍弯曲，长 1.5 ～ 1.8 cm，淡紫色；气微香，味涩。果实：卵圆状椭圆形，两端略尖，长 1.5 ～ 2 cm，直径 0.8 ～ 1.3 cm；表面灰棕色至黑棕色，平滑，有白色粉霜，先端有圆孔状柱迹或有残留柱基，基部有果柄痕；质坚硬，不易破开，破开后内有 1 粒种子，卵形，种皮黄棕色或红棕色，不易剥离，子叶 2 枚，淡黄白色，粉性，中心有一暗绿色的莲心；气微，味微甘，胚芽苦。种子：呈椭圆形或类球形，长 1.2 ～ 1.7 cm，直径 0.8 ～ 1.4 cm；表面红棕色，有细纵纹和较宽的脉纹；一端中心呈乳头状突起，棕褐色，多有裂口，其周边略下陷；质硬，种皮薄，不易剥离；子叶 2 枚，肥厚，中有空隙，具绿色莲心，或底部具有一小孔，不具莲心；气微，味甘、微涩；莲心味苦。幼叶及胚根：呈细圆柱形，长 1 ～ 1.4 cm，直径约 0.2 cm；幼叶绿色，一长一短，卷成箭形，先端向下反折，两幼叶间可见细小胚芽；胚根圆柱形，长约 3 mm，黄白色；质脆，易折断，断面有数个小孔；气微，味苦。

【性味归经】根茎：味甘、涩，性平；归肝、肺、胃经。叶柄或花柄：味微苦，性平；归脾、膀胱经。叶：味苦，性平；归肝、脾、胃经。花蕾：味苦、甘，性温；归心、肝经。花托：味苦、涩，性温；归肝经。雄蕊：

味甘、涩，性平；归心、肾经。果实：味甘、涩、微苦，性平；归脾、心经。种子：味甘、涩，性平；归脾、肾、心经。种皮：味涩、微苦，性平；归心、脾经。幼叶及胚根：味苦，性寒；归心、肾经。

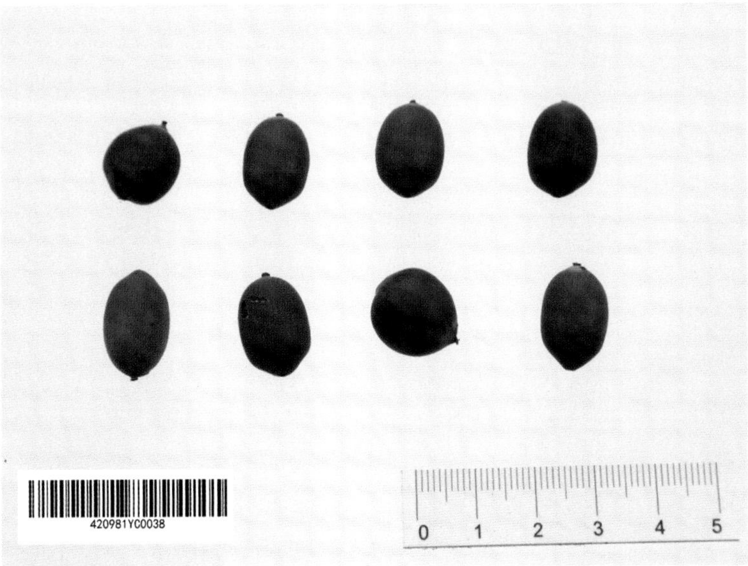

【功能主治】根茎：收敛止血，化瘀；用于吐血，咯血，衄血，尿血，崩漏。叶柄或花柄：清热解暑，通气行水；用于暑湿胸闷，泄泻，痢疾，淋病，带下。叶：清暑化湿，升发清阳，凉血止血；用于暑热烦渴，暑湿泄泻，脾虚泄泻，血热吐衄，便血崩漏。荷叶炭：收涩，化瘀，止血；用于出血症和产后血晕。花蕾：祛湿，止血；用于跌损呕血，天疱疮。花托：化瘀止血；用于崩漏，尿血，痔疮出血，产后瘀阻，恶露不尽。雄蕊：固肾涩精；用于遗精滑精，带下，尿频。果实：清湿热，开胃进食，清心宁神，涩精止泻；用于噤口痢，呕吐不食，心烦失眠，遗精，尿浊，带下。种子：补脾止泻，止带，益肾涩精，养心安神；用于脾虚泄泻，带下，遗精，心悸失眠。种皮：收涩止血；用于吐血，衄血，下血。幼叶及胚根：清心安神，交通心肾，涩精止血；用于热入心包，神昏谵语，心肾不交，失眠遗精，血热吐血。

【用法用量】根茎：内服，煎汤，9～15 g。柄：内服，煎汤，3～10 g。叶：内服，煎汤，3～10 g；荷叶炭：内服，煎汤，3～6 g。花蕾：内服，煎汤，3～4.5 g；外用，适量，捣敷患处。花托：内服，煎汤，5～10 g。雄蕊：内服，煎汤，3～5 g。果实：内服，煎汤，9～12 g。种子：内服，煎汤，6～15 g。种皮：内服，煎汤，1～2 g。幼叶及胚根：内服，煎汤，2～5 g。

二十六、三白草科

52. 蕺菜 *Houttuynia cordata* Thunb.

【别名】臭狗耳、狗腥草、臭草、侧耳根、鱼鳞草、鱼腥草。

【来源】三白草科蕺菜属蕺菜的新鲜全草或干燥地上部分。

【植物形态】一年生草本，高 30 ~ 60 cm，全株有腥臭味。茎下部伏地，节上轮生小根，上部直立，常呈紫红色，无毛或节上被毛。叶互生，薄纸质，有腺点，背面尤甚；托叶膜质，条形，长 1 ~ 2.5 cm，下部与叶柄合生为叶鞘，基部扩大，略抱茎；叶片卵形或宽卵形，长 4 ~ 10 cm，宽 2.5 ~ 6 cm，先端短渐尖，基部心形，全缘，上面绿色，背面常呈紫红色，两面脉上被柔毛，掌状叶脉 5 ~ 7 条；叶柄长 1 ~ 4 cm。花小，夏季开，无花被，排成与叶对生、长约 2 cm 的穗状花序；总苞片 4，生于总花梗之顶，白色，花瓣状，长 1 ~ 2 cm；雄蕊 3，花丝长，下部与子房合生；雌蕊 1，由 3 心皮组成，子房上位，花柱 3，分离。蒴果卵圆形，长 2 ~ 3 cm，先端开裂，具宿存花柱。种子多数，卵形。花期 5—6 月，果期 10—11 月。

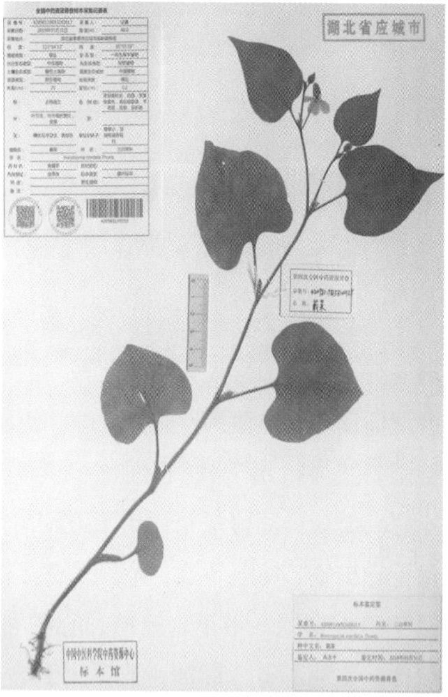

【生境】生于背阴山坡、村边田埂、河畔溪边及湿地草丛中。应城境内各地均有分布，偶见。模式标本采自湖北省孝感市应城市长荆大道陈塔村，E113°34′13″，N30°55′39″。

【采收加工】鲜品：全年均可采收。干品：夏季茎叶茂盛、花穗多时采收，除去杂质，晒干备用。

【质地】鲜品：茎呈圆柱形，长 20 ~ 45 cm，直径 0.25 ~ 0.45 cm，上部绿色或紫红色，下部白色，节明显，下部节上生有须根，无毛或被疏毛；叶互生，心形，长 3 ~ 10 cm，宽 3 ~ 11 cm，先端渐尖，全缘，上面绿色，密生腺点，下面常紫红色，叶柄细长，基部与托叶合生成叶鞘；穗状花序顶生；具鱼腥气，味涩。干品：茎呈扁圆柱形，扭曲，表面黄棕色，具纵棱数条，质脆，易折断；叶片卷折皱缩，展平后呈心形，上面暗黄绿色至暗棕色，下面灰绿色或灰棕色；穗状花序黄棕色。

【性味归经】味辛，性微寒；归肺经。

【功能主治】清热解毒，消痈排脓，利尿通淋；用于肺痈吐脓，肺热喘咳，热痢，热淋，疮痈肿毒。

【用法用量】内服：煎汤，15 ～ 25 g，不宜久煎，鲜品用量加倍；或捣汁服。外用：适量，捣敷；或煎水熏洗。

二十七、马兜铃科

53. 马兜铃 *Aristolochia debilis* Sieb. et Zucc.

【别名】水马香果、蛇参果。

【来源】马兜铃科马兜铃属马兜铃的干燥地上部分、成熟果实或根。

【植物形态】草质藤本。根圆柱形。茎柔弱，无毛。叶互生，叶柄较细，长 1 ～ 2 cm，柔弱；叶片三角状狭卵形或长圆状卵形，长 3 ～ 6 cm，宽 1.5 ～ 3.5 cm，中部以上渐狭，先端钝圆或短渐尖，基部心形，两侧裂片圆形，老时质稍厚，基出脉 5 ～ 7 条，各级叶脉在两面均明显。花较大，单生于叶腋间，花梗细，长 1 ～ 1.5 cm；花被暗紫色，长 3 ～ 5 cm，内被细柔毛，有 5 条纵脉直达花被顶端；雄蕊 6；子房下位，长柱形，花柱 6，肉质短厚，愈合成柱体，柱头头短。蒴果近球形，长 4 ～ 5 cm，直径 3 ～ 4 cm，先端圆形而微凹，具 6 棱，成熟时沿室间开裂为 6 瓣，果梗长 2.5 ～ 5 cm，常撕裂成 6 条。种子扁平，钝三角形，边缘具白色膜质的宽翅。花期 7—8 月，果期 9—10 月。

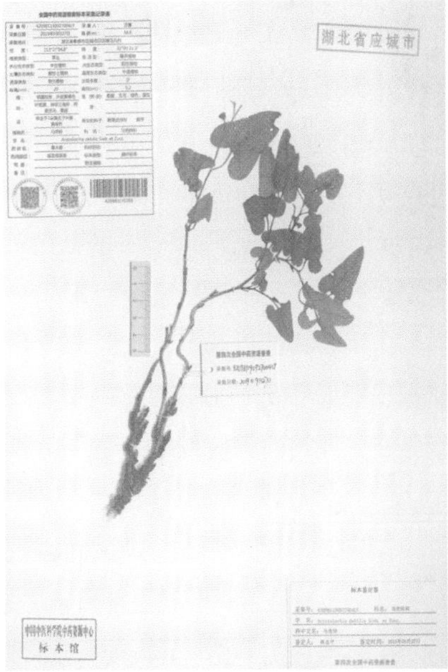

【生境】生于山谷、沟边阴湿处及山坡灌丛中，有栽培。应城境内各地均有分布，少见。模式标本采自湖北省孝感市应城市田店镇汪凡村，E113°27′04.8″，N31°00′21.3″。

【采收加工】全草：秋季采收，除去杂质，晒干备用。果实：秋季果实由绿变黄时采收，干燥备用。

根：10—12 月采收，切片，晒干备用。

【质地】茎：呈细长圆柱形，略扭曲，直径 1 ～ 3 mm；表面黄绿色或淡黄褐色，有纵棱及节，节间不等长；质脆，易折断，断面有数个大小不等的维管束。叶：互生，多皱缩、破碎，完整叶片展平后呈三角状狭卵形或三角状宽卵形，基部心形，暗绿色或淡黄褐色，基生叶脉明显，叶柄细长；气清香，味淡。果实：呈卵圆形；表面黄绿色、灰绿色或棕褐色，有纵棱线 12 条，由棱线分出多数横向平行的细脉纹；顶端平钝，基部有细长果梗；果皮轻而脆，易裂为 6 瓣，果梗也分裂为 6 条；果皮内表面平滑而带光泽，有较密的横向脉纹；果实分 6 室，每室种子多数，平叠整齐排列。种子扁平而薄，钝三角形或扇形，长 6 ～ 10 mm，宽 8 ～ 12 mm，边缘有翅，淡棕色；气特异，味微苦。根：呈圆柱形或扁圆柱形，略弯曲，长 3 ～ 15 cm，直径 0.5 ～ 1.5 cm；表面黄褐色或灰棕色，粗糙不平，有纵皱纹及须根痕；质脆，易折断，断面不平坦，皮部淡黄色，木部宽广，木质部淡黄色，呈放射状，导管孔明显，形成明显层环；香气特异，味苦。

【性味归经】全草：味苦，性温；归肝、脾、肾经。果实：味苦，性微寒；归肺、大肠经。根：味辛、苦，性寒；归肺、胃经。

【功能主治】全草：行气活血，通络止痛；用于脘腹刺痛，风湿痹痛。果实：清肺降气，止咳平喘，清肠消痔；用于肺热喘咳，痰中带血，肠热痔血，痔疮肿痛。根：平肝止痛，解毒消肿；用于眩晕头痛，胸腹胀痛，痈肿疔疮，蛇虫咬伤。

【用法用量】全草：内服，煎汤，3 ～ 6 g。果实：内服，煎汤，3 ～ 9 g。根：内服，煎汤，3 ～ 9 g，或研末 1.5 ～ 2 g；外用，适量，研末调敷，或磨汁搽。

54. 寻骨风 *Aristolochia mollissima* Hance

【别名】绵毛马兜铃。

【来源】马兜铃科马兜铃属寻骨风的地上部分。

【植物形态】多年生木质藤本。根细长，圆柱形。茎细长，具数条纵沟，嫩枝密被灰白色长绵毛。叶互生，叶柄长 1.5 ～ 4 cm，叶片卵形或卵圆状心形，长 3 ～ 10 cm，宽 3 ～ 7.5 cm，先端尖或钝，基部心形，全缘，两面密生绵毛，尤以下面密厚。花单生于叶腋，花梗长 2 ～ 4 cm，直立或近顶端向下弯；苞片 1，卵圆形，长约 5 mm；花被弯曲，上端烟斗状，内侧黄色，中央紫色；雄蕊 6，花药成对贴生于合蕊柱近基部；雌蕊子房下位，圆柱形，密被白色长绵毛，6 室，花柱先端 6 裂；子房圆柱形，密被白色长绵毛；合蕊柱裂片先端钝圆，边缘向下延伸，并具乳头状突起。蒴果椭圆状倒卵形，具 6 条呈波状或扭曲的棱或翅，毛常脱落，成熟时自先端向下 6 瓣开裂。种子扁平。花期 6—8 月，果期 9—10 月。

【生境】生于山坡、草丛和沟边路旁，有栽培。应城境内各地均有分布，一般见。模式标本采自湖北省孝感市应城市杨岭镇白沙口，E113°24′17.7″，N31°00′17.2″。

【采收加工】5 月开花前采收，连根挖出，除去泥土等杂质，洗净，切段，晒干备用。

【质地】根茎细长圆柱形，多分枝；表面棕黄色，有纵向纹理；质韧而硬，断面黄白色。叶展平后呈卵状心形，先端钝圆或短尖，两面密被白绵毛，全缘；气微香，味苦、辛。

【性味归经】味辛、苦，性平；归肝经。

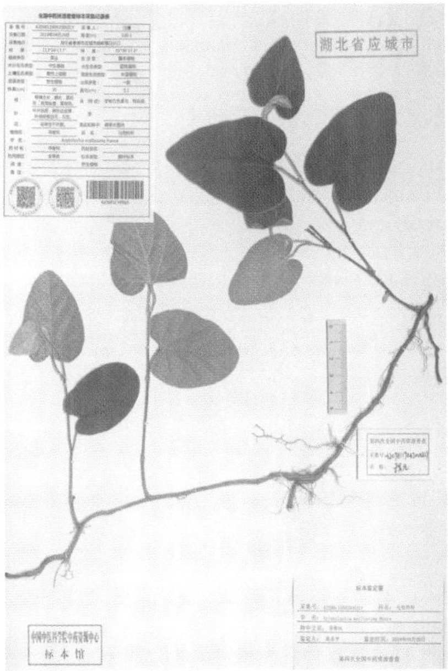

【功能主治】祛风除湿，通络止痛；用于风湿痹痛，肢体麻木，筋骨拘挛，脘腹疼痛，睾丸肿痛，跌打损伤，乳痈。

【用法用量】内服：煎汤，10 ～ 20 g；或浸酒。

二十八、山茶科

55. 油茶 *Camellia oleifera* Abel.

【别名】野油茶、山油茶、单籽油茶。

【来源】山茶科山茶属油茶的根或根皮、叶、花或种子。

【植物形态】常绿灌木或小乔木，高 3 ～ 4 m，稀达 8 m。树皮淡黄褐色，平滑不裂；小枝微被短柔毛。单叶互生；叶柄长 4 ～ 7 mm，有毛；叶片厚革质，卵状椭圆形或卵形，长 3.5 ～ 9 cm，宽 1.8 ～ 4.2 cm，先端钝尖，基部楔形，边缘具细锯齿，上面亮绿色，无毛或中脉有硬毛，下面中脉基部有毛或无毛，侧脉不明显。花两性，1 ～ 3 朵生于枝顶或叶腋，直径 3 ～ 5 cm，无梗；萼片通常 5，近圆形，外被绢毛；花瓣 5 ～ 7，白色，分离，倒卵形至披针形，长 2.5 ～ 4.5 cm，先端常有凹缺，外面有毛；雄蕊多数，无毛，外轮花丝仅基部连合；子房上位，密被白色丝状茸毛，花柱先端 3 浅裂。蒴果近球形，直径 3 ～ 5 cm，果皮厚，木质，室背 2 ～ 3 裂。种子背圆腹扁，长 1 ～ 2.5 cm。花期 10—11 月，果期次年 10 月。

【生境】喜温暖，怕寒冷。我国长江流域及以南各地广泛栽培。应城境内各地均有分布，一般见。

模式标本采自湖北省孝感市应城市杨岭镇晏王塆，E113°25′28.8″，N30°59′44.4″。

【采收加工】根或根皮：全年均可采收，鲜用或晒干备用。叶：全年均可采收，鲜用或晒干备用。花：冬季采收，烘干或晒干。种子：秋季采果，晒干，打出种子，加工成油，以茶子饼入药。

【质地】叶：卵形或卵状椭圆形，长 3.5 ～ 9 cm，宽 1.8 ～ 4.2 cm；先端纯，基部楔形，边缘具细锯齿；表面绿色，主脉明显，侧脉不明显；叶革质，稍厚；气清香，味微苦涩。花：花蕾倒卵形，花朵不规则，萼片 5，类圆形，稍厚，外被灰白色绢毛；花瓣 5 ～ 7，时有散落，淡黄色或黄棕色，倒卵形，先端凹入，外表面被疏毛；雄蕊多数，排成 2 轮，花丝基部成束；雌蕊花柱分离；气微香，味微苦。种子：扁圆形，背面圆形隆起，腹面扁平，长 1 ～ 2.5 cm，一端钝圆，另一端凹陷，表面淡棕色，富含油质；气香，味苦涩。

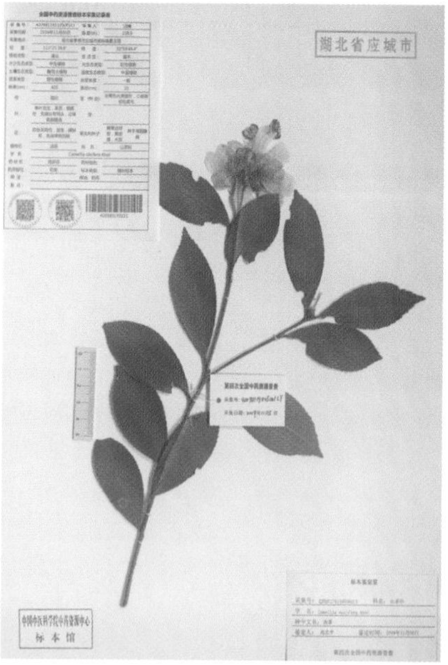

【性味归经】根或根皮：味苦，性平；有小毒；归肝、胃经。叶：味微苦，性平；归肺、胃经。花：味苦，性微寒；归肺经。种子：味苦、甘，性平；有毒；归脾、胃、大肠经。

【功能主治】根或根皮：清热解毒，理气止痛，活血消肿；用于咽喉肿痛，胃痛，牙痛，跌打损伤，水火烫伤。叶：收敛止血，解毒；用于鼻衄，皮肤溃烂瘙痒，疮疽。花：凉血止血；用于吐血，咯血，衄血，便血，子宫出血，烫伤。种子：行气，润肠，杀虫；用于气滞腹痛，肠燥便秘，蛔虫，钩虫，疥癣瘙痒。

【用法用量】根或根皮：内服，煎汤，15 ～ 30 g；外用，适量，研末，或烧灰研末，调敷。叶：内服，煎汤，15 ～ 30 g；外用，适量，煎水洗，或鲜品捣敷。花：内服，煎汤，3 ～ 10 g；外用，适量，研末，麻油调敷。种子：内服，煎汤，6 ～ 10 g，或入丸、散；外用，适量，煎水洗，或研末调搽。

二十九、藤黄科

56. 赶山鞭 *Hypericum attenuatum* Choisy

【别名】乌腺金丝桃、小茶叶、小金钟、小金丝桃、小叶牛心菜、紫草、胭脂草、女儿茶、小金雀、小旱莲。

【来源】藤黄科金丝桃属赶山鞭的全草。

【植物形态】多年生草本。茎疏被黑色腺点。叶卵状长圆形、卵状披针形或长圆状倒卵形，长 0.8 ～ 3.8 cm，先端钝或渐尖，基部渐窄或微心形，微抱茎，无柄，侧脉 2 对。近伞房状或圆锥状花序顶生，萼片卵状披针形，散生黑色腺点，花瓣宿存，淡黄色，长圆状倒卵形，疏被黑腺点；雄蕊 3 束，每束约具雄蕊 30 枚，花柱 3，基部离生。蒴果卵球形或长圆状卵球形，具条状腺斑。

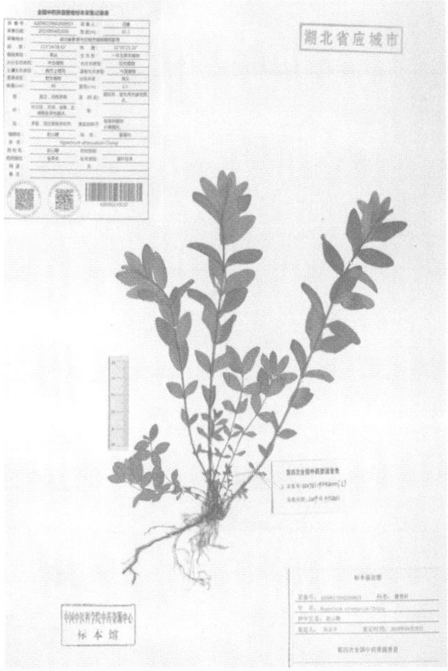

【生境】喜半阴、湿润环境，耐寒。生于海拔 1100 m 以下的田野、半湿草地、草原、山坡、草地、石砾地、草丛、林内及林缘等处。应城境内各地均有分布，偶见。模式标本采自湖北省孝感市应城市杨岭镇何家湾，E113°24′08.65″，N31°00′23.32″。

【采收加工】8—9 月采收全草，晒干备用。

【质地】全草长 30 ～ 60 cm。茎呈圆柱形，棕褐色，散被黑色腺点，有 2 条明显凸起的纵肋；质稍硬，断面不平坦，中空。叶对生，无柄，稍抱茎，卵状长圆形，散生黑色腺点，近革质，易破碎或脱落。气微，味微苦。

【性味归经】味苦，性平；归心经。

【功能主治】凉血止血，活血止痛，解毒消肿；用于吐血，咯血，崩漏，外伤出血，风湿痹痛，跌打损伤，痈肿，疔疮，乳痈肿痛，乳汁不下，烫伤，蛇虫咬伤。

【用法用量】内服：煎汤，9～15 g。外用：适量，鲜品捣敷；或干品研粉撒敷。

57. 地耳草 *Hypericum japonicum* Thunb. ex Murray

【别名】田基黄、雀舌草。

【来源】藤黄科金丝桃属地耳草的全草。

【植物形态】一年生小草本，高 10～40 cm。全株无毛。根多须状。茎单一或基部分枝，光滑，直立或斜升，具 4 棱，表面黄绿色或黄棕色。单叶对生；无叶柄；叶片卵状或宽卵状，长 3～15 mm，宽 1.5～8 mm，先端钝，基部抱茎，全缘，上面有细小透明油点。聚伞花序顶生而成叉状分歧；花小，茎约 6 mm；花梗线状，长 5～10 mm；萼片 5，披针形或椭圆形，长 3～5 mm，先端急尖，上部有腺点；花瓣 5，黄色，卵状长椭圆形，约与萼片等长；雄蕊 5～30 枚，基部连合成 3 束，花丝丝状，基部合生；子房上位，1 室，卵形至椭圆形，长约 2 mm，花柱 3，丝状。蒴果椭圆形，长约 4 mm，成熟时开裂成 3 果瓣。种子多数。花期 5—6 月，果期 9—10 月。

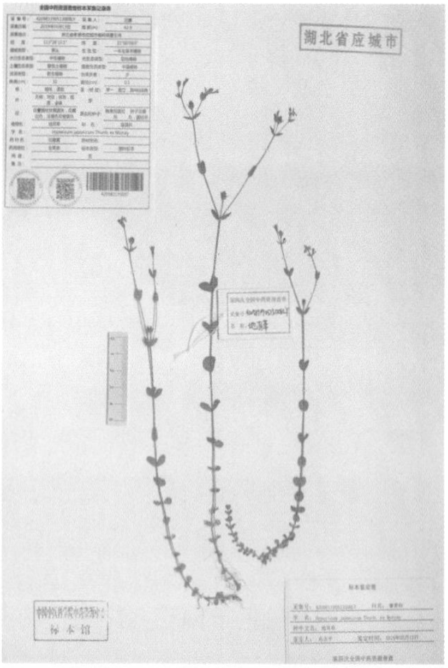

【生境】生于田边、沟边、草地以及撂荒地上。应城境内各地均有分布，多见。模式标本采自湖北省孝感市应城市杨岭镇晏王塆，E113°26′10.1″，N31°00′09.9″。

【采收加工】春、夏季开花时采收全草，鲜用或晒干备用。

【质地】全草高 10～40 cm。根须状，黄褐色。茎单一或基部分枝，光滑，具 4 棱，表面黄绿色或黄棕色；质脆，易折断，断面中空。叶对生，无柄；完整叶片卵形或宽卵形，全缘，具细小透明腺点，基出脉 3～5 条。聚伞花序顶生，花小，橙黄色。气无，味微苦。

【性味归经】味苦、辛，性平；归肝、脾经。

【功能主治】清热利湿，散瘀消肿；用于急、慢性肝炎，疮疖，痈肿。

【用法用量】内服：煎汤，15～30 g，鲜品 30～60 g，大剂量可用至 120 g；或捣汁。外用：适量，捣敷；或煎水洗。

58. 金丝桃 *Hypericum monogynum* L.

【别名】金丝海棠。

【来源】藤黄科金丝桃属金丝桃的全株或果实。

【植物形态】半常绿小灌木，高 0.7 ～ 1 m。全株多分枝；小枝圆柱形，红褐色。单叶对生；无叶柄；叶片长椭圆状披针形，长 3 ～ 8 cm，宽 1 ～ 2.5 cm，先端钝尖，基部楔形或渐狭而稍抱茎，全缘，上面绿色，下面粉绿色，中脉稍凸起，密生透明腺点。花两性，直径 3 ～ 5 cm，单性或成聚伞花序生于枝顶；小苞片披针形；萼片 5，卵形至椭圆状卵形，长约 8 mm；花瓣 5，鲜黄色，宽倒卵形，长 1.5 ～ 2.5 cm；雄蕊多数，花丝合生成 5 束，与花瓣等长或稍长；子房上位，花柱纤细，长约 1.8 cm，柱头 5 裂。蒴果卵圆形，长约 8 mm，先端室间开裂，花柱和萼片宿存。种子多数，无翅。花期 6—7 月，果期 8 月。

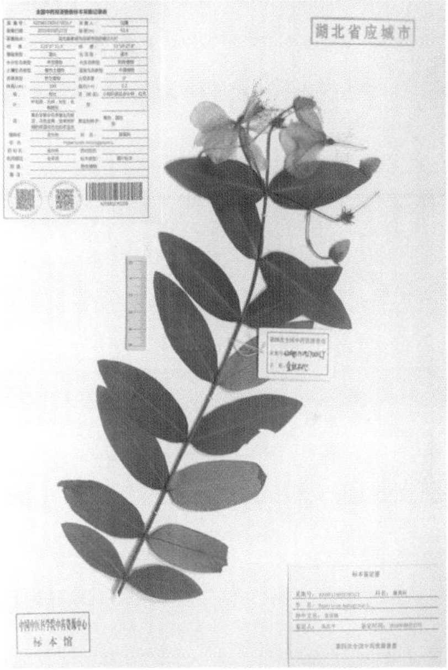

【生境】生于山麓、路边及沟旁，现广泛栽培于庭园。应城境内各地均有分布，少见。模式标本采自湖北省孝感市应城市田店镇汪凡村，E113°27′11.5″，N31°00′27.8″。

【采收加工】全株（除果实）：四季均可采收，洗净，晒干备用。果实：秋季果实成熟时采摘，鲜用或晒干备用。

【质地】全草高约 80 cm，光滑无毛。根呈圆柱形，表面棕褐色，栓皮易成片状剥落，断面不整齐，中心可见极小的空洞。老茎较粗，圆柱形，直径 4 ～ 6 mm，表面浅棕褐色，可见对生叶痕，栓皮易成片状脱落。质脆、易断，断面不整齐，中空明显；幼茎较细，直径 1.5 ～ 3 mm，表面较光滑，节间呈浅棕绿色，节部呈深棕绿色，断面中空。叶对生，略皱缩易破碎；完整叶片呈长椭圆形，全缘，上面绿色，下面灰绿色，中脉明显凸起，叶片可见透明腺点。气微香，味微苦。

【性味归经】全株（除果实）：味苦，性凉；归心、肝经。果实：味甘，性凉；归肺经。

【功能主治】全株（除果实）：清热解毒，散瘀止痛，祛风湿；用于肝炎，肝脾肿大，急性咽喉炎，结膜炎，疮痈肿毒，蛇咬及蜂螫伤，跌打损伤，风寒性腰痛。果实：润肺止咳；用于虚热咳嗽，百日咳。

【用法用量】全株（除果实）：内服，煎汤，15 ～ 30 g；外用，鲜根或鲜叶适量，捣敷。果实：内服，煎汤，6 ～ 10 g。

三十、景天科

59. 珠芽景天 *Sedum bulbiferum* Makino

【别名】鼠芽半枝莲。

【来源】景天科景天属珠芽景天的全草（珠芽半支）。

【植物形态】多年生草本。根须状。茎高 7 ～ 22 cm，茎下部常横卧。叶腋常有圆球形、肉质、小型珠芽着生。基部叶常对生，上部叶互生，下部叶卵状匙形；上部叶匙状倒披针形，长 10 ～ 15 mm，宽 2 ～ 4 mm，先端钝，基部渐狭。花序聚伞状，分枝 3，常再二歧分枝；萼片 5，披针形至倒披针形，长 3 ～ 4 mm，宽达 1 mm，有短距，先端钝；花瓣 5，黄色，披针形，长 4 ～ 5 mm，宽 1.25 mm，先端有短尖；雄蕊 10，长 3 mm；心皮 5，略叉开，基部 1 mm 合生，全长 4 mm，连花柱长 1 mm 以内。花期 4—5 月。

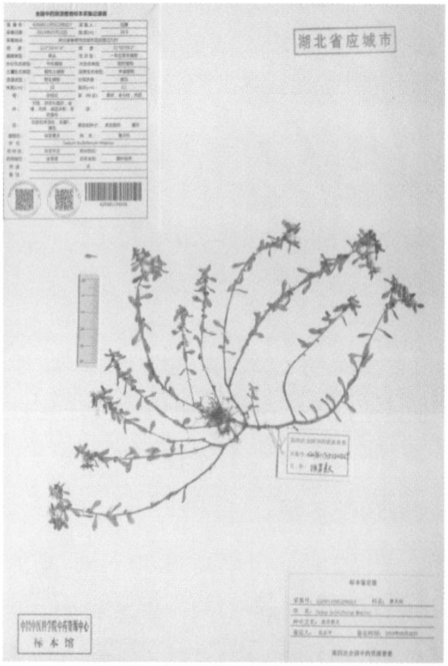

【生境】生于海拔 1000 m 以下的低山、平地、田野阴湿处。应城境内各地均有分布，偶见。模式标本采自湖北省孝感市应城市田店镇汪凡村，E113°26′47.6″，N31°00′09.2″。

【采收加工】夏季采收全草，鲜用或晒干备用。

【质地】本品茎下部常横卧。叶腋常有圆球形、肉质、小型珠芽着生。基部叶常对生，上部叶互生，下部叶卵状匙形，上部叶匙状倒披针形，先端钝，基部渐狭。花序聚伞状。气微，味淡。

【性味归经】味酸、涩，性凉；归肝经。

【功能主治】清热解毒，凉血止血，截疟；用于热毒痈肿，牙龈肿痛，毒蛇咬伤，血热出血，外伤出血，疟疾。

【用法用量】内服：煎汤，12 ～ 24 g；或浸酒。

三十一、蔷薇科

60. 龙芽草 *Agrimonia pilosa* Ldb.

【别名】龙牙草、仙鹤草、金顶龙芽、石打穿、老鹳嘴、瓜香草。

【来源】蔷薇科龙芽草属龙芽草的干燥地上部分、地下根芽、根。

【植物形态】多年生草本，高 30 ～ 120 cm。根茎短，基部常有 1 或数个地下芽。茎被疏柔毛及短柔毛，稀下部被疏长硬毛。奇数羽状复叶互生；托叶镰形，稀卵形，先端急尖或渐尖，边缘有锐锯齿或裂片，稀全缘；叶片有大小 2 种，相间生于叶轴上，较大的小叶 3 ～ 4 对，稀 2 对，向上减少至 3 小叶，小叶几无柄，长 1.5 ～ 5 cm，宽 1 ～ 2.5 cm，先端急尖至圆钝，稀渐尖，基部楔形，边缘有急尖至圆钝锯齿，上面绿色，被疏柔毛，下面淡绿色，脉上伏生疏柔毛，稀脱落无毛，有显著腺点。总状花序单一或 2 ～ 3 个生于茎顶，花序轴被柔毛，花梗长 1 ～ 5 mm，被柔毛；苞片通常 3 深裂，裂片带形，小苞片对生，卵形，全缘或边缘分裂；花直径 6 ～ 9 mm，萼片 5，三角卵形；花瓣 5，长圆形，黄色；雄蕊 5 ～ 15；花柱 2，丝状，柱头头状。瘦果倒卵状圆锥形，外面有 10 条肋，被疏柔毛，先端有数层钩刺，幼时直立，成熟时向内先靠合，连钩刺长 7 ～ 8 mm，最宽处直径 3 ～ 4 mm。花果期 5—12 月。

【生境】生于溪边、路旁、草地、灌丛、林缘及疏林下。应城境内各地均有分布，一般见。模式标本采自湖北省孝感市应城市杨岭镇易家塆，E113°27′44.5″，N30°59′44.5″。

【采收加工】全草：夏、秋季茎叶茂盛时采收，除去杂质，干燥备用。根芽：冬、春季新株萌发前挖取根茎，除去老根茎，留幼芽（带小根茎），洗净晒干或低温烘干备用。根：11 月采收，除去地上部分，晒干备用。

【质地】全草被白色柔毛。茎下部圆柱形，直径 4 ～ 6 mm，红棕色，上部方柱形，四面略凹陷，绿褐色，有纵沟和棱线，有节；体轻，质硬，易折断，断面中空。单数羽状复叶互生，暗绿色，皱缩卷曲；质脆，易碎；叶片有大小 2 种，相间生于叶轴上，顶端小叶较大，完整小叶片展平后呈倒卵形至倒卵状披针形，先端尖，基部楔形，边缘有锯齿；托叶 2，抱茎，斜卵形。总状花序细长，花萼下部呈筒状，萼筒上部有钩刺，先端 5 裂，花瓣黄色；气微，味微苦。根芽茎呈圆锥形，中上部常弯曲，全长 2 ～ 6 cm，直径 0.5 ～ 1 cm，顶部包以数枚浅棕色膜质芽鳞；根茎短缩，圆柱形，长 1 ～ 3 cm，表面棕褐色，有紧密环状节，节上生有棕黑色退化鳞叶，根茎下部有时残存少数不定根；根芽质脆、易碎，折断后断面平坦，黄白色；气微，略有豆腥气，味先微甜而后涩苦。

【性味归经】全草：味苦、涩，性平；归心、肝经。根芽：味苦、涩，性凉；归肝、小肠、大肠经。根：味辛、涩，性温；归肺、大肠、肝经。

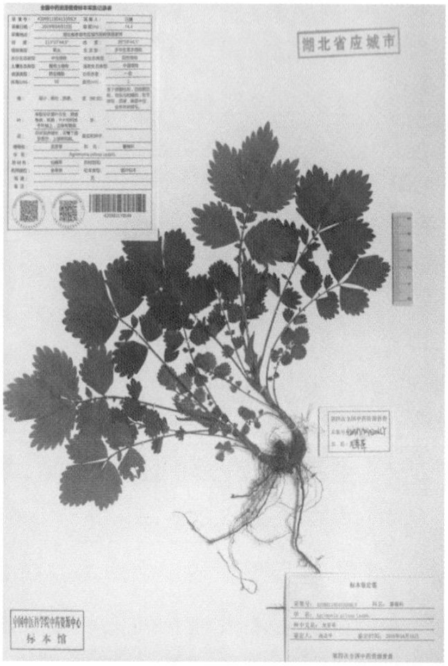

【功能主治】全草：收敛止血，截疟，止痢，解毒，补虚；用于咯血，吐血，崩漏下血，疟疾，血痢，疮痈肿毒，阴痒带下，脱力劳伤。根芽：驱虫，解毒消肿；用于绦虫病，阴道滴虫病，疮疡疥癣，疖肿，赤白痢疾。根：解毒消肿，收涩止痛，活血调经；用于痢疾，肿毒，疟疾，绦虫病，闭经。

【用法用量】全草：内服，煎汤，6 ～ 12 g；外用，适量。根芽：内服，煎汤，10 ～ 30 g，或研末，15 ～ 30 g，小儿每千克体重 0.7 ～ 0.8 g；外用，适量，煎水洗，或鲜品捣敷。根：内服，煎汤，9 ～ 15 g；外用，适量，捣敷。

61. 野山楂 *Crataegus cuneata* Sieb. et Zucc.

【别名】山梨、毛枣子、猴楂、大红子、浮萍果、红果子、牧虎梨、小叶山楂、南山楂。

【来源】蔷薇科山楂属野山楂的根、叶、果实或种子。

【植物形态】落叶灌木。高达15 m。分枝密，常具细刺，刺长5 ～ 8 mm。叶宽倒卵形至倒卵状长圆形，长2 ～ 6 cm，宽1 ～ 4.5 cm，先端急尖，基部楔形，下延叶柄，有不规则重锯齿，先端常有3或稀5 ～ 7浅裂，上面无毛，下面疏被柔毛，沿叶脉较密，后脱落；叶柄两侧有翼，长0.4 ～ 1.5 cm，托叶草质，镰刀状，有齿。伞房花序直径2 ～ 2.5 cm，具5 ～ 7花，花梗长约1 cm，和花序梗均被柔毛；苞片披针形，条裂或有锯齿。果近球形或扁球形，直径1 ～ 1.2 cm，红色或黄色，常有宿存反折萼片或1苞片；小核4 ～ 5，两侧平滑。花期5—6月，果期9—11月。

【生境】生于海拔250 ～ 2000 m的山谷、多石湿地或山地灌丛中。应城境内各地均有分布，多见。模式标本采自湖北省孝感市应城市杨岭镇金家塆，E113°28′20.3″，N30°59′26.6″。

【采收加工】根：4—5 月采收，洗净，切段，晒干备用。叶：7—10 月采收，晾干备用。果：10—11 月果实变红、果点明显时采收，用剪刀剪断果柄或摘下，横切成两半或切片后晒干备用。种子：加工山楂或山楂糕时，收集种子，晒干备用。

【质地】根：类圆形或椭圆形厚片，表面皮部棕红色，木部淡黄色，具细密的放射状纹理，纤维性；周边灰绿色或红棕色；质硬；气微，味淡而涩。叶：本品多已破碎，完整叶片展开后呈宽倒卵形，绿色至棕黄色，先端急尖，基部宽楔形，具 2 ～ 6 羽状裂片，边缘具尖锐重锯齿；叶柄长 2 ～ 6 cm，托叶卵圆形至卵状披针形；气微，味涩、微苦。果：较小，类球形，有的压成饼状；表面红色或黄色，并有细密皱纹，顶端凹陷，有花萼残痕，基部有果梗或已脱落；质硬，气微，味微酸、涩，微甜。种子：呈橘瓣状椭圆形或卵形，长 3 ～ 5 mm，宽 2 ～ 3 mm；表面黄棕色，背面稍隆起，左右两面平坦或有凹痕；质坚硬，不易碎；气微。

【性味归经】根：味甘，性平；归胃、肝经。叶：味酸，性平；归肺经。果：味酸、甘，性微温；归肝、胃经。种子：味苦，性平；归胃、肝经。

【功能主治】根：消积和胃，止血，祛风，消肿；用于食积，痢疾，反胃，风湿痹痛，咯血，痔漏，水肿。叶：止痒，敛疮，降血压；用于漆疮，溃疡不敛，高血压。果：健脾消食，活血化瘀；用于食滞肉积，脘腹胀痛，产后瘀痛，漆疮，冻疮。种子：消食，散结，催生；用于食积不化，疝气，难产。

【用法用量】根：内服，煎汤，10 ～ 15 g；外用，适量，煎水熏洗。叶：内服，煎汤，3 ～ 10 g，或泡茶饮。果：内服，煎汤，3 ～ 10 g；外用，适量，煎水洗。种子：内服，煎汤，3 ～ 10 g，或研末吞。

62. 枇杷 *Eriobotrya japonica* (Thunb.) Lindl.

【别名】金丸、卢橘。

【来源】蔷薇科枇杷属枇杷的根、树干韧皮部、叶、花、果实或种子。

【植物形态】常绿小乔木，高 3 ～ 8 m。小枝粗壮，黄褐色，被锈色茸毛。单叶互生；叶柄极短

或无柄；托叶2枚，大而硬，三角形，渐尖；叶片革质，倒披针形、倒卵形或椭圆状矩圆形，长12～30 cm，宽3～9 cm，先端急尖或渐尖，基部楔形或渐狭成叶柄，边缘上部有疏锯齿，上面深绿色有光泽，下面密被锈色茸毛，侧脉11～21对，直达锯齿顶端。圆锥花序顶生，总花梗、花梗及萼筒外面皆密生锈色茸毛；苞片钻形，有褐色茸毛；花萼5浅裂，萼管短，密被茸毛；花瓣5，白色，倒卵形，直径1.2～2 cm，内面近基部有毛；雄蕊20～25；子房下位，5室，每室有胚珠2枚，花柱5，离生，柱头头状。果浆果状，球形或矩圆形，黄色或橘黄色；种子数粒，圆形或椭圆形，棕褐色。花期9—11月，果期翌年4—5月。

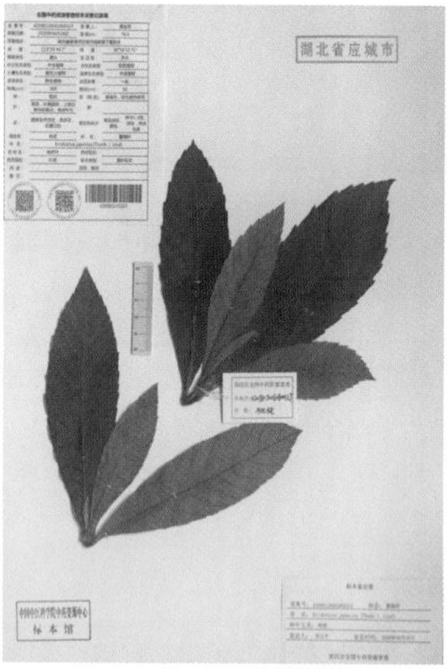

【生境】生于村边、平地或坡地，有栽种。应城境内各地均有分布，一般见。模式标本采自湖北省孝感市应城市杨岭镇下伍份湾，E113°28′49.7″，N30°59′32.75″。

【采收加工】根：全年均可采收，切片，晒干备用。树干韧皮部：全年均可采收，剥取树皮，去除外层粗皮，鲜用或晒干备用。叶：全年均可采收，晒至七八成干时，扎成小把，再晒干备用。花：冬、春季采收，晒干备用。果实：果实因成熟不一致，宜分次采收，采黄留青，采熟留生。种子：5—6月果实成熟时，鲜用，捡拾果核，晒干备用。

【质地】根：表面棕褐色，较平，无纵沟纹；质坚韧，不易折断，断面不平整，类白色；气清香，味苦、涩。树干韧皮部：表面类白色，易被氧化成淡棕色，外表面较粗糙，内表面光滑，带有黏性分泌物；质柔韧；气清香，味苦。叶：呈倒卵形，长12～30 cm，宽3～9 cm；先端尖，基部楔形，边缘有疏锯齿，近基部全缘；上面灰绿色、黄棕色或红棕色，较光滑；下面密被锈色茸毛，主脉于下面显著凸起，侧脉羽状；叶柄极短，被茸毛；革质而脆，易折断；气微，味微苦。花：圆锥花序，密被茸毛；苞片钻形，有褐色茸毛；花萼 5 浅裂，萼管短，密被茸毛；花瓣 5，白色，倒卵形，内面近基部有毛；雄蕊 20 ～ 25；子房下位，5 室，每室有胚珠 2 枚，花柱 5，柱头头状；气微清香，味微甘、涩。果实：球形或矩圆形，直径 2 ～ 5 cm，外果皮黄色或橙黄色，具柔毛，顶部具黑色宿存萼齿，除去萼齿可见一小空室；基部有短果柄，具糙毛；外果皮薄，中果皮肉质，厚 3 ～ 7 mm，内果皮纸膜质，棕色，内有 1 至多粒种子；气微清香，味甘、酸。种子：呈圆形或椭圆形，直径 1 ～ 1.5 cm，表面棕褐色，有光泽；种皮纸质，子叶 2 枚，外表面为淡绿色或类白色，内面为白色，富油性；气微香，味涩。

【性味归经】根：味苦，性平；归肺经。树干韧皮部：味苦，性平；归胃经。叶：味苦，性微寒；归肺、胃经。花：味淡，性平；归肺经。果：味甘、酸，性凉；归脾、肺、肝经。种子：味苦，性平；归肾经。

【功能主治】根：清肺止咳，下乳，祛湿；用于虚痨咳嗽，乳汁不通，风湿痹痛。树干韧皮部：降逆和胃，止咳，止泻，解毒；用于呕吐，呃逆，久咳，久泻，痈疡肿痛。叶：清肺止咳，降逆止呕；用于肺热咳嗽，气逆喘急，胃热呕逆，烦热口渴。花：疏风止咳，通鼻窍；用于感冒咳嗽，鼻塞流涕，虚劳咳嗽，痰中带血。果：润肺下气，止渴；用于肺热喘咳，吐逆，烦渴。种子：化痰止咳，疏肝行气，利水消肿；用于咳嗽痰多，疝气，水肿，瘰疬。

【用法用量】根：内服，煎汤，6 ～ 30 g，鲜品可用至 120 g；外用，适量，捣敷。树干韧皮部：内服，煎汤，3 ～ 9 g，或研末 3 ～ 6 g；外用，适量，研末调敷。叶：内服，煎汤，6 ～ 10 g。花：内服，煎汤，6 ～ 12 g，或研末吞服，每次 3 ～ 6 g，或入丸、散；外用，适量，捣敷。果：生食，或煎汤，30 ～ 60 g。种子：内服，煎汤，6 ～ 15 g；外用，适量，研末调敷。

63. 蛇莓委陵菜 *Potentilla centigrana* Maxim.

【别名】蛇莓萎陵菜。

【来源】蔷薇科委陵菜属蛇莓委陵菜的根、全草。

【植物形态】一年生或二年生草本，多须根。花茎上升或匍匐，或近于直立，长 20 ～ 50 cm，有时下部节上生不定根，无毛或被疏柔毛。基生叶 3 小叶，开花时常枯死，茎生叶 3 小叶，叶柄细长，无毛或被疏柔毛；小叶具短柄或几无柄，小叶片椭圆形或倒卵形，长 0.5 ～ 1.5 cm，宽 0.4 ～ 1.5 cm，先端圆形，基部楔形至圆形，边缘有缺刻状圆钝或急尖锯齿，两面绿色，无毛或被疏柔毛；基生叶托叶膜质，褐色，无毛或被疏柔毛，茎生叶托叶淡绿色，卵形，边缘常有齿，稀全缘。

【生境】生于海拔 400 ～ 2300 m 的荒地、河岸阶地、林缘及林下湿地。应城境内各地均有分布，多见。模式标本采自湖北省孝感市应城市杨岭镇杨家湾，E113°29′50″，N30°59′30.4″。

【采收加工】根：7—11 月采收，晒干备用。全草：6—11 月采收，鲜用或晒干备用。

【质地】全草多缠绕成团，被白色茸毛，具匍匐茎，叶互生。三出复叶，基生叶的叶柄长 6 ～ 10 cm，小叶多皱缩，完整叶片呈倒卵形，长 1.5 ～ 4 cm，宽 1 ～ 3 cm，基部偏斜，边缘有钝齿，表面黄绿色，上面近无毛，下面被疏柔毛。花单生于叶腋，具长柄。聚合果棕红色，瘦果小，花萼宿存。气微，味微涩。

【性味归经】根：味苦、甘，性寒；归肺、肝、胃经。全草：味甘、苦，性寒；有小毒；归肝、肺、大肠经。

【功能主治】根：清热泻火，解毒消肿；用于热病，小儿惊风，目赤红肿，痄腮，牙龈肿痛，咽喉肿痛，热毒疮疡。全草：清热解毒，凉血止血，散结消肿；用于热病，惊痫，咳嗽，吐血，咽喉肿痛，痢疾，痈肿，疔疮。

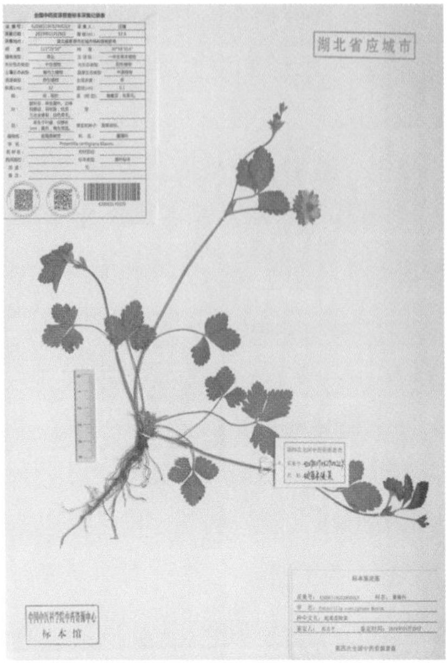

【用法用量】根：内服，煎汤，3 ～ 6 g；外用，适量。全草：内服，煎汤，9 ～ 15 g，鲜品 30 ～ 60 g，或捣汁饮；外用，适量，捣敷，或研末搽。

64. 翻白草 *Potentilla discolor* Bge.

【别名】鸡爪参、叶下白、翻白萎陵菜、天藕、鸡腿根。

【来源】蔷薇科委陵菜属翻白草的干燥全草。

【植物形态】多年生草本，高 15 ～ 30 cm。根多分枝，下端肥厚呈纺锤状。茎上升向外倾斜，表面具白色茸毛。基生叶丛生，有小叶 2 ～ 4 对；叶柄被白毛，有时并有长柔毛；茎生叶小，为三出复叶，先端叶近无柄，小叶长椭圆形或狭长椭圆形，先端锐尖，基部楔形，边缘具锯齿，上面被疏白柔毛或无毛，下面密被白色绵毛；基生叶托叶膜质，披针形或卵形，被白绵毛，褐色，茎生叶托叶草质，卵形或宽卵形，绿色。聚伞花序；萼绿色，宿存，5 裂，裂片卵状三角形，副萼线形，外面均被白色绵毛，内面光滑；花瓣 5，黄色，倒心形，先端微凹；雄蕊和雌蕊多数，子房卵形而扁，花柱近顶生，基部具乳头状膨大，乳白色，柱头稍微扩大。瘦果卵形，淡黄色，光滑，脐部稍有薄翅突起。花期 5—8 月，果期 8—10 月。

【生境】生于海拔 100 ～ 1850 m 的荒地、山谷、沟边、山坡、草地、草甸及疏林下。应城境内各地均有分布，一般见。模式标本采自湖北省孝感市应城市杨岭镇舒家塆，E113°24′38.5″，N30°58′53.7″。

【采收加工】夏、秋季开花前采收全草，除去泥沙等杂质，干燥备用。

【质地】本品块根呈纺锤状或圆柱形，长 4 ～ 8 cm，直径 0.4 ～ 1 cm；表面黄棕色或暗褐色，有不规则扭曲沟纹；质硬而脆，折断面平坦，呈灰白色或黄白色。基生叶丛生，单数羽状复叶，多皱缩弯曲，展平后长 4 ～ 13 cm；小叶 5 ～ 9，柄短或无，长椭圆形或狭长椭圆形，顶端小叶较大，上面暗绿色或灰绿色，下面密被白色茸毛，边缘具粗锯齿。气微，味甘、微涩。

【性味归经】味甘、微苦，性平；归肝、胃、大肠经。

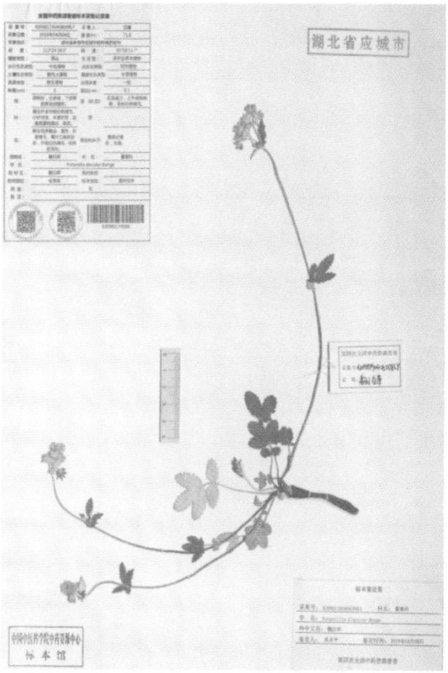

【功能主治】清热解毒，止痢，止血；用于湿热泻痢，疮痈肿毒，血热吐衄，便血，崩漏。

【用法用量】内服：煎汤，9 ～ 15 g。

65. 山桃 *Prunus davidiana* (Carr.) C. de Vos

【别名】苦桃、陶古日、哲日勒格、野桃、山毛桃。

【来源】蔷薇科李属山桃的根或根皮、幼枝、叶、花、果实、种子。

【植物形态】落叶小乔木，高 5 ～ 9 m。树冠开展，树皮暗紫色，光滑；小枝细长，直立，幼时无毛，老时褐色。叶互生；托叶早落；叶柄长 1.5 ～ 3 cm，无毛，常具腺体；叶片卵状披针形，长 4 ～ 8 cm，宽 2 ～ 3.5 cm，先端渐尖，基部呈宽楔形或圆形，边缘具细锯齿，两面无毛。花单生，先叶开放；花梗极短或几无柄；萼片 5，多无毛；花瓣 5，阔倒卵形，粉红色至白色。雄蕊多数，雌蕊子房被柔毛，花柱长于雄蕊或近等长。核果近球形，直径 2.5 ～ 3.5 cm，淡黄色，表面被黄褐色柔毛，果肉离核，核小坚硬，表面有网状的凹纹。种子 1 粒，棕红色。花期 3—4 月，果期 6—7月。

【生境】生于海拔 800 ～ 1200 m 的山坡、山谷沟底或荒野疏林及灌丛内，有栽种。应城境内各地均有分布，一般见。模式标本采自湖北省孝感市应城市杨岭镇杨家湾，E113°30′03.45″，N30°59′25.28″。

【采收加工】根或根皮：7—8 月挖取树根，切片，晒干备用；或剥取根皮，切碎，晒干备用。幼枝：夏季采收，切段，晒干备用。叶：夏季采收，鲜用或晒干备用。花：3—4 月桃花将开放时采收，阴干备用，放干燥处。果实：7—8 月果实成熟时采收，鲜用或做脯。种子：果实成熟后采收，除去果肉和核壳，取出种子，晒干备用。

【质地】幼枝：圆柱形，长短不一，直径 0.2 ～ 1 cm，表面红褐色，较光滑，有类白色点状皮孔；质脆、易断，切面黄白色，木部占大部分，髓部白色；气微，味微苦、涩。叶：多卷缩成条状，湿润展平后呈卵状披针形，长 4 ～ 8 cm，宽 2 ～ 3.5 cm；先端渐尖，基部宽楔形，边缘具细锯齿或粗锯齿；上面深绿色，较有光泽，下面色较浅；质脆；气微，味微苦。种子：呈类卵圆形，较小而肥厚，长约 0.9 cm，宽约 0.7 cm，厚约 0.5 cm；表面黄棕色至棕红色，密布颗粒状突起；一端尖，中部膨大，另一端钝圆稍偏斜，边缘较薄；尖端一侧有短线形种脐，圆端有颜色略深、不甚明显的合点，自合点处散出多数纵向维管束；种皮薄，子叶 2，类白色，富油性；气微，味微苦。

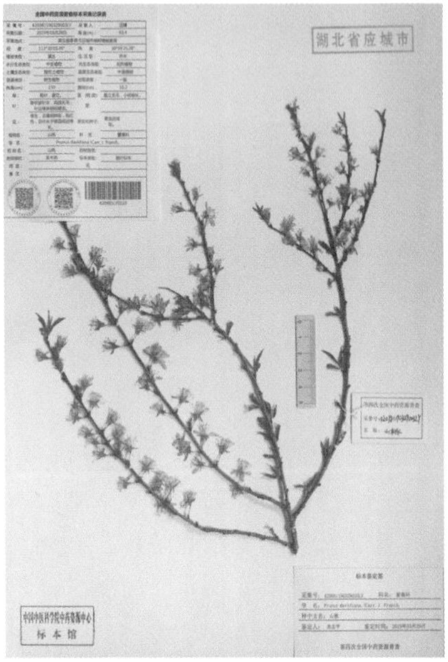

【性味归经】根或根皮：味苦，性平；归肝经。幼枝：味苦，性平；归心、肝经。叶：味苦、辛，性平；归脾、肾经。花：味苦，性平；归心、肝、大肠经。果实：味甘、酸，性温；归肺、大肠经。种子：味苦、甘，性平；归心、肝、大肠经。

【功能主治】根或根皮：清热利湿，活血止痛，消痈肿；用于黄疸，吐血，衄血，闭经，痈肿，痔疮，风湿痹痛，跌打损伤疼痛，腰痛，痧气腹痛。幼枝：活血通络，解毒杀虫；用于心腹刺痛，风湿痹痛，跌打损伤，疮癣。叶：祛风清热，燥湿解毒，杀虫；用于外感风邪，头风头痛，风痹，湿疹，痈肿疮疡，癣疮，疟疾，阴道滴虫。花：利水，活血化瘀；用于水肿，小便不利，砂石淋，便秘，闭经，疮疹。果实：生津，润肠，活血，消积；用于津少口渴，肠燥便秘，闭经，积聚。种子：活血化瘀，润肠通便，止咳平喘；用于闭经痛经，癥瘕痞块，肺痈肠痈，跌打损伤，肠燥便秘，咳嗽气喘。

【用法用量】根或根皮：内服，煎汤，15 ～ 30 g；外用，适量，煎水洗，或捣敷。幼枝：内服，煎汤，9 ～ 15 g；外用，适量，煎水洗。叶：内服，煎汤，3 ～ 6 g；外用，适量，煎水洗，或鲜品捣敷、捣汁搽。花：内服，煎汤，3 ～ 6 g，或研末，1.5 g；外用，适量，捣敷，或研末调敷。果实：适量，鲜食，或做脯；外用，适量，捣敷。种子：内服，煎汤，5 ～ 10 g。

66. 火棘 *Pyracantha fortuneana* (Maxim.) Li

【别名】火把果、救军粮、红子。

【来源】蔷薇科火棘属火棘的根（红子根）、叶（救军粮叶）、果实（赤阳子）。

【植物形态】常绿灌木或小乔木，高达 3 m。侧枝短，刺状；嫩枝被短柔毛，老枝暗褐色，无毛。

叶倒卵形或倒卵状长圆形，先端钝圆或微凹，边缘有钝锯齿，锯齿向内弯，近基部全缘。花白色，集成复伞房花序，花梗和总花梗近无毛；萼筒钟状，萼片呈三角状卵形；雄蕊 20，花药黄色；花柱 5，离生，子房上部密被白柔毛。果实近球形，深红色。花期 3—5 月，果期 9—11 月。

【生境】生于海拔 500 ～ 2800 m 的山地、丘陵阳坡、灌丛、草地及河沟路旁。应城境内各地均有分布，一般见。模式标本采自湖北省孝感市应城市杨岭镇晏王垮，E113°25′56.1″，N30°59′54.3″。

【采收加工】根：9—10 月采收，洗净，切段，晒干备用。叶：全年均可采收，鲜用，随采随用。果：9—10 月采收，切段，晒干备用。

【质地】果实近球形，直径约 5 mm；表面红色，顶端有宿存萼片，基部有残留果柄，果肉棕黄色，内有 5 个小坚果；气微，味酸涩。

【性味归经】根：味酸，性凉；归肝、肾经。叶：味微苦，性凉；归肝经。果实：味酸、涩，性平；归肝、脾、胃经。

【功能主治】根：清热凉血，化瘀止痛；用于潮热盗汗，肠风下血，崩漏，疮疖痈疡，目赤肿痛，风火牙痛，跌打损伤，劳伤腰痛，外伤出血。叶：清热解毒，止血；用于疮疡肿痛，目赤，痢疾，便血，外伤出血。果实：健脾消积，收敛止痢，止痛；用于痞块，食积停滞，脘腹胀满，泄泻，痢疾，崩漏，带下，跌打损伤。

【用法用量】根：内服，煎汤，10 ～ 30 g；外用，适量，捣敷。叶：内服，煎汤，10 ～ 30 g；外用，适量，捣敷。果：内服，煎汤，12 ～ 30 g，或浸酒；外用，适量，捣敷。

67. 金樱子 *Rosa laevigata* Michx.

【别名】油饼果子、唐樱芳、和尚头、山鸡头子、山石榴、刺梨子。

【来源】蔷薇科蔷薇属金樱子的干燥成熟果实。

【植物形态】常绿攀援灌木，高可达 5 m。茎红褐色，枝条常弯曲，无毛，有钩状皮刺和刺毛。叶互生，单数羽状复叶；叶柄长 1 ～ 2 cm，有褐色腺毛和皮刺；托叶中部以下与叶柄合生，其分离部线状披针形；小叶 3 ～ 5，革质，椭圆状卵圆形至卵圆状披针形，长 2 ～ 6 cm，宽 1.5 ～ 4.5 cm，顶生小叶常最大，先端急尖或钝圆，基部近圆形或宽楔形，边缘有锐锯齿；小叶片和叶轴有皮刺和腺毛。花单生于侧枝顶端，直径 5 ～ 7 cm；花梗粗壮，长 1.8 ～ 3 cm；花萼有腺毛和皮刺，萼片 5，卵状披针形，边缘羽状浅裂或不裂，被腺毛；花瓣白色，阔倒卵形，先端稍凹；雄蕊多数，花药“丁”字形着生；雌蕊具多数心皮，离生，被茸毛，花柱线形，柱头圆形。果梨形或倒卵形，密被刺毛，有宿存萼片，紫绿色，成熟时橙黄色。花期 4—6 月，果期 7—11 月。

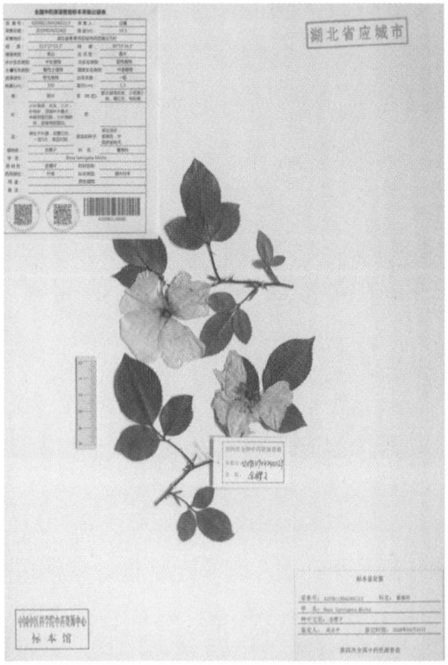

【生境】喜生于向阳的山野、田边、溪畔灌丛中。应城境内各地均有分布，多见。模式标本采自湖北省孝感市应城市田店镇汪凡村，E113°27′02.3″，N30°59′36.5″。

【采收加工】10—11 月果实成熟时采收，干燥，除去毛刺。

【质地】本品为花托发育而成的假果，呈倒卵形，长 2 ～ 3.5 cm，直径 1 ～ 2 cm；表面红黄色或红棕色，有凸起的棕色小点，系毛刺脱落后的残基；顶端有盘状花萼残基，中央有黄色柱基，下部渐尖；质硬；切开后，花托壁厚 1 ～ 2 mm，内有多数坚硬的小瘦果，内壁及瘦果均有淡黄色茸毛；气微，味甘、微涩。

【性味归经】味酸、甘、涩，性平；归肾、膀胱、大肠经。

【功能主治】固精缩尿，固崩止带，涩肠止泻；用于遗精滑精，遗尿，尿频，崩漏带下，久泻久痢。

【用法用量】内服：煎汤，6 ～ 12 g。

68. 野蔷薇 *Rosa multiflora* Thunb.

【别名】蔷薇、多花蔷薇、营实墙蘼、刺花、白花蔷薇、七姐妹。

【来源】蔷薇科蔷薇属野蔷薇的根、枝、叶、花、果实（营实）。

【植物形态】攀援灌木。小枝无毛，有粗短、稍弯曲皮刺。小叶 5 ～ 9，倒卵形、长圆形或卵形，有尖锐单锯齿。圆锥花序，花萼披针形，有时中部具 2 个线形裂片，花瓣白色，宽倒卵形，先端微凹；花柱结合成束，稍长于雄蕊。蔷薇果近球形，直径 6 ～ 8 mm，成熟时红褐色或紫褐色，有光泽，无毛，萼片脱落。

【生境】喜光、耐半阴、耐寒。生于路旁、田边或丘陵地灌丛中。应城境内各地均有分布，多见。模式标本采自湖北省孝感市应城市杨岭镇姚家塆，E113°25′43.7″，N30°59′23.9″。

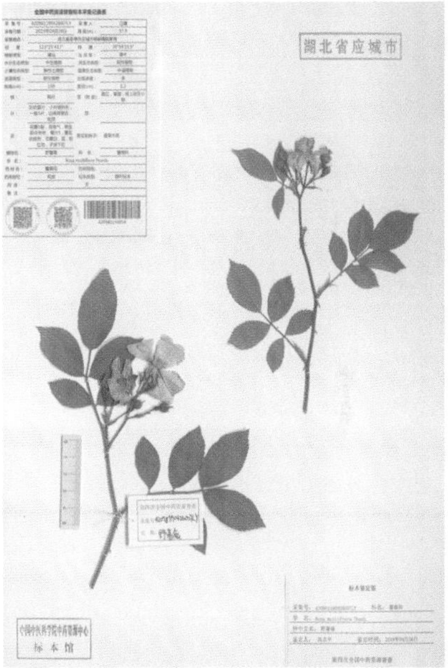

【采收加工】根：秋季挖根，洗净，切片，晒干备用。枝：全年均可采收，剪枝，切段，晒干备用。叶：夏、秋季采叶，晒干备用。花：5—6 月花盛开时，择晴天采收，晒干备用。果实：8—9 月采收，以半青半红未成熟时为佳，鲜用或晒干备用。

【质地】花：花朵大多破碎不全；花萼披针形，密被茸毛；花瓣黄白色至棕色，多数萎落皱缩卷曲，展平后呈三角状卵形，长约 1.3 cm，宽约 1 cm，先端中央微凹，中部楔形，可见条状脉纹（维管束）；雄蕊多数，着生于花萼筒上，黄色，卷曲成团；花托小壶形，基部有长短不等的花柄；质脆易碎；气微香，味微苦而涩。果实：呈近球形，长 6 ～ 8 mm，具果柄，顶端有宿存花萼的裂片；果实外皮红褐色，内为肥厚肉质果皮；种子黄褐色，果肉与种子间有白毛，果肉味甜、酸。

【性味归经】根：味苦、涩，性凉；归脾、胃、肾经。枝：味甘，性凉；归肾经。叶：味甘，性凉；归脾经。花：味苦、涩，性凉；归胃、肝经。果实：味酸，性凉；归肺、脾、肝经。

【功能主治】根：清热解毒，祛风除湿，活血调经，固精缩尿，消骨鲠；用于疮痈肿痛，烫伤，口疮，痔血，鼻衄，关节疼痛，月经不调，痛经，久痢不愈，遗尿，尿频，白带过多，子宫脱垂，骨鲠。枝：清热消肿，生发；用于疥疮，秃发。叶：解毒消肿；用于疮痈肿毒。花：清暑，和胃，活血止血，解毒；用于暑热烦渴，胃脘胀闷，吐血，衄血，口疮，痈疖，月经不调。果实：清热解毒，祛风活血，利水消肿；用于疮痈肿毒，风湿痹痛，关节不利，月经不调，水肿，小便不利。

【用法用量】根：内服，煎汤，10 ～ 15 g，或研末，1.5 ～ 3 g，或鲜品捣、绞汁；外用，适量，研粉敷，或煎水含漱、洗。枝：内服，煎汤，10 ～ 15 g；外用，适量，煎水洗。叶：外用，适量，研粉调敷，或鲜品捣敷。花：内服，煎汤，3 ～ 6 g。果：内服，煎汤，15 ～ 30 g，鲜品用量加倍；外用，适量，捣敷。

69. 玫瑰 *Rosa rugosa* Thunb.

【别名】滨茄子、滨梨、海棠花、刺玫。

【来源】蔷薇科蔷薇属玫瑰的干燥花蕾。

【植物形态】直立灌木，高约 2 m。茎粗壮，枝丛生，有皮刺和刺毛，小枝密生茸毛。单数羽状复叶互生，叶柄及叶轴上有茸毛及疏生小皮刺和刺毛；托叶附着于总叶柄，无锯齿，边缘有腺点；小叶 5 ～ 9，椭圆形或椭圆状倒卵形，长 2 ～ 5 cm，宽 1 ～ 2 cm，先端尖或钝，基部圆形或宽楔形，边缘有钝锯齿，质厚，上面暗绿色，有光泽，无毛而起皱，下面苍白色，有柔毛及腺体，网脉显著。花单生或数朵簇生；花梗有茸毛、腺毛及刺；萼片 5，具长尾状尖；花瓣 5 或多数；单瓣或重瓣，紫色或白色，芳香，直径 6 ～ 8 cm；雄蕊多数；雌蕊多数，包于壶状花托底部，花柱离生，被柔毛，柱头稍凸出。瘦果骨质，扁球形，直径 2 ～ 2.5 cm，红色，平滑，萼片宿存。花期 5—6 月，果期 8—9 月。

【生境】喜阳。生于低山丛林，有栽种。应城境内各地均有分布，偶见。模式标本采自湖北省孝感市应城市杨岭镇桂家乡，E113°27′34″，N30°59′31.8″。

【采收加工】春末夏初花将开放时分批采收，及时低温干燥。

【质地】本品略呈半球形或不规则团状，直径 0.7 ～ 1.5 cm。残留花梗上被柔毛，花托半球形，与花萼基部合生；萼片 5，披针形，黄绿色或棕绿色，被细柔毛；花瓣多皱缩，展平后宽卵形，呈覆瓦状排列，紫色；雄蕊多数，黄褐色；花柱多数，柱头在花托口集成头状，稍凸出，短于雄蕊；体轻，质脆；气芳香浓郁，味微苦、涩。

【性味归经】味甘、微苦，性温；归肝、脾经。

【功能主治】行气解郁，和血，止痛；用于肝胃气痛，食少呕恶，月经不调，跌打损伤。

【用法用量】内服：煎汤，3 ～ 6 g。

70. 山莓 *Rubus corchorifolius* L. f.

【别名】高脚波、馒头菠、刺葫芦、泡儿刺、大麦泡、龙船泡、四月泡、三月泡、撒秧泡、牛奶泡、山抛子、树莓。

【来源】蔷薇科悬钩子属山莓的根、茎叶、果实。

【植物形态】直立灌木。高 1 ～ 3 m。枝有皮刺，幼时被柔毛。单叶，卵形或卵状披针形，基部微心形。花单生或少数簇生，花萼密被柔毛，萼片卵形或三角状卵形，花瓣长圆形或椭圆形，白色，长于萼片；雌、雄蕊多数。果近球形或卵圆形，成熟时红色，核具皱纹。

【生境】生于向阳山坡、溪边、山谷、荒地和疏、密灌丛中潮湿处。应城境内各地均有分布，多见。模式标本采自湖北省孝感市应城市田店镇汪凡村，E113°27′02.3″，N30°59′36.5″。

【采收加工】根：9—10 月采挖，切片，晒干备用。茎叶：5—10 月采收，鲜用或晒干备用。果实：7—8 月果实饱满、外表呈绿色时采收，用酒蒸后晒干，或用开水浸 1 ～ 2 min 后晒干备用。

【质地】聚合果由多数小核果聚生在隆起的花托上而呈长圆锥形或半球形。宿存花萼黄绿色或棕褐色，5 裂，裂片先端反折；基部着生极多棕色花丝；果柄细长或留有残痕。小坚果易剥落，半月形；背面隆起，密被灰白色柔毛，两侧有明显的网纹，腹部有凸起的棱线。体轻，质稍硬。气微，味酸、微涩。

【性味归经】根：味苦、涩，性平；归肝、脾经。茎叶：味苦、涩，性平；归肝、脾经。果实：味酸、微甘，性平；归肝、肾经。

【功能主治】根：止血，调经，清热利湿；用于咯血，崩漏，热淋，血淋，痔疮止血，痢疾，泄泻，丝虫病所致下肢淋巴管炎，闭经，痛经，疮疡肿毒，湿疹。茎叶：清热利咽，解毒敛疮；用于咽喉肿痛，疮痈疖肿，湿疹，黄水疮。果实：醒酒止渴，化痰解毒，收涩；用于醉酒，丹毒，遗精，遗尿。

【用法用量】根：内服，煎汤，10 ～ 30 g；外用，适量，捣敷。茎叶：内服，煎汤，9 ～ 15 g；外用，适量，鲜品捣敷。果实：内服，煎汤，9 ～ 15 g，或生食；外用，适量，捣汁搽。

71. 高粱泡 *Rubus lambertianus* Ser.

【别名】十月苗、寒泡刺。

【来源】蔷薇科悬钩子属高粱泡的根、叶。

【植物形态】半落叶藤状灌木。高达 3 m。幼枝有柔毛或近无毛，有微弯小皮刺。单叶，宽卵形，稀长圆状卵形，长 5 ～ 10 cm，先端渐尖，基部心形，上面疏生柔毛或沿叶脉有柔毛，下面被疏柔毛，中脉常疏生小皮刺，边缘 3 ～ 5 裂或呈波状，有细锯齿；叶柄长 2 ～ 4(5) cm，具柔毛或近无毛，疏生小皮刺，托叶离生，线状深裂，有柔毛或近无毛，常脱落。花梗长 0.5 ～ 1 cm；苞片与托叶相似；花直径约 8 mm；萼片卵状披针形，全缘，边缘被白色柔毛，内萼片边缘具灰白色茸毛；花瓣倒卵形，白色，无毛；雄蕊多数，花丝宽扁：雌蕊 15 ～ 20，无毛。果近球形，成熟时红色，核有皱纹。

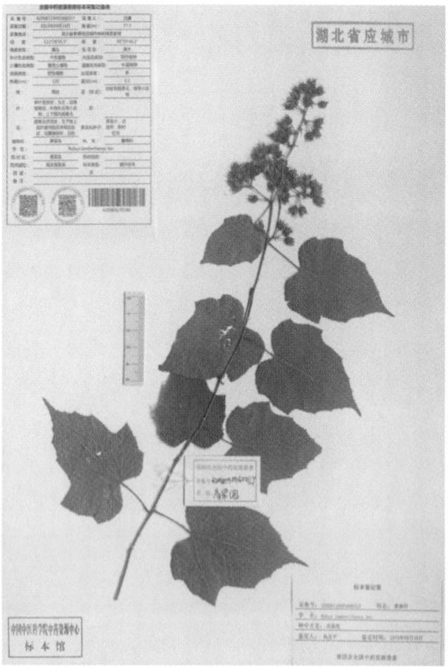

【生境】生于山坡、山谷、路旁、灌丛阴湿处或林缘及草坪。应城境内各地均有分布，多见。模式标本采自湖北省孝感市应城市杨岭镇易家塆，E113°28′05.5″，N30°59′46.3″。

【采收加工】根：全年均可采收，切碎，鲜用或晒干备用。叶：7—10 月采收，晒干备用。

【质地】叶：单叶宽卵形，稀长圆状卵形，长 5 ～ 10 cm，宽 1 ～ 8 cm，先端渐尖，基部心形，上面疏生柔毛或沿叶脉有柔毛，下面被疏柔毛，沿叶脉毛较密，中脉常疏生小皮刺，边缘明显 3 ～ 5 裂或呈波状，有细锯齿；叶柄长 2 ～ 4(5) cm，具细柔毛或近无毛，疏生小皮刺；托叶离生，线状深裂，有柔毛或近无毛，常脱落。气微。

【性味归经】根：味苦、涩，性平；归肺、肝经。叶：味甘、苦，性平；归肺、肝经。

【功能主治】根：祛风清热，凉血止血，活血化瘀；用于风热感冒，风湿痹痛，半身不遂，咯血，衄血，便血，崩漏，闭经，痛经，产后腹痛，疮疡。叶：清热凉血，解毒疗疮；用于感冒发热，咯血，便血，崩漏，创伤出血，瘰疬溃烂，皮肤糜烂，黄水疮。

【用法用量】根：内服，煎汤，15～30 g；外用，适量，鲜品捣敷。叶：内服，煎汤，9～15 g；外用，适量，鲜品捣敷，或研末撒、调搽。

72. 茅莓 *Rubus parvifolius* L.

【别名】红梅消、三月泡。

【来源】蔷薇科悬钩子属茅莓的根、全草。

【植物形态】小灌木，高 1～2 m。枝被短柔毛及倒生皮刺。奇数羽状复叶；小叶 3，有时 5，先端小叶菱状圆形至宽倒卵形，侧生小叶较小，宽倒卵形至楔状圆形，长 2～5 cm，宽 1.5～5 cm，先端圆钝，基部宽楔形或近圆形，边缘具齿，上面疏生柔毛，下面密生白色茸毛；叶柄长 5～12 cm，顶生小叶柄长 1～2 cm，与叶轴均被柔毛和稀疏小皮刺；托叶条形。伞房花序有花 3～10 朵；总花梗和花梗密生茸毛；花萼外面密被柔毛和疏密不等的针刺，在花果时均直立开展；花粉红色或紫红色，直径 6～9 mm；雄蕊花丝白色，稍短于花瓣；子房具柔毛。聚合果球形，直径 1.5～2 cm，红色。花期 5—6 月，果期 7—8 月。

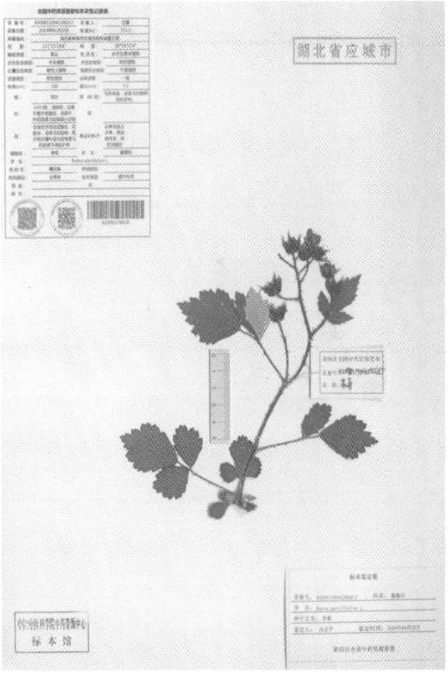

【生境】生于海拔 400～2600 m 的山坡杂木林下、向阳山谷、路旁或荒野。应城境内各地均有分布，一般见。模式标本采自湖北省孝感市应城市杨岭镇晏王塆，E113°25′19.8″，N30°59′53.4″。

【采收加工】根：秋、冬季挖根，洗净，鲜用，或切片晒干备用。全草：7—8 月采收，割取全草，捆成小把，晒干备用。

【质地】根：长短不等，多扭曲，直径 0.4～1.2 cm；上端较粗，呈不规则块状，常附残留茎基；表面灰褐色，有纵皱纹，栓皮有时剥落，露出红棕色内皮；质坚硬，断面淡黄色，有放射状纹理；气微，味微涩。全草：长短不一，枝和叶柄具小皮刺，枝表面红棕色或枯黄色；质坚，断面黄白色，中央有白色髓；叶多皱缩破碎，上面黄绿色，下面灰白色，被柔毛；枝上部往往附枯萎的花序，花瓣多已掉落，萼片黄绿色，外卷，两面被长柔毛；气微弱，味微苦、涩。

【性味归经】根：味甘、苦，性凉；归肝、肺、肾经。全草：味苦、涩，性凉；归肝、肺、肾经。

【功能主治】根：清热解毒，祛风利湿，活血凉血；用于感冒发热，咽喉肿痛，风湿痹痛，咯血，吐血，崩漏，疔疮肿毒，腮腺炎。全草：清热解毒，散瘀止血，杀虫疗疮；用于感冒发热，咳嗽痰血，痢疾，跌打损伤，产后腹痛，疥疮，疖肿，外伤出血。

【用法用量】根：内服，煎汤，6 ～ 15 g，或浸酒；外用，适量，捣敷，或煎水熏洗，或研末调敷。全草：内服，煎汤，10 ～ 15 g，或浸酒；外用，适量，捣敷，或煎水熏洗，或研末搽。

73. 地榆 *Sanguisorba officinalis* L.

【别名】一串红、山枣子、玉札、黄爪香、豚榆系。

【来源】蔷薇科地榆属地榆的干燥根。

【植物形态】多年生草本，高 1 ～ 2 m。根茎粗壮，多呈纺锤形，鲜时表皮紫红色。茎直立，有棱，无毛。单数羽状复叶，互生，根生叶较茎生叶大，具长柄，茎生叶近无柄，有半圆形环抱状托叶，托叶边缘具三角状齿；小叶 5 ～ 19，长卵形或长圆形，长 2 ～ 6 cm，宽 1 ～ 3 cm，先端急尖或钝，基部近心形或近截形，边缘有锯齿，无毛。花小，密集成倒卵形、短圆柱形或近球形的穗状花序，疏生于茎顶；有小苞片；萼管喉部缢缩，裂片 4，花瓣状，紫红色，椭圆形或卵形，基部被毛；花瓣无；雄蕊 4，与萼裂近等长；雌蕊子房上位，卵形，有毛，花柱细长，柱头乳头状。瘦果卵形，长约 3 mm，褐色，有细毛，具纵棱，包藏于宿存花萼内。种子 1 粒。花期 7—10 月，果期 9—11 月。

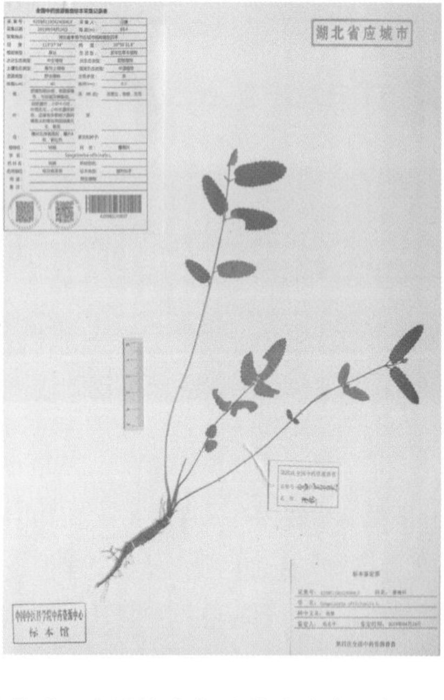

【生境】生于海拔 30 ～ 3000 m 的山坡、荒地灌丛或草丛中，有栽种。应城境内各地均有分布，多见。模式标本采自湖北省孝感市应城市杨岭镇赵四塆，E113°27′34″，N30°59′31.8″。

【采收加工】春季将发芽时或秋季植株枯萎后采挖，除去须根，洗净，干燥；或趁鲜切片，干燥。

【质地】本品呈不规则纺锤形或圆柱形，稍弯曲，长 5 ～ 25 cm，直径 0.5 ～ 2 cm；表面灰褐色至暗棕色，粗糙，有纵纹；质硬，断面较平坦，粉红色或淡黄色，木部略呈放射状排列；气微，味微苦、涩。

【性味归经】味苦、酸、涩，性微寒；归肝、大肠经。

【功能主治】凉血止血，解毒敛疮；用于痔血，血痢，崩漏，水火烫伤，疮痈肿毒。

【用法用量】内服：煎汤，9 ～ 15 g。外用：适量，研末调敷患处。

三十二、豆科

74. 合萌 *Aeschynomene indica* L.

【别名】镰刀草、田皂角。

【来源】豆科合萌属合萌的根、地上部分。

【植物形态】一年生亚灌木状草本。茎直立，高 0.3 ～ 1 m，多分枝，无毛，稍粗糙。羽状复叶具 21 ～ 41 小叶或更多；托叶卵形或披针形，长约 1 cm，基部下延，边缘有缺刻；叶柄长约 3 mm；小叶线状长圆形，长 0.5 ～ 1 cm，上面密生腺点，下面被白粉，先端钝或微凹，具细尖，基部歪斜，全缘。总状花序短于叶，腋生，长 1.5 ～ 2 cm；花序梗长 0.8 ～ 1.2 cm；小苞片宿存；花萼钟状，长约 4 mm，无毛，二唇形，上唇 2 裂，下唇 3 裂；花冠黄色，具紫色条纹，早落，旗瓣近圆形，长 8 ～ 9 mm，几无瓣柄，翼瓣短于旗瓣，龙骨瓣长于翼瓣，呈半月形；雄蕊二体；子房扁平，线形。荚果线状长圆形，直或微弯，

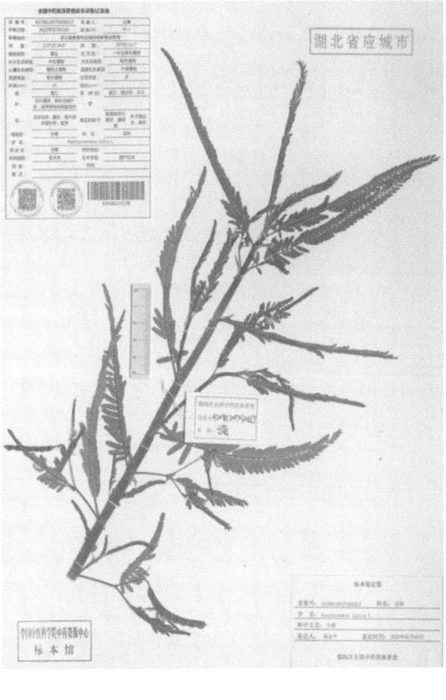

长 3 ～ 4 cm，腹缝线直，背缝线微波状，有 4 ～ 8 荚节，无毛，不开裂，成熟时逐节脱落。种子肾形，黑棕色。

【生境】生于潮湿地或水边。应城境内各地均有分布，多见。模式标本采自湖北省孝感市应城市杨岭镇徐家湾，E113°29′14.9″，N30°59′19.7″。

【采收加工】地上部分：9—10 月采收，齐地割取地上部分，鲜用或晒干备用。根：9—10 月采挖，鲜用或晒干备用。

【质地】本品根呈圆柱形，上端渐细，直径 1 ～ 2 cm；表面乳白色，平滑，具细密的纵纹理及残留的分枝痕，基部有时连有多数须状根；质轻而松软，易折断，折断面白色，不平坦，中央有小孔洞；气微，味淡。

【性味归经】地上部分：味甘、苦，性寒；归肺、胃经。根：味甘、苦，性寒；归肺、胃、膀胱经。

【功能主治】地上部分：清热利湿，祛风明目，通乳；用于热淋，血淋，水肿，泄泻，疖肿，疥疮，目赤肿痛，眼生云翳，夜盲，关节疼痛，产妇乳少。根：清热利湿，消积，解毒；用于血淋，泄泻，痢疾，疳积，目昏，牙痛，疮疖。

【用法用量】地上部分：内服，煎汤，15 ～ 30 g；外用，适量，煎水熏洗，或捣敷。根：内服，煎汤，9 ～ 15 g，鲜品 30 ～ 60 g；外用，适量，捣敷。

75. 合欢 *Albizia julibrissin* Durazz.

【别名】马缨花、绒花树、夜合合、合昏、鸟绒树、拂绒、拂缨。

【来源】豆科合欢属合欢的干燥树皮、干燥花序或花蕾。

【植物形态】落叶乔木，高可达 16 m。树冠开展；树干灰黑色；嫩枝、花序和叶轴被茸毛或短柔毛。托叶线状披针形，较小叶小，早落；二回羽状复叶，互生；总叶柄长 3 ～ 5 cm，总花柄近基部及最顶端 1 对羽片着生处各有 1 枚腺体；羽片 4 ～ 12 对，栽培的有时达 20 对；小叶 10 ～ 30 对，线形至长圆形，长 6 ～ 12 mm，宽 1 ～ 4 mm，向上偏斜，先端有小尖头，有缘毛，有时在下面或仅中脉上有短柔毛；中脉紧靠上边缘。头状花序在枝顶排成圆锥状花序；花粉红色；花萼管状，长 3 mm；花冠长 8 mm，裂片三角形，长 1.5 mm，花萼、花冠外均被短柔毛；雄蕊多数，基部合生，花丝细长；子房上位，花柱几与花丝等长，柱头圆柱形。荚果带状，长 9 ～ 15 cm，宽 1.5 ～ 2.5 cm，嫩荚有柔毛，老荚无毛。花期 6—7 月，果期 8—10 月。

【生境】生于山坡，或栽培。应城境内各地均有分布，一般见。模式标本采自湖北省孝感市应城市长荆大道陈塔村，E113°34′13″，N30°55′39″。

【采收加工】树皮：夏、秋季剥取，晒干备用。花：夏季花开放时，择晴天采收，或花蕾形成时采收，及时晒干；前者俗称“合欢花”，后者俗称“合欢米”。

【质地】树皮：呈卷曲筒状或半筒状，长 40 ～ 80 cm，厚 0.1 ～ 0.3 cm；外表面灰棕色至灰褐色，稍有纵皱纹，有的成浅裂纹，密生明显的椭圆形横向皮孔，棕色或棕红色，偶有凸起的横棱或较大的圆形枝痕，常附有地衣斑；内表面淡黄棕色或黄白色，平滑，有细密纵纹；质硬而脆，易折断，断面呈纤维性片状，淡黄棕色或黄白色；气微香，味淡、微涩、稍刺舌，而后喉头有不适感。花序：头状花序，皱缩成团；总花梗长 3 ～ 4 cm，有时与花序脱离，黄绿色，有纵纹，被疏茸毛；花全体密被茸毛，细长而弯曲，长 0.7 ～ 1 cm，淡黄色或黄褐色，无花梗或几无花梗；花萼筒状，先端有 5 小齿；花冠筒长约为萼筒的 2 倍，先端 5 裂；雄蕊多数，花丝细长，黄棕色至黄褐色，下部合生，上部分离，伸出花冠筒外；气微香，味淡。花蕾：呈棒槌状，长 2 ～ 6 mm，膨大部分直径约 2 mm，淡黄色至黄褐色，全体被茸毛，花梗极短或无；花冠未开放；雄蕊多数，细长并弯曲，基部连合，包于花冠内；气微香，味淡。

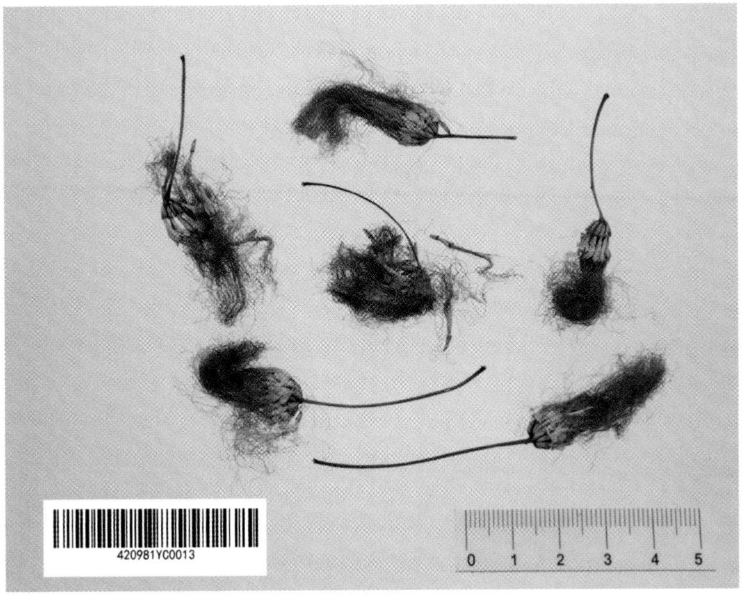

【性味归经】树皮：味甘，性平；归心、肝、肺经。花：味甘，性平；归心、肝经。

【功能主治】树皮：解郁安神，活血消肿；用于心神不安，忧郁失眠，肺痈，疮肿，跌打损伤。花：解郁安神；用于心神不安，忧郁失眠。

【用法用量】树皮：内服，煎汤，6 ～ 12 g；外用，适量，研末调敷。花：内服，煎汤，5 ～ 10 g。

76. 紫云英 *Astragalus sinicus* L.

【别名】翘摇、红花草。

【来源】豆科黄耆属紫云英的全草、种子。

【植物形态】多年生草本，多分枝，直立或匍匐，高 10 ～ 30 cm，被白色疏柔毛。单数羽状复叶，叶柄较叶轴短，托叶离生，卵形，长 3 ～ 6 mm；小叶 7 ～ 13，倒卵形或椭圆形，长 10 ～ 15 mm，宽 4 ～ 10 mm，顶端钝圆或微凹，基部宽楔形，两面被长硬毛。伞形花序腋生，有花 5 ～ 10，总花梗长 5 ～ 15 cm；苞片三角状卵形，长约 0.5 mm，被硬毛；花萼钟状，外面被白色柔毛；花冠紫红色或橙黄色，旗瓣倒卵形，基部楔形，先端圆形微缺，翼瓣稍短，龙骨瓣和旗瓣等长；雄蕊 10，二体，(9)+1，雌蕊子房无毛，具短柄。荚果线状长圆形，稍弯曲，长 12 ～ 20 mm，宽约 4 mm，具短喙，黑色，无毛。种子肾形，栗褐色，长约 3 mm。花期 2—6 月，果期 3—7 月。

【生境】生于溪边或森林潮湿处、山坡、山径旁，有栽培。应城境内各地均有分布，多见。模式标本采自湖北省孝感市应城市杨岭镇舒家塆，E113°24′49.1″，N30°59′13.5″。

【采收加工】全草：3—7 月采收，鲜用或晒干备用。种子：5—7 月果实成熟时，割下全草，打下种子，晒干备用。

【质地】种子呈长方状肾形，两侧明显压扁，长达 3.5 mm；腹面中央内陷较深，一侧成沟状；表面黄绿色或棕绿色，质坚硬。气微弱，嚼之微有豆腥气，味淡。

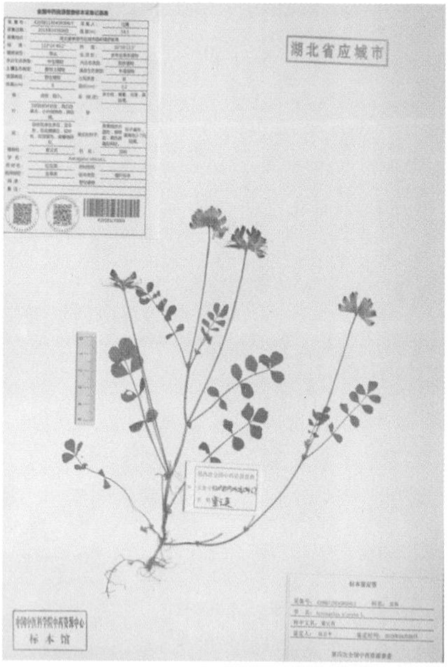

【性味归经】全草：味甘、辛，性平；归心、肝、肺经。种子：味辛，性凉；归肝经。

【功能主治】全草：清热解毒，祛风明目，凉血止血；用于咽喉痛，风痰咳嗽，目赤肿痛，疔疮，带状疱疹，疥癣，痔疮，齿衄，外伤出血，血小板减少性紫癜。种子：祛风明目；用于目赤肿痛。

【用法用量】全草：内服，煎汤，15 ～ 30 g，或捣汁；外用，适量，鲜品捣敷，或研末调敷。种子：内服，煎汤，6 ～ 9 g，或研末。

77. 决明 *Cassia obtusifolia* L.

【别名】钝叶决明、草决明、羊明、羊角、马蹄决明、还瞳子、假绿豆、马蹄子、羊角豆。

【来源】豆科决明属决明的干燥成熟种子。

【植物形态】一年生亚灌木状草本，高 0.5 ～ 2 m，直立，粗壮。叶互生，羽状复叶，长 4 ～ 8 cm；叶柄上无腺体；叶轴上每对小叶间有 1 枚棒状的腺体；小叶 3 对，膜质，倒卵状长椭圆形或倒卵形，长 2 ～ 6 cm，宽 1.5 ～ 2.5 cm，先端圆钝而有小尖头，基部渐狭，偏斜；上面被疏柔毛，下面被柔毛；小

叶柄长 1.5 ～ 2 mm；托叶线形，被柔毛，早落。花腋生，通常 1 对聚生于叶腋；花梗长 1 ～ 1.5 cm，丝状；萼片 5，稍不等大，卵形或卵状长圆形，膜质，外面被柔毛，长约 8 mm；花瓣 5，黄色，下面 2 片略长，长 12 ～ 15 mm，宽 5 ～ 7 mm；雄蕊 10，能育雄蕊 7，花药四方形，顶孔开裂，长约 4 mm，花丝短于花药；子房被白色细柔毛，无柄，线形。荚果纤细而长，两端渐尖，长达 15 cm，宽 3 ～ 6 mm，被疏柔毛，膜质；种子多数，菱形，有光泽，灰绿色。花期 6—8 月，果期 9—10 月。

【生境】生于河边、旷野、山坡。应城境内各地均有分布，多见。模式标本采自湖北省孝感市应城市杨岭镇下伍份湾，E113°25′14.8″，N31°00′30.6″。

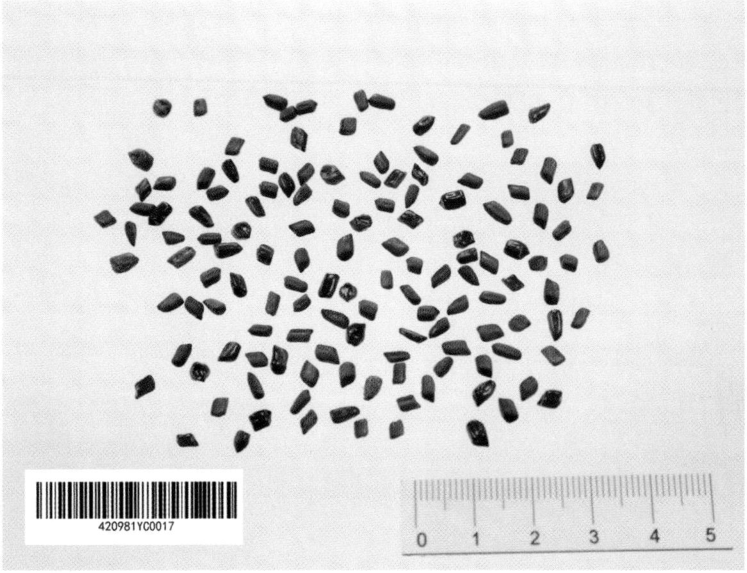

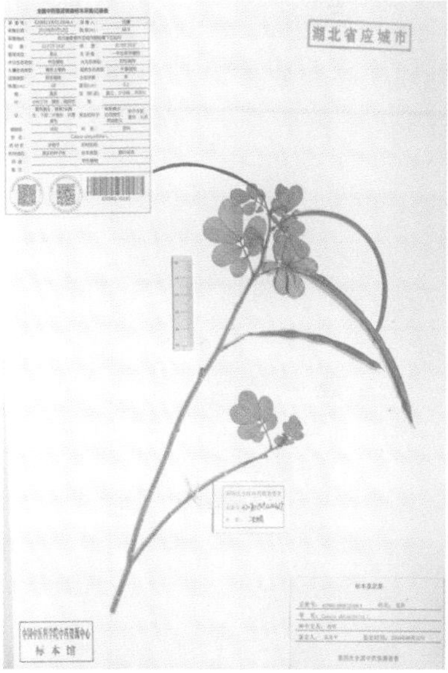

【采收加工】秋季采收成熟果实，晒干，打下种子，除去杂质。

【质地】本品略呈菱形或短圆柱形，两端平行倾斜，长 3 ～ 7 mm，宽 2 ～ 4 mm；表面绿棕色或暗棕色，平滑有光泽；一端较平坦，另一端斜尖，背腹面各有 1 条凸起的棱线，棱线两侧各有 1 条斜向对称而色较浅的线形凹纹；质坚硬，不易破碎；种皮薄，子叶 2，黄色，呈“S”形折曲并重叠；气微，味微苦。

【性味归经】味甘、苦、咸，性微寒；归肝、大肠经。

【功能主治】清热明目，润肠通便；用于目赤涩痛，羞明多泪，头痛眩晕，目暗不明，大便秘结。

【用法用量】内服：煎汤，9 ～ 15 g。

78. 皂荚 *Gleditsia sinensis* Lam.

【别名】刀皂、牙皂、猪牙皂、皂荚树、皂角、三刺皂角。

【来源】豆科皂荚属皂荚的茎皮和根皮、干燥棘刺、叶、干燥成熟果实（大皂角）、干燥不育果实（猪牙皂）、种子。

【植物形态】乔木，高达 15 m。刺粗壮，通常分枝，长可达 16 cm，圆柱形。小枝无毛。一回偶数羽状复叶，长 12 ～ 18 cm；小叶 6 ～ 14 片，长卵形、长椭圆形至卵状披针形，长 3 ～ 8 cm，宽 1.5 ～ 3.5 cm，先端钝或渐尖，基部斜圆形或斜楔形，边缘有细锯齿，无毛。花杂性，排成腋生的总状花序；花萼钟状，有 4 枚披针形裂片；花瓣 4，白色；雄蕊 6 ～ 8；子房条形，沿缝线有毛。荚果条形，不扭转，长 12 ～ 30 cm，宽 2 ～ 4 cm，微厚，黑棕色，被白色粉霜。花期 4—5 月，果期 9—10 月。

【生境】生于山坡林中或谷地、路旁，海拔 0 ～ 2500 m 处。常栽培于庭园或宅旁。应城境内各地均有分布，少见。模式标本采自湖北省孝感市应城市杨岭镇祝家大塆，E113°27′ 02.3″，N30°59′ 36.5″。

【采收加工】茎皮和根皮：秋、冬季采收，切片，晒干备用。棘刺：全年均可采收，干燥，或趁鲜切片，干燥备用。叶：5—6 月采收，晒干备用。成熟果实：秋季果实成熟时采收，晒干备用。不育果实：秋季采收，除去杂质，干燥备用。种子：秋季果实成熟时采收，剥取种子，晒干备用。

【质地】棘刺：本品分为主刺和 1 ～ 2 次分枝的分枝刺。主刺长圆锥形，长 3 ～ 15 cm 或更长，直径 0.3 ～ 1 cm；分枝刺长 1 ～ 6 cm，刺端锐尖；表面紫棕色或棕褐色；体轻，质坚硬，不易折断。切片厚 0.1 ～ 0.3 cm，常带有尖细的刺端；木部黄白色，髓部疏松，淡红棕色；质脆，易折断；气微，味淡。成熟果实：呈扁长的剑鞘状，有的略弯曲，长 15 ～ 40 cm，宽 2 ～ 5 cm，厚 0. 2 ～ 1. 5 cm；表面棕褐色或紫褐色，被灰色粉霜，擦去后有光泽，种子所在处隆起；基部渐窄而弯曲，有短果柄或果柄痕，两侧有明显的纵棱线；质硬，摇之有声，易折断，断面黄色，纤维性；种子多数，扁椭圆形，黄棕色至棕褐色，光滑；气特异，有刺激性，味辛辣。不育果实：呈圆柱形，略扁而弯曲，长 5 ～ 11 cm，宽 0.7 ～ 1.5 cm；表面紫棕色或紫褐色，被灰白色蜡质粉霜，擦去后有光泽，并有细小的疣状突起和线状或网状的裂纹；顶端有鸟喙状花柱残基，基部具果梗残痕；质硬而脆，易折断，断面棕黄色，中间疏松，有淡绿色或淡棕黄色的丝状物，偶有发育不全的种子；气微，有刺激性，味先甜而后辣。种子：干燥种子呈长椭圆形，一端略狭尖，长 1.1 ～ 1.3 cm，宽 0.7 ～ 0.8 cm，厚约 0.7 cm；表面棕褐色，平滑而有光泽，较狭尖的一端有微凹的点状种脐，有的不甚明显；种皮剥落后可见 2 片大型鲜黄色的子叶，质极坚硬，气微，味淡。

【性味归经】茎皮和根皮：味辛，性温；归肝经。棘刺：味辛，性温；归肝、胃经。叶：味辛，性温；归肝经。果实：味辛、咸，性温；有小毒；归肺、大肠经。种子：味辛，性温；归肺、大肠经。

【功能主治】茎皮和根皮：解毒散结，祛风杀虫；用于淋巴结结核，无名肿毒，风湿骨痛，疥癣，恶疮。棘刺：消肿解毒，排脓，杀虫；用于痈疽初起或脓成不溃，疥癣麻风。叶：祛风解毒，生发；用于风热疮癣，毛发不生。果实：祛痰开窍，散结消肿；用于中风口噤，昏迷不醒，癫痫痰盛，关窍不通，喉痹痰阻，痰饮喘咳，咯痰不爽，大便燥结，痈肿。种子：润肠通便，祛风散热，化痰散结；用于大便燥结，肠风下血，痢疾，痰喘肿满，疝气疼痛，瘰疬，肿毒，疮癣。

【用法用量】茎皮和根皮：内服，煎汤，3 ～ 15 g，或研末；外用，适量，煎水熏洗。棘刺：内服，煎汤，3 ～ 10 g；外用，适量，醋蒸取汁搽患处。叶：外用，10 ～ 20 g，煎水洗。果：内服，煎汤，1 ～ 1.5 g，或入丸、散；外用，适量，研末吹鼻，或研末调敷患处。种子：内服，煎汤，5 ～ 9 g，或入丸、散；外用，适量，研末调敷。

79. 野大豆 *Glycine soja* Sieb. et Zucc.

【别名】乌豆、野黄豆、山黄豆、小落豆。

【来源】豆科大豆属野大豆的茎、叶及根（藤），种子。

【植物形态】一年生缠绕草本。全株疏被褐色长硬毛。根草质，侧根密生于主根上部。茎纤细，长 1 ～ 4 m。叶具 3 小叶，长可达 14 cm；顶生小叶卵圆形或卵状披针形，长 3.5 ～ 6 cm，先端急尖或钝，基部圆，两面均密被绢质糙伏毛，侧生小叶斜卵状披针形。总状花序长约 10 cm；花小，长约 5 mm；苞片披针形；花萼钟状，裂片三角状披针形，上方 2 裂片 1/3 以下合生；花冠淡紫红色或白色，旗瓣近圆形，基部具短瓣，翼瓣斜倒卵形，短于旗瓣，瓣片基部具耳，瓣柄与瓣片近等长，龙骨瓣斜长圆形，短于翼瓣，密被长柔毛。荚果长圆形，长 1.7 ～ 2.3 cm，宽 4 ～ 5 mm，稍弯，两侧扁，种子间稍缢缩，干后易裂，有种子 2 ～ 3 粒。种子椭圆形，稍扁，长 2.5 ～ 4 mm，宽 1.8 ～ 2.5 mm，褐色或黑色。

【生境】喜光耐湿。生于海拔 150 ～ 2650 m 潮湿的田边、园边、沟旁、河岸、湖边、沼泽、草甸、沿海和岛屿向阳的矮灌丛或芦苇丛中，稀见于沿河岸疏林下。应城境内各地均有分布，一般见。模式标本采自湖北省孝感市应城市杨岭镇姚家塆，E113°25′40.7″，N30°59′22.9″。

【采收加工】藤：9—11 月采收，晒干备用。种子：秋季果实成熟时，割取全株，晒干，打开果荚，收集种子再晒至足干备用。

【质地】藤：茎瘦细，各部疏被黄棕色长硬毛；三出羽状复叶互生，薄纸质，侧生小叶斜卵状披针形，长 3.5 ～ 6 cm，宽 1.5 ～ 2.5 cm，全缘；具长柄；味微。种子：椭圆形而略扁，外表黑褐色，有黄白色斑纹，微具光泽，质坚硬；内有子叶 2 片，黄色；嚼之微有豆腥气。

【性味归经】藤：味甘，性凉；归肝、脾经。种子：味甘，性凉；归肾、肝经。

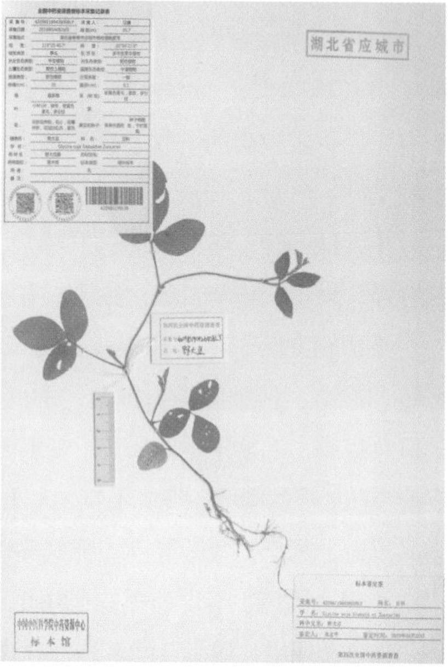

【功能主治】藤：清热敛汗，舒筋止痛；用于盗汗，劳伤筋痛，胃脘痛。种子：补益肝肾，祛风解毒；用于肾虚腰痛，风痹，筋骨疼痛，阴虚盗汗，内热消渴，目昏头晕，产后风痉，小儿疳积，痈肿。

【用法用量】藤：内服，煎汤，30 ~ 120 g；外用，适量，捣敷，或研末调敷。种子：内服，煎汤，9 ~ 15 g，或入丸、散。

80. 少花米口袋 *Gueldenstaedtia verna* (Georgi) Boriss.

【别名】米口袋、洱源米口袋、地丁多花米口袋、米布袋、长柄米口袋、川滇米口袋、光滑米口袋。

【来源】豆科米口袋属少花米口袋的带根全草。

【植物形态】多年生草本，主根直下，分茎具宿存托叶。叶长 2 ~ 20 cm；托叶三角形，基部合生；叶柄具沟，被白色疏柔毛；小叶 7 ~ 19 片，长椭圆形至披针形，长 0.5 ~ 2.5 cm，宽 1.5 ~ 7 mm，钝头或急尖，先端具细尖，两面被疏柔毛，有时上面无毛。伞形花序有花 2 ~ 4 朵，总花梗约与叶等长；苞片长三角形，长 2 ~ 3 mm；花梗长 0.5 ~ 1 mm；小苞片线形，长约为萼筒的 1/2；花萼钟状，长 5 ~ 7 mm，被白色疏柔毛；萼齿披针形，上 2 萼齿约与萼筒等长，下 3 萼齿较短小，最下 1 片最小；花冠紫红色，旗瓣卵形，长 13 mm，先端微缺，基部渐狭成瓣柄，翼瓣瓣片倒卵形具斜截头，长 11 mm，具短耳，瓣柄长 3 mm，龙骨瓣瓣片倒卵形，长 5.5 mm，瓣柄长 2.5 mm；子房椭圆状，密被疏柔毛，花柱无毛，内卷。荚果长圆筒状，长 15 ~ 20 mm，直径 3 ~ 4 mm，被长柔毛，成熟时毛稀疏，开裂。种子圆肾形，直径 1.5 mm，具不深凹点。花期 5 月，果期 6—7 月。

【生境】生于海拔 1300 m 以下的山坡、路旁、田边等。应城境内各地均有分布，多见。模式标本采自湖北省孝感市应城市杨岭镇舒家塆，E113°24′49.1″，N30°59′13.5″。

【采收加工】7—10 月采收，鲜用或扎把晒干备用。

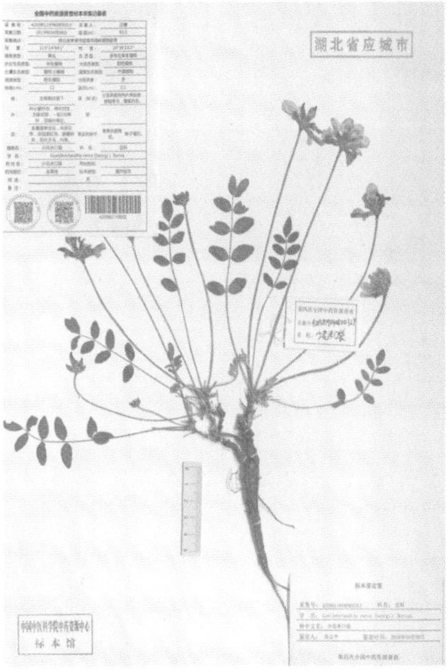

【质地】根呈长圆锥形，有的略扭曲，长 9 ～ 18 cm，直径 0.3 ～ 0.8 cm；表面红棕色或灰黄色，有纵皱纹、横向皮孔及细长侧根；质硬，断面黄白色，边缘绵毛状，中央浅黄色。茎短而细，灰绿色，有茸毛。单数羽状复叶，丛生，具托叶，叶多皱缩、破碎，完整叶片展平后呈椭圆形，长 0.5 ～ 2.5 cm，灰绿色，被毛。有时可见伞形花序，蝶形花冠紫红色。荚果长圆筒形，长 1.5 ～ 2 cm，棕色，被毛；种子黑色，细小。气微，味淡、微甜，嚼之有豆腥味。

【性味归经】味苦、甘，性寒；归心、肝经。

【功能主治】清热解毒，凉血消肿；用于痈肿，疔疮，丹毒，肠痈，瘰疬，毒虫咬伤，黄疸，肠炎，痢疾。

【用法用量】内服：煎汤，6 ～ 30 g。外用：适量，鲜品捣敷；或煎水洗。

81. 鸡眼草 *Kummerowia striata* (Thunb.) Schindl.

【别名】公母草、牛黄黄、掐不齐、三叶人字草、鸡眼豆。

【来源】豆科鸡眼草属鸡眼草的全草。

【植物形态】一年生草本，披散或平卧。叶为三出羽状复叶，膜质托叶大，卵状长圆形，小叶纸质，倒卵形至长圆形，先端圆形，基部近圆形，全缘。花小，单生或 2 ～ 3 朵簇生于叶腋，花萼钟状，带紫色，5 裂；花冠粉红色或紫色，较花萼约长 1 倍；旗瓣椭圆形，具耳，龙骨瓣比旗瓣稍长或近等长，翼瓣比龙骨瓣稍短。荚果圆形或倒卵形，先端短尖。

【生境】生于海拔 500 m 以下的路旁、田边、溪旁、砂质地或缓山坡草地。应城境内各地均有分布，一般见。模式标本采自湖北省孝感市应城市杨岭镇赵四塆，E113°24′02.9″，N30°59′31.4″。

【采收加工】夏、秋季植株茂盛时采收，晒干备用。

【质地】茎枝圆柱形，多分枝，长 5 ～ 30 cm，被白色向下的细毛。三出复叶互生，叶多皱缩，完整小叶呈长椭圆形或倒卵状长椭圆形，长 5 ～ 15 mm；先端圆形，有小突刺，基部近圆形；沿中脉及叶缘疏生白色长毛；托叶2片。花腋生，花萼钟状，深紫褐色；蝶形花冠粉红色或紫色。荚果圆形或倒卵形，先端短尖，有小喙，长达4 mm。种子1粒，黑色，具不规则褐色斑点。气微，味淡。

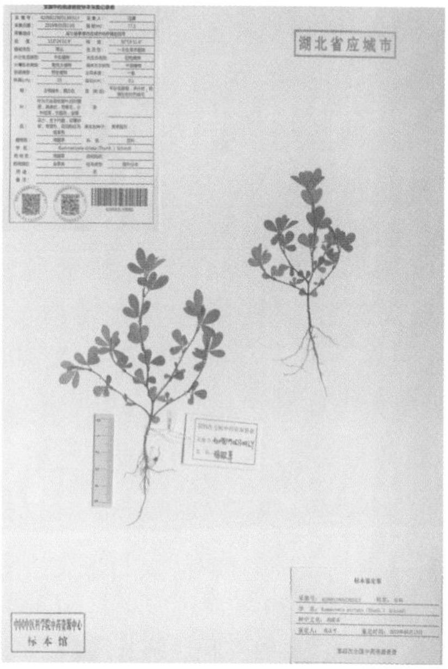

【性味归经】味甘、辛，性平；归肝、肺经。

【功能主治】清热利湿，解毒消肿；用于感冒，暑湿吐泻，黄疸，痢疾，疳积，痈疖，疔疮，血淋，咯血，衄血，跌打损伤。

【用法用量】内服：煎汤，9～30 g，鲜品30～60 g；或捣汁；或研末。外用：适量，捣敷。

82. 胡枝子 *Lespedeza bicolor* Turcz.

【别名】萩、胡枝条、扫皮、随军茶。

【来源】豆科胡枝子属胡枝子的根、枝叶。

【植物形态】灌木，高1～3 m。小枝疏被短毛。叶具3小叶，叶柄长2～7 cm；小叶草质，卵形、倒卵形或卵状长圆形，长1.5～6 cm，先端圆钝或微凹，具短刺尖，基部近圆形或宽楔形，上面无毛，下面被疏柔毛。总状花序比叶长，常构成大型、较疏散的圆锥花序；花序梗长4～10 cm；花梗长约2 mm，密被毛；花萼长约5 mm，5浅裂，裂片常短于萼筒；花冠紫红色，长约1 cm，旗瓣倒卵形，翼瓣近长圆形，具耳和瓣柄，龙骨瓣与旗瓣近等长，基部具长瓣柄。荚果斜倒卵形，稍扁，长约1 cm，宽约5 mm，具网纹，密被短柔毛。

【生境】生于海拔150～1000 m的山坡、林缘、路旁、灌丛及杂木林间。应城境内各地均有分布，多见。模式标本采自湖北省孝感市应城市杨岭镇金家湾，E113°28′48.92″，N30°59′47.41″。

【采收加工】根：7—10月采收，切片，晒干备用。枝叶：6—9月采收，鲜用或切段后晒干备用。

【质地】根：呈圆柱形，稍弯曲，长短不等，直径0.8～1.4 cm；表面灰棕色，有支根痕、横向突起及纵皱纹；质坚硬，难折断；断面中央无髓，木部灰黄色，皮部棕褐色；气微弱，味微苦、涩。枝叶：枝较硬，多分枝，叶较软，近无毛。

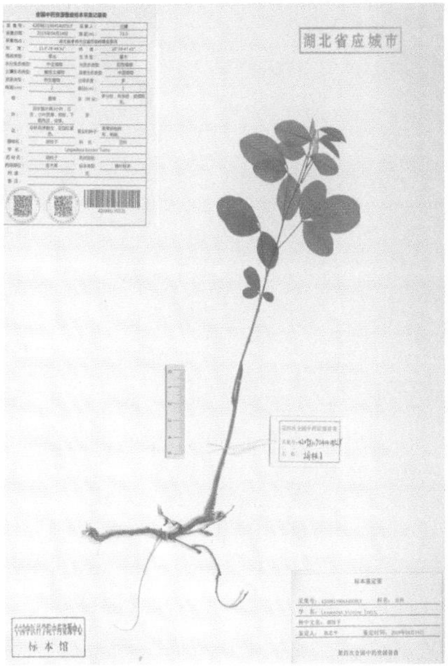

【性味归经】根：味甘，性平；归脾经。枝叶：味甘，性平；归心、肝经。

【功能主治】根：祛风除湿，活血止痛，止血止带，清热解毒；用于感冒发热，风湿痹痛，跌打损伤，鼻衄，赤白带下，流注。枝叶：清热润肺，利尿通淋，止血；用于肺热咳嗽，感冒发热，百日咳，淋证，吐血，衄血，尿血，便血。

【用法用量】根：内服，煎汤，9 ～ 15 g，鲜品 30 ～ 60 g，或炖肉，或浸酒；外用：适量，研末调敷。枝叶：内服，煎汤，9 ～ 15 g，鲜品 30 ～ 60 g，或泡作茶饮。

83. 截叶铁扫帚 *Lespedeza cuneata* (Dum. -Cours.) G. Don

【别名】夜关门、千里光、半天雷、绢毛胡枝子、小叶胡枝子、鱼串草。

【来源】豆科胡枝子属截叶铁扫帚的带根全草（铁扫帚）。

【植物形态】小灌木。高达 1 m。茎被柔毛。叶具 3 小叶，密集；叶柄短；小叶楔形或线状楔形，长 1 ～ 3 cm，宽 2 ～ 7 mm，先端平截或近平截，具小刺尖，基部楔形，上面近无毛，下面密被贴伏毛。总状花序具 2 ～ 4 花；花序梗极短；花萼 5 深裂，裂片披针形，密被贴伏柔毛；花冠淡黄色或白色，旗瓣基部有紫斑，翼瓣与旗瓣近等长，龙骨瓣稍长，先端带紫色；闭锁花簇生于叶腋。荚果宽卵形或近球形，被伏毛，长 2.5 ～ 3.5 mm，宽约 2.5 mm。

【生境】生于山坡、丘陵、路旁及荒地，常见零散生长。应城境内各地均有分布，一般见。模式标本采自湖北省孝感市应城市杨岭镇晏王塆，E113°25′27.97″，N30°59′31.14″。

【采收加工】夏、秋季采收，晒干备用。

【质地】本品呈不规则的段，根、茎、叶、花混合。根较细，条状，茎圆柱形，表面具纵皱纹。叶皱缩、破碎，展平后呈楔形，先端平截，中央具小尖刺，基部楔形，全缘，下面被伏毛，小叶柄不明显。总状花序腋生。气微，味微苦。

【性味归经】味甘、微苦，性平；归肺、肝、肾经。

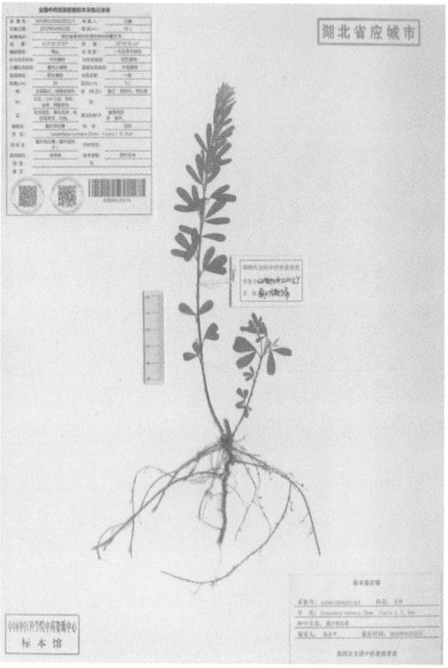

【功能主治】清热利湿，消食化积，祛痰止咳；用于小儿疳积，消化不良，肠胃炎，细菌性痢疾，胃痛，黄疸型肝炎，肾炎水肿，带下，口腔炎，咳嗽，支气管炎，带状疱疹，毒蛇咬伤。

【用法用量】内服：煎汤，15 ～ 30 g。

84. 铁马鞭 *Lespedeza pilosa* (Thunb.) Sieb. et Zucc.

【别名】三叶藤、野花生、金钱藤、野花草。

【来源】豆科胡枝子属铁马鞭的带根全草。

【植物形态】多年生草本，茎平卧，长 0.6 ～ 0.8(1) m；全株密被长柔毛。叶具 3 小叶；叶柄长 0.6 ～ 1.5 cm，小叶宽倒卵形或倒卵圆形，长 1.5 ～ 2 cm，先端圆形，近平截或微凹，具小刺尖，基部圆形或近平截，两面密被长柔毛。总状花序比叶短；花序梗极短；花萼 5 深裂，上部 2 裂片基部合生，上部分离；花冠黄白色或白色，长 7 ～ 8 mm，旗瓣椭圆形，具瓣柄，翼瓣较旗瓣、龙骨瓣短；闭锁花常 1 ～ 3 集生于茎上部叶腋，无梗或几无梗，结实。荚果宽卵形，长 3 ～ 4 mm，先端具喙，两面密被长柔毛。

【生境】生于荒山坡及草地。应城境内各地均有分布，少见。模式标本采自湖北省孝感市应城市杨岭镇易家塆，E113°27′43.4″，N30°59′31.9″。

【采收加工】7—10 月采收，鲜用或切段晒干备用。

【质地】茎枝细长，分枝少，被棕黄色长柔毛。三出复叶，总叶柄长 0.5 ～ 2 cm，完整小叶呈宽倒卵形或倒卵圆形，先端圆形或截形，微凹，具短尖，基部圆形，全缘。总状花序腋生，总花梗及小花梗极短，蝶形花冠黄白色，旗瓣有紫斑。荚果宽卵形，先端具长喙，直径约 3 mm，密被白色长柔毛。气微，味微苦。

【性味归经】味苦、辛，性平；归脾、心经。

【功能主治】益气安神，活血止痛，利尿消肿，解毒；用于气虚发热，失眠，痧症，腹痛，风湿痹痛，水肿，瘰疬，疮痈肿毒。

【用法用量】内服：煎汤，15 ～ 30 g；或炖肉。外用：适量，捣敷。

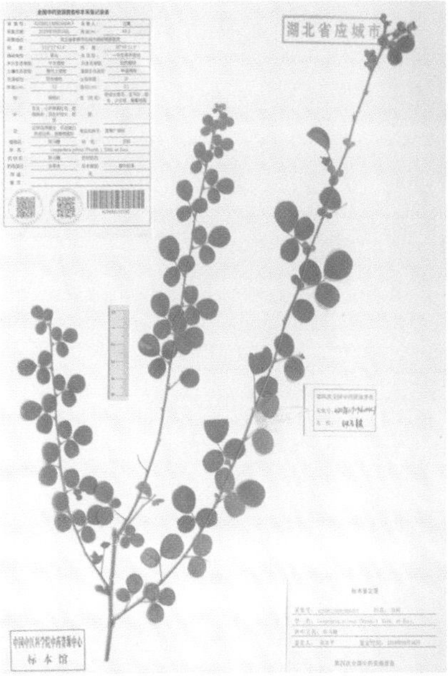

85. 细梗胡枝子 *Lespedeza virgata* (Thunb.) DC.

【别名】掐不齐。

【来源】豆科胡枝子属细梗胡枝子的干燥全株。

【植物形态】小灌木，有时可达 1 m。基部分枝，枝细，带紫色，被白色伏毛。托叶线形，羽状复叶具 3 小叶；小叶椭圆形、长圆形或卵状长圆形，稀近圆形，先端钝圆，有时微凹，有小刺尖，基部圆形，边缘稍反卷，上面无毛，下面密被伏毛，侧生小叶较小；叶柄被白色伏柔毛。总状花序腋生，通常具 3 朵稀疏的花；总花梗纤细，毛发状，被白色伏柔毛，显著超出叶；苞片及小苞片披针形，被伏毛；花梗短；花萼狭钟形，基部有紫斑，翼瓣较短，龙骨瓣长于旗瓣或近等长；闭锁花簇生于叶腋，无梗，结实。荚果近圆形，通常不超出花萼。花期 7—9 月，果期 9—10 月。

【生境】生于山坡、荒地。应城境内各地均有分布，一般见。模式标本采自湖北省孝感市应城市杨岭镇雷家冲，E113°25′13.5″，N31°00′08.7″。

【采收加工】夏、秋季茎叶茂盛时采收，除去杂质，洗净，切碎，晒干备用。

【质地】根呈长圆柱形，具分枝，表面淡黄棕色，具细纵皱纹，皮孔呈点状或横向延长呈疤状。茎圆柱形，较细，表面灰黄色至灰褐色。叶为三出复叶，全缘，上面近无毛或被伏毛，背面毛较密集。有时可见腋生的总状花序，花冠蝶形。荚果近圆形。气微、具豆腥气，味淡。

【性味归经】味甘、微苦，性平；归肺、肾、膀胱经。

【功能主治】清热解毒，利水消肿，通淋；用于肾炎水肿，中暑发热，小便涩痛。

【用法用量】内服：煎汤，15 ～ 30 g。

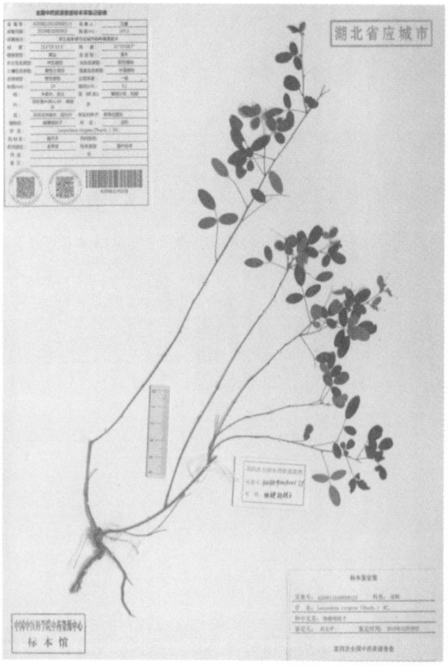

86. 三裂叶野葛 *Pueraria phaseoloides* (Roxb.) Benth.

【别名】野葛、假菜豆。

【来源】豆科葛属三裂叶野葛的根。

【植物形态】草质藤本。茎纤细，被褐黄色、开展的长硬毛。羽状复叶具3小叶；托叶基着，卵状披针形，小托叶线形；小叶宽卵形、菱形或卵状菱形，顶生小叶较宽，侧生小叶较小，偏斜，全缘或3裂，上面绿色，被紧贴的长硬毛，下面灰绿色，密被白色长硬毛。总状花序单生，中部以上有花；苞片和小苞片线状披针形，被长硬毛；花具短梗，聚生于稍疏离的节上；花萼钟状，被紧贴的长硬毛，下部的裂齿与萼管等长，顶端呈刚毛状，其余的裂齿三角形，比萼管短；花冠浅蓝色或淡紫色，旗瓣近圆形，基部有小片状、直立的附属体及2枚内弯的耳，翼瓣倒卵状长椭圆形，稍长于龙骨瓣，基部一侧有宽而圆的耳，具纤细而长的瓣柄，龙骨瓣镰刀状，顶端具短喙，基部截形，具瓣柄；子房线形，略被毛。荚果近圆柱状，初时稍被紧贴的长硬毛，后近无毛，果瓣开裂后扭曲；种子长椭圆形，两端近平截，长4 mm。花期8—9月，果期10—11月。

【生境】生于山地、丘陵的灌丛中。应城境内各地均有分布，一般见。模式标本采自湖北省孝感市应城市杨岭镇赵四塆，E113°27′01.8″，N30°59′49.5″。

【采收加工】秋、冬季采挖，除去外皮，稍干，截段或纵切成两半，或斜切成厚片，干燥备用。

【质地】本品呈圆柱形、类纺锤形或半圆柱形，有的为纵切或斜切的厚片，大小不一。外皮淡棕色至棕色，有纵皱纹，粗糙。体重，质硬，富粉性，横切面可见由纤维形成的浅棕色同心状环纹，纵切面可见由纤维形成的数条纵纹。气微，味微甜。

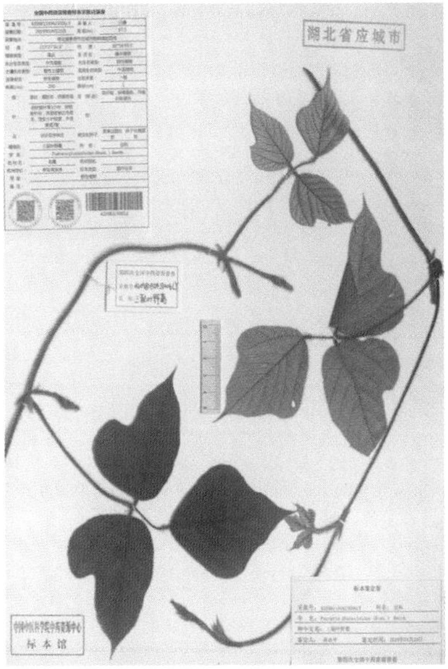

【性味归经】味甘、辛，性凉；归脾、胃经。

【功能主治】解肌退热，生津止渴，透疹，升阳止泻，通经活络，解酒毒；用于外感发热头痛，项背强痛，消渴，麻疹不透，热痢，泄泻，眩晕头痛，中风偏瘫，胸痹心痛，酒精中毒。

【用法用量】内服：煎汤，10 ～ 15 g。

87. 鹿藿 *Rhynchosia volubilis* Lour.

【别名】痰切豆、老鼠眼。

【来源】豆科鹿藿属鹿藿的茎叶或根。

【植物形态】缠绕草质藤本。全株各部多少被灰色至淡黄色柔毛；茎略具棱；叶为羽状或有时近指状 3 小叶；托叶小，披针形，被短柔毛；小叶纸质，顶生小叶菱形或倒卵状菱形，先端钝或急尖，常有小突尖，基部圆形或宽楔形，两面均被灰色或淡黄色柔毛，下面尤密，并被黄褐色腺点；基出脉 3 条；侧生小叶较小，常偏斜。总状花序 1 ～ 3 个腋生，排列稍密集；花萼钟状，裂片披针形，外面被短柔毛及腺点；花冠黄色，旗瓣近圆形，有宽而内弯的耳，翼瓣倒卵状长圆形，基部一侧具长耳，龙骨瓣具喙；雄蕊二体；子房被毛及密集的小腺点，胚珠 2 颗。荚果长圆形，紫红色，极扁平，在种子间略收缩，稍被毛或近无毛，先端有小喙；种子通常 2 粒，椭圆形或近肾形，黑色，有光泽。花期 5—8 月，果期 9—12 月。

【生境】生于山坡、路旁、竹林、灌丛、林边、渠道田埂及多年撂荒地的杂草丛中或缠绕于邻近树木的枝干上，喜光、耐半阴，喜温暖湿润，适应性较强，一般见。模式标本采自湖北省孝感市应城市田店镇汪凡村，E113°27′11.5″，N31°00′27.8″。

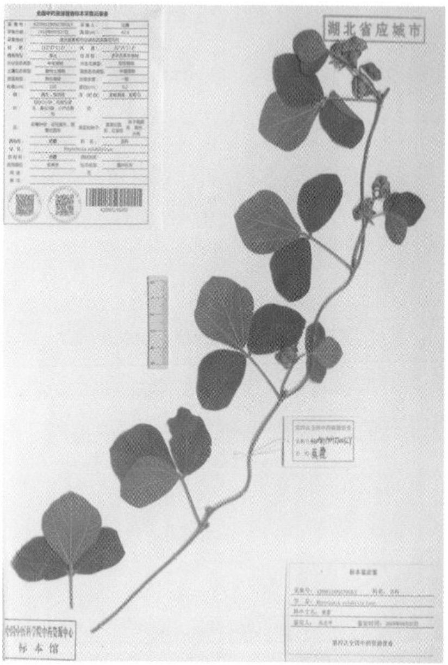

【采收加工】茎叶：5—6 月采收，鲜用或晒干备用，贮干燥处。根：秋季挖根，除去泥土，洗净，鲜用或晒干备用。

【质地】本品为缠绕草本，各部密被淡黄色柔毛，茎蔓细长，干燥叶皱缩、易碎，纸质，展平呈宽卵形，上面疏被短柔毛，背面密被长柔毛和橘黄色透明腺点。气微，味略酸。

【性味归经】茎叶：味苦、酸，性平；归胃、脾、肝经。根：味苦，性平；归大肠、脾、肺经。

【功能主治】茎叶：祛风除湿，活血解毒；用于风湿痹痛，头痛，牙痛，腰脊疼痛，瘀血腹痛，产褥热，瘰疬，疮痈肿毒，跌打损伤，烫火伤。根：活血止痛，解毒消积；用于妇女痛经，瘰疬，疖肿，小儿疳积。

【用法用量】茎叶：内服，煎汤，9 ～ 30 g；外用，适量，捣敷。根：内服，煎汤，9 ～ 15 g；外用，适量，捣敷。

88. 刺槐 *Robinia pseudoacacia* L.

【别名】洋槐、槐花、伞形洋槐、塔形洋槐。

【来源】豆科刺槐属刺槐的花或根。

【植物形态】落叶乔木。树皮灰褐色至黑褐色，浅裂至深纵裂，稀光滑。小枝灰褐色，幼时有棱脊，微被毛，后无毛；具托叶刺；冬芽小，被毛。羽状复叶；叶轴上面具沟槽；小叶 2 ～ 12 对，常对生，椭圆形、长椭圆形或卵形，先端圆形，微凹，具小尖头，基部圆形至宽楔形，全缘，上面绿色，下面灰绿色，幼时被短柔毛，后变无毛；小托叶针芒状，总状花序腋生，下垂，花多数，芳香；苞片早落；花萼斜钟状，萼齿 5，三角形至卵状三角形，密被柔毛；花冠白色，各瓣均具瓣柄，旗瓣近圆形，先端凹缺，基部圆，反折，内有黄斑，翼瓣斜倒卵形，与旗瓣几等长，基部一侧具圆耳，龙骨瓣镰状，三角形，与翼瓣等长或稍短，前缘合生，先端钝尖；雄蕊二体，对旗瓣的 1 枚分离；子房线形，无毛，花柱钻形，上弯，顶端具毛，柱头顶生。荚果褐色或具红褐色斑纹，线状长圆形，扁平，先端上弯，具尖头，果颈短，沿腹缝线具狭翅；花萼宿存，有种子 2 ～ 15 粒；种子褐色至黑褐色，微具光泽，有时具斑纹，近肾形，种脐圆形，偏于一端。花期 4—6 月，果期 8—9 月。

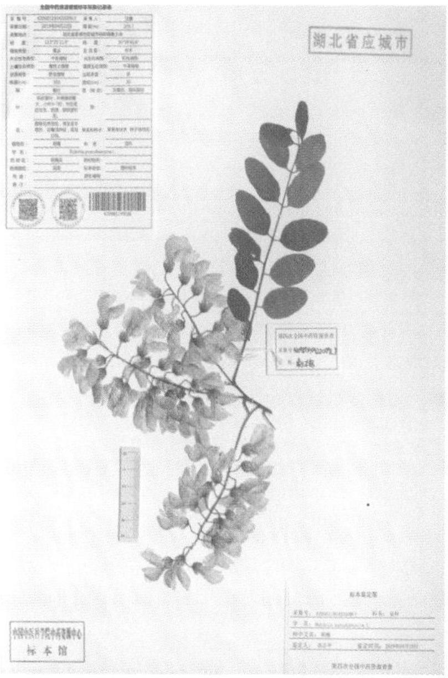

【生境】各地广泛栽植，多见。模式标本采自湖北省孝感市应城市杨岭镇晏王塆，E113°25′21.9″，N30°59′41.6″。

【采收加工】刺槐花：6—7 月盛开时采收花序，摘下花，晾干。刺槐根：秋季挖根，洗净，切片，晒干备用。

【质地】刺槐花：略呈飞鸟状，未开放者为钩镰状；下部为斜钟状花萼，绿色，被亮白色短柔毛，先端 5 齿裂，基部有花柄，其近端有一关节，节上略粗，节下狭细；上部为花冠，花瓣 5，皱缩，有时残破或脱落；质软，体轻；气微，味微甘。刺槐根：较粗壮，黑褐色。

【性味归经】刺槐花：味甘，性平；归肝经。刺槐根：味苦，性微寒；归肝、大肠经。

【功能主治】刺槐花：止血；用于咯血，大肠下血，吐血，崩漏。刺槐根：凉血，止血，舒筋活络；用于便血，咯血，吐血，崩漏，劳伤乏力，风湿骨痛，跌打损伤。

【用法用量】刺槐花：内服，煎汤，9 ～ 15 g，或泡茶饮。刺槐根：内服，煎汤，9 ～ 30 g。

89. 野豌豆 *Vicia sepium* L.

【别名】救荒野豌豆、马豆草、野麻碗、大巢菜、野绿豆、野菜豆。

【来源】豆科野豌豆属野豌豆的全草。

【植物形态】多年生草本。根茎匍匐，茎柔细斜升或攀援，具棱，疏被柔毛。偶数羽状复叶，叶轴顶端卷须发达；托叶半戟形，有 2 ～ 4 裂齿；长卵圆形或长圆状披针形，先端钝或平截，微凹，有短尖头，基部圆形，两面被疏柔毛，下面较密。短总状花序，花朵腋生；花萼钟状，萼齿披针形或锥形，短于萼筒；花冠红色或近紫色至浅粉红色，稀白色；旗瓣近提琴形，先端凹，翼瓣短于旗瓣，龙骨瓣内弯，最短；子房线形，无毛，胚珠 5 颗，子房柄短，花柱与子房连接处成近 90° 角；柱头远轴面有一束黄髯毛。

荚果宽长圆状，近菱形，成熟时亮黑色，先端具喙，微弯。种子 5 ～ 7 粒，扁圆球形，表皮棕色有斑，种脐长相当于种子周长的 2/3。花期 6 月，果期 7—8 月。

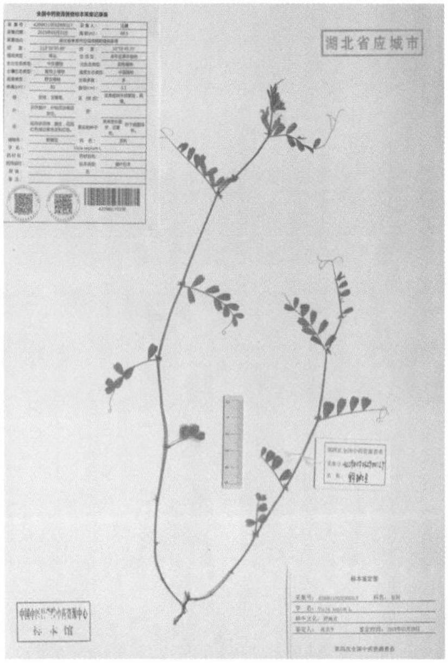

【生境】生于山坡、林缘、草丛及荒地。模式标本采自湖北省孝感市应城市杨岭镇杨家塆，E113°30′05.88″，N30°59′49.35″。

【采收加工】夏季采收，除去杂质，鲜用或晒干备用。

【质地】全草匍匐状柔细，被柔毛，干燥叶卷曲皱缩，气微。以无杂质者为佳。

【性味归经】味甘、辛，性温；归肝、肺经。

【功能主治】补肾调经，祛痰止咳；用于肾虚腰痛，遗精，月经不调，咳嗽痰多，疔疮。

【用法用量】内服：煎汤，9 ～ 15 g。外用，适量，鲜品捣敷；或煎水洗。

三十三、牻牛儿苗科

90. 野老鹳草 *Geranium carolinianum* L.

【别名】老鹳嘴、老鸦嘴、贯筋、老贯筋、老牛筋、老官草。

【来源】牻牛儿苗科老鹳草属野老鹳草的干燥地上部分。

【植物形态】草本，稀为亚灌木或灌木。茎较细，略短。叶互生或对生，叶片圆形，3 或 5 深裂，裂片较宽，边缘具缺刻。叶片掌状，5 ～ 7 深裂，裂片条形，每裂片又 3 ～ 5 深裂。聚伞花序腋生或顶生，花稀单生；花柱有的 5 裂向上卷曲呈伞形。花两性，整齐，辐射对称，稀两侧对称；萼片通常 5 枚，稀 4 枚，覆瓦状排列；花瓣 5 片，稀 4 片，覆瓦状排列；雄蕊 10 ～ 15 枚，2 轮，外轮与花瓣对生，花丝基部合生或分离，花药丁字着生，纵裂；蜜腺通常 5，与花瓣互生；子房上位，每室具 1 ～ 2 颗倒生胚珠，花柱与心皮同数，通常下部合生，上部分离。果实为蒴果，通常由中轴延伸成喙，稀无喙，室间开裂或稀不开裂，每果瓣具 1 粒种子，成熟时果瓣通常爆裂，稀不开裂，开裂的果瓣常由基部向上反卷或成螺旋状卷曲，顶部通常附着于中轴顶端。种子具微小胚乳或无胚乳。

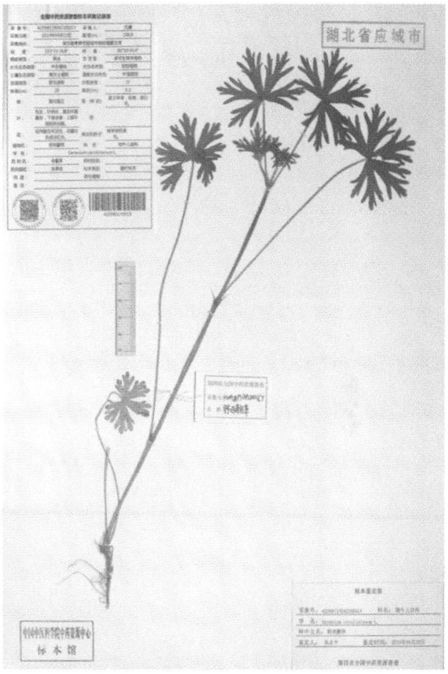

【生境】生于山坡、草地及路旁。模式标本采自湖北省孝感市应城市杨岭镇晏王塆，E113°25′28.8″，N30°59′44.4″。

【采收加工】夏、秋季果实近成熟时采割，捆成把，晒干备用。

【质地】本品呈不规则的段。茎表面灰绿色或带紫色，节膨大。切面黄白色，有时中空。叶对生，卷曲皱缩，灰褐色，具细长叶柄。果实长圆形或球形，宿存花柱形似鹳喙。气微，味淡。

【性味归经】味辛、苦，性平；归肝、肾、脾经。

【功能主治】祛风湿，通经络，止泻利；用于风湿痹痛，麻木拘挛，筋骨酸痛，泄泻，痢疾。

【用法用量】内服：煎汤，9 ～ 15 g 。

三十四、大戟科

91. 铁苋菜 *Acalypha australis* L.

【别名】人苋、血见愁、海蚌含珠、撮斗装珍珠、叶里含珠、野麻草、叶里藏珠。

【来源】大戟科铁苋菜属铁苋菜的干燥全草。

【植物形态】一年生草本，被柔毛。茎直立，多分枝。叶互生，椭圆状披针形，先端渐尖，基部楔形，两面被疏毛或无毛，叶脉基部 3 出；叶柄长，花序腋生，有叶状肾形苞片 1 ～ 3 枚，不分裂；通常雄花序极短，着生于雌花序上部，雄花萼 4 裂，雄蕊 8 枚；雌花序生于苞片内。蒴果钝三棱形，淡褐色，被毛。种子黑色。花期 5—7 月，果期 7—11 月。

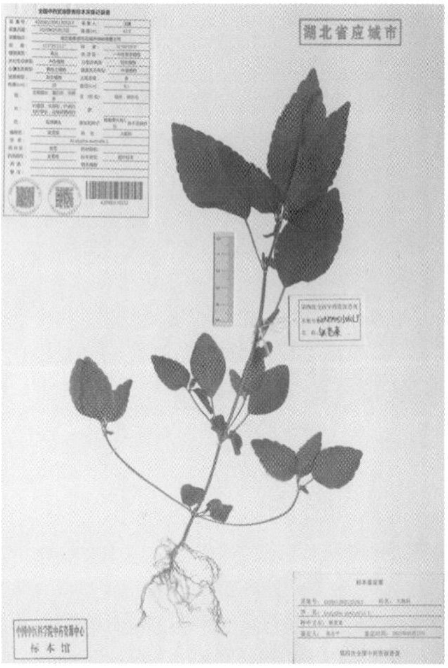

【生境】生于山坡、沟边、路旁、田野。模式标本采自湖北省孝感市应城市杨岭镇晏王塆，E113°26′10.1″，N31°00′09. 9″。

【采收加工】夏、秋季采割，除去杂质，喷淋清水，稍润，切段，晒干备用。

【质地】茎类圆形，切面黄白色，有髓，表面棕色，有纵条纹；叶多皱缩、破碎，黄绿色；花序腋生，苞片肾形，合时如蚌；蒴果小，钝三棱形，种子黑色。气微，味淡。

【性味归经】味苦、涩，性凉；归心、肺经。

【功能主治】清热解毒，利湿，收敛止血；用于肠炎，痢疾，吐血，衄血，便 血，尿血，崩漏，痈疽疮疡，皮炎湿疹。

【用法用量】内服：煎汤，10 ～ 30 g。外用：适量，鲜品（不规则的短段，由茎、叶、花、果、种子混合）捣敷。

92. 乳浆大戟 *Euphorbia esula* L.

【别名】乳浆草、奶浆草、烂疤眼。

【来源】大戟科大戟属乳浆大戟的全草。

【植物形态】多年生草本，有白色乳汁。茎直立，有纵长条纹，下部带淡紫色。短枝或营养枝上的叶密集簇生，条形；长枝或开花的茎上的叶互生，较稀疏，叶片倒披针形或条状披针形，先端圆钝微凹或具突尖。总状花序多歧聚伞状，顶生，通常具 5 伞梗而呈伞状，每伞梗再分叉；苞片对生，宽心形。

杯状花序；总苞顶端 4 裂；腺体 4，位于裂片之间，新月形而两端呈短角状。蒴果无毛；种子灰褐色，或有棕色斑点。花期 5—6 月，果期 6—7 月。

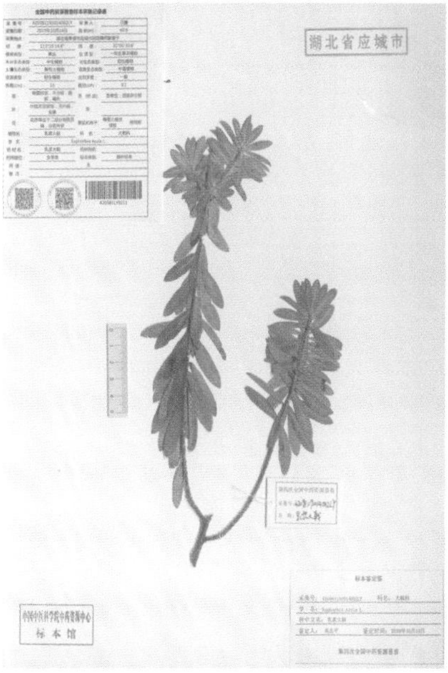

【生境】生于路旁、杂草丛、山坡、林下、河沟边、荒山、沙丘及草地。模式标本采自湖北省孝感市应城市田店镇何家坡子，E113°25′14.8″，N31°00′30.6″。

【采收加工】夏、秋季采收，割取全草，除去杂质，鲜用或晒干备用。

【质地】本品多为茎、叶、花、果、种子混合。根为圆柱状，茎枝细长有纵条纹。叶密集簇生在枝上，条形，多皱缩、破碎，黄绿色；花序顶生，苞片对生，无柄；蒴果小，三棱状球形，无毛；种子灰褐色。气微。

【性味归经】味苦、辛，性凉；有毒；归肺、胃、肝、脾经。

【功能主治】祛寒，镇咳，平喘，拔毒止痒，利尿消肿，逐痰散结，抗菌，抗病毒；用于肝硬化腹水，百日咳，急性胰腺炎，尿毒症及肾病综合征，淋巴结结核，皮癣，灭蛆。

【用法用量】内服：煎汤，0.9 ～ 2.4 g。外用：适量，捣敷。

93. 泽漆 *Euphorbia helioscopia* L.

【别名】五朵云、灯台草、倒毒伞、烂肠草、绿叶绿花草、五点草、猫儿眼草、五风灵枝、凉伞草、五盏灯、白种乳草、五灯头草、乳浆草、肿手棵、马虎眼、一把伞、乳草、龙虎草、铁骨伞、漆茎、五风灵枝、五风草、九头狮子草、癣草。

【来源】大戟科大戟属泽漆的干燥全草。

【植物形态】一年生或二年生草本，全株含乳汁。茎基部分枝，带紫红色。叶互生，倒卵形或匙形，先端微凹，边缘中部以上有细锯齿，无柄。茎顶有 5 片轮生的叶状苞；总花序多歧聚伞状，顶生，有 5 伞梗，每伞梗生 3 个小伞梗；杯状聚伞花序钟形，总苞顶端 4 裂，裂间腺体 4，肾形；子房 3 室，花柱 3。蒴果无毛。种子卵形，表面有凸起的网纹。花期 4—5 月，果期 6—7 月。

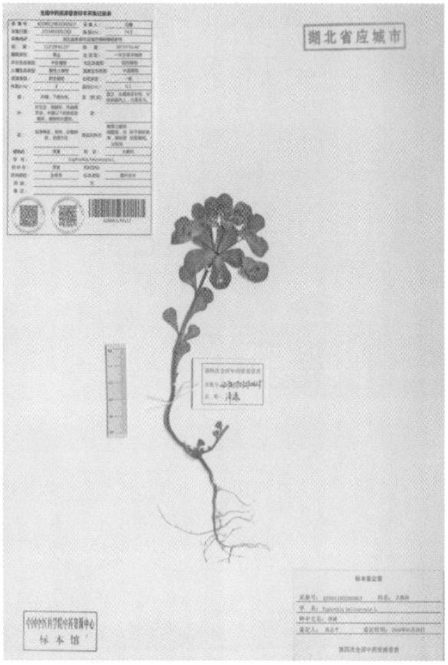

【生境】生于沟边、路旁、田野。模式标本采自湖北省孝感市应城市杨岭镇杨家塆，E113°29′42.25″，N30°59′50.46″。

【采收加工】4—5 月开花时采收，晒干备用。

【质地】干燥全草全体鲜黄色至黄褐色。主根顶部表面有密环纹，下部有规则纵纹，断面皮部类白色，木部棕褐色，质略硬，不易折断。茎圆柱形，中、下部表面光滑，上部具明显的纵纹，有的茎上部为暗紫色并有点状斑痕，茎上有明显的互生、条形叶痕；叶黄绿色，常皱缩、破碎或脱落，总苞片 5，为黄绿色；杯状聚伞花序顶生，有伞梗；杯状花序钟形，并具有多数小花及黄绿色蒴果。种子卵形，表面有凸起网纹。全株气酸而特异，味淡。

【性味归经】性微寒，味苦；有毒；归脾、小肠经。

【功能主治】利尿消肿，化痰散结，杀虫止痒；用于腹水，水肿，肺结核，淋巴结结核，痰多喘咳，癣疮。

【用法用量】内服：煎汤，10 ～ 15 g。量不宜过大，过量可引起面色苍白、四肢无力、头昏呕吐等。

94. 通奶草 *Euphorbia hypericifolia* L.

【别名】小飞扬草。

【来源】大戟科大戟属通奶草的全草。

【植物形态】一年生草本，折断有白色乳汁。茎纤细，匍匐，多分枝，通常红色，稍被毛。单叶对生，有短柄，叶片卵圆形至矩圆形，先端圆钝，基部偏斜，边缘有极细锯齿。夏日开淡紫色花，花单性，同株。杯状伞形花序单生，或少数稀疏簇生于叶腋内；总苞陀螺状，顶端 5 裂，裂片内面被贴伏的短柔毛；腺体 4，漏斗状，有短柄及极小的白色花瓣状附属物；蒴果卵状三角形，有短柔毛。

【生境】生于灌丛、旷野荒地、路旁或田间。模式标本采自湖北省孝感市应城市田店镇何家坡子，

E113°25′14.8″，N31°00′30.6″。

【采收加工】夏、秋季采收，鲜用或晒干备用。

【质地】干燥全草根小，茎细长，红棕色，稍被毛，质稍韧，中空。叶对生，多皱缩，灰绿色或稍带紫色。

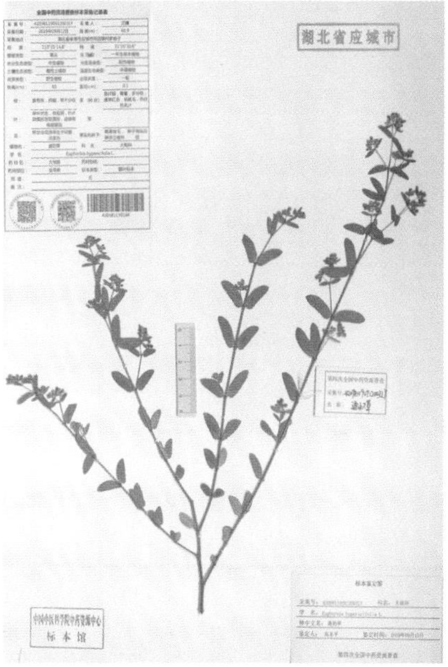

【性味归经】味微酸、涩，性微凉；归脾、胃、大肠经。

【功能主治】清热利湿，收敛止痒；用于细菌性痢疾，肠炎腹泻，痔疮出血，湿疹，过敏性皮炎，皮肤瘙痒。

【用法用量】内服：煎汤，15 ～ 30 g，鲜品 30 ～ 60 g；或捣汁煎。外用：适量，捣敷；或煎水洗。

95. 斑地锦 *Euphorbia maculata* L.

【别名】血筋草。

【来源】大戟科大戟属斑地锦的全草。

【植物形态】一年生匍匐小草本，含白色乳汁。根纤细；分枝较密，枝柔细，带淡紫色，表面有白色细柔毛。叶小，对生，长椭圆形，先端具短尖头，基部偏斜，边缘中部以上疏生细齿，上面暗绿色，中央具暗紫色斑纹，下面被白色短柔毛；叶柄极短或几无；托叶线形，通常 3 深裂，杯状聚伞花序，单生于枝腋和叶腋，呈暗红色；总苞钟状，4 裂；具腺体 4 枚，腺体横椭圆形，并有花瓣状附属物；总苞中包含由 1 枚雄蕊所成的雄花数朵，中间有雌花 1 朵，具小苞片，花柱 3，子房有柄，悬垂于总苞外。蒴果三棱状卵球形，表面被白色短柔毛，顶端残存花柱。种子卵形，具角棱，光滑。花期 5—6 月，果期 8—9 月。

【生境】生于山野、路边和园圃内。模式标本采自湖北省孝感市应城市长荆大道陈塔村，E113°34′17″，N30°55′33″。

【采收加工】6—9 月采收，晒干。

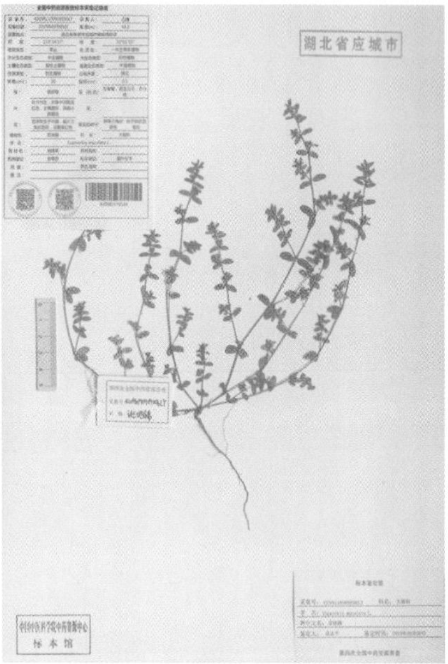

【质地】本品叶的上面具紫斑，下面有毛；蒴果被白色短柔毛；种子卵形，有棱。以叶色绿、茎绿褐色或带紫红色、具花果者为佳。

【性味归经】味辛，性平；归肝、大肠经。

【功能主治】止血，清湿热，通乳；用于黄疸，泄泻，疳积，血痢，尿血，血崩，外伤出血，乳汁不多，疮痈肿毒。

【用法用量】内服：煎汤，15 ～ 50 g，大剂量可用至 100 g；或和鸡肝煮服。外用：适量，捣敷。

96. 大戟 *Euphorbia pekinensis* Rupr.

【别名】湖北大戟、京大戟、北京大戟。

【来源】大戟科大戟属大戟的干燥根。

【植物形态】多年生草本；茎高达 1 m；叶互生，椭圆形，稀披针形或披针状椭圆形，先端尖或渐尖，基部楔形、近圆形或近平截，全缘，两面无毛或有时下面具柔毛；花序单生于二歧分枝顶端，无梗；总苞杯状，裂片半圆形，腺体 4，半圆形或肾状圆形，淡褐色；雄花多数，伸出总苞；雌花 1，子房柄长 3 ～ 5(6) mm，蒴果球形，疏被瘤状突起；种子卵圆形，暗褐色，腹面具浅色条纹。

【生境】生于沟边、路旁、田野。模式标本采自湖北省孝感市应城市杨岭镇何家垮，E113°25′06.5″，N30°59′41.5″。

【采收加工】秋、冬季采挖，除去杂质，洗净，润透，切厚片，干燥备用。

【质地】本品呈不整齐的长圆锥形，略弯曲，常有分枝，表面灰棕色或棕褐色，粗糙，有纵皱纹、横向皮孔样突起及支根痕。顶端略膨大，有多数茎基及芽痕。质坚硬，不易折断，断面类白色或淡黄色，纤维性。气微，味微苦、涩。

【性味归经】味苦，性寒；有毒；归肺、脾、肾经。

【功能主治】泻水逐饮，消肿散结；用于水肿胀满，胸腹积水，痰饮积聚，气逆咳喘，二便不利，疮痈肿毒，瘰疬痰核。

【用法用量】内服：煎汤，1.5 ～ 3 g；或入丸、散，每次 1 g；或醋制用。外用：适量，生用。

97. 蜜甘草 *Phyllanthus ussuriensis* Rupr. et Maxim.

【别名】蜜柑草、夜关门、地莲子。

【来源】大戟科叶下珠属蜜甘草的全株。

【植物形态】一年生草本。叶纸质，椭圆形，基部近圆形，下面白绿色，侧脉 5 ～ 6 对；叶柄极短或几无，托叶卵状披针形；花雌雄同株，单生或数朵簇生于叶腋；花梗丝状，基部有数枚苞片；雄花萼

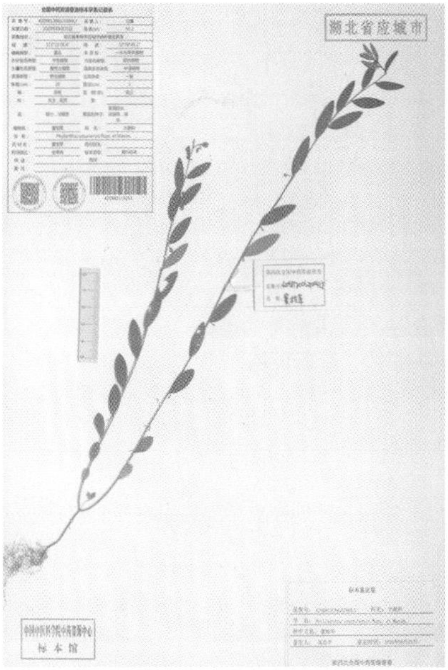

片 4，宽卵形；花盘腺体 4，分离；雄蕊 2，花丝分离；蒴果扁球状，平滑；果柄短。种子三角形，灰褐色，具细瘤点。

【生境】生于山坡或路旁。模式标本采自湖北省孝感市应城市杨岭镇金家塆，E113°25′05.4″，N31°00′49.2″。

【采收加工】夏、秋季采收，鲜用或晒干备用。

【质地】本品茎无毛，分枝细长。叶互生，条形或披针形，先端尖，基部近圆形，具短柄或无柄，托叶小。花小，单性，雌雄同株；无花瓣，腋生。蒴果扁球状，具细柄下垂，表面平滑。气微，味苦、涩。

【性味归经】味微苦，性寒；归胃、肝经。

【功能主治】清热利湿，清肝明目；用于黄疸，痢疾，泄泻，水肿，淋病，小儿疳积，目赤肿痛，痔疮，毒蛇咬伤。

【用法用量】内服：煎汤，15 ~ 30 g，鲜品 30 ~ 60 g。外用：适量，捣敷。

98. 蓖麻 *Ricinus communis* L.

【别名】大麻子、草麻。

【来源】大戟科蓖麻属蓖麻的叶或根、干燥成熟种子。

【植物形态】一年生粗壮草本或草质灌木。叶互生，近圆形，掌状 7 ~ 11 裂，裂片卵状披针形或长圆形，具锯齿；叶柄粗，中空，盾状着生，顶端具 2 盘状腺体，基部具腺体，托叶长三角形，合生，早落；花雌雄同株，无花瓣，无花盘；总状或圆锥花序，顶生，后与叶对生，雄花生于花序下部，雌花生于花序上部，均多朵簇生于苞腋；花梗细长；雄花花萼裂片 3 ~ 5，镊合状排列；花丝合成多数雄蕊束，药室近球形，分离；雌花萼片 5；子房密生软刺或无刺，密生乳头状突起；蒴果卵球形或近球形，具软刺或平滑；种子椭圆形，光滑，具淡褐色或灰白色斑纹，胚乳肉质；种阜大。

【生境】生于村旁、疏林或河流两岸冲积地，常为野生。模式标本采自湖北省孝感市应城市杨岭镇单屋岭，E113°23′43.8″，N30°59′38.4″。

【采收加工】叶：夏、秋季采收，鲜用或晒干备用。根：春、秋季采挖，鲜用或晒干备用。种子：秋季采摘成熟果实，晒干，除去果壳，收集种子。

【质地】叶：叶片皱缩破碎，完整叶片展平后呈盾状圆形，掌状分裂，边缘具不规则的锯齿，下面被白粉；气微，味甘、辛。种子：椭圆形或卵形，稍扁，表面光滑，有灰白色与黑褐色或黄棕色与红棕色相间的斑纹，一面较平，一面较隆起，较平的一面有一条隆起的种脊，有灰白色或浅棕色凸起的种阜。种皮薄而脆，胚乳肥厚，白色，富油性。味微苦、辛。

【性味归经】叶：味苦、辛，性平；有小毒。根：味辛，性平；有小毒；归心、肝经。种子：味甘、辛，性平；有毒；归肝、脾、大肠、肺经。

【功能主治】叶：祛风除湿，拔毒消肿；用于脚气，风湿痹痛，疮痈肿毒，疥癣瘙痒，子宫下垂，脱肛。根：祛风解痉，活血消肿；用于破伤风，癫痫，风湿痹痛，痈肿，瘰疬，跌打损伤，脱肛，子宫脱垂。种子：消肿拔毒，泻下通滞；用于大便燥结，痈疽肿毒，喉痹，瘰疬。

【用法用量】叶：内服，煎汤，5 ～ 10 g，或入丸、散；外用，适量，捣敷，或煎水洗。根：内服，煎汤，15 ～ 30 g；外用，适量，捣敷。种子：内服，入丸，1 ～ 5 g，或生研，或炒食；外用，适量，捣敷，或调敷。

99. 乌桕 *Sapium sebiferum* (L.) Roxb.

【别名】木子树、柏子树、腊子树、米柏、糠柏、多果乌桕。

【来源】大戟科乌桕属乌桕的根皮或树皮、叶、种子。

【植物形态】乔木，各部均无毛；枝带灰褐色，具细纵棱，有皮孔。叶互生，纸质，叶片宽卵形，先端短渐尖，基部阔而圆，平截或有时微凹，全缘，近叶柄处常向腹面微卷；中脉两面微凸起，侧脉 7 ～ 9 对，互生或罕有近对生，平展或略斜升，离边缘 2 ～ 5 mm 弯拱网结，网脉明显；叶柄纤弱，先端具 2 腺体；托叶三角形。花单性，雌雄同株，聚集成顶生的总状花序，雌花生于花序轴下部，雄花生于花序轴上部，或有时整个花序全为雄花。雄花：花梗纤细；苞片卵形或宽卵形，先端短尖至渐尖，基部两侧各具一肾形的腺体，每一苞片内有 5 ～ 10 朵花；小苞片长圆形，花蕾期紧抱花梗，先端浅裂或具齿；花萼杯状，具不整齐的细齿；雄蕊 2 枚，罕有 3 枚，伸出花萼之外，花丝分离，与近球形的花药近等长。雌花：花梗圆柱形，粗壮；苞片和小苞片与雄花的相似；花萼 3 深裂几达基部，裂片三角形；子房卵状球形，3 室，花柱合生部分与子房近等长，柱头 3，外卷。蒴果近球形，成熟时黑色，横切面呈三角形，外薄被白色、蜡质的假种皮。花期 5—7 月。

【生境】生于旷野、塘边或疏林中。喜温暖环境，不甚耐寒。适生于深厚、肥沃、含水丰富的土壤，对酸性土、钙质土、盐碱土均能适应。模式标本采自湖北省孝感市应城市杨岭镇汪陈塆，E113°27′03.2″，N31°00′14.5″。

【采收加工】根皮或树皮：全年均可采收，剥下浆皮，除去栓皮，晒干备用。叶：全年均可采收，鲜用或晒干备用。种子：果实成熟时采摘，取出种子，鲜用或晒干备用。

【质地】根皮或树皮：不规则的片状，外表面浅黄棕色，有细纵皱纹，栓皮薄，易剥落，内表面黄白色或浅黄棕色，具细密纵直纹理，切面纤维性；质硬而韧；气微，味微苦、涩。

【性味归经】根皮或树皮：味苦，性微温；有毒；归大肠、胃经。叶：味苦，性微温；有毒；归心经。种子：味甘，性凉；有毒；归肾、肺经。

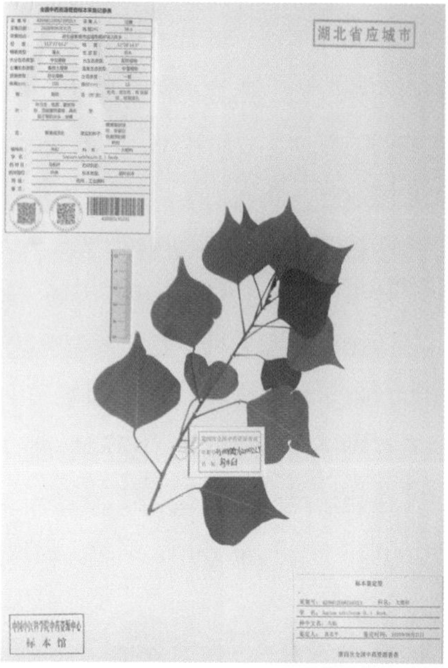

【功能主治】根皮或树皮：泻下逐水，消肿散结，解蛇虫毒；用于水肿，癥瘕积聚，鼓胀，二便不利，疔毒痈肿，湿疹，疥癣，毒蛇咬伤。叶：泻下逐水，消肿散瘀，解毒杀虫；用于水肿，二便不利，腹水，湿疹，疥癣，疮痈肿毒，跌打损伤，毒蛇咬伤。种子：拔毒消肿，杀虫止痒；用于湿疹，癣疮，皮肤皲裂，水肿，便秘。

【用法用量】根皮或树皮：内服，煎汤，9 ～ 12 g，或入丸、散；外用，适量，煎水洗，或研末调敷。叶：内服，煎汤，6 ～ 12 g；外用，适量，鲜品捣敷患处，或煎水洗。种子：内服，煎汤，3 ～ 6 g；外用，适量，捣敷患处，或煎水洗。

三十五、芸香科

100. 枳 *Poncirus trifoliata* (L.) Raf.

【别名】铁篱寨、雀不站、臭杞、臭橘、枸橘。

【来源】芸香科枳属枳的未成熟果实。

【植物形态】小乔木，高 1 ～ 5 m，树冠伞形或圆头形。枝绿色，嫩枝扁，有纵棱，刺长达 4 cm，刺尖干枯状，红褐色，基部扁平。叶柄有狭长的翼叶，通常指状 3 出叶，很少 4 ～ 5 小叶，或杂交种的则除3小叶外尚有2小叶或单小叶同时存在，小叶等长或中间的一片较大，对称或两侧不对称，叶缘有细钝裂齿或全缘，嫩叶中脉上有细毛，花单朵或成对腋生，先叶开放，也有先叶后花的，有完全花及不完全花，后者雄蕊发育，雌蕊萎缩，花有大、小两型；花瓣白色，匙形；花丝不等长。果实近圆球形或梨形，大小差异较大，果顶微凹，有环圈，果皮暗黄色、粗糙，也有无环圈、果皮平滑的，油胞小而密，果心充实，汁胞有短柄，果肉含黏液，微有香橼气味，甚酸且苦，带涩味；种子宽卵形，乳白色或乳黄色，有黏液，平滑或间有不明显的细脉纹。花期5—6月，果期10—11月。

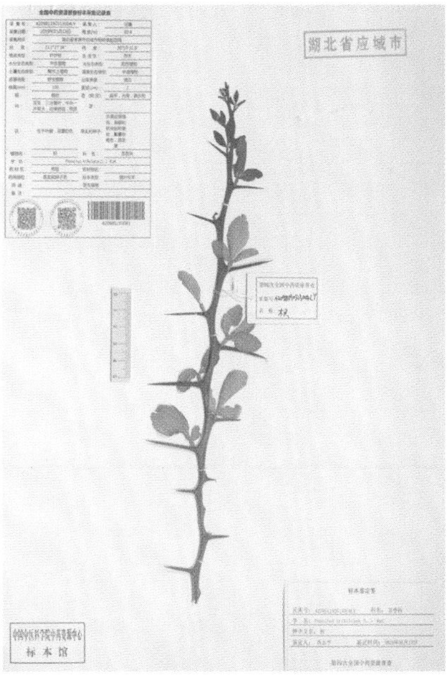

【生境】喜光、温暖环境，适生于光照充足处，也较耐寒，怕积水，喜微酸性土壤，中性土壤也可生长良好。模式标本采自湖北省孝感市应城市杨岭镇赵四塆，E113°27′34″，N30°59′31.8″。

【采收加工】8—9月果实未成熟时采摘，日晒夜露至全部干燥。

【质地】干燥果实呈圆球形，表面黄色或黄绿色，散有无数小油点及网状隆起的皱纹，密被短柔毛，顶端有明显的柱基痕，基部有短果柄或果柄痕，断面果皮黄白色，沿外缘散有黄色油点，每瓢内有黄白色宽卵形的种子数粒。

【性味归经】味苦、辛，性温；无毒；归肝、胃经。

【功能主治】疏肝和胃，理气止痛，消积化滞；用于胸胁胀满，脘腹胀痛，乳房结块，疝气疼痛，睾丸肿痛，跌打损伤，食积，便秘，子宫脱垂。

【用法用量】内服：煎汤，9～15 g；或煅存性研末。外用：适量，煎水洗；或熬膏搽。

101. 竹叶花椒 *Zanthoxylum armatum* DC.

【别名】蜀椒、秦椒、崖椒、野花椒、狗椒、山花椒、竹叶总管、白总管、万花针、土花椒、狗花椒、竹叶椒。

【来源】芸香科花椒属竹叶花椒的成熟果实。

【植物形态】小乔木或灌木状；高达5 m；枝无毛，基部具宽而扁锐刺；奇数羽状复叶，叶轴、叶柄具翅，下面有时具皮刺，无毛；对生，纸质，几无柄，披针形、椭圆形或卵形，先端渐尖，基部楔形或宽楔形，疏生浅齿或近全缘，齿间或沿叶缘具油腺点，叶下面基部中脉两侧具簇生柔毛，下面中脉常被小刺；聚伞状圆锥花序腋生或兼生于侧枝之顶，花枝无毛；花被片 6 ～ 8，1 轮，大小几相同，淡黄色；果紫红色，疏生微凸油腺点。

【生境】生于山坡、沟谷边疏林中、林缘、灌丛等处，石灰岩山地亦常见。模式标本采自湖北省孝感市应城市杨岭镇金家塆，E113°28′20.3″，N30°59′26.6″。

【采收加工】秋季采果，除去种子及杂质，晒干。

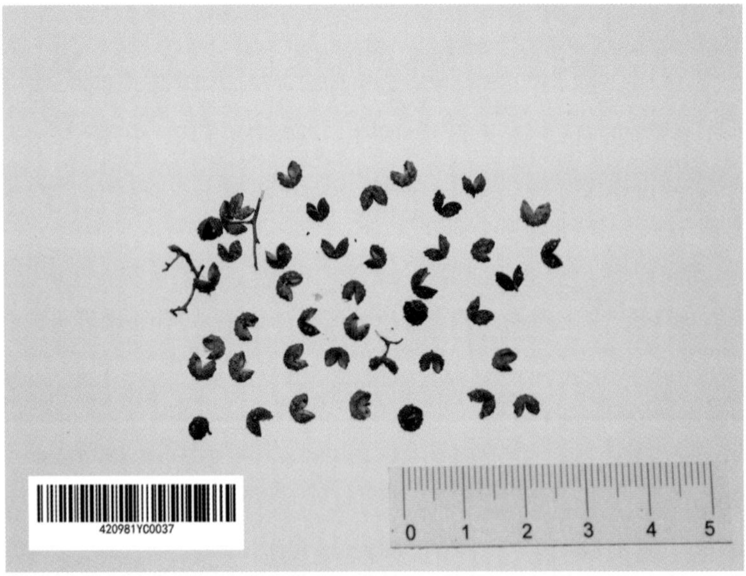

【质地】全株有花椒气味，麻舌，苦及辣味均较花椒浓，果皮的麻辣味最浓。新生嫩枝紫红色。根粗壮，外皮粗糙，有泥黄色松软的木栓层，内皮黄色，甚麻辣。

【性味归经】味辛，性温；归肺、大肠经。

【功能主治】祛风散寒，温中行气止痛，杀虫止痒；用于脘腹冷痛，呕吐泄泻，虫积腹痛，蛔虫病，湿疹瘙痒，风湿性关节炎，牙痛，跌打损伤，也可用作驱虫及醉鱼剂。

【用法用量】内服：煎汤，6 ～ 9 g；或研末服，每次 1 ～ 3 g。外用：适量，煎水洗。

三十六、楝科

102. 楝 *Melia azedarach* L.

【别名】苦楝树、金铃子、川楝子、森树、紫花树、楝树、苦楝。

【来源】楝科楝属楝的干燥果实、树皮和根皮。

【植物形态】落叶乔木，二至三回奇数羽状复叶；小叶卵形、椭圆形或披针形，先端渐尖，基部楔形或圆形，具钝齿，幼时被星状毛，后脱落；花芳香，花萼5深裂，裂片卵形或长圆状卵形；花瓣淡紫色，倒卵状匙形，两面均被毛；花丝筒紫色，着生于裂片内侧；核果球形或椭圆形，成熟时为黄色。种子椭圆形，黑色，数粒。

【生境】生于低海拔旷野、路旁或疏林中。在湿润的肥沃土壤上生长迅速，对土壤要求不高，在酸性土、中性土与石灰岩地区均能生长。模式标本采自湖北省孝感市应城市杨岭镇晏王塆，E113°25′56.1″，N30°59′54.3″。

【采收加工】果实：秋、冬季果实成熟呈黄色时采收，或收集落下的果实，晒干、阴干或烘干备用。树皮和根皮：春、秋季剥取，晒干备用，或除去粗皮，晒干备用。

【质地】果实：核果椭圆形至近球形；外表面棕黄色至灰棕色，微有光泽，干皱；先端偶见花柱残痕，基部有果梗痕；果肉较松软，淡黄色，遇水浸润显黏性；果核卵圆形，坚硬，每室含种子1粒；气特异，味酸、苦。树皮和根皮：呈不规则板片状、槽状或半卷筒状；外表面灰棕色或灰褐色，粗糙，有交织的纵皱纹和点状灰棕色皮孔，除去粗皮者淡黄色，内表面类白色或淡黄色；质韧，不易折断，断面纤维性，呈层片状，易剥离；气微，味苦。

【性味归经】果实：味苦，性寒；有小毒；归肝、胃经。树皮和根皮：味苦，性寒；归肝、脾、胃经。

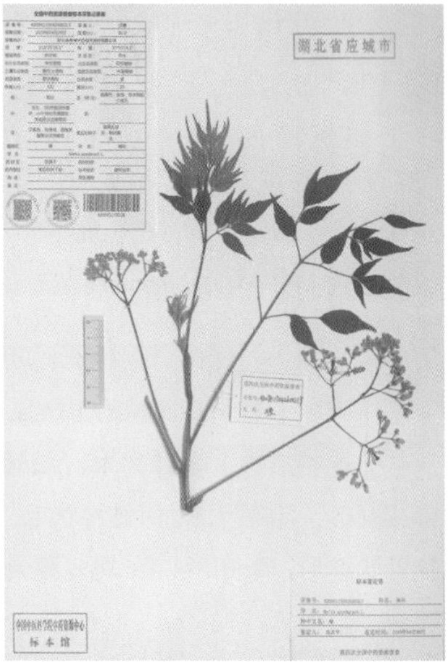

【功能主治】果实：行气止痛，杀虫，做成油膏可治头癣；用于脘腹、胁肋疼痛，疝痛，虫积腹痛，头癣，冻疮。树皮和根皮：杀虫，疗癣；用于蛔虫病，蛲虫病，虫积腹痛，外用治疥癣瘙痒，根皮粉调醋可治疥癣。

【用法用量】果实：内服，煎汤，3～10 g；外用，适量，研末调搽；行气止痛炒用，杀虫生用。树皮和根皮：内服，煎汤，3～6 g；外用，适量，研末，用猪油调敷患处。

三十七、远志科

103. 瓜子金 *Polygala japonica* Houtt.

【别名】卵叶远志、苦草、辰砂草、竹叶地丁、小金不换、银不换、黄瓜仁草、通性草、小英雄、散血丹、高脚瓜子草、小叶瓜子草、小叶地丁草、产后草、远志草、神砂草、金锁匙。

【来源】远志科远志属瓜子金的干燥带根全草。

【植物形态】多年生草本。根圆柱形，表面褐色，有纵横裂纹和结节，支根细。茎丛生，微被灰褐色细毛。叶互生，厚纸质或亚革质，卵状披针形，侧脉明显，有细柔毛。总状花序腋生，花紫色；萼片5枚，不等大，内面2枚较大，花瓣状；花瓣3片，基部与雄蕊鞘相连，中间1片较大，龙骨状，背面先端有流苏状附属物；花丝几全部连合成鞘状；子房上位，不等长。蒴果宽卵形，顶端凹，边缘有宽翅，具宿萼。种子卵形，密被柔毛。花期4—5月，果期5—7月。

【生境】生于山坡、草丛中，路边。模式标本采自湖北省孝感市应城市杨岭镇舒家塆，E113°24′39.4″，N30°59′11.7″。

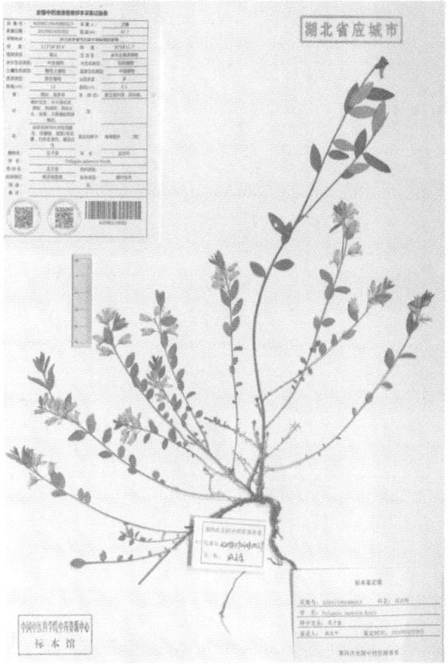

【采收加工】春、夏、秋季采挖，除去泥沙，晒干备用。

【质地】根圆柱形而弯曲，长短不一，多折断，外表灰褐色、暗黄棕色，有纵横裂纹及结节，支根纤细。茎细，自基部丛生，灰褐色或稍带紫色，质脆、易断。叶上面绿褐色，下面色浅或稍带红褐色，稍有茸毛。气微，味稍辛辣而苦。以全株完整、连根、干燥、无杂草泥沙者为佳。

【性味归经】味辛、苦，性平；归肺经。

【功能主治】祛痰止咳，活血消肿，解毒止痛；用于咳嗽痰多，慢性咽喉炎，跌打损伤，疔疮疖肿，毒蛇咬伤。

【用法用量】内服：煎汤，6 ～ 15 g，鲜品 15 ～ 30 g；或捣汁；或研末。外用：适量，捣敷。

三十八、漆树科

104. 盐肤木 *Rhus chinensis* Mill.

【别名】肤连泡、盐酸白、盐肤子、肤杨树、角倍、倍子柴、红盐果、酸酱头、土椿树、盐树根、红叶桃、乌酸桃、乌烟桃、乌盐泡、乌桃叶、木五倍子、山梧桐、五倍子、五倍柴、五倍子树。

【来源】漆树科盐肤木属盐肤木的树根和叶。

【植物形态】小乔木或灌木。小枝被锈色柔毛；复叶具 7 ～ 13 小叶，叶轴具叶状宽翅，小叶椭圆形或卵状椭圆形，具粗锯齿；圆锥花序被锈色柔毛，雄花序较雌花序长；花白色，苞片披针形，花萼被微柔毛，裂片长卵形，花瓣倒卵状长圆形，外卷；雌花退化，雄蕊极短；核果红色，扁球形，直径 4 ～ 5 mm，被柔毛及腺毛。

【生境】生于向阳山坡、沟谷、溪边的疏林或灌丛中。模式标本采自湖北省孝感市应城市杨岭镇赵四塆，E113°27′08.6″，N30°59′23.6″。

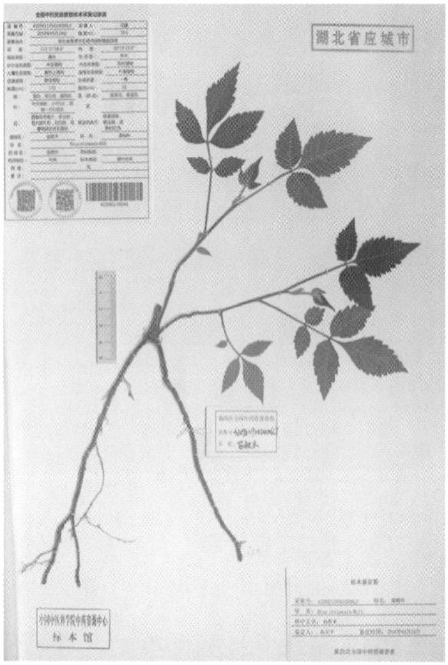

【采收加工】根全年可采，夏、秋季采叶，晒干备用。播种当年 11—12 月植株枯黄时采挖，先将地上茎叶割除，从畦一端深挖 60 cm 的沟，依次将根挖出，除去泥土，剪去芦头，用硫黄熏 4 ～ 5 h，再晒或烘至七八成干时，理直并按粗细捆成小把，堆闷 2 ～ 3 天后再晒至全干即成。

【质地】本品的叶纸质，多形，常为卵形、椭圆状卵形或长圆形，叶上面暗绿色，下面粉绿色，被白粉。树皮质硬脆，易破碎。

【性味归经】味酸、咸，性平；归脾、肾经。

【功能主治】树皮：祛风湿，利水消肿，活血散毒；用于风湿痹痛，水肿，咳嗽，跌打损伤，乳痈，癣疮。根、叶外用治跌打损伤，毒蛇咬伤，漆疮。

【用法用量】内服：树根煎汤，9 ～ 15 g，鲜品 30 ～ 60 g。外用：适量鲜叶，捣敷；或煎水洗；或研末调敷。

三十九、槭树科

105. 三角槭 *Acer buergerianum* Miq.

【别名】三角枫。

【来源】槭树科槭属三角槭的根及根茎。

【植物形态】落叶乔木，树皮褐色或深褐色，裂成薄条片剥落；当年生枝紫色或紫绿色，多年生枝淡灰色或灰褐色；高达 20 m；幼枝被柔毛，后脱落无毛，稍被蜡粉；叶纸质，卵形或倒卵形，3 裂或不裂，先端短渐尖，基部圆，全缘或上部疏生锯齿，幼叶下面及叶柄密被柔毛，下面被白粉，基出脉 3；花多数，常成顶生伞房花序，开花在叶长大以后；萼片 5，黄绿色，卵形，花瓣 5，淡黄色；翅果黄褐色；小坚果特别凸起，张开成锐角或近直立。

【生境】生于阔叶林中。模式标本采自湖北省孝感市应城市杨岭镇高何村，E113°24′15.6″，N30°59′56.7″。

【采收加工】夏、秋季采收，洗净，切片，晒干备用。

【质地】本品树皮扁平或略卷曲；外表面褐色，里面灰白色，外皮粗糙，易脱落，质软，不易折断；气微弱。

【性味归经】味辛、微苦，性微温；归肝经。

【功能主治】祛风除湿，舒筋活血；用于风湿痹痛，跌打损伤，皮肤湿疹，疝气。

【用法用量】内服：煎汤，9 ～ 15 g。外用：适量，煎水洗。

106. 鸡爪槭 *Acer palmatum* Thunb.

【别名】小叶五角鸦枫、阿斗先、柳叶枫。

【来源】槭树科槭属鸡爪槭的枝、叶。

【植物形态】落叶小乔木。树皮深灰色。小枝细瘦，当年生枝紫色或淡紫绿色，多年生枝淡灰紫色或深紫色。叶纸质，圆形，基部心形或近心形，稀截形，5 ～ 9 掌状分裂，裂片长圆状卵形或披针形，先端锐尖或长锐尖，边缘具紧贴的尖锐锯齿；裂片间的凹缺钝尖或锐尖，上面深绿色，无毛；下面淡绿色，在叶脉的脉腋被有白色丛毛；主脉在上面微显著，细瘦，无毛。花紫色，杂性，雄花与两性花同株，生于无毛的伞房花序，叶发出以后才开花；萼片5，卵状披针形，先端锐尖；花瓣5，椭圆形或倒卵形，先端钝圆；雄蕊8，无毛，较花瓣略短而藏于其内；花盘位于雄蕊的外侧，微裂；子房无毛，花柱长，柱头扁平，细瘦，无毛。翅果嫩时紫红色，成熟时淡棕黄色；小坚果球形，脉纹显著；翅与小坚果张开成钝角。花期5月，果期9月。

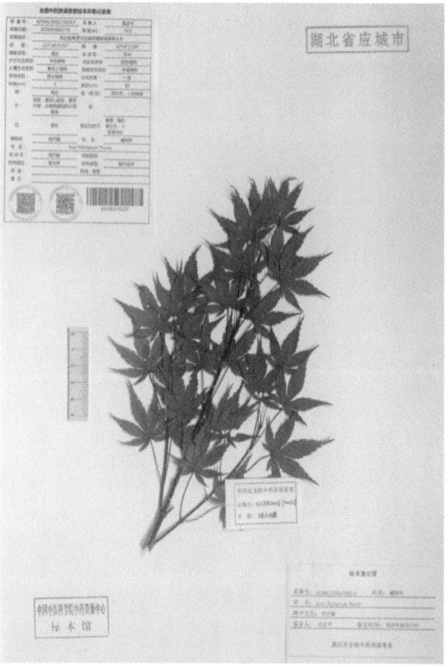

【生境】生于阴坡、湿润山谷、林边或疏林中，耐酸碱，不耐水涝。模式标本采自湖北省孝感市应城市杨岭镇黄家么塆，E113°28′23.92″，N30°59′12.89″。

【采收加工】夏季采收，切段，晒干备用。

【质地】小枝细瘦，叶多紫色或淡紫绿色，也有淡灰紫色或深紫色，纸质，多皱缩、破碎，无毛。味淡，气微。

【性味归经】味辛、微苦，性平；归肺经。

【功能主治】行气止痛，解毒消痈；用于气滞腹痛，痈肿发背。

【用法用量】内服：煎汤，5～10 g。外用：适量，煎水洗。

四十、卫矛科

107. 扶芳藤 *Euonymus fortunei* (Turcz.) Hand. -Mazz.

【别名】爬行卫矛、胶东卫矛、文县卫矛、胶州卫矛、常春卫矛。

【来源】卫矛科卫矛属扶芳藤的茎、叶。

【植物形态】常绿藤本灌木，高 1 至数米；小枝方棱不明显。叶薄革质，椭圆形、长方状椭圆形或长倒卵形，宽窄变异较大，可窄至近披针形，先端钝或急尖，基部楔形，边缘齿浅不明显，侧脉细微和小脉全不明显；聚伞花序 3 ～ 4 次分枝；最终小聚伞花密集，分枝中央有单花；花白绿色，4 数；花盘方形；花丝细长，花药圆心形；子房三角锥状，4 棱，粗壮明显。蒴果粉红色，果皮光滑，近球状。种子长方状椭圆形，棕褐色，假种皮鲜红色，全包种子。花期 6 月，果期 10 月。

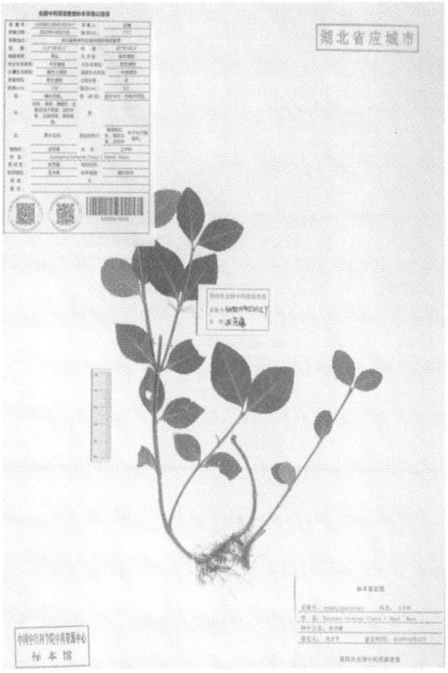

【生境】生于山坡、丛林中，常攀援墙壁或树上。模式标本采自湖北省孝感市应城市杨岭镇易家塆，E113°28′05.5″，N30°59′46.3″。

【采收加工】夏、秋季或全年均可采收，切段，晒干备用。

【质地】茎枝呈圆柱形；表面灰绿色，多生细根，并具小瘤状突起；质脆、易折，断面黄白色，中空。叶对生，椭圆形，先端钝或急尖，基部楔形，质较厚或稍带革质，上面叶脉稍凸起。气微弱，味辛。

【性味归经】味苦、甘，性温；归肝、脾、肾经。

【功能主治】散瘀止血，舒筋活络；用于咯血，月经不调，功能性子宫出血，风湿性关节炎，外用治跌打损伤，骨折，创伤出血。

【用法用量】内服：煎汤，15 ～ 30 g；或浸酒服。外用：适量，煎水洗；或捣敷。

108. 白杜 *Euonymus maackii* Rupr.

【别名】丝绵木、桃叶卫矛、明开夜合、丝棉木、华北卫矛、桃叶卫矛。

【来源】卫矛科卫矛属白杜的根、树皮或枝叶。

【植物形态】小乔木，高达 6 m。树冠圆形或卵形，树皮灰褐色，小枝绿色，近四棱形。叶对生，卵状椭圆形、卵圆形或窄椭圆形，先端长渐尖，基部宽楔形或近圆形，边缘具细锯齿，有时极深而锐利；叶柄通常细长，但有时较短。聚伞花序 3 至多花，花序梗略扁；花 4 数，淡白绿色或黄绿色；雄蕊花药紫红色，花丝细长。蒴果倒圆心状，4 浅裂，成熟后果皮粉红色；种子长椭圆状，种皮棕黄色，假种皮橙红色，全包种子，成熟后顶端常有小口。花期 5—6 月，果期 9 月。

【生境】生于山坡、林缘、山麓、山溪路旁，喜光、耐寒、耐旱、稍耐阴，也耐水湿。模式标本采自湖北省孝感市应城市田店镇长李村，E113°26′24″，N31°00′37.5″。

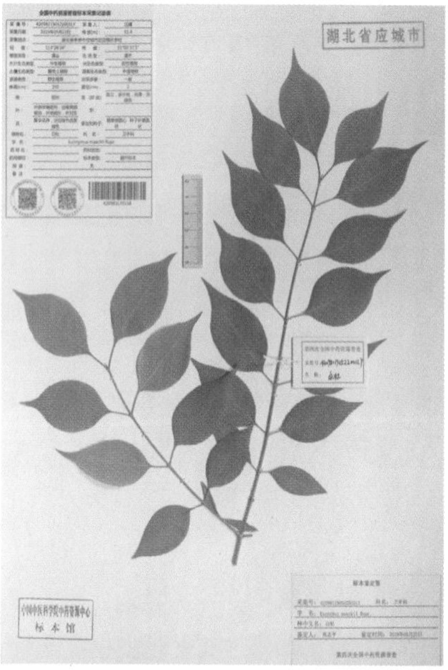

【采收加工】根、树皮：全年均可采收，洗净，切片，晒干备用。叶：4—6 月采收，晒干备用。

【质地】树根深灰色或暗红色。叶对生，卵状椭圆形、卵圆形或窄椭圆形，先端长渐尖，基部宽楔形或近圆形，边缘具细锯齿，有时极深而锐利，纸质，双面翠绿色，干燥易皱缩破碎。气微。

【性味归经】根、树皮：味辛、苦，性凉。叶：味苦，性寒；归脾、肝、肾经。

【功能主治】根、树皮：祛风除湿，活血通络，解毒止血；用于风湿性关节炎，腰痛，跌打损伤，血栓闭塞性脉管炎，肺痈，衄血，疮痈肿毒。叶：清热解毒；用于漆疮，痈肿。

【用法用量】根、树皮：内服，煎汤，15～30 g，鲜品加倍，或浸酒，或入散剂；外用，适量，捣敷，或煎水熏洗。孕妇慎服。叶：外用，煎水熏洗。

四十一、鼠李科

109. 冻绿 *Rhamnus utilis* Decne.

【别名】鼠李、大脑头、冻绿柴、冻绿树、冻木树、绿皮刺、黑狗丹、狗李、油葫芦子、红冻。

【来源】鼠李科鼠李属冻绿的树皮或根皮。

【植物形态】灌木或小乔木，高达 4 m；幼枝无毛，小枝褐色或紫红色，稍平滑，对生或近对生，枝端常具针刺；腋芽小，有数个鳞片，鳞片边缘有白色缘毛。叶纸质，对生或近对生，或在短枝上簇生，椭圆形、矩圆形或倒卵状椭圆形，先端突尖或锐尖，基部楔形或稀圆形，边缘具细锯齿或圆齿状锯齿，上面无毛或仅中脉具疏柔毛，下面干后常变黄色，沿脉或脉腋有金黄色柔毛，两面均凸起，具明显的网脉，上面具小沟，有疏微毛或无毛；托叶披针形，常具疏毛，宿存。花单性，雌雄异株，具花瓣；花梗无毛；雄花数个簇生于叶腋，聚生于小枝下部，有退化的雌蕊；雌花簇生于叶腋或小枝下部；退化雄蕊小，花柱较长，2 浅裂或半裂。核果圆球形或近球形，成熟时黑色，具 2 分核，基部有宿存的萼筒；果梗无毛；种子背侧基部有短沟。花期 4—6 月，果期 5—8 月。

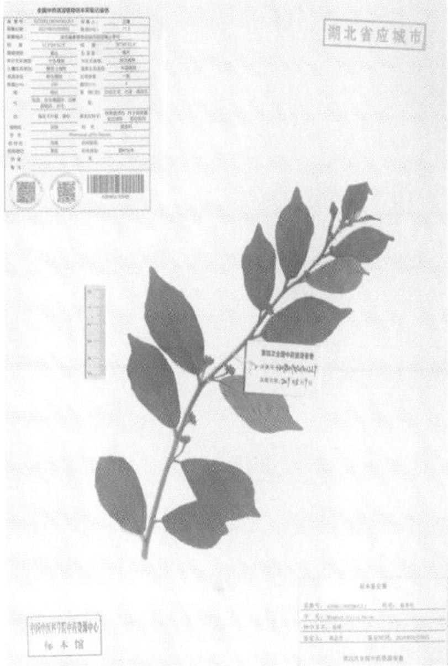

【生境】常生于海拔 1500 m 以下的山地、丘陵、山坡、草丛、灌丛或疏林下。模式标本采自湖北省孝感市应城市田店镇上李村，E113°24′02.9″ N30°59′31.4″。

【采收加工】秋、冬季挖根剥取根皮，春、夏季采剥树皮，鲜用或切片晒干。

【质地】树皮扁平或略呈槽状，长短不一。外表面灰褐色，粗糙，有纵横裂纹及横长皮孔，枝皮较光滑，除去栓皮者红棕色；内表面深红棕色，有类白色纵纹理。质硬脆，易折断，断面纤维性。气微弱而特殊，味苦。

【性味归经】味苦，性寒；归肺、大肠经。

【功能主治】清热解毒，凉血，杀虫；用于风热瘙痒，疥疮，湿疹，腹痛，跌打损伤，肾囊风。

【用法用量】内服：煎汤，10 ~ 30 g。外用：适量，鲜品捣敷；或研末调敷。

110. 枣 *Ziziphus jujuba* Mill.

【别名】老鼠屎、贯枣、枣子树、红枣树、大枣、枣子、枣树、扎手树、红卵树。

【来源】鼠李科枣属枣的干燥成熟果实。

【植物形态】落叶小乔木，稀灌木，高达 10 m；树皮褐色或灰褐色；有长枝，短枝和无芽小枝（即

新枝）比长枝光滑，紫红色或灰褐色，呈“之”字形曲折，具2个托叶刺，粗直，短刺下弯；短枝短粗，矩状，自老枝发出；当年生小枝绿色，下垂，单生或簇生于短枝上。叶纸质，卵形、卵状椭圆形或卵状矩圆形；先端钝或圆形，稀锐尖，具小尖头，基部稍不对称，近圆形，边缘具圆齿状锯齿，上面深绿色，无毛，下面浅绿色，无毛或仅沿脉多少被疏微毛，基出脉3；叶柄或长枝上，无毛或被疏微毛；托叶刺纤细，后期常脱落。花黄绿色，两性，5基数，无毛，具短总花梗，单生或密集成腋生聚伞花序；萼片卵状三角形；花瓣倒卵圆形，基部有爪，与雄蕊等长；花盘厚，肉质，圆形；子房下部藏于花盘内，与花盘合生。核果矩圆形或长卵圆形，成熟时红色，后变红紫色，中果皮肉质，厚，味甜，核先端锐尖，基部锐尖或钝，2室，具1或2粒种子；种子扁椭圆形。花期5—7月，果期8—9月。

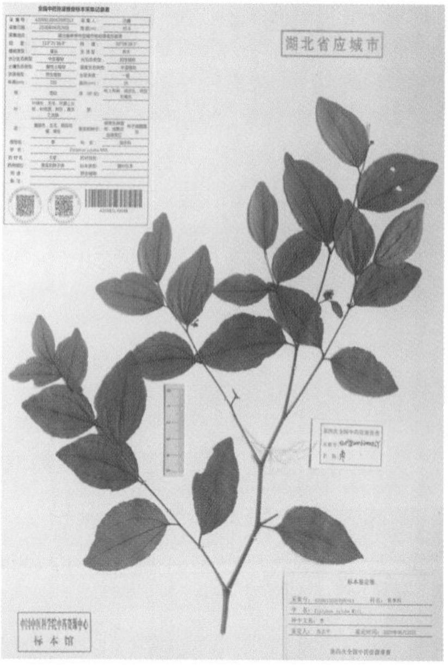

【生境】生于山区、丘陵或平原。喜光，好干燥气候。耐寒、耐热，又耐旱、耐涝。广为栽培。模式标本采自湖北省孝感市应城市杨岭镇老孙家塆，E113°25′36.9″，N30°59′38.5″。

【采收加工】秋季果实成熟时采收，除去杂质，洗净，晒干，用时破开或去核。

【质地】本品呈椭圆形或球形。表面暗红色，略带光泽，有不规则皱纹。基部凹陷，有短果梗。外果皮薄，中果皮棕黄色或淡褐色，肉质，柔软。果核纺锤形，两端锐尖，质坚硬。气微香，味甜。

【性味归经】味甘，性温；归脾、胃、心经。

【功能主治】补中益气，养血安神；用于脾虚食少，乏力，便溏，妇人脏躁。

【用法用量】内服：煎汤，6 ～ 15 g。

四十二、葡萄科

111. 蓝果蛇葡萄 *Ampelopsis bodinieri* (Levl. et Vant.) Rehd.

【别名】大接骨丹、过山龙。

【来源】葡萄科蛇葡萄属蓝果蛇葡萄的根皮（上山龙）。

【植物形态】木质藤本。小枝圆柱形，有纵棱纹，无毛。卷须 2 叉分枝，相隔 2 节间断与叶对生。叶片卵圆形或卵状椭圆形，不分裂或上部微 3 浅裂，先端急尖或渐尖，基部心形或微心形，边缘每侧有急尖锯齿，上面绿色，下面浅绿色，两面均无毛；基出脉 5，中网脉两面均不明显突出；叶柄无毛。花序为复二歧聚伞花序，疏散，花序梗无毛；花梗无毛；花蕾椭圆形，花萼浅碟形，萼齿不明显，边缘呈波状，外面无毛；花瓣 5，长椭圆形；雄蕊 5，花丝丝状，花药黄色，椭圆形；花盘明显，5 浅裂；子房圆锥形，花柱明显，基部略粗，柱头不明显扩大。果实近圆球形，种子倒卵状椭圆形，先端圆钝，基部有短喙，急尖，表面光滑，背腹微侧扁，种脐在种子背面下部向上呈带状渐狭，腹部中棱脊突出，两侧洼穴呈沟状，上部略宽，向上达种子中部以上。花期 4—6 月，果期 7—8 月。

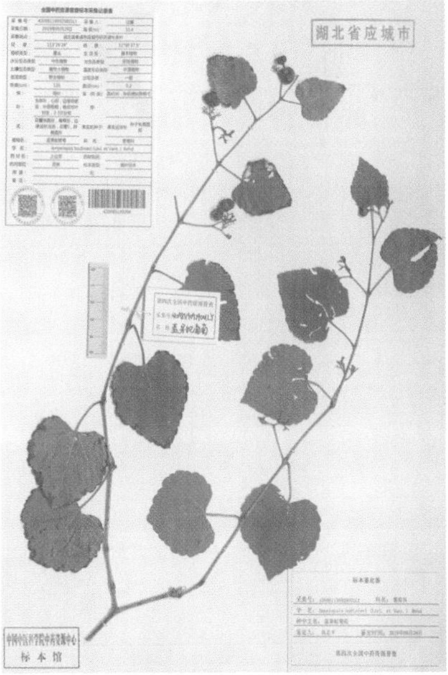

【生境】生于山谷林中或山坡、灌丛阴处。模式标本采自湖北省孝感市应城市田店镇长李村，E113°26′24″，N31°00′37.5″。

【采收加工】全年均可采收，挖出根部，除去泥土，刮去粗皮，剥取皮部，鲜用或阴干备用。

【质地】根外皮粗糙，紫褐色，内皮淡粉红色，具黏性；外栓层易剥落，不易折断；气微弱，味涩。

【性味归经】味酸、涩、微辛，性平；归肝、肾经。

【功能主治】消肿解毒，止血止痛，排脓生肌，祛风湿；用于跌打损伤，骨折，风湿性关节炎，风湿性腰、腿痛，便血，崩漏。

【用法用量】内服：煎汤，10 ～ 15 g。外用：适量，捣敷。

112. 乌蔹莓 *Cayratia japonica* (Thunb.) Gagnep.

【别名】虎葛、五爪龙、五叶莓、地五加、过山龙、五将草、五龙草。

【来源】葡萄科乌蔹莓属乌蔹莓的全草或根。

【植物形态】草质藤本。小枝圆柱形，有纵棱纹，无毛或被疏柔毛。卷须 2 ～ 3 叉分枝，相隔 2 节间断与叶对生。中央小叶长椭圆形或椭圆状披针形，先端急尖或渐尖，基部楔形，侧生小叶椭圆形或长椭圆形，先端急尖或圆形，基部楔形或近圆形，边缘有锯齿，上面绿色，无毛，下面浅绿色，无毛或被微毛；侧脉网脉不明显；侧生小叶无柄或有短柄，无毛或被微毛；托叶早落。花序腋生，复二歧聚伞花序；花序梗无毛或被微毛；花梗几无毛；花蕾卵圆形，先端圆形；花萼碟形，边缘全缘或波状浅裂，外面被乳突状毛或几无毛；花瓣 4，三角状卵圆形，外面被乳突状毛；雄蕊 4，花药卵圆形，长、宽近相等；花盘发达，4 浅裂；子房下部与花盘合生，花柱短，柱头微扩大。果实近球形，有种子 2 ～ 4 粒；种子倒卵状三角形，先端微凹，基部有短喙，种脐在种子背面近中部，呈带状椭圆形，上部种脊突出，表面有凸出肋纹，腹部中棱脊凸出，两侧洼穴呈半月形，从近基部向上达种子近先端。花期 3—8 月，果期 8—11 月。

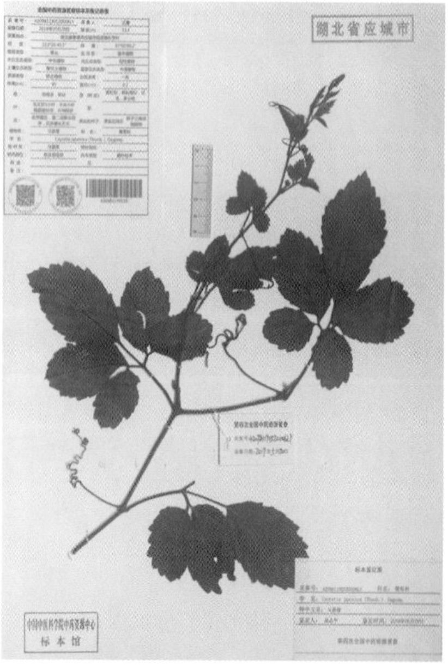

【生境】生于旷野、山谷、林下、路旁。应城境内较多见。模式标本采自湖北省孝感市应城市田店镇长李村，E113°26′43.1″，N31°00′00.2″。

【采收加工】夏、秋季割取藤茎或挖出根部，除去杂质，洗净，切段，鲜用或晒干备用。

【质地】茎圆柱形，扭曲，有纵棱，多分枝，带紫红色；卷须二歧分叉，与叶对生。叶皱缩；展平后为鸟足状复叶，小叶 5，长椭圆形或椭圆状披针形，边缘具疏锯齿，两面中脉被微毛或近无毛，中间小叶较大，有长柄，侧生小叶较小；叶柄长可达 4 cm 以上。浆果近球形，成熟时黑色。气微，味苦、涩。

【性味归经】味酸、苦，性寒；无毒；归心、肝、胃经。

【功能主治】清热解毒，活血散瘀，利尿；用于咽喉肿痛，疖肿，痈疽，疔疮，痢疾，尿血，白浊，跌打损伤，毒蛇咬伤。

【用法用量】内服：煎汤，15 ～ 30 g；或研末；或浸酒；或捣汁。外用：适量，捣敷。

113. 异叶爬山虎 *Parthenocissus heterophylla* Merr.

【别名】红葡萄藤、爬山虎、上木蛇、上木三叉虎、三叉虎、上竹龙、上树蜈蚣。

【来源】葡萄科爬山虎属异叶爬山虎的根、茎或叶（吊岩风）。

【植物形态】木质藤本。枝无毛，卷须纤细，短而分枝，顶端有吸盘。叶异型，营养枝上的常为单叶，心形，较小，边缘有稀疏小锯齿，花枝上的叶为具长柄的三出复叶；中间小叶长卵形至长卵状披针形，先端渐尖，基部宽楔形或近圆形，侧生小叶斜卵形，厚纸质，边缘有不明显的小齿，或近全缘，下面淡绿色或带苍白色，两面均无毛。花两性，聚伞花序常生于短枝先端叶腋，多分枝，较叶柄短；花萼杯状，全缘；花瓣 5，淡绿色；雄蕊与花瓣同数且对生；花盘不明显；子房 2 室，花柱粗短，圆锥状。浆果球形，成熟时紫黑色，被白粉。花期 6—7 月，果期 8—9 月。

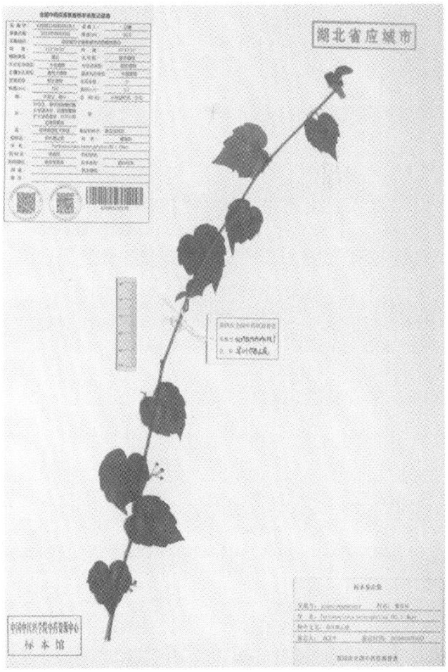

【生境】生于灌丛、密林阴地，攀援于石上、树上、山坡上。应城境内较多见。模式标本采自湖北省孝感市应城市四里棚烧香台，E113°36′00″，N30°57′57″。

【采收加工】秋、冬季挖取全株，洗净，摘除叶片，根、茎分别切段或切片，鲜用或晒干备用。叶可鲜用。

【质地】根、茎切段或切片，叶纸质，易皱缩破碎，以无杂质者为佳。气微，味酸。

【性味归经】味酸、涩，性温；归肝、肾经。

【功能主治】祛风活络，活血止痛；用于风湿筋骨痛，赤白带下，产后腹痛，外用治骨折，跌打损伤，疮疖。

【用法用量】内服：煎汤，15 ～ 30 g。外用：适量，煎水洗；或捣烂拌酒糟，烘热敷患处。

114. 蘡薁 *Vitis bryoniifolia* Bge.

【别名】野葡萄、山葡萄。

【来源】葡萄科葡萄属蘡薁的根、茎、叶及果实。

【植物形态】木质藤本。小枝圆柱形，有棱纹，嫩枝密被蛛丝状茸毛或柔毛，后脱落变稀疏。卷须 2 叉分枝，每隔 2 节间断与叶对生。叶长圆状卵形，深裂或浅裂，稀混生有不裂的，中裂片先端急尖至渐尖，基部常缢缩凹成圆形，边缘每侧有缺刻粗齿或成羽状分裂，基部心形或深心形，下面密被蛛丝状茸毛和柔毛，后脱落变稀疏；基生脉 5 出，中脉侧脉上面网脉不明显或微突出，下面有时茸毛脱落后柔毛明显可见；叶柄初时密被蛛丝状茸毛或茸毛和柔毛，后脱落变稀疏；托叶卵状长圆形或长圆状披针形，膜质，褐色，先端钝，边缘全缘，无毛或近无毛。花杂性异株，圆锥花序与叶对生，基部分枝发达或有时退化成一卷须，稀狭窄而基部分枝不发达；花序梗初时被蛛丝状茸毛，后变稀疏；花梗无毛；花蕾倒卵状椭圆形或近球形，先端圆形；花萼碟形，近全缘，无毛；花瓣 5，呈帽状黏合脱落；雄蕊 5，花丝丝状，花药黄色，椭圆形，在雌花内雄蕊短而不发达，败育；花盘发达，5 裂；雌蕊 1，子房椭圆状卵形，花柱细短，柱头扩大。果实球形，成熟时紫红色；种子倒卵形，先端微凹，基部有短喙，种脐在种子背面中部呈圆形或椭圆形，腹面中棱脊突出，两侧洼穴狭窄，向上达种子 3/4 处。花期 4—8 月，果期 6—10 月。

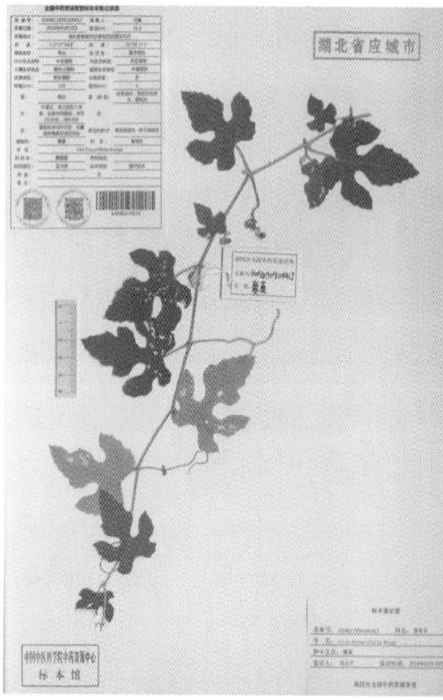

【生境】生于山谷林中、灌丛、沟边或田埂。应城境内较多见。模式标本采自湖北省孝感市应城市田店镇汪凡村，E113°27′04.8″，N31°00′21.3″。

【采收加工】全年均可采收，根、茎、叶分别鲜用或晒干备用，果实成熟时摘下，晒干备用。

【质地】本品为木质藤本，常缠绕成束，茎细长，有棱角，幼枝密被锈色或灰色茸毛，卷须与叶对生。单叶互生多皱缩，完整叶片展平后呈宽卵形，边缘具有少数粗锯齿，侧生裂片不等 2 裂或不裂，上面疏生茸毛，下面被锈色或灰色茸毛。花序短圆锥形，与叶对生，花杂性异株；花萼碟形，全缘。果实黑色，卵圆形或椭圆形。种子 1 ～ 3 粒。气微，味酸、甘、涩。

【性味归经】全株：味酸、甘、涩，性平。根：味甘，性平；无毒。藤：味甘、淡，性凉。果实：味甘、酸，性平；归胃、肝经。

【功能主治】全株：清热解毒，祛风除湿；用于肝炎，阑尾炎，乳腺炎，肺脓疡，多发性脓肿，风湿性关节炎，疮痈肿毒，中耳炎，蛇虫咬伤。根：清湿热，消肿毒；用于黄疸，湿痹，热淋，痢疾，肿毒，瘰疬，跌打损伤。藤：清热，祛湿，止血，解毒消肿；用于淋病，痢疾，崩漏，哕逆，风湿痹痛，跌打损伤，瘰疬，湿疹，疮痈肿毒。果：凉血止血，消肿解毒，疮痈肿毒。

【用法用量】全株、根：内服，煎汤，15 ～ 30 g，鲜品 30 ～ 60 g；外用，捣敷，或研末调敷。藤：内服，煎汤，15 ～ 30 g，或捣汁；外用，适量，捣敷，或取汁点眼、滴耳。果实：内服，适量，嚼食。

四十三、锦葵科

115. 苘麻 *Abutilon theophrasti* Medicus

【别名】苘、车轮草、磨盘草、桐麻、白麻、青麻、孔麻、塘麻、椿麻。

【来源】锦葵科苘麻属苘麻的干燥成熟种子、全草或叶。

【植物形态】一年生亚灌木状草本，茎枝被柔毛。叶互生，圆心形，先端长渐尖，基部心形，边缘具细圆锯齿，两面均密被星状柔毛；叶柄被星状细柔毛；托叶早落。花单生于叶腋，花梗被柔毛，近顶端具节；花萼杯状，密被短茸毛，裂片 5，卵形；花黄色，花瓣倒卵形；雄蕊柱平滑无毛，顶端平截，具扩展、被毛的长芒，排列成轮状，密被软毛。蒴果半球形，被粗毛，先端具长芒；种子肾形，褐色，被星状柔毛。花期 7—8 月。

【生境】常生于路旁、田野、荒地、堤岸上，或栽培。应城境内各地均有分布。模式标本采自湖北省孝感市应城市杨岭镇文家岭，E113°24′08.3″，N30°59′46.1″。

【采收加工】种子：秋季采收成熟果实，晒干，打下种子，除去杂质。全草或叶：夏季采收，鲜用或晒干备用。

【质地】种子：呈三角状肾形；表面灰黑色或暗褐色，有白色疏茸毛，凹陷处有类椭圆状种脐，淡棕色，四周有放射状细纹；种皮坚硬，子叶 2 枚，富油性；气微，味淡。全草或叶：叶宽大，较柔软，无毛。

【性味归经】种子：味苦，性平；归大肠、小肠、膀胱经。全草或叶：味苦，性平；归脾、胃经。

【功能主治】种子：清热解毒，利湿，退翳；用于赤白痢疾，淋证涩痛，疮痈肿毒，目生翳膜。全草或叶：清热利湿，解毒开窍；用于痢疾，中耳炎，耳鸣，耳聋，睾丸炎，化脓性扁桃体炎，痈疽肿毒。

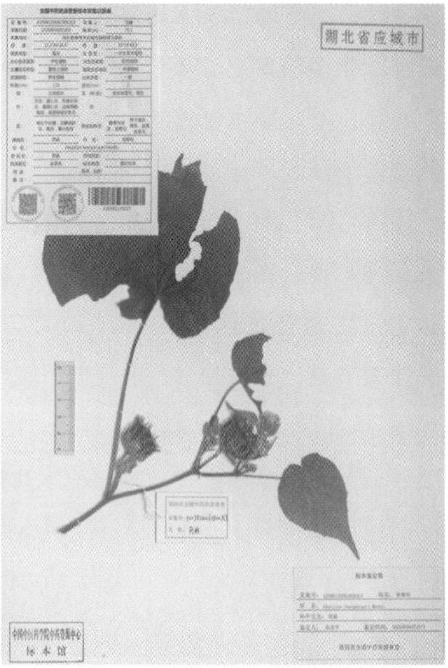

【用法用量】种子：内服，煎汤，3 ～ 9 g。全草或叶：内服，煎汤，10 ～ 30 g；外用，适量，捣敷。

116. 木槿 *Hibiscus syriacus* L.

【别名】喇叭花、荆条、木棉、朝开暮落花、白花木槿、鸡肉花、白饭花、篱障花、大红花。

【来源】锦葵科木槿属木槿的果实（朝天子）、花、叶和皮。

【植物形态】落叶灌木；小枝密被黄色星状茸毛；叶菱形或三角状卵形，基部楔形，具不整齐缺齿，基脉 3 出；花单生于枝端叶腋间，花萼钟形，裂片 5，三角形，花冠钟形，似锦葵，白色、粉紫色到淡紫色、紫色，花瓣 5，雄蕊柱长约 3 cm，花柱分枝 5；蒴果卵圆形，密被黄色星状茸毛，具短喙；种子肾形，背部被黄白色长柔毛。

【生境】常见于路旁、田野、荒地、堤岸上。喜阳光也能耐半阴。各地多有栽培。模式标本采自湖北省孝感市应城市杨岭镇金家塆，E113°28′49.7″，N30°59′32.75″。

【采收加工】果实：9—10 月果实呈黄绿色时摘下，晒干备用。花： 5—6 月开花时，选晴天早晨，花半开时采摘，晒干备用。根皮和茎皮：除去叶片，剥下树皮，根皮可挖树根剥皮，晒干或烘干备用。

【质地】花：卷缩成圆柱形或不规则形状，全体被毛；基部钝圆，常留有短梗，总苞线形；花萼钟状，黄绿色或灰绿色，三角形；花冠倒卵形，类白色或黄白色，雄蕊多数，花丝连合成筒状；气微香，味淡；以朵大、完整、色白者为佳。叶：菱形或三角状卵形，叶片互生，不裂或中裂，基部楔形，边缘有钝齿，幼时两面均疏生星状毛；叶背除脉上有毛外，其余平滑无毛。皮：多内卷成槽状或单筒状，大小不一，外表面青灰色或灰褐色，有细而弯曲的纵皱纹，点状皮孔散在内表面，类白色至淡黄白色，平滑，具细致的纵纹理；质坚韧，折断面强纤维性，类白色；气微，味淡；以条长、宽厚、干燥无霉者为佳。

【性味归经】味甘，性平；归脾、肺经。

【功能主治】果实：清肺化痰，解毒止痛；用于痰喘咳嗽，神经性头痛，外用治黄水疮。花：清热凉血，解毒消肿；用于痢疾，腹泻，痔疮出血，带下，外用治疮疖痈肿，烫伤。根：清热解毒，利水消肿，止咳；

用于咳嗽，肺痈，肠痈，痔疮肿痛，带下，疥癣。根皮和茎皮：清热利湿，杀虫止痒；用于痢疾，脱肛，阴囊湿疹，脚癣等。叶：清热解毒；用于痔疮肿痛。

【用法用量】内服：煎汤，9 ～ 15 g。外用：适量，烧灰存性，麻油调搽患处。

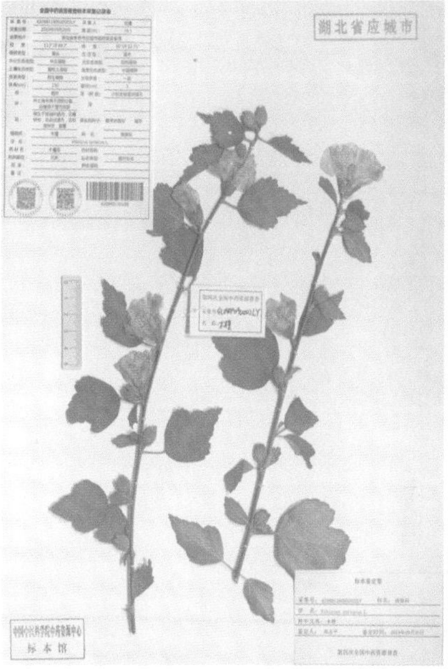

117. 野西瓜苗 *Hibiscus trionum* L.

【别名】火炮草、黑芝麻、小秋葵、灯笼花、香铃草。

【来源】锦葵科木槿属野西瓜苗的全草、种子。

【植物形态】一年生草本，高 20 ～ 70 cm；常平卧，稀直立，茎柔软，被白色星状粗毛；茎下部叶圆形，不裂或稍浅裂，上部叶掌状深裂，中裂片较长，两侧裂片较短，裂片倒卵形或长圆形，常羽状全裂，上面近无毛或疏被粗硬毛，下面疏被星状粗刺毛；叶柄被星状柔毛和长硬毛，托叶线形，被星状粗硬毛；花单生于叶腋；花梗被星状粗硬毛；小苞片线形，被长硬毛，基部合生；花萼钟形，淡绿色，裂片 5，膜质，三角形，具紫色纵条纹，被长硬毛或星状硬毛，中部以下合生；花冠淡黄色，内面基部紫色，花瓣 5，倒卵形，疏被柔毛；花丝纤细，花药黄色；花柱分枝 5，无毛，柱头头状；蒴果长圆状球形，被硬毛，果皮薄，黑色；种子肾形，黑色，具腺状突起。

【生境】生于平原、山野、丘陵或田埂，随处可见。模式标本采自湖北省孝感市应城市杨岭镇有名店林场，E113°27′21.7″，N30°59′02″。

【采收加工】全草：夏、秋季采收，除去泥土，晒干备用。种子：秋季果实成熟时采摘果实，晒干，打下种子筛净，再晒干。

【质地】本品茎柔软，表面被星状粗毛，单叶互生，掌状深裂，裂片倒卵形，通常为羽状全裂，两面有毛；质脆；气微，味甘、淡。

【性味归经】全草：味甘，性寒；归肺、肝、肾经。种子：味辛，性平；归肺、肝、肾经。

【功能主治】全草：清热解毒，利咽止咳；用于咽喉肿痛，咳嗽，泻痢，疮毒，烫伤。种子：润肺止咳，补肾；用于肺结核，咳嗽，肾虚头晕，耳鸣耳聋。

【用法用量】全草：内服，煎汤，15～30 g，鲜品 30～60 g；外用，适量，鲜品捣敷，或干品研末油调搽。种子：内服，煎汤，9～15 g。

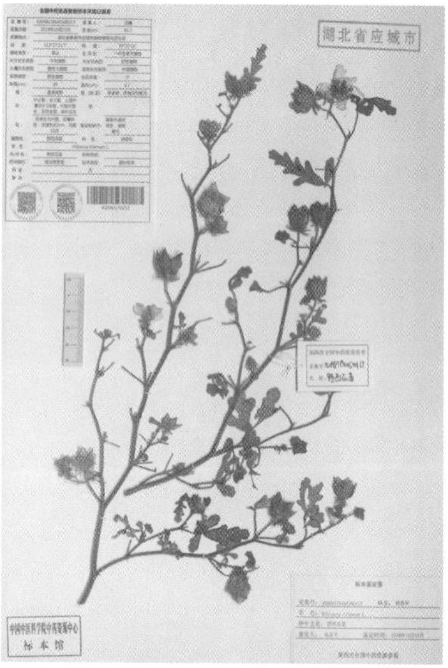

118. 黄花稔 *Sida acuta* Burm. f.

【别名】小本黄花草、吸血仔、四吻草、索血草、山鸡、拔毒散、脓见消、单鞭救主、梅肉草、柑仔蜜、蛇总管、四米草、尖叶嗽血草、白索子、麻芡麻、灶江、扫把麻。

【来源】锦葵科黄花稔属黄花稔的叶或根。

【植物形态】直立亚灌木；高约 1 m，全株被星状柔毛；叶异形，茎下部叶宽菱形或扇形，先端尖或圆，基部楔形，边缘具 2 齿，茎上部叶长圆状椭圆形或长圆形，两端钝或圆，上面疏被糙伏毛或近无毛，下面密被灰色星状茸毛；叶柄被星状柔毛，托叶钻形，短于叶柄；花单生于叶腋或簇生于枝端；花梗密被星状茸毛，中部以上具节；花萼杯状，5 裂，裂片三角形，疏被星状毛；花冠黄色，花瓣 5，倒卵形；雄蕊柱短于花瓣，被长硬毛；蒴果近圆球形，疏被星状柔毛，果皮具网状皱纹；种子黑褐色，平滑，种脐被白色柔毛。

【生境】生于山坡、灌丛、路旁或荒坡。模式标本采自湖北省孝感市应城市杨岭镇叶家塆，E113°27′17.8″，N30°58′56.8″。

【采收加工】叶：夏、秋季采收，鲜用或晾干、晒干备用。根：早春植株萌芽前挖取，洗净泥沙，切片，晒干备用。

【质地】干燥全草长短不一，表面绿色或暗绿色，茎枝质地韧而不易折断，断面不中空或有狭腔。叶互生，多破碎、卷缩，完整叶片呈长圆状椭圆形或长圆形，边缘具锯齿，叶上面暗绿色或暗紫红色，下面灰绿色，被星状茸毛。气微香，味淡。以干燥无泥沙者为佳。

【性味归经】味微辛，性凉；归肺、肝、大肠经。

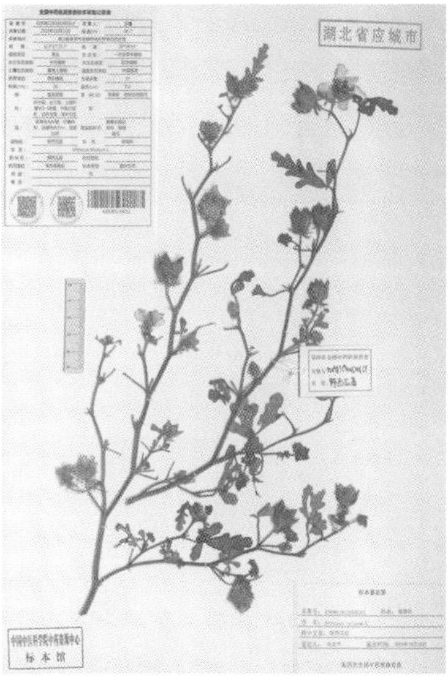

【功能主治】清湿热，解毒消肿，活血止痛；用于湿热泻痢，乳痈，痔疮，疮痈肿毒，跌打损伤，骨折，外伤出血。

【用法用量】内服：煎汤，15 ～ 30 g。外用：适量，捣敷；或研粉撒敷。

四十四、椴树科

119. 扁担杆 *Grewia biloba* G. Don

【别名】扁担木、孩儿拳头、娃娃拳、麻糖果、月亮皮、葛荆麻。

【来源】椴树科扁担杆属扁担杆的全株。

【植物形态】灌木或小乔木，多分枝；叶薄革质，椭圆形或倒卵状椭圆形，先端锐尖，基部楔形或钝，边缘有细锯齿；聚伞花序腋生，多花，萼片狭长圆形，花瓣短小；雌、雄蕊具短柄，花柱与萼片平齐，柱头扩大，盘状，有浅裂；核果橙红色，有 2 ～ 4 颗分核；核果红色，无毛，2 裂，每裂有 2 小核。

【生境】生于丘陵、低山路边、草地、灌丛或疏林。模式标本采自湖北省孝感市应城市杨岭镇贺家边，E113°24′05.2″，N31°00′06.9″。

【采收加工】夏、秋季采收，洗净，鲜用或晒干备用。

【质地】枝较光滑，叶薄，易破碎，边缘有锯齿。气微，味甘。

【性味归经】味甘、苦，性温；归肝、脾、胃经。

【功能主治】健脾益气，祛风除湿，固精止带；用于小儿疳积，脾虚久泻，遗精，红崩，带下，子宫脱垂，脱肛，风湿性关节炎。

【用法用量】内服：煎汤，9 ～ 15 g；或浸酒。外用：适量，鲜品捣敷。

四十五、瑞香科

120. 芫花 *Daphne genkwa* Sieb. et Zucc.

【别名】鱼毒、蜀黍、黄大戟、泥秋树、泡米花、石棉皮、头痛皮、闷头花、头痛花、闹鱼花、老鼠花、药鱼草、芫条根。

【来源】瑞香科瑞香属芫花的干燥花蕾。

【植物形态】落叶灌木；多分枝，幼枝纤细，黄绿色，密被淡黄色丝状毛，老枝褐色或带紫红色，无毛；叶对生，稀互生，纸质，卵形、卵状披针形或椭圆形，上面无毛，幼时下面密被丝状黄色柔毛，老后仅叶脉基部疏被毛；花 3 ～ 7 朵簇生于叶腋，淡紫红色或紫色，先叶开放；花梗短，被灰色柔毛；萼筒外面被丝状柔毛；裂片 4，卵形或长圆形，先端圆，外面疏被柔毛；雄蕊 2 轮分别着生于萼筒中部和上部，花盘环状，不发达；子房倒卵形，密被淡黄色柔毛，花柱短或几无花柱，柱头橘红色；果肉质，白色，椭圆形，包于宿存花萼下部，具种子 1 粒。

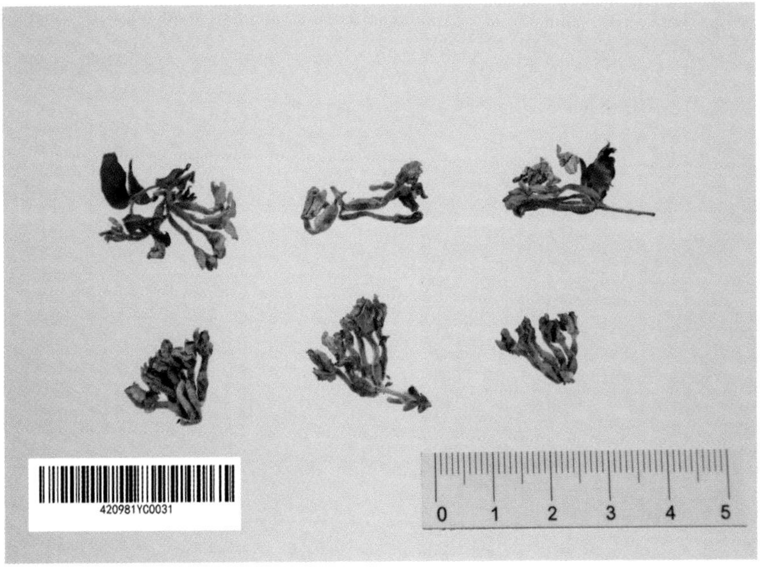

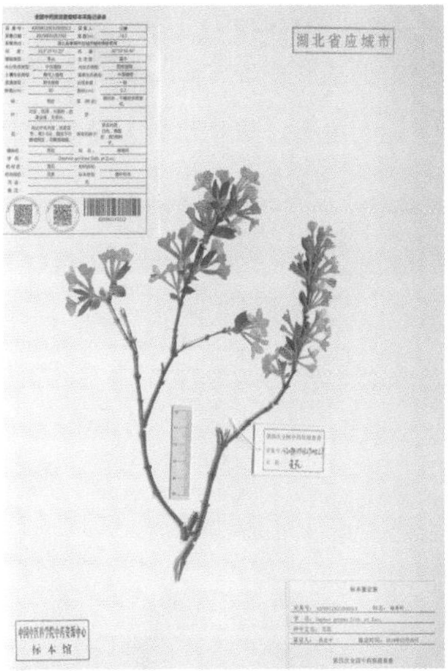

【生境】生于山坡、路边或疏林中。模式标本采自湖北省孝感市应城市杨岭镇杨家湾，E113°29′42.25″，N30°59′50.46″。

【采收加工】春季花未开放时采收，除去杂质，干燥。

【质地】花常3～7朵簇生于短花轴上，基部有苞片1～2枚，多脱落为单朵；单朵呈棒槌状，多弯曲；花被筒表面淡紫色或灰绿色，被丝状柔毛，先端4裂，裂片淡紫色或黄棕色；质软；气微，味甘、微辛。

【性味归经】味苦、辛，性温；有毒；归肺、脾、肾经。

【功能主治】泄水逐饮，杀虫疗疮；用于水肿胀满，胸腹积水，痰饮积聚，气逆喘咳，二便不利，外用治疥癣秃疮，痈肿，冻疮。

【用法用量】内服：煎汤，1.5～3 g；或醋芫花研末吞服，一次0.6～0.9 g，一日1次。外用：适量。

四十六、堇菜科

121. 紫花地丁 *Viola yedoensis* Makino

【别名】铧头草、光瓣堇菜。

【来源】堇菜科堇菜属紫花地丁的干燥全草。

【植物形态】多年生草本，无地上茎；高达14 cm；根状茎短，垂直，节密生，淡褐色；基生叶莲座状；下部叶较小，三角状卵形或窄卵形，上部叶较大，圆形、窄披针状卵形或长圆状卵形，先端圆钝，基部平截或楔形，边缘具圆齿，两面无毛或被细毛，叶柄果期上部具宽翅，托叶膜质，离生部分线状披针形，边缘疏生流苏状细齿或近全缘；花紫堇色或淡紫色，稀白色或侧方花瓣粉红色，喉部有紫色条纹；

花梗与叶等长或高于叶，中部有 2 线形小苞片；萼片卵状披针形或披针形，基部附属物短；花瓣倒卵形或长圆状倒卵形，侧瓣内面无毛或有须毛，下瓣连管状有紫色脉纹；花距细管状，末端不向上弯；柱头三角形，两侧及后方具微隆起的缘边，顶部略平，前方具短喙；蒴果长圆形，无毛。

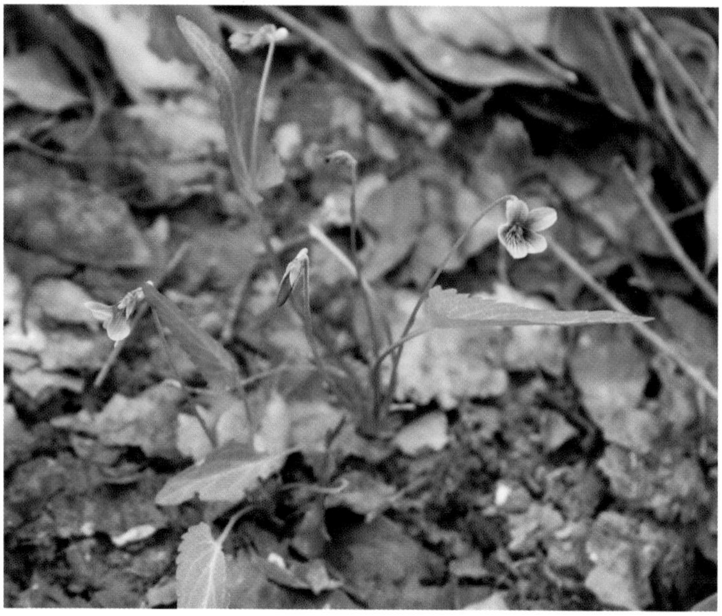

【生境】生于田埂、路旁或林中，喜半阴的环境和湿润的土壤。模式标本采自湖北省孝感市应城市杨岭镇徐家湾，E113°29′04.8″，N30°59′43.6″。

【采收加工】春、秋季采收，除去杂质，洗净，切碎，干燥。

【质地】本品多皱缩成团。主根长圆锥形，淡黄棕色，有细纵皱纹。叶基生，灰绿色，叶片展平后呈披针形或卵状披针形；先端钝，基部截形或稍心形，边缘具齿，两面有毛；叶柄细，上部具明显狭翅。花茎纤细；花瓣 5，紫堇色或淡紫色；花距细管状。蒴果长圆形或 3 裂，种子多数，淡棕色。气微，味微苦而稍黏。

【性味归经】味苦、辛，性寒；归心、肝经。

【功能主治】清热解毒，凉血消肿；用于疔疮肿毒，痈疽发背，丹毒，毒蛇咬伤。

【用法用量】内服：煎汤，15 ～ 30 g。

四十七、葫芦科

122. 绞股蓝 *Gynostemma pentaphyllum* (Thunb.) Makino

【别名】七叶胆、小苦药、公罗锅底、落地生。

【来源】葫芦科绞股蓝属绞股蓝的全草。

【植物形态】草质攀援植物；茎细弱，具分枝，具纵棱及槽，无毛或疏被短柔毛。叶膜质或纸质，鸟足状，被短柔毛或无毛；小叶片卵状长圆形或披针形，侧生小叶较小，先端急尖或短渐尖，基部渐狭，边缘具波状齿或圆齿，上面深绿色，背面淡绿色，两面均疏被短硬毛，上面平坦，背面凸起，细脉网状；小叶柄略叉开。卷须纤细，2 歧，稀单一，无毛或基部被短柔毛。花雌雄异株。雄花圆锥花序，花序轴纤细，有时基部具小叶，被短柔毛；花梗丝状，基部具钻状小苞片；花萼筒极短，5 裂，裂片三角形，先端急尖；花冠淡绿色或白色，5 深裂，裂片卵状披针形，先端长渐尖，具 1 脉，边缘具缘毛状小齿；雄蕊 5，花丝短，连合成柱，花药着生于柱之顶端。雌花圆锥花序，远较雄花短小，花萼及花冠似雄花；子房球形，2 ～ 3 室，花柱 3 枚，短而叉开，柱头 2 裂；具短小的退化雄蕊 5。果实肉质不裂，球形，成熟后黑色，光滑无毛，内含倒垂种子 2 粒。种子卵状心形，灰褐色或深褐色，顶端钝，基部心形，压扁，两面具乳突状突起。花期 3—11 月，果期 4—12 月。

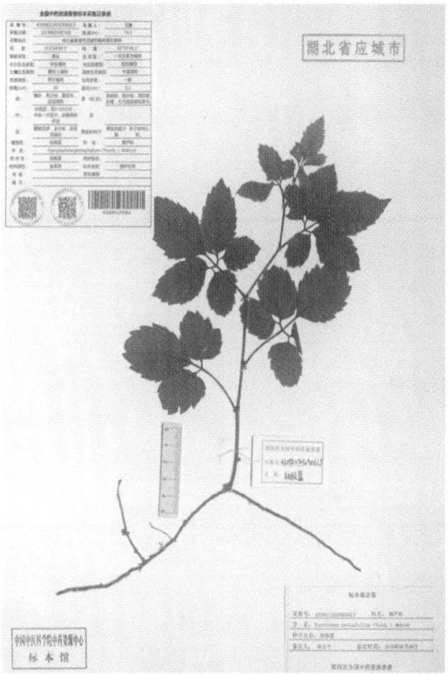

【生境】生于林下、沟旁。模式标本采自湖北省孝感市应城市杨岭镇文家岭，E113°24′08.3″，N30°59′46.1″。

【采收加工】收割宜在早晨或傍晚进行，割后去掉杂质，及时阴干，防止霉烂，然后扎成捆或装入麻袋，放通风干燥处贮存。此外，也可将鲜茎切成 2 ～ 3 cm 的小段，放竹席上摊开阴干，阴干后装入纸盒或干净塑料食品袋内备用。

【质地】全品皱缩，茎纤细，灰棕色或暗棕色，表面具纵沟纹，被疏毛，复叶；侧生小叶卵状长圆形或披针形，两面被毛，叶缘有锯齿，齿尖具芒。味苦，有草腥气。

【性味归经】味苦、微甘，性凉；归肺、脾、肾经。

【功能主治】补虚，清热，解毒；用于体虚乏力，虚劳失精，白细胞减少症，高脂血症，病毒性肝炎，慢性肠胃炎，慢性支气管炎。

【用法用量】内服：煎汤，15 ～ 30 g；或研末，每次 6 g；或泡茶饮。外用：适量，捣烂搽。

123. 丝瓜 *Luffa cylindrica* (L.) Roem.

【别名】天罗、绵瓜、布瓜、天络丝、天丝瓜、天吊瓜。

【来源】葫芦科丝瓜属丝瓜的干燥成熟果实的维管束（丝瓜络）、鲜嫩果实、种子、根、叶、果皮、花、瓜蒂、茎。

【植物形态】一年生攀援藤本；茎、枝粗糙，有棱沟，被微柔毛。卷须稍粗壮，被短柔毛，通常2～4歧。叶柄粗糙，具不明显的沟，近无毛；叶片三角形或近圆形，通常掌状5～7裂，裂片三角形，中间的较长，顶端急尖或渐尖，边缘有锯齿，基部深心形，弯缺，上面深绿色，粗糙，有疣点，下面浅绿色，有短柔毛，脉掌状，具白色的短柔毛。雌雄同株。雄花：生于总状花序上部，花序梗稍粗壮，被柔毛；花萼筒宽钟形，被短柔毛，裂片卵状披针形或近三角形，上端向外反折，里面密被短柔毛，边缘尤为明显，外面毛被较少，先端渐尖，具3脉；花冠黄色，辐状，裂片长圆形，里面基部密被黄白色长柔毛，外面具3～5条凸起的脉，脉上密被短柔毛，先端圆钝，基部狭窄；雄蕊通常5，稀3，基部有白色短柔毛，花初开放时稍靠合，最后完全分离，药室多回曲折。雌花：单生；子房长圆柱状，有柔毛，柱头3，膨大。果实圆柱状，直或稍弯，表面平滑，通常有深色纵条纹，未成熟时肉质，成熟后干燥，里面呈网状纤维，由顶端盖裂。种子多数，黑色，卵形，扁，平滑，边缘狭翼状。花果期夏、秋季。

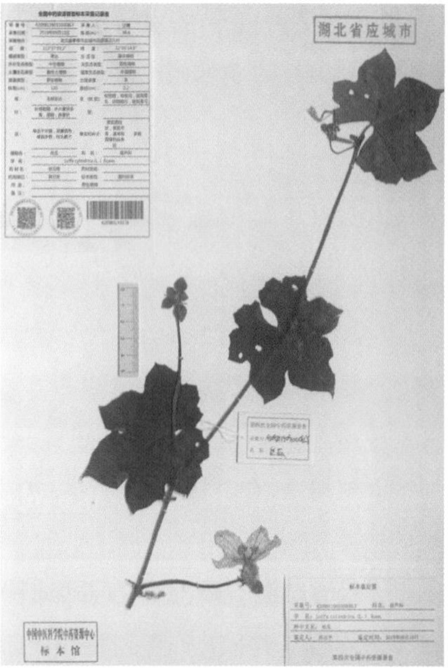

【生境】喜温暖气候，耐高温、高湿，忌低温。多为栽培。模式标本采自湖北省孝感市应城市田店镇汪凡村，E113°27′03.2″，N31°00′14.5″。

【采收加工】丝瓜络：夏、秋季果实成熟、果皮变黄、内部干枯时采摘，除去外皮和果肉，洗净，晒干，除去种子。

【质地】丝瓜络：本品由丝状维管束交织而成，多呈长棱形或长圆筒形，略弯曲；表面黄白色；体轻，质韧，有弹性，不能折断；横切面可见子房3室，呈空洞状；气微，味淡。

【性味归经】丝瓜络：味甘，性平；归胃、肝经。果实：味甘，性凉。种子：味苦，性寒；归肺经。根：味甘、微苦，性寒；归肝、脾经。叶片：味苦，性微寒；归肺、肝经。果皮：味甘，性凉；归肺、肝经。花：味甘、微苦，性寒。瓜蒂：味苦，性微寒；归肺、肝经。藤：味苦，性微寒；归心、脾、肾经。

【功能主治】丝瓜络：祛风，通络，活血，下乳；用于痹痛拘挛，胸胁胀痛，乳汁不通，乳痈肿痛。果实：清热化痰，凉血解毒。种子：清热，利水，通便，驱虫。根：活血通络，清热解毒。叶片：清热解毒，止血，祛暑。果皮：清热解毒。花：清热解毒，化痰止咳。瓜蒂：清热解毒，化痰定惊。藤：舒筋活血，止咳化痰，解毒杀虫。

【用法用量】丝瓜：内服，煎汤，9 ～ 15g，或烧灰研末。丝瓜子：内服，煎汤，6 ～ 9 g。丝瓜根：内服，煎汤，3 ～ 9 g，鲜品 30 ～ 60 g，或烧存性研末；外用，30 ～ 60 g，煎水洗，或捣汁涂。丝瓜叶：内服，煎汤，30 ～ 90 g；外用：煎水洗，或捣敷，或研末调敷。丝瓜皮：内服，煎汤，9 ～ 15g，或入散剂。丝瓜蒂：内服，煎汤，1 ～ 3 g，或入散剂。丝瓜藤：内服，煎汤，30 ～ 60 g，或烧存性研末，每次 3 ～ 6 g；外用，30 ～ 60g，煅存性研末，调敷。

四十八、千屈菜科

124. 紫薇 *Lagerstroemia indica* L.

【别名】千日红、无皮树、百日红、西洋水杨梅、蚊子花、紫兰花、紫金花、痒痒树、痒痒花。

【来源】千屈菜科紫薇属紫薇的根、茎皮和根皮、新鲜或干燥叶、花。

【植物形态】落叶灌木或小乔木，高达 7 m；树皮平滑，灰色或灰褐色；小枝具 4 棱，略成翅状；叶互生或有时对生，纸质，椭圆形、宽长圆形或倒卵形，先端短尖或钝，有时微凹，基部宽楔形或近圆形，无毛或下面沿中脉有微柔毛，无柄或叶柄很短；花淡红色、紫色或白色，常组成顶生圆锥花序；花瓣 6，皱缩，具长爪，雄蕊多枚，6 枚着生于花萼上，显著较长，其余着生于萼筒基部；蒴果椭圆状球形或宽椭圆形，幼时绿色至黄色，成熟时或干后呈紫黑色。

【生境】半阴生，喜肥沃湿润的土壤，也能耐旱，钙质土、酸性土都生长良好。多为栽培。模式标本采自湖北省孝感市应城市长荆大道陈塔村，E113°34′16″，N30°55′33″。

【采收加工】根：全年均可采挖，切片，鲜用或晒干备用。茎皮和根皮：5—6 月削取茎皮，9—11 月挖取根，削取根皮，切片，晒干备用。叶：5—7 月采收，鲜用或晒干备用。花：6—9 月开花时采收，鲜用或干燥备用。

【质地】茎皮和根皮：外表面灰棕色，内表面黄棕色，光滑；质轻脆，易碎；气微，味淡、微涩。叶：纸质，完整叶片展平后呈椭圆形、倒卵形或长椭圆形，先端短尖或钝形，有时微凹，基部宽楔形或近圆形，无毛或下表面沿中脉有微柔毛；气微，味淡。花：多皱缩成团，淡紫红色；花萼绿色，先端 6 浅裂，宿存；

花瓣 6，下部有细长的爪，瓣面近圆球而呈皱波状，边缘有不规则的缺刻；雄蕊多数，生于萼筒基部，外轮 6，花丝较长；气微，味淡。根：呈圆柱形，有分枝，长短大小不一；表面灰棕色，有细纵皱纹，栓皮薄，易剥落质硬，不易折断，断面不整齐，淡黄白色，无臭，味淡，微涩。

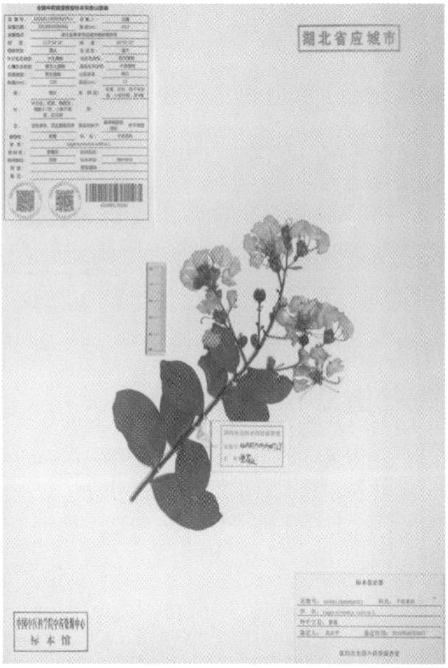

【性味归经】根：味微苦，性微寒。茎皮和根皮：味苦，性寒。叶：味苦、涩，性寒；归肝、脾、大肠经。花：味苦、微酸，性寒；归肝经。

【功能主治】根：清热利湿，活血止血；用于痢疾，水肿，烧烫伤，湿疹，疮痈肿毒，血崩。茎皮和根皮：清热解毒，祛风利湿，散瘀止血；用于丹毒，乳痈，咽喉肿痛，跌打损伤，内外伤出血，崩漏。叶：清热解毒，利湿止血；用于疮痈肿毒，痢疾，湿疹，外伤出血。花：清热解毒，活血止血；用于小儿胎毒，疥癣，血崩，小儿惊风。

【用法用量】茎皮和根皮：内服，煎汤，10 ～ 15 g，或浸酒，或研末；外用，适量，研末调敷，或煎水洗。叶：内服，煎汤，10 ～ 15 g；外用，适量，煎水洗，或鲜品捣敷。花：内服，煎汤，10 ～ 15 g，或研末；外用，适量，研末调敷，或煎水洗。

四十九、菱科

125. 细果野菱 *Trapa maximowiczii* Korsh.

【别名】四角马氏菱、小果菱、野菱。

【来源】菱科菱属细果野菱的坚果及根。

【植物形态】一年生浮水水生草本。根二型；着泥根细铁丝状，生水底泥中；同化根，羽状细裂，裂片丝状，深灰绿色。叶二型：浮水叶互生，聚生于主枝或分枝茎顶，形成莲座状的菱盘，叶片三角状菱圆形，叶背面绿色带紫色，主侧脉稍明显，脉间有茶褐色斑块，果柄疏被褐色短毛。花期 6—7 月，果期 8—9 月。

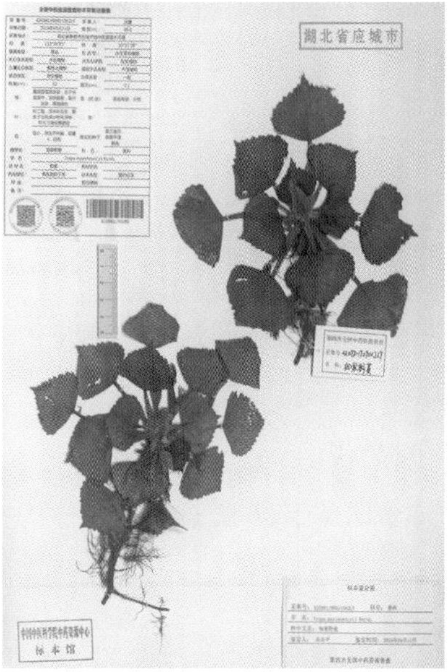

【生境】野生于水塘或田沟内。模式标本采自湖北省孝感市应城市城中街道富水河堤，E113°34′05″，N30°57′58″。

【采收加工】坚果：8—9 月采收，鲜用或晒干备用。根：采果时采收，切段，晒干备用。

【质地】果实呈扁三角形，有四角，两侧两角斜向上开展，前后两角向下伸展，角较尖锐，表面黄绿色或略带紫色，果壳木化而坚硬。果肉类白色而富粉性。气微，味甜、微涩。

【性味归经】坚果：味甘，性平；归脾、胃经。根：味微苦，性凉。

【功能主治】坚果：补脾健胃，生津止渴，解毒消肿；用于脾胃虚弱，泄泻，痢疾，暑热烦渴，饮酒过度，疮肿。根：利水通淋；用于小便淋痛。

【用法用量】坚果：内服，煎汤，30 ～ 60 g。根：内服，煎汤，6 ～ 15 g。

五十、八角枫科

126. 八角枫 *Alangium chinense* (Lour.) Harms

【别名】白金条（侧根名）、白龙须（须状根名）、八角王、八角梧桐、八角将军、割舌罗、五角枫、七角枫、野罗桐、花冠木。

【来源】八角枫科八角枫属八角枫的根、须根及根皮，花，叶。

【植物形态】落叶乔木，高达 15 m，常成灌木状。树皮淡灰色、平滑，小枝呈“之”字形曲折，疏被毛或无毛。单叶互生，卵圆形，基部偏斜，全缘或微浅裂，表面无毛，背面脉腋簇生毛，基出脉 3 ～ 5，入秋叶转为橙黄色。花为黄白色，花瓣狭带形，芳香，花丝基部及花柱疏生粗短毛。核果卵圆形，黑色。花期 5—7 月，果期 9—10 月。

【生境】阳性树。生于山野、灌丛和杂林中，村边路旁也常见。模式标本采自湖北省孝感市应城市杨岭镇易家塆，E113°28′05.5″，N30°59′46.3″。

【采收加工】根：全年均可采挖，除去泥沙，斩取侧根和须状根，晒干备用。叶、花：夏、秋季采收，鲜用或晒干备用。

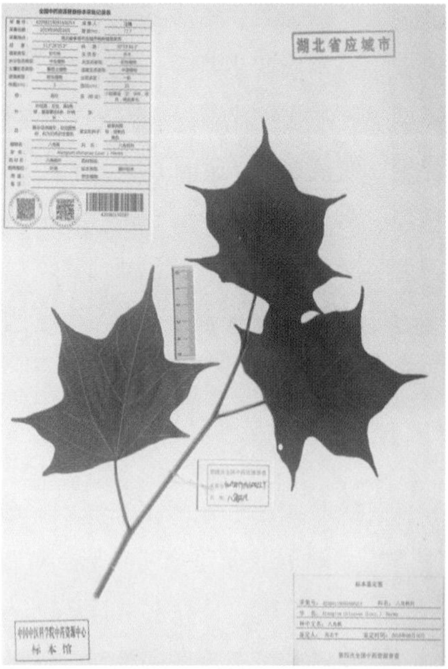

【质地】根为不规则的厚片，切面黄白色，周边黄棕色或灰褐色。白龙须以须根纤细，质硬而脆为佳。白金条以枝根呈圆柱形，表面色黄者为佳。气微，味淡。

【性味归经】根：味辛、苦，性微温；有小毒；归肝、肾、心经。花：味辛，性平；有小毒；归肝、胃经。叶：味苦、辛，性平；有小毒；归肝、肾经。

【功能主治】根：祛风除湿，舒筋活络，散瘀止痛；用于风湿痹痛，四肢麻木，跌打损伤。花：散风理气，止痛；用于头风头痛，胸腹胀痛。叶：化瘀接骨，解毒杀虫；用于跌打瘀肿，骨折，疮肿，乳痈，乳头皲裂，漆疮，疥癣，刀伤出血。

【用法用量】根：内服，煎汤，须根 1.5 ～ 3 g，根 3 ～ 6 g，或浸酒；外用，适量，煎水洗。花：内服，煎汤，3 ～ 10 g，或研末。叶：外用，适量，鲜品捣敷，或煎水洗，或研末撒。

五十一、五加科

127. 五加 *Acanthopanax gracilistylus* W. W. Sm.

【别名】五叶木、白刺尖、五叶路刺、白簕树、五加皮、南五加、真五加皮、柔毛五加、短毛五加、糙毛五加、大叶五加。

【来源】五加科五加属五加的干燥根皮。

【植物形态】灌木，小枝细长下垂，节上疏被扁钩刺；小叶 5，稀 3 ～ 4，在长枝上互生，在短枝上簇生；叶柄无毛，常有细刺；小叶片膜质至纸质，倒卵形至倒披针形，先端尖至短渐尖，基部楔形，两面无毛或沿脉疏生刚毛，边缘有细钝齿，侧脉 4 ～ 5 对，两面均明显，下面脉腋间有淡棕色簇毛，网脉不明显；几无小叶柄；伞形花序单生，稀 2 个腋生或顶生在短枝上，有花多数；总花梗长，结实后延长，无毛；花梗细长，无毛；花黄绿色；花萼边缘近全缘或有 5 小齿；花瓣 5，长圆状卵形，先端尖；雄蕊 5；细长，离生或基部合生；果扁球形，成熟时紫黑色。

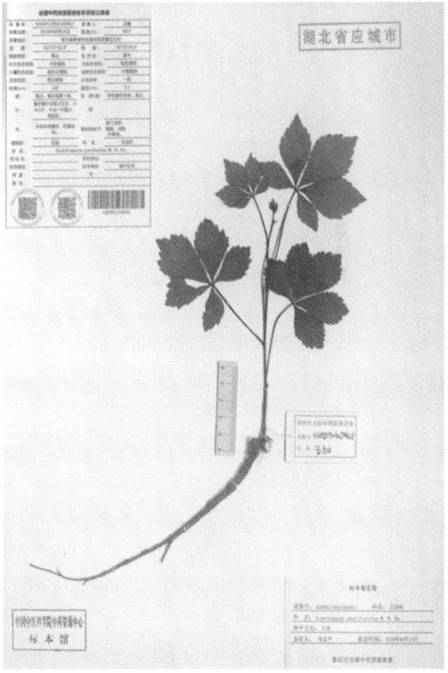

【生境】生于灌丛、林缘、山坡路旁和村落中。模式标本采自湖北省孝感市应城市田店镇汪凡村，E113°27′02.3″，N30°59′36.5″。

【采收加工】夏、秋季采挖根部，洗净，剥取根皮，晒干备用。

【质地】本品呈不规则卷筒状。外表面灰褐色，有稍扭曲的纵皱纹和横长皮孔样斑痕；内表面淡黄色或灰黄色，有细纵纹。体轻，质脆，易折断，断面不整齐，灰白色。气微香，味微辣而苦。

【性味归经】味辛、苦，性温；归肝、肾经。

【功能主治】祛风除湿，补益肝肾，强筋壮骨，利水消肿；用于风湿痹病，筋骨痿软，小儿行迟，体虚乏力，水肿。

【用法用量】内服：煎汤，5 ~ 10 g。

五十二、伞形科

128. 蛇床 *Cnidium monnieri* (L.) Cuss.

【别名】山胡萝卜、蛇米、蛇粟、蛇床子。

【来源】伞形科蛇床属蛇床的干燥成熟果实。

【植物形态】一年生草本；高达 60 cm；茎单生，多分枝；下部叶具短柄，叶鞘短宽，边缘膜质，上部叶柄鞘状；叶卵形或三角状卵形，二至三回羽裂，裂片线形或线状披针形，全缘或浅裂；复伞形花序，线形，边缘具细毛；小总苞片多数，线形，边缘具细毛；伞形花序，花瓣白色；花柱基略隆起，花柱稍弯曲；果实长圆形，横剖面近五边形，5 棱均成宽翅。

【生境】生于田边、路旁、草地及河边湿地。模式标本采自湖北省孝感市应城市杨岭镇赵四塆，E113°27′34″，N30°59′31.8″。

【采收加工】夏、秋季果实成熟时采收，除去杂质，晒干备用。

【质地】双悬果，长圆形；表面灰黄色或灰褐色，顶端有 2 枚向外弯曲的柱基，基部偶有细梗；分果的背面有薄而凸起的纵棱 5 条，接合面平坦，有 2 条棕色略凸起的纵棱线；果皮松脆，揉搓易脱落；种子细小，灰棕色，显油性。气香，味辛、凉，有麻舌感。

【性味归经】味辛、苦，性温；有小毒；归肾经。

【功能主治】燥湿祛风，杀虫止痒，温肾壮阳；用于阴痒带下，湿疹瘙痒，风寒湿痹，肾虚阳痿。

【用法用量】内服：煎汤，3 ～ 10 g。外用：适量，煎水熏洗；或研末调敷。

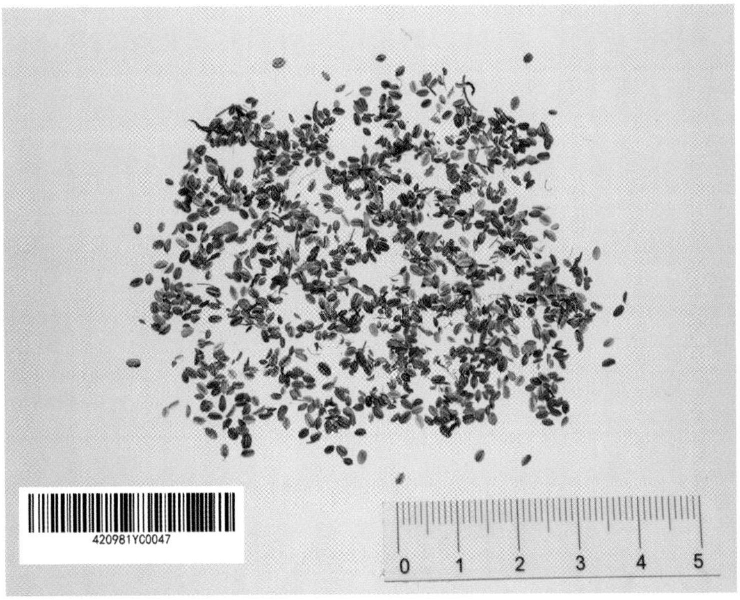

129. 芫荽 *Coriandrum sativum* L.

【别名】胡荽、香荽、香菜。

【来源】伞形科芫荽属芫荽的全草。

【植物形态】植株高达 1 m，茎圆柱形，多分枝；基生叶一至二回羽状全裂，裂片宽卵形或楔形，深裂或具缺刻；茎生叶二至多回羽状分裂，小裂片线形，全缘；复伞形花序顶生，花序梗较长；小总苞片 2 ～ 5，线形；小伞形花序，可育花 3 ～ 9；果径长。

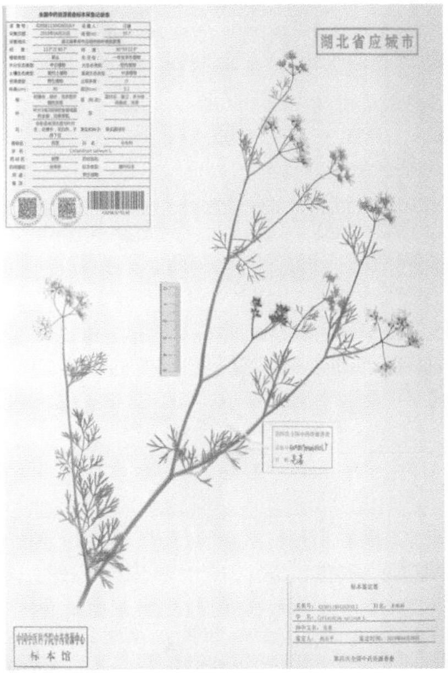

【生境】多为栽培。模式标本采自湖北省孝感市应城市杨岭镇姚家塆，E113°25′40.7″，N30°59′22.9″。

【采收加工】春、夏季采收，鲜用或洗净，晒干，切碎用。

【质地】本品为双悬果，呈圆球形，表面淡黄色，有明显的纵棱及不甚明显的波状弯曲纵脊线相间排列，顶端残存短小柱基，基部有时连接小果柄。有特异香气，味微苦、辛。

【性味归经】味辛，性温；归肺、胃经。

【功能主治】发表透疹，健胃；用于小儿麻疹初起、透发不快，发热无汗等。

【用法用量】内服：煎汤，5～10 g。外用：适量，煎水含漱或熏洗。

130. 野胡萝卜 *Daucus carota* L.

【别名】虱子草、野胡萝卜子、窃衣子、鹤虱。

【来源】伞形科胡萝卜属野胡萝卜的根或干燥成熟果实。

【植物形态】二年生草本。全株被白色粗硬毛。根细圆锥形，肉质，黄白色。基生叶薄膜质，长圆形，二至三回羽状全裂，末回裂片线形或披针形，先端尖，有小尖头，光滑或被糙硬毛；茎生叶近无柄，有叶鞘，末回裂片小而细长。复伞形花序顶生，被糙硬毛；总苞片多数，叶状，羽状分裂，裂片线形，伞辐多数，结果时外缘的伞辐向内弯曲；线形，边缘膜质，具纤毛；花通常白色，有时带淡红色。双悬果长卵形，具棱，棱上有翅，棱上有短钩刺或白色刺毛。花期5—7月，果期6—8月。

【生境】生于田边、路旁、草地。模式标本采自湖北省孝感市应城市杨岭镇文家岭，E113°28′48.92″，N30°59′47.41″。

【采收加工】根：春季未开花前采挖，除去茎叶，洗净，鲜用或晒干备用。果实：秋季果实成熟时割取果枝，晒干，打下果实，除去杂质。

【质地】本品为双悬果，呈椭圆形，多裂为分果；表面淡绿棕色或棕黄色，顶端有花柱残基，基部钝圆，背面隆起，具4条窄翅状次棱，翅上密生1列黄白色钩刺，次棱间的凹下处有不明显的主棱，其上散生短柔毛，接合面平坦，有3条脉纹，上具柔毛；种仁类白色，有油性；体轻；搓碎时有特异香气，味微辛、苦。

【性味归经】根：味甘、微辛，性凉；归脾、胃、肝经。果实：味苦、辛，性平；有小毒；归脾、胃经。

【功能主治】根：健脾化滞，凉肝止血，清热解毒；用于脾虚食少，腹泻，惊风，血逆，血淋，咽喉肿痛。果实：杀虫消积；用于蛔虫病，蛲虫病，绦虫病，虫积腹痛，小儿疳积。

【用法用量】根：内服，煎汤，15～30 g；外用：适量，捣汁搽。果实：内服，煎汤，3～9 g。

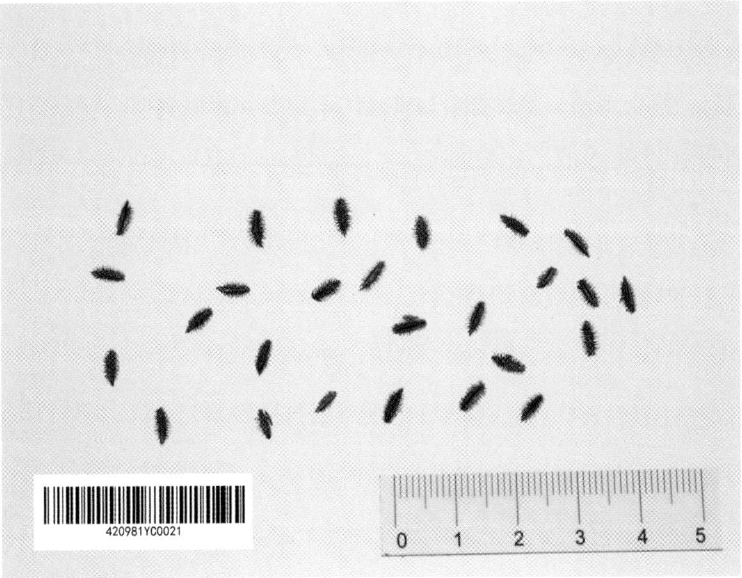

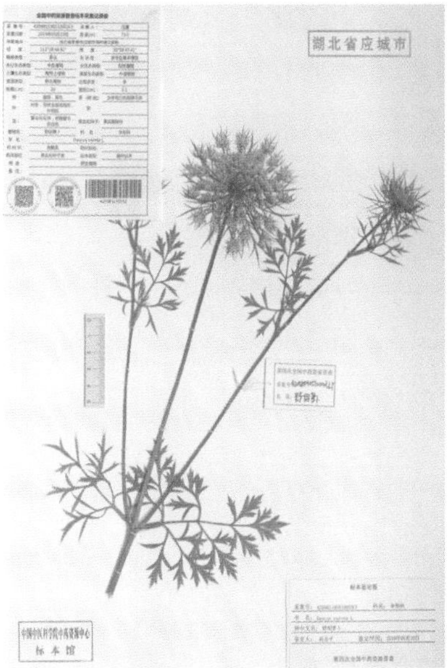

131. 窃衣 *Torilis scabra* (Thunb.) DC.

【别名】华南鹤虱、粘粘草、破子衣。

【来源】伞形科窃衣属窃衣的果实或全草。

【植物形态】一年生草本；茎单生，多分枝；下部叶具短柄，叶鞘短宽，边缘膜质，上部叶柄鞘状；叶卵形或三角状卵形，二至三回羽裂，裂片线形或线状披针形，全缘或浅裂；复伞形花序，线形，边缘具细毛；小总苞片多数，线形，边缘具细毛；伞形花序，花瓣白色；花柱基垫状，花柱稍弯曲；果长圆形，横剖面近五边形，5 棱均成宽翅。

【生境】生于山坡、林下、路旁、河边及空旷草地上。模式标本采自湖北省孝感市应城市杨岭镇下伍份湾，E113°28′20.3″，N30°59′26.6″。

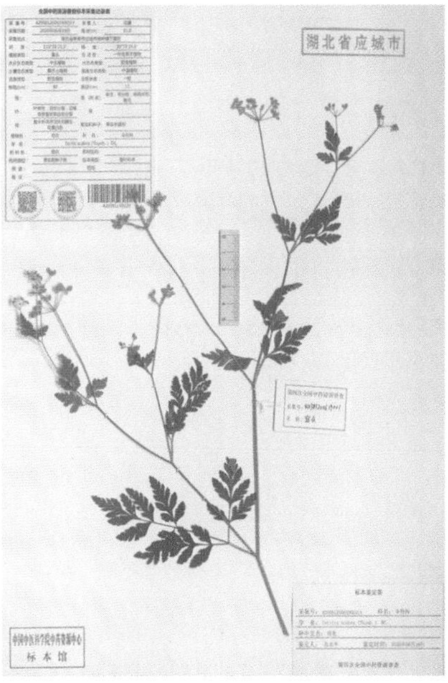

【采收加工】秋季果实成熟时采收，除去杂质。

【质地】本品为长圆形的双悬果，多裂为分果；表面棕绿色或棕黄色，顶端有微凸的残留花柱，基部圆形，常残留有小果柄；背面隆起，密生钩刺，刺的长短与排列均不整齐，状似刺猬；接合面凹陷成槽状，中央有1条脉纹；体轻；搓碎时有特异香气；味微辛、苦。

【性味归经】味苦、辛，性微温；有小毒；归脾、大肠经。

【功能主治】活血消肿，收敛杀虫；用于慢性腹泻，蛔虫病，痈疮溃疡久不收口，阴道滴虫。

【用法用量】内服：煎汤，6～9 g。外用：适量，煎水淋洗。

五十三、报春花科

132. 广西过路黄 *Lysimachia alfredii* Hance

【别名】斗笠花、笠麻花、斑筒花、虎头黄、五莲花、时花草。

【来源】报春花科珍珠菜属广西过路黄的全草。

【植物形态】茎簇生，直立或有时基部倾卧生根，单一或近基部有分枝，被褐色多细胞柔毛。叶对生；叶柄密被柔毛；茎下部的叶较小，常呈圆形，茎上部叶较大，茎端的2对间距很短，密聚成轮生状，叶片卵形至卵状披针形，先端锐尖或钝，基部楔形或近圆形，边缘具缘毛，两面均被极密或有时稀疏的糙伏毛，密布黑色腺条和腺点，侧脉纤细，不明显。总状花序顶生，缩短成近头状；花序轴极短；花梗密被柔毛；花萼5裂，分裂近达基部，裂片狭披针形，边缘膜质，背面被毛，有黑色腺条；花冠黄色，先端5裂，裂片披针形，先端钝或锐尖，密布黑色腺条。蒴果近球形，褐色。花期4—5月，果期6—8月。

【生境】生于山谷、疏林、坡边、草丛旁。应城境内各地均有分布，多见。模式标本采自湖北省孝感市应城市田店镇汪凡村，E113°27′02.3″，N30°59′36.5″。

【采收加工】全年均可采收，洗净，鲜用或晒干备用。

【质地】本品茎长，密被褐色柔毛。叶对生，顶端的2对密聚成轮生状，叶片多皱缩，展平后呈卵形或卵状披针形，先端锐尖或钝，基部楔形或近圆形，两面被毛及密布黑色腺条和腺点。花多数，集中于茎顶，密聚成头状。花冠黄色，裂片披针形。蒴果近球形，褐色，直径约5 mm。

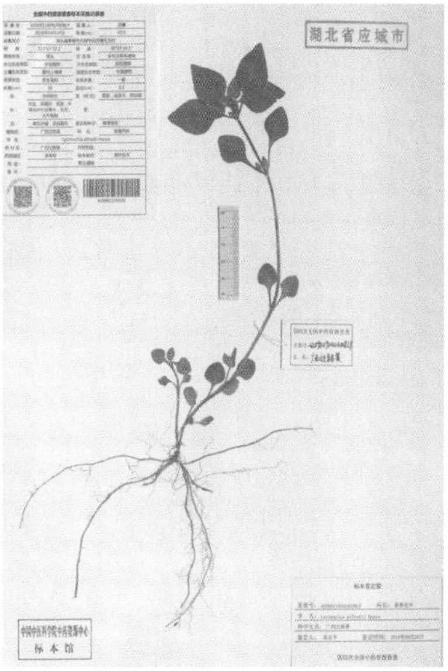

【性味归经】味苦、辛，性凉；归肝、胆、大肠、膀胱经。

【功能主治】清热利湿，排石通淋；用于黄疸型肝炎，痢疾，热淋，石淋。

【用法用量】内服：煎汤，30 ～ 60 g。

133. 泽珍珠菜 *Lysimachia candida* Lindl.

【别名】泽星宿菜。

【来源】报春花科珍珠菜属泽珍珠菜的全草或带根全草。

【植物形态】一年生或二年生草本，全体无毛。茎单生或数条簇生，直立，单一或有分枝。基生叶匙形或倒披针形，具有狭翅的柄，开花时存在或早凋；茎叶互生，很少对生，叶片倒卵形、倒披针形或线形，先端渐尖或钝，基部渐狭，下延，边缘全缘或微皱呈波状，两面均有黑色或带红色的小腺点，无柄或近无柄。总状花序顶生，初时因花密集而呈阔圆锥形，其后渐伸长；苞片线形；花梗长约为苞片的 2 倍；花萼分裂近达基部，裂片披针形，边缘膜质，背面沿中肋两侧有黑色短腺条；花冠白色，裂片长圆形或倒卵状长圆形，先端圆钝；雄蕊稍短于花冠，花丝贴生于花冠的中下部；花药近线形；花粉粒具 3 孔沟，长球形，表面具网状纹饰；子房无毛，花柱长约 5 mm。蒴果球形，直径 2 ～ 3 mm。花期 3—6 月，果期 4—7 月。

【生境】生于田边、溪边和山坡、路旁潮湿处。应城境内各地均有分布，一般见。模式标本采自湖北省孝感市应城市杨岭镇何家塆，E113°24′08.65″，N31°00′23.32″。

【采收加工】4—8 月采收，鲜用或晒干备用。

【质地】本品根状茎横走，茎直立，圆柱形，基部紫红色。叶互生，无柄，披针形。总状花序顶生，花冠白色。以干燥、粗壮、叶多、带花、洁净者为佳。

【性味归经】味苦、涩，性平；归心、肾经。

【功能主治】活血散瘀，利水化湿，和中止痢；用于跌打损伤，风湿关节痛，经闭，乳痈，瘰疬，目赤肿痛，水肿，黄疸，疟疾，小儿疳积，痢疾。

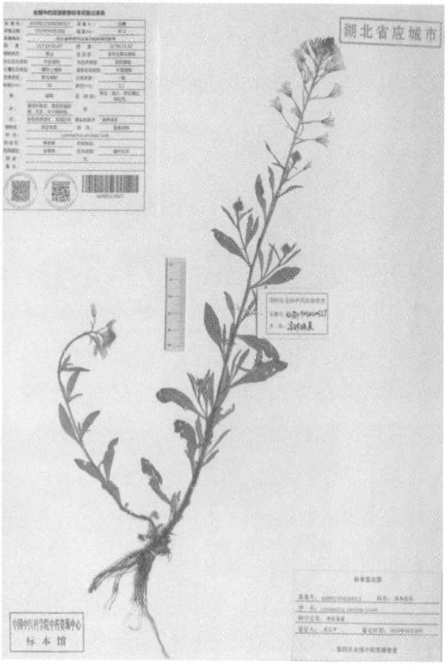

【用法用量】内服：煎汤，9 ～ 15 g，鲜品 30 ～ 60 g。外用：适量，捣敷；或煎水熏洗。

134. 临时救 *Lysimachia congestiflora* Hemsl.

【别名】聚花过路黄。

【来源】报春花科珍珠菜属临时救的全草。

【植物形态】茎下部匍匐，节上生根，上部及分枝上升，圆柱形，密被多细胞卷曲柔毛；分枝纤细，有时仅顶端具叶。叶对生，茎顶的 2 对间距短，近密聚，叶片卵形、宽卵形至近圆形，近等大，先端锐尖或钝，基部近圆形或截形，稀略呈心形，上面绿色，下面较淡，有时沿中肋和侧脉染紫红色，两面多少被具节糙伏毛，稀近无毛，近边缘有暗红色或有时变为黑色的腺点，侧脉 2 ～ 4 对，在下面稍隆起，网脉纤细，不明显；叶柄比叶片短，具草质狭边缘。花 2 ～ 4 朵集生茎顶和枝顶成近头状的总状花序，在花序下方的 1 对叶腋有时具单生之花；花梗极短或长至 2 mm；花萼分裂近达基部，裂片披针形，背面被疏柔毛；花冠黄色，内面基部紫红色，裂片卵状椭圆形至长圆形，先端锐尖或钝，散生暗红色或变黑色的腺点；花丝下部合生成高约 2.5 mm 的筒；花药长圆形；花粉粒近长球形，表面具网状纹饰；子房被毛，花柱长 5 ～ 7 mm。蒴果球形，直径 3 ～ 4 mm。花期 5—6 月，果期 7—10 月。

【生境】生于水沟边、田埂上和山坡、林缘、草地等湿润处。应城境内各地均有分布，一般见。模式标本采自湖北省孝感市应城市杨岭镇新四村，E113°25′36.3″，N30°58′43.9″。

【采收加工】在栽种当年 10—11 月，可采收 1 次，以后第 2、3 年的 5—6 月和 10—11 月可各采收 1 次，齐地割下，择净杂草，晒干或烘干备用。

【质地】本品常缠绕成团。茎纤细，表面紫红色或暗红色，被柔毛，有的节上具须根。叶对生；叶片多皱缩，展平后呈卵形、宽卵形至近圆形，先端锐尖或钝，基部楔形或近圆形，两面疏被毛，对光透视可见暗红色腺点，近叶缘处多而明显。有时可见数朵花聚生于茎顶。花冠黄色，5 裂，裂片先端具腺点。气微，味微涩。

【性味归经】味辛、微苦，性微温；归肝、胆、肾、膀胱经。

【功能主治】消积，散瘀；用于疳积，跌打损伤。

【用法用量】内服：煎汤，15 ～ 60 g，鲜品加倍；或捣汁饮。外用：适量，鲜品捣敷。

五十四、山矾科

135. 山矾 *Symplocos sumuntia* Buch.-Ham. ex D. Don

【别名】坛果山矾。

【来源】山矾科山矾属山矾的根、叶、花。

【植物形态】乔木，嫩枝褐色。叶薄革质，卵形、狭倒卵形或倒披针状椭圆形，先端常呈尾状渐尖，基部楔形或圆形，边缘具浅锯齿或波状齿，有时近全缘；中脉在叶面凹下，侧脉和网脉在两面均凸起，侧脉每边 4 ～ 6 条。总状花序被展开的柔毛；苞片早落，宽卵形至倒卵形，密被柔毛，小苞片与苞片同形；萼筒倒圆锥形，无毛，裂片三角状卵形，与萼筒等长或稍短于萼筒，背面有微柔毛；花冠白色，5 深裂几达基部，裂片背面有微柔毛；雄蕊 25 ～ 35，花丝基部稍合生；花盘环状，无毛；子房 3 室。核果卵状坛形，外果皮薄而脆，顶端宿萼裂片直立，有时脱落。花期 2—3 月，果期 6—7 月。根、叶、花均可药用，叶可作媒染剂。

【生境】生于山林间。应城境内各地均有分布，一般见。模式标本采自湖北省孝感市应城市杨岭镇金家塆，E113°28′48.92″，N30°59′47.41″。

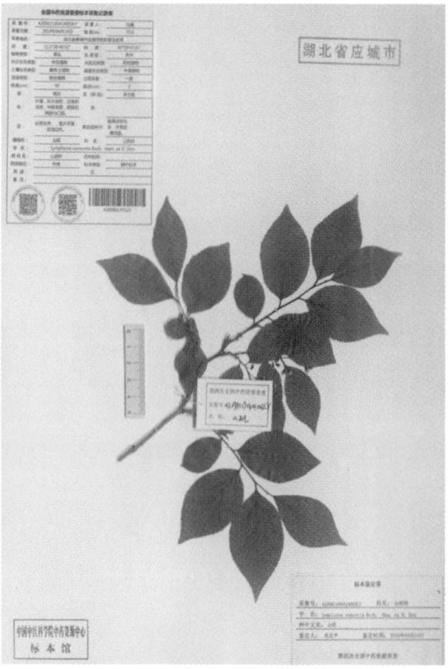

【采收加工】根：夏、秋季采挖，洗净，切片，晒干备用。叶：夏、秋季采收，鲜用或晒干备用。花：2—3 月采收，晒干备用。

【质地】叶：薄革质，多皱缩、破碎，草绿色至淡黄色；完整叶片呈卵形或狭倒卵形，边缘具锯齿，两侧稍向内卷曲，先端急尖或渐尖，基部宽楔形或近圆形；中脉明显，背面凸起，侧脉细弱，对称，叶背通常有柔毛；气微，味微苦。花：总状花序长 2.5 ～ 4 cm，被开展的柔毛；苞片宽卵形至倒卵形，密被柔毛，小苞片和苞片同形；萼筒倒圆锥形，无毛，裂片三角状卵形，背面有微柔毛；花冠白色，5 深裂几达基部，约 4 mm，裂片背面有微柔毛；气微，味淡。根：干燥时呈圆柱形，直或弯曲，表明具瘤状隆起。有不规则的纵裂。质坚硬，难折断。

【性味归经】根：味辛、苦，性平；归肺、胃经。叶：味酸、涩、微甘，性平；归肺、胃经。花：味苦、辛，性平；归肺经。

【功能主治】根：清热利湿，凉血止血，祛风止痛；用于黄疸，泄泻，痢疾，血崩，风火牙痛，头痛，风湿痹痛。叶：清热解毒，收敛止血；用于久痢，风火赤眼，扁桃体炎，中耳炎，咯血，便血，鹅口疮。花：化痰解郁，生津止渴；用于咳嗽胸闷，小儿消渴。

【用法用量】根：内服，煎汤，15 ～ 30 g。叶：内服，煎汤，15 ～ 30 g；外用：适量，煎水洗，或捣汁含漱、滴耳。花：内服，煎汤，6 ～ 9 g。

五十五、木犀科

136. 女贞 *Ligustrum lucidum* Ait.

【别名】白蜡树、冬青、蜡树、女桢、桢木、将军树。

【来源】木犀科女贞属女贞的根、皮、叶、果实。

【植物形态】灌木或乔木，树皮灰褐色。枝黄褐色、灰色或紫红色，圆柱形，疏生圆形或长圆形皮孔。叶片常绿，革质，卵形、长卵形或椭圆形至宽椭圆形，先端锐尖至渐尖或钝，基部圆形或近圆形，有时宽楔形或渐狭，叶缘平坦，上面有光泽，两面无毛，中脉在上面凹入，下面凸起，侧脉4～9对，两面稍凸起或有时不明显；叶柄上面具沟，无毛。圆锥花序顶生；花序轴及分枝轴无毛，紫色或黄棕色，果时具棱；花序基部苞片常与叶同型，小苞片披针形或线形，凋落；花无梗或近无梗；花萼无毛，齿不明显或近截形；花柱柱头棒状。果肾形或近肾形，深蓝黑色，成熟时呈红黑色。花期5—7月，果期7月至翌年5月。

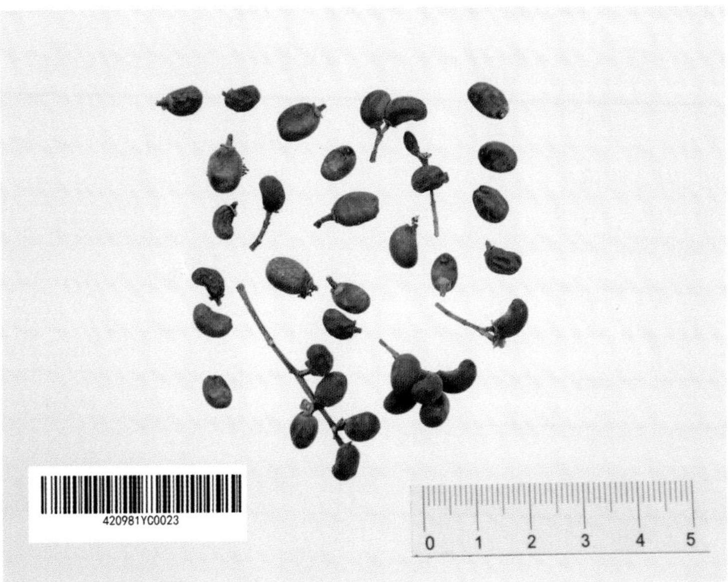

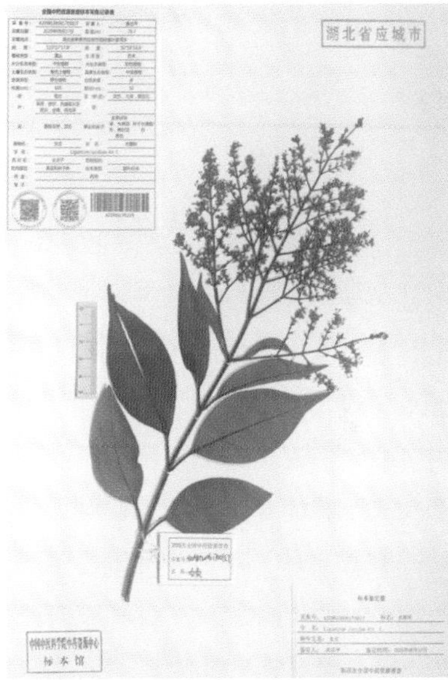

【生境】生于疏密林中。应城境内各地均有分布，多见。模式标本采自湖北省孝感市应城市杨岭镇叶家塆，E113°27′17.8″，N30°58′56.8″。

【采收加工】根：全年或秋季采挖，洗净，切片，晒干备用。皮：全年或秋、冬季剥取，除去杂质，切片，晒干备用。叶：全年均可采收，鲜用或晒干备用。果实：冬季果实成熟时采摘，除去枝叶晒干，或将果实略熏后，晒干，或置热水中烫过后晒干。

【质地】叶：干燥叶有时破碎，完整叶湿润后展平呈卵形、长卵形或椭圆形，长6～17 cm，宽3～8 cm；先端锐尖至渐尖或钝，基部圆形，有时宽楔形或渐狭，全缘；革质而脆；上表面暗绿色至褐绿色，有光泽，下表面色较浅，叶脉于背面明显凸出；叶柄长1～3 cm；气微，味微苦。果实：肾形；表面黑紫色或灰黑色，皱缩不平，基部有果梗痕或具宿萼及短梗；体轻；外果皮薄，中果皮较松软，易剥离，内果皮木质，黄棕色，具纵棱，破开后种子通常为1粒，肾形，紫黑色，油性；无臭，味甘、微苦、涩。

【性味归经】根：味苦，性平；归肺、肝经。皮：微苦，性凉。叶：味苦，性凉。果实：味甘、苦，性凉；归肝、肾经。

【功能主治】根：行气活血，止喘咳，祛湿浊；用于哮喘，咳嗽，闭经，带下。皮：强筋健骨；用于腰膝酸痛，两脚无力，水火烫伤。叶：清热明目，解毒散瘀，消肿止咳；用于头目昏痛，风火赤眼，口舌生疮，牙龈肿痛，疮肿溃烂，水火烫伤，肺热咳嗽。果实：滋补肝肾，明目乌发；用于肝肾阴虚，眩晕耳鸣，腰膝酸软，须发早白，目暗不明，内热消渴，骨蒸潮热。

【用法用量】根：内服，炖肉，45 g，或浸酒。皮：内服，煎汤，30 ～ 60 g，或浸酒；外用：适量，研末调敷，或熬膏搽。叶：内服，煎汤，10 ～ 15 g；外用：适量，捣敷，或绞汁含漱，或熬膏搽、点眼。果实：内服，煎汤，6 ～ 15 g，或入丸、剂；外用：适量，敷膏点眼。清虚热宜生用，补肝肾宜熟用。

五十六、龙胆科

137. 条叶龙胆 *Gentiana manshurica* Kitag.

【别名】陵游、草龙胆、龙胆、苦龙胆草。

【来源】龙胆科龙胆属条叶龙胆的干燥根和根茎。

【植物形态】多年生草本，高 20 ～ 30 cm。根茎平卧或直立，短缩或长达 4 cm，具多数粗壮、略肉质的须根。花枝单生，直立，黄绿色或带紫红色，中空，近圆形，具条棱，光滑。茎下部叶膜质；淡紫红色，鳞片形，长 5 ～ 8 mm，上部分离，中部以下连合成鞘状抱茎；中、上部叶近革质，无柄，线状披针形至线形，长 3 ～ 10 cm，宽 0.3 ～ 0.9（1.4）cm，越向茎上部叶越小，先端急尖或近急尖，基部钝，边缘微外卷，平滑，上面具极细乳突，下面光滑，叶脉 1 ～ 3 条，仅中脉明显，并在下面凸起，光滑。花 1 ～ 2 朵，顶生或腋生；无花梗或具短梗；每朵花下具 2 个苞片，苞片线状披针形，与花萼近等长，长 1.5 ～ 2 cm；花萼筒钟状，长 8 ～ 10 mm，裂片稍不整齐，线形或线状披针形，长 8 ～ 15 mm，先端急尖，边缘微外卷，平滑，中脉在背面凸起，弯缺截形；花冠蓝紫色或紫色，筒状钟形，长 4 ～ 5 cm，裂片卵状三角形，长 7 ～ 9 mm，先端渐尖，全缘，褶偏斜，卵形，长 3.5 ～ 4 mm，先端钝，边缘有不整齐细齿；雄蕊着生于冠筒下部，整齐，花丝钻形，长 9 ～ 12 mm，花药狭矩圆形，长 3.5 ～ 4 mm；子房狭椭圆形或椭圆状披针形，长 6 ～ 7 mm，两端渐狭，柄长 7 ～ 9 mm，花柱短，连柱头长 2 ～ 3 mm，柱头 2 裂。蒴果内藏，宽椭圆形，两端钝，柄长至 2 cm；种子褐色，有光泽，线形或纺锤形，长 1.8 ～ 2.2 mm，表面具增粗的网纹，两端具翅。花果期 8—11 月。

【生境】生于山坡、草地、湿草地、路旁。应城境内各地均有分布，一般见。模式标本采自湖北省孝感市应城市杨岭镇雷家冲，E113°27′02.3″，N30°59′36.5″。

【采收加工】春、秋季采挖，洗净，干燥备用。

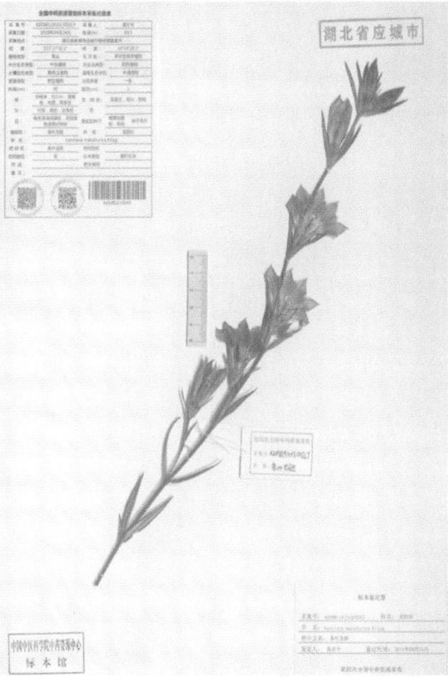

【质地】根茎呈不规则的块状，长 1 ～ 3 cm，直径 0.3 ～ 1 cm；表面暗灰棕色或深棕色，上端有茎痕或残留茎基，周围和下端着生多数细长的根。根圆柱形，略扭曲，长 10 ～ 20 cm，直径 0.2 ～ 0.5 cm；表面淡黄色或黄棕色，上部多有显著的横皱纹，下部较细，有纵皱纹及支根痕。质脆，易折断，断面略平坦，皮部黄白色或淡黄棕色，木部色较浅，呈点状环列。气微，味甚苦。

【性味归经】味苦，性寒；归肝、胆经。

【功能主治】清热燥湿，泻肝火；用于湿热黄疸，阴肿阴痒，带下，湿疹瘙痒，肝火目赤，胁痛口苦，强中，惊风抽搐。

【用法用量】内服：煎汤，3 ～ 6 g；或入丸、散。外用：适量，煎水洗；或研末调搽。

138. 瘤毛獐牙菜 *Swertia pseudochinensis* Hara

【别名】假中原享乐菜。

【来源】龙胆科獐牙菜属瘤毛獐牙菜的全草。

【植物形态】一年生草本。主根明显。茎直立，四棱形，棱上有窄翅，从下部起多分枝。叶无柄，线状披针形至线形，两端渐狭，下面中脉明显凸起。圆锥状复聚伞花序多花，开展；花梗直立，四棱形；花 5 数；花萼绿色，与花冠近等长，裂片线形，先端渐尖，下面中脉明显凸起；花冠蓝紫色，具深色脉纹，裂片披针形，先端锐尖，基部具 2 个腺窝，腺窝矩圆形，沟状，基部浅囊状，边缘具长柔毛状流苏，流苏表面有瘤状突起；花丝线形，花药窄椭圆形；子房无柄，狭椭圆形，花柱短，不明显，柱头 2 裂，裂片半圆形。花期 8—9 月。

【生境】生于山坡、林下。应城境内各地均有分布，一般见。模式标本采自湖北省孝感市应城市杨岭镇雷家冲，E113°26′37.2″，N30°59′36.9″。

【采收加工】夏、秋季采收，洗净，晾干。

【质地】本品长 10 ～ 40 cm。根圆锥形，黄色或黄褐色，断面类白色。茎四棱形，多分枝；黄绿色或黄棕色带紫色，节略膨大；质脆，易折断，断面中空。叶对生，无柄；完整叶片展平后呈线状披针形，两端渐狭，全缘。圆锥状复聚伞花序，花冠蓝紫色或暗黄色，5 深裂，裂片内侧基部有 2 个腺体，其边缘的流苏状毛表面具瘤状突起。蒴果椭圆形。气微，味苦。以花多、味苦者为佳。

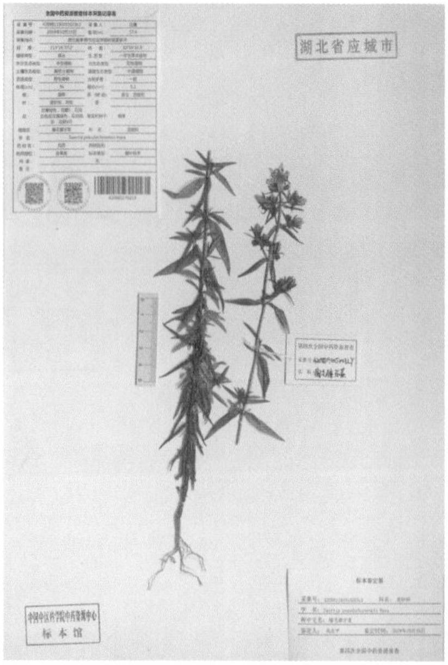

【性味归经】味苦，性寒；归肝、胃经。

【功能主治】泻火解毒，利湿，健脾；用于湿热黄疸，痢疾，胃炎，消化不良，火眼，牙痛，口疮，疮痈肿毒。

【用法用量】内服：煎汤，3 ~ 10 g；或研末冲服。外用：适量，捣敷；或绞汁搽。

五十七、夹竹桃科

139. 夹竹桃 *Nerium indicum* Mill.

【别名】柳叶桃、半年红、甲子桃、枸那、叫出冬。

【来源】夹竹桃科夹竹桃属夹竹桃的叶及枝皮。

【植物形态】常绿灌木。叶具短柄，3 叶轮生，少有对生，革质，长披针形，先端尖，全缘，基部楔形，上面深绿色，下面淡绿色，平行羽状脉。聚伞花序顶生；花紫红色或白色，芳香；花萼紫色，外面密被柔毛，上部具 5 枚三角形的裂片，内面基部有腺体；花冠漏斗状，5 裂片或重瓣，右旋，相互掩盖；雄蕊 5，贴生于管口，花丝短，有白色长毛，花药先端有丝状附属物，密生白毛，螺旋状卷扭而伸出于花冠外；子房 2 室，花柱圆柱状，柱头僧帽状。花期 8—10 月。

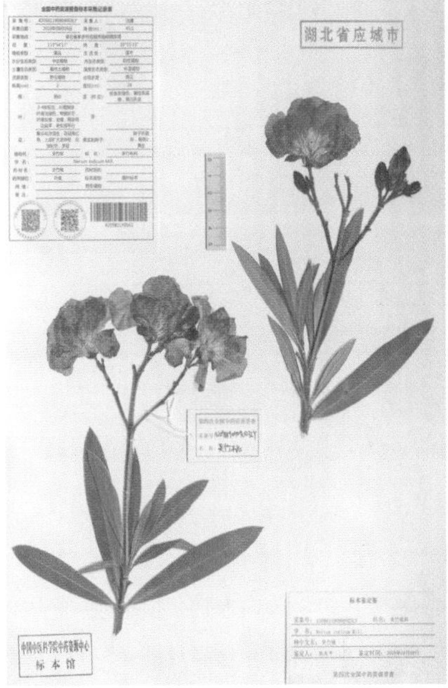

【生境】生于灌丛。应城境内各地有分布，偶见。模式标本采自湖北省孝感市应城市长荆大道陈塔村，E113°34′17″，N30°55′33″。

【采收加工】全年可采，鲜用或晒干备用。

【质地】叶长披针形，先端尖，基部楔形，全缘稍反卷，上面深绿色，下面淡绿色，主脉于下面凸起，侧脉细密而平行；叶柄长约 5 mm。厚革质而硬。气特异，味苦，有毒。

【性味归经】味苦，性寒；有毒；归肺、心经。

【功能主治】强心利尿，祛痰定喘，祛瘀镇痛；用于心力衰竭，癫痫，喘息咳嗽，闭经，跌打损伤肿痛，外用治斑秃，甲沟炎等。

【用法用量】内服：煎汤，0.3～1 g，鲜品 1～3 g。外用：适量。

140. 白花夹竹桃 *Nerium indicum* Mill. cv. Paihua.

【别名】水甘草、九节肿、大节肿、白羊桃。

【来源】夹竹桃科夹竹桃属白花夹竹桃的叶及枝皮。

【植物形态】常绿灌木。叶具短柄，3 叶轮生，少有对生，革质，长披针形，先端尖，全缘，基部楔形，上面深绿色，下面淡绿色，平行羽状脉。聚伞花序顶生，花萼直立，花白色、单瓣，有香气，外面密被柔毛，上部具 5 枚三角形的裂片，内面基部有腺体；花冠漏斗状，5 裂片或重瓣，右旋，相互掩盖；雄蕊 5，贴生于管口，花丝短，有白色长毛，花药先端有丝状附属物，密生白毛，螺旋状卷曲而伸出花冠外；子房 2 室，花柱圆柱状，柱头僧帽状。花期 8—10 月。

【生境】生于灌丛。应城境内各地有分布，偶见。模式标本采自湖北省孝感市应城市长荆大道陈塔村，E113°34′17.0″，N30°55′32.9″。

【采收加工】全年可采，晒干或鲜用。

【质地】叶长披针形，先端尖，基部楔形，全缘稍反卷，上面深绿色，下面淡绿色，主脉于下面凸起，

侧脉细密而平行；叶柄长约 5 mm。厚革质而硬。气特异，味苦；有毒。

【性味归经】味苦，性寒；有毒；归肺、心经。

【功能主治】强心利尿，祛痰定喘，祛瘀镇痛；用于心力衰竭，癫痫，喘息咳嗽，闭经，跌打损伤肿痛；外用治斑秃，甲沟炎等。

【用法用量】内服：煎汤，0.3 ～ 1 g，鲜品 1 ～ 3 g。外用：适量。

141. 络石 *Trachelospermum jasminoides* (Lindl.) Lem.

【别名】悬石、云丹、云英。

【来源】夹竹桃科络石属络石的干燥带叶藤茎。

【植物形态】常绿木质藤本，具乳汁；茎赤褐色，圆柱形，有皮孔；小枝被黄色柔毛，老时渐无毛。叶革质或近革质，椭圆形至卵状椭圆形或宽倒卵形，顶端锐尖至渐尖或钝，有时微凹或有小突尖，基部渐狭至钝，叶面无毛，叶背被疏短柔毛，老渐无毛；叶面中脉微凹，侧脉扁平，叶背中脉凸起，侧脉每边 6 ～ 12 条，扁平或稍凸起；叶柄短，被短柔毛，老渐无毛；叶柄内和叶腋外腺体钻形，长约 1 mm。二歧聚伞花序腋生或顶生，花多朵组成圆锥状，与叶等长或较长；花白色，芳香；总花梗被柔毛，老时渐无毛；苞片及小苞片狭披针形；花萼 5 深裂，裂片线状披针形，顶部反卷，外面被有长柔毛及缘毛，内面无毛，基部具 10 枚鳞片状腺体；花蕾顶端钝，花冠筒圆筒形，中部膨大，外面无毛，

内面在喉部及雄蕊着生处被短柔毛，无毛；雄蕊着生于花冠筒中部，腹部黏生在柱头上，花药箭状，基部具耳，隐藏在花喉内；花盘环状 5 裂，与子房等长；子房由 2 个离生心皮组成，无毛，花柱圆柱状，柱头卵圆形，顶端全缘；每心皮有胚珠多颗，着生于 2 个并生的侧膜胎座上。蓇葖双生，叉开，无毛，线状披针形，向先端渐尖；种子多粒，褐色，线形，顶端具白色绢质种毛。花期 3—7 月，果期 7—12 月。

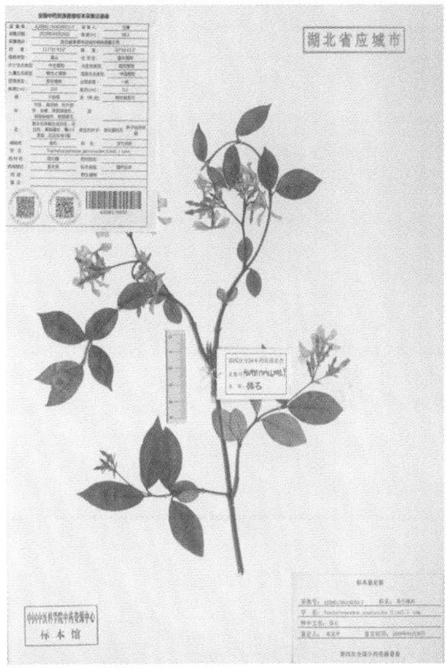

【生境】生于路旁、林缘或杂木林中，常缠绕于树上。应城境内各地均有分布，一般见。模式标本采自湖北省孝感市应城市杨岭镇晏王塆，E113°25′43.5″，N30°59′43.2″。

【采收加工】冬季至次春采割，除去杂质，晒干备用。

【质地】茎呈圆柱形，弯曲，多分枝，长短不一，直径 1 ～ 5 mm；表面红褐色，有点状皮孔和不定根；质硬，断面淡黄白色，常中空。叶对生，有短柄；展平后叶片呈椭圆形或宽倒卵形，长 1 ～ 8 cm，宽 0.7 ～ 3.5 cm；全缘，略反卷，上面暗绿色或棕绿色，下面色较淡；革质。气微，味微苦。

【性味归经】味苦，性微寒；归心、肝、肾经。

【功能主治】祛风通络，凉血消肿；用于风湿热痹，筋脉拘挛，腰膝酸痛，喉痹，跌打损伤。

【用法用量】内服：煎汤，6 ～ 12 g。外用：适量，鲜品捣敷。

五十八、萝藦科

142. 徐长卿 *Cynanchum paniculatum* (Bge.) Kitag.

【别名】了刁竹、逍遥竹、遥竹逍。

【来源】萝藦科鹅绒藤属徐长卿的干燥根和根茎。

【植物形态】多年生直立草本；根须状，多至 50 条；茎不分枝，稀从根部发生几条，无毛或被微生。叶对生，纸质，披针形至线形，两端锐尖，两面无毛或叶面具疏柔毛，叶缘有边毛；侧脉不明显；叶柄长约 3 mm，圆锥状聚伞花序生于顶端的叶腋内，着花 10 余朵；花萼内的腺体有或无；花冠黄绿色，近辐状；副花冠裂片 5，基部增厚，顶端钝；花粉块每室 1 个，下垂；子房椭圆形；柱头 5 角形，顶端略凸起。蓇葖单生，披针形，向端部长渐尖；种子长圆形，种毛白色绢质。花期 5—7 月，果期 9—12 月。

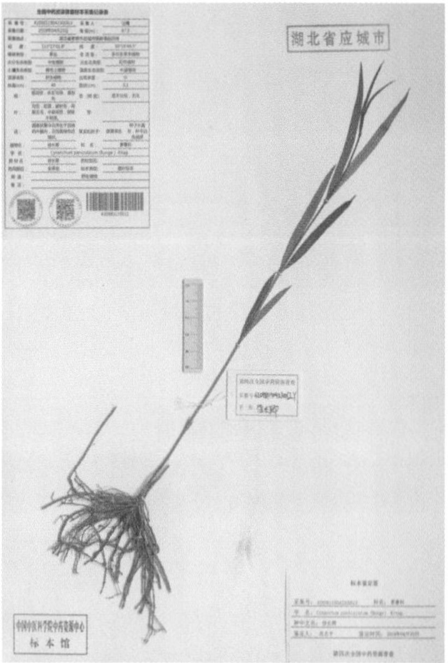

【生境】生于向阳山坡及草丛中。应城境内各地有分布，少见。模式标本采自湖北省孝感市应城市杨岭镇赵四塆，E113°27′01.8″，N30°59′49.5″。

【采收加工】秋季采挖，除去杂质，阴干备用。

【质地】根茎呈不规则柱状，有盘节，长 0.5 ～ 3.5 cm，直径 2 ～ 4 mm；有的顶端带有残茎，细圆柱形，长约 2 cm，直径 1 ～ 2 mm，断面中空；根茎节处周围着生多数根；根呈细长圆柱形，弯曲，长 10 ～ 16 cm，直径 1 ～ 1.5 mm；表面淡黄白色至淡棕黄色或棕色，具细微的纵皱纹，并有纤细的须根；质脆，易折断，断面粉性，皮部类白色或黄白色，形成淡棕色层环，木部细小；气香，味微辛、凉。

【性味归经】味辛，性温；归肝、胃经。

【功能主治】祛风化湿，止痛止痒；用于风湿痹痛，胃痛胀满，牙痛，腰痛，跌打损伤，荨麻疹，湿疹。

【用法用量】内服：煎汤，3 ～ 12 g，入煎剂宜后下。

143. 柳叶白前 *Cynanchum stauntonii* (Decne.) Schltr. ex Levl.

【别名】水杨柳、江杨柳、鹅管白前。

【来源】萝藦科鹅绒藤属柳叶白前的干燥根茎和根。

【植物形态】直立半灌木，高约 1 m，无毛，分枝或不分枝；须根纤细、节上丛生。叶对生，纸质，狭披针形，两端渐尖；中脉在叶背显著，侧脉约 6 对；叶柄长约 5 mm。伞形聚伞花序腋生；花序梗长达 1 cm，小苞片众多；花萼 5 深裂，内面基部腺体不多；花冠紫红色，辐状，内面具长柔毛；副花冠裂片盾状，隆肿，比花药短；花粉块每室 1 个，长圆形，下垂；柱头微凸，包在花药的薄膜内。蓇葖单生，长披针形。花期 5—8 月，果期 9—10 月。

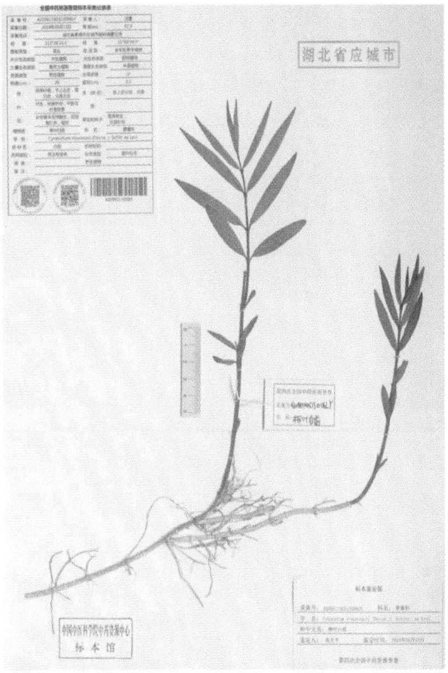

【生境】生于山谷湿地、水旁至半浸于水中。应城境内各地有分布，少见。模式标本采自湖北省孝感市应城市杨岭镇晏王塆，E113°26′10.1″，N31°00′09.9″。

【采收加工】秋季采挖，洗净，晒干备用。

【质地】根茎呈细长圆柱形，有分枝，稍弯曲，长 4 ～ 15 cm，直径 1.5 ～ 4 mm；表面黄白色或黄棕色，节明显，节间长 1.5 ～ 4.5 cm，顶端有残茎；质脆，断面中空；节处簇生纤细弯曲的根，长可达 10 cm，直径不及 1 mm，有多次分枝呈毛须状，常盘曲成团；气微，味微甜。

【性味归经】味辛、苦，性微温；归肺经。

【功能主治】降气，消痰，止咳；用于肺气壅实，咳嗽痰多，胸满喘急。

【用法用量】内服：煎汤，3 ～ 10 g；或入丸、散。

144. 地梢瓜 *Cynanchum thesioides* (Freyn) K. Schum.

【别名】地梢花、女青。

【来源】萝藦科鹅绒藤属地梢瓜的全草。

【植物形态】地下茎单轴横生。茎自基部多分枝，细弱，小枝上密被细柔毛。单叶对生，叶片条形，全缘，两面均被短毛，质硬。伞形聚伞花序腋生；花萼外面被柔毛；花冠绿白色；副花冠杯状，裂片三角状披针形，渐尖，高过药隔的膜片。蓇葖纺锤形，先端渐尖，中部膨大。种子扁平，暗褐色，种毛白色绢质。花期 5—8 月，果期 8—10 月。

【生境】生于荒地、田边。应城境内各地均有分布，一般见。模式标本采自湖北省孝感市应城市田店镇西湾，E113°25′36.4″，N31°00′34.5″。

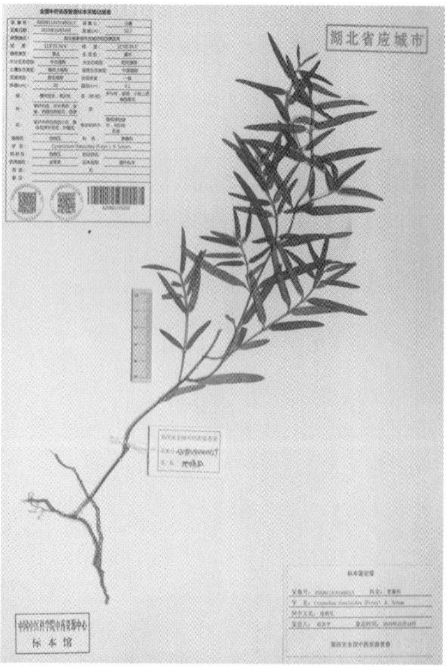

【采收加工】夏、秋季采收，洗净，晒干备用。

【质地】本品常弯曲，地上部分被柔毛。根细长，褐色，有长根。茎不缠绕，多自基部分枝，圆柱形，具纵皱纹；体轻，质脆，易折断。叶对生，多破碎或脱落，完整叶片展平后呈条形，全缘。花小，黄白色。蓇葖纺锤形，表面具纵皱纹。气微，味涩。

【性味归经】味甘，性凉；归肺经。

【功能主治】清虚火，益气，生津，下乳；用于虚火上炎，咽喉疼痛，气阴不足，神疲健忘，虚烦口渴，头昏失眠，产后体虚，乳汁不足。

【用法用量】内服：煎汤，15 ~ 30 g。

145. 萝藦 *Metaplexis japonica* (Thunb.) Makino

【别名】芄兰、斫合子、白环藤、羊婆奶。

【来源】萝藦科萝藦属萝藦的全草或根、果实。

【植物形态】多年生草质藤本。全株具乳汁；茎下部木质化，上部较柔韧，有纵条纹，幼叶密被短柔毛，老时毛渐脱落。叶对生，膜质；叶柄先端具丛生腺体；叶片卵状心形，顶端短渐尖，基部心形，叶耳圆，上面绿色，下面粉绿色，两面无毛；侧脉 10 ~ 12 条，在叶背略明显。总状式聚伞花序腋生或腋外生；总花梗被短柔毛；花梗被短柔毛；小苞片膜质，披针形，先端渐尖；花萼裂片披针形，外面被微毛；花冠白色，有淡紫红色斑纹，近辐状；花冠筒短，5 裂，裂片兜状；雄蕊连生呈圆锥状，并包围雌蕊于其中，花粉块下垂；子房由 2 枚离生心皮组成，无毛，柱头延伸成一长喙，先端 2 裂。蓇葖叉生，纺锤形，平滑无毛，先端渐尖，基部膨大。种子扁平，褐色，有膜质边缘，先端具白色绢质种毛。花期 7—8 月，果期 9—12 月。

【生境】生于林边荒地、河边、路旁灌丛。应城境内各地均有分布，多见。模式标本采自湖北省孝感市应城市杨岭镇晏王塆，E113°26′10.1″，N31°00′09. 9″。

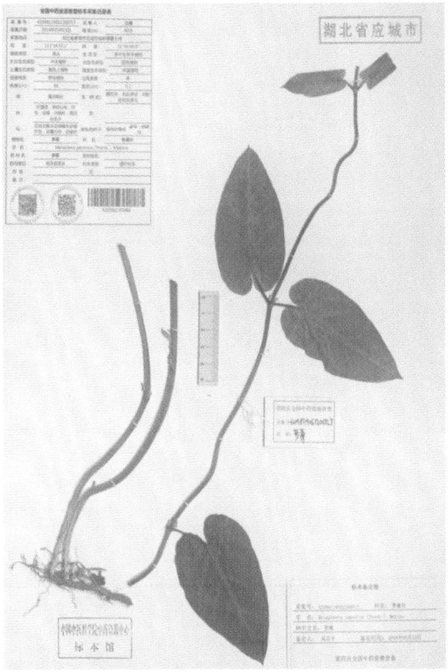

【采收加工】全草：7—8 月采收全草，鲜用或晒干备用。块根：夏、秋季采挖，洗净，晒干备用。果实：秋季采收成熟果实，晒干备用。

【质地】全草：草质藤本，卷曲成团；根细长，浅黄棕色；茎圆柱形，扭曲，表面黄白色至黄棕色，具纵纹，节膨大，折断面髓部常中空，木部发达，可见数个小孔；叶具纵纹，皱缩，完整叶湿润展平后呈卵状心形，背面叶脉明显，侧脉 5 ～ 7 对；气微，味甘。

【性味归经】全草：味甘、辛，性平；归心、肝经。种子：味甘、微辛，性温；归心、肺、肾经。

【功能主治】全草：补精益气，通乳，解毒；用于虚损劳伤，阳痿，遗精带下，乳汁不足，丹毒，瘰疬，疔疮，蛇虫咬伤。种子：补益精气，生肌止血；用于虚劳，阳痿，遗精，金疮出血。

【用法用量】全草：内服，煎汤，15 ～ 60 g；外用，鲜品适量，捣敷。果实：内服，煎汤，9 ～ 18 g，或研末；外用，适量，捣敷。

五十九、茜草科

146. 猪殃殃 *Galium aparine* L. var. *tenerum* Gren. et (Godr.) Rebb.

【别名】八仙草、爬拉殃、光果拉拉藤、拉拉藤。

【来源】茜草科拉拉藤属猪殃殃的干燥地上部分。

【植物形态】多枝、蔓生或攀援状草本；茎有 4 棱；棱上、叶缘、叶脉上均有倒生的小刺毛。叶纸质或近膜质，带状倒披针形或长圆状倒披针形，顶端有针状突尖头，基部渐狭，两面常有紧贴的刺状毛，常萎软状，干时常卷缩，1 脉，近无柄。聚伞花序腋生或顶生，少至多花，花小，4 数，有纤细的花梗；花萼被钩毛，萼檐近平截；花冠黄绿色或白色，辐状，裂片长圆形，镊合状排列；子房被毛，花柱 2 裂至中部，柱头头状。果干燥，肿胀，密被钩毛，果柄直，较粗，每一片有 1 粒种子。花期 3—7 月，果期 4—11 月。

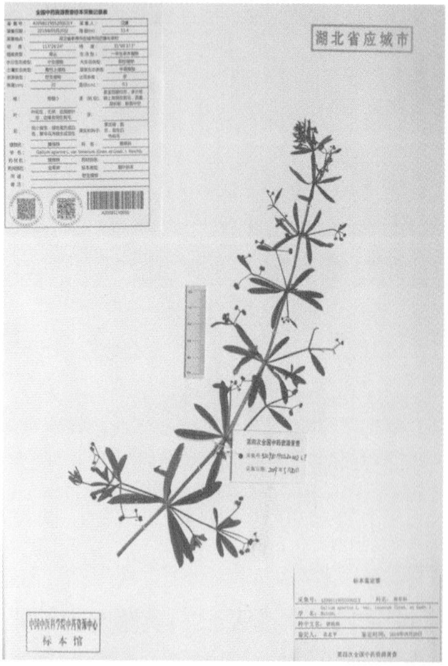

【生境】生于沟边、田中、草地。应城境内各地均有分布，多见。模式标本采自湖北省孝感市应城市田店镇长李村，E113°26′24″，N31°00′37.5″。

【采收加工】夏季采收，鲜用或晒干备用。

【质地】本品为二年生蔓草。茎细长，有 4 棱，棱上有倒生细刺。叶 6 ～ 8 片轮生，带状倒披针形，边缘有细刺毛。花很小，淡黄绿色。果实为两个并立的半球形小果，外面密生钩刺，易附着衣服。

【性味归经】味苦，性寒；归脾、膀胱经。

【功能主治】清热解毒，利尿消肿；用于感冒，牙龈出血，急、慢性阑尾炎，泌尿系统感染，水肿，痛经，崩漏，带下，白血病等；外用治乳腺炎初起，疮痈肿毒，跌打损伤。

【用法用量】内服：煎汤，15 ～ 30 g。外用：鲜品适量，捣敷。

147. 四叶葎 *Galium bungei* Steud.

【别名】四叶七、小锯锯藤、红蛇儿、天良草、四棱香草。

【来源】茜草科拉拉藤属四叶葎的全草。

【植物形态】多年生丛生直立草本，有红色丝状根；茎有 4 棱，不分枝或稍分枝，常无毛或节上有微毛。叶纸质，4 片轮生，叶形变化较大，常出现同一株内上部与下部的叶形不同，卵状长圆形、卵状披针形、披针状长圆形或线状披针形，顶端尖或稍钝，基部楔形，中脉和边缘常有刺状硬毛，有时两面亦有糙伏毛，1 脉，近无柄或有短柄。聚伞花序顶生和腋生，稠密或稍疏散，总花梗纤细，常三歧分枝，再形成圆锥状花序；花小；花梗纤细，长 1 ～ 7 mm；花冠黄绿色或白色，辐状，无毛，花冠裂片卵形或长圆形。果爿近球状，通常双生，有小疣点、小鳞片或短钩毛，稀无毛；果柄纤细，常比果长。花期 4—9 月，果期 5 月至翌年 1 月。

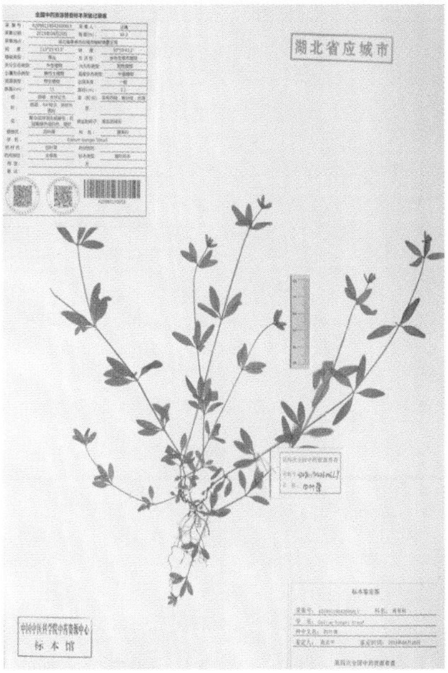

【生境】生于田间、沟边的林中、灌丛或草地。应城境内各地均有分布，一般见。模式标本采自湖北省孝感市应城市杨岭镇晏王垮，E113°25′43.5″，N30°59′43.2″。

【采收加工】夏、秋季采收，鲜用或晒干备用。

【质地】小叶 3 枚，倒卵形至近圆形，常有白色斑纹；花序球形，顶生；花白色。

【性味归经】味甘，性平；归肝、胆经。

【功能主治】清热解毒，利尿，止血，消食；用于痢疾，尿路感染，小儿疳积，带下，咯血；外用治蛇头疔。

【用法用量】内服：煎汤，15 ～ 30 g。外用：适量，鲜草捣敷。

148. 栀子 *Gardenia jasminoides* Ellis

【别名】黄栀子、山栀子。

【来源】茜草科栀子属栀子的干燥成熟果实。

【植物形态】灌木。嫩枝常被短毛，枝圆柱形，灰色。叶对生，革质，稀纸质，少为 3 枚轮生，叶形多样，通常为长圆状披针形、倒卵状长圆形、倒卵形或椭圆形，顶端渐尖、骤然长渐尖或短尖而钝，基部楔形或短尖，两面常无毛，上面亮绿，下面色较暗；侧脉 8 ～ 15 对，在下面凸起，在上面平；托叶膜质。花芳香，通常单朵生于枝顶；萼管倒圆锥形或卵形，有纵棱，萼檐管形，膨大，顶部 5 ～ 8 裂，通常 6 裂，裂片披针形或线状披针形，结果时增长，宿存；花冠白色或乳黄色，高脚碟状，喉部有疏柔毛，冠管狭圆筒形，顶部5～8裂，通常6裂，裂片广展，倒卵形或倒卵状长圆形；花丝极短，花药线形，伸出；花柱粗厚，柱头纺锤形，伸出，黄色，平滑。果卵形、近球形、椭圆形或长圆形，黄色或橙红色，有翅状纵棱5～9条；种子多数，扁，近圆形而稍有棱角。花期3—7月，果期5月至翌年2月。

【生境】生于山坡、灌丛或林中。应城境内各地均有分布，偶见。模式标本采自湖北省孝感市应城市杨岭镇伍份乡，E113°31′29″，N30°58′36″。

【采收加工】9—11月果实成熟呈红黄色时采收，除去果梗和杂质，蒸至上汽或置沸水中略烫，取出，干燥备用。

【质地】本品呈长圆形或椭圆形；表面红黄色或棕红色，约具6条翅状纵棱，棱间常有1条明显的纵脉纹，并有分枝；顶端残存萼片，基部稍尖，有残留果梗；果皮薄而脆，略有光泽，内表面色较浅，有光泽，具2～3条隆起的假隔膜；种子多数，扁卵圆形，集结成团，深红色或红黄色，表面密具细小疣状突起。气微，味微酸而苦。

【性味归经】味苦，性寒；归心、肺、三焦经。

【功能主治】泻火除烦，清热利湿，凉血解毒，消肿止痛。

【用法用量】内服：煎汤，6～10 g。外用：鲜品适量，研末调敷。

149. 鸡矢藤 *Paederia scandens* (Lour.) Merr.

【别名】鸡屎藤、女青、牛皮冻、毛鸡屎藤。

【来源】茜草科鸡矢藤属鸡矢藤的干燥地上部分。

【植物形态】藤状灌木，无毛或被柔毛。叶对生，膜质，卵形或披针形，顶端短尖或削尖，基部浑圆，有时心形，叶上面无毛，下面脉上被微毛；侧脉每边4～5条，在上面柔弱，在下面凸起；叶柄长1～3 cm；托叶卵状披针形，顶部2裂。圆锥花序式的圆锥花序腋生或顶生，扩展；小苞片微小，卵形或锥形，有睫毛状毛；花有小梗，生于柔弱的常呈蝎尾状的三歧聚伞花序上；花萼钟形，萼檐裂片钝齿形；花冠紫蓝色，通常被茸毛，裂片短。果阔椭圆形，压扁，有光泽，顶部冠以圆锥形的花盘和微小宿存的萼檐裂片；小坚果浅黑色，具1阔翅。花期5—6月。

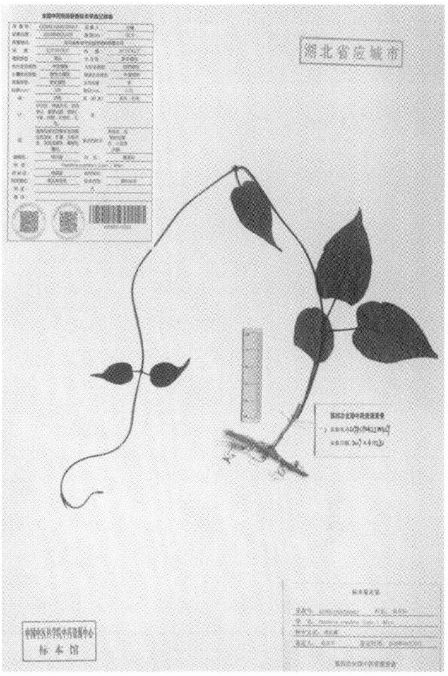

【生境】生于疏林内。应城境内各地均有分布，多见。模式标本采自湖北省孝感市应城市杨岭镇晏王塆，E113°25′06.5″，N30°59′41.5″。

【采收加工】夏季采收，晒干备用。

【质地】本品呈不规则的段。茎呈扁圆柱形，稍扭曲，无毛或近无毛，老茎灰棕色，直径3～12 mm，栓皮常脱落，有纵皱纹及叶柄断痕，易折断，断面平坦，灰黄色；嫩枝黑褐色，质韧，不易折断，断面纤维性，灰白色或浅绿色。叶对生，多皱缩或破碎，完整叶片展平后呈卵形或披针形，长5～15 cm，宽2～6 cm，先端尖，基部楔形、圆形或浅心形，全缘，绿褐色，两面无毛或近无毛；叶柄无毛或有毛。聚伞花序顶生或腋生，前者多带叶，后者疏散少花，花序轴及花均被疏柔毛，花淡紫色。

【性味归经】味甘、酸，性平；归心、肝、脾、肾经。

【功能主治】祛风利湿，消食化积，止咳，止痛；用于风湿筋骨痛，跌打损伤，外伤性疼痛，腹泻，痢疾，消化不良，小儿疳积，肺痨咯血，肝胆胃肠绞痛，黄疸型肝炎，支气管炎，放射反应引起的白细胞减少症，农药中毒；外用治皮炎，湿疹及疮痈肿毒。

【用法用量】内服：煎汤，15～30 g。外用：适量，捣敷。

150. 茜草 *Rubia cordifolia* L.

【别名】锯锯藤、拉拉秧、活血草、红茜草。

【来源】茜草科茜草属茜草的干燥根及根茎、地上部分。

【植物形态】草质攀援藤木。根状茎和其节上的须根均红色；茎数至多条，从根状茎的节上发出，细长，方柱形，有4棱，棱上生倒生皮刺，中部以上多分枝。叶通常4片轮生，纸质，披针形或长圆状披针形，顶端渐尖，有时钝尖，基部心形，边缘有齿状皮刺，两面粗糙，脉上有微小皮刺；基出脉 3 条，极少外侧有 1 对很小的基出脉。叶柄有倒生皮刺。聚伞花序腋生和顶生，多回分枝，有花十余朵至数十朵，花序和分枝均细瘦，有微小皮刺；花冠淡黄色，干时淡褐色，花冠裂片近卵形，微伸展，外面无毛。果球形，成熟时橘黄色。花期 8—9 月，果期 10—11 月。

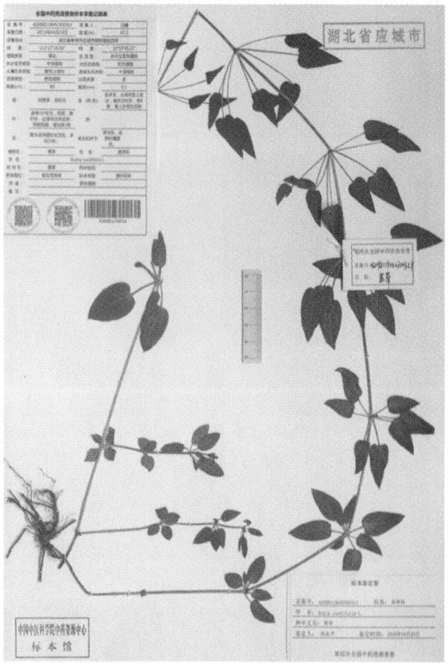

【生境】生于疏林、林缘、灌丛或草地上。应城境内各地均有分布，多见。模式标本采自湖北省孝感市应城市杨岭镇赵四塆，E113°27′28.02″，N30°59′45.21″。

【采收加工】栽后 2 ～ 3 年，于 11 月挖取根部，洗净，晒干备用。

【质地】根及根茎：结节状，丛生粗细不等的根；根呈圆柱形，略弯曲，长 10 ～ 25 cm，直径 0.2 ～ 1 cm，表面红棕色或暗棕色，具细纵皱纹和少数细根痕，皮部脱落处呈黄红色；质脆，易折断，断面平坦，皮部狭，紫红色，木部宽广，浅黄红色，导管孔多数；气微，味微苦，久嚼刺舌。地上部分：干燥茎下端粗 3 ～ 4 mm，呈圆形，外表面淡紫红色或棕红色；上端茎呈方柱形，枯绿色，茎的棱上有粗糙皮刺；体轻，质脆，易断，断面平整，内部色白而松；茎节上轮生叶片，叶柄及叶背中肋上均有倒刺毛；叶多脱落；气微，味微苦。

【性味归经】根及根茎：味苦，性寒；归肝、心经。地上部分：味苦，性凉；归肝、心经。

【功能主治】根及根茎：凉血止血，活血化瘀；用于血热，咯血，吐血，衄血，尿血，便血，崩漏，闭经，产后瘀阻腹痛，跌打损伤，风湿痹痛，黄疸，疮痈，痔肿。地上部分：止血行瘀；用于吐血，血崩，跌打损伤，风痹，腰痛，疮痈肿毒。

【用法用量】根及根茎：内服，煎汤，10 ～ 15 g，或入丸、散，或浸酒。地上部分：内服，煎汤，9 ～ 15 g，鲜品 30 ～ 60 g，或浸酒；外用：适量，煎水洗，或捣敷。

151. 白马骨 *Serissa serissoides* (DC.) Druce

【别名】六月雪、路边荆、满天星。

【来源】茜草科白马骨属白马骨的全草。

【植物形态】小灌木。枝粗壮，灰色，被短毛，后脱落变无毛，嫩枝被微柔毛。叶通常丛生，薄纸质，倒卵形或倒披针形，先端短尖或近短尖，基部渐狭成短柄，除下面被疏毛外，其余无毛；侧脉每边 2 ～ 3 条，上举，在叶片两面均凸出，小脉疏散不明显；托叶具锥形裂片，基部阔，膜质，被疏毛。花无梗，生于小枝顶部，有苞片；苞片膜质，斜方状椭圆形，长渐尖，具疏散小缘毛；花托无毛；萼檐裂片 5，坚挺延伸呈披针状锥形，极尖锐，具缘毛；花冠管外面无毛，喉部被毛，裂片 5，长圆状披针形；花药内藏；花柱柔弱。花期 4—6 月。

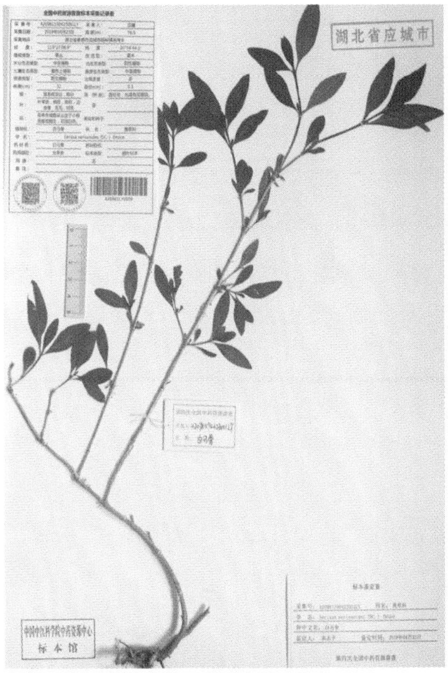

【生境】生于荒地或草坪坡。应城境内各地均有分布，多见。模式标本采自湖北省孝感市应城市杨岭镇吴榨乡，E113°27′08.9″，N30°58′44.3″。

【采收加工】秋季挖根，洗净，切段，鲜用或晒干备用。

【质地】根细长圆柱形，有分枝，长短不一，直径 3 ～ 8 mm，表面深灰色、灰白色或黄褐色，有纵裂隙，栓皮易剥落。粗枝深灰色，表面有纵裂纹，栓皮易剥落；嫩枝浅灰色，微被毛；断面纤维性，木质，坚硬。叶对生或簇生，薄纸质，黄绿色，卷缩或脱落，完整叶片展平后呈卵形或长圆状卵形，长 1.5 ～ 3 cm，宽 5 ～ 12 mm，先端短尖，基部渐狭成短柄，全缘，两面羽状网脉凸出。枝端叶间有时可见黄白色花，花萼裂片几与冠筒等长；偶见近球形的核果。气微，味淡。

【性味归经】味苦、辛，性凉；归肝、脾经。

【功能主治】祛风，利湿，清热，解毒；用于风湿腰腿痛，痢疾，水肿，目赤肿痛，喉痛，带下，痈疽，瘰疬。

【用法用量】内服：煎汤，10 ～ 15 g，鲜品 30 ～ 60 g。外用：适量，烧灰淋汁搽；或煎水洗；或捣敷。

六十、旋花科

152. 打碗花 *Calystegia hederacea* Wall.

【别名】旋花苦蔓、扶子苗、扶苗、狗儿秧。

【来源】旋花科打碗花属打碗花的根状茎及花。

【植物形态】一年生草本。全体不被毛，植株通常矮小，常自基部分枝，具细长白色的根。茎细，平卧，有细棱。基部叶片长圆形，先端圆，基部戟形，上部叶片 3 裂，中裂片长圆形或长圆状披针形，侧裂片近三角形，全缘或 2 ～ 3 裂，叶片基部心形或戟形。花腋生，1 朵，花梗长于叶柄，有细棱；苞片宽卵形，先端钝或锐尖至渐尖；萼片长圆形，先端钝，具小短尖头，内萼片稍短；花冠淡紫色或淡红色，钟状，冠檐近截形或微裂；雄蕊近等长，花丝基部扩大，贴生于花冠管基部，被小鳞毛；子房无毛，柱头 2 裂，裂片长圆形，扁平。蒴果卵球形，长约 1 cm，宿存萼片与之近等长或稍短。种子黑褐色，表面有小疣。

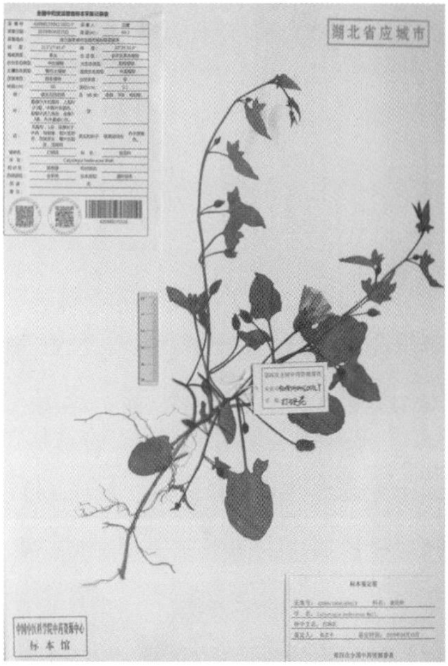

【生境】生于农田、荒地、路旁。应城境内各地均有分布，多见。模式标本采自湖北省孝感市应城市杨岭镇易家湾，E113°27′43.4″，N30°59′31.9″。

【采收加工】根状茎：秋季挖根，洗净，鲜用或晒干备用。花：夏、秋季采收，鲜用。

【质地】全草长 2 ～ 12 cm。根茎短，木质化。茎多分枝，细弱而弯曲；质脆，易折断。叶互生，多皱缩或脱落，完整叶片展平后呈条形或狭披针形，长 1 ～ 2 cm，先端尖，基部狭；无柄。花小，单生于枝端，具细花梗；花冠钟状，淡紫色或白色。蒴果卵球形，2 裂。种子 2 或 3 粒，卵圆形，黑褐色，光滑。气微，味辛。

【性味归经】味甘、淡，性平；归脾经。

【功能主治】根状茎：健脾益气，利尿，调经，止带；用于脾虚消化不良，月经不调，带下。花：止痛；用于牙痛。

【用法用量】根状茎：内服，煎汤，30 ～ 60 g。花：外用，适量。

153. 北鱼黄草 *Merremia sibirica* (L.) Hall. F.

【别名】钻之灵、西伯利亚鱼黄草、北茉栾藤。

【来源】旋花科鱼黄草属北鱼黄草的全草、种子。

【植物形态】缠绕草本，全株近无毛。茎圆柱形，具细棱。单叶互生；基部具小耳状假托叶；叶片卵状心形，先端长渐尖或尾状渐尖，基部心形，全缘或稍波状；侧脉 7 ～ 9 对，纤细，近平行射出，近边缘弧曲向上。聚伞花序腋生，有花 3 ～ 7 朵，花序梗明显具棱或狭翅；苞片小，线形；萼片椭圆形，近相等，先端有钻状短尖头；花冠淡红色，钟状，冠檐具三角形裂片；雄蕊 5，花药不扭曲；子房 2 室。蒴果近球形，4 瓣裂。种子 4 粒或较少，椭圆状三棱形，黑色。花果期夏、秋季。

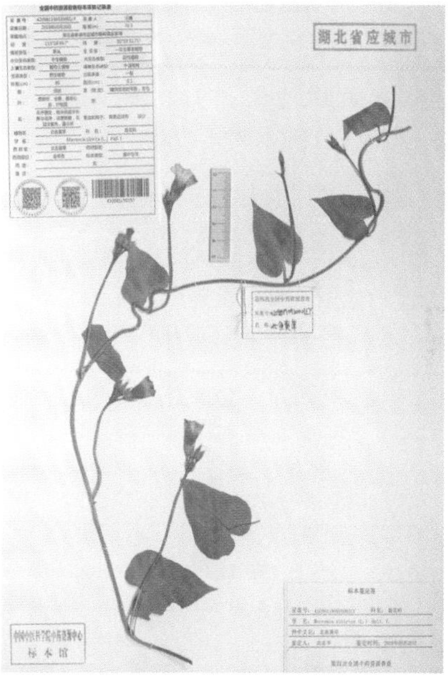

【生境】生于路边、田边、山地草丛或山坡灌丛中。应城境内各地均有分布，一般见。模式标本采自湖北省孝感市应城市杨岭镇金家塆，E113°28′49.7″，N30°59′32.75″。

【采收加工】全草：夏季采收，洗净，鲜用或晒干备用。种子：秋季采收果实，晒干，打下种子，除去杂质。

【质地】种子：卵形，多为圆球体的四分之一，长 4 ～ 6 cm，宽 3 ～ 5 cm，表面灰褐色，被金黄色鳞片状非腺毛，脱落处粗糙，呈小凹点状，背面弓形隆起，中央有浅纵沟，腹面为一棱线，种脐明显，在棱线及背面交界处呈缺刻状；质硬，横切面淡黄色，可见 2 片皱缩折叠的子叶；气微，味微辛、辣。

【性味归经】味辛、苦，性寒；归脾、肾经。

【功能主治】活血解毒；用于劳伤疼痛，疔疮。

【用法用量】全草：内服，3 ～ 10 g；外用：适量，捣敷。种子：内服，研末，1.5 ～ 3 g。

154. 牵牛 *Ipomoea nil* (L.) Roth

【别名】黑丑、白丑、二丑、喇叭花。

【来源】旋花科牵牛属牵牛的干燥成熟种子。

【植物形态】一年生缠绕草本。茎上被倒向的短柔毛及杂有倒向或开展的长硬毛。叶宽卵形或近圆形，基部圆，心形，中裂片长圆形或卵圆形，渐尖或骤尖，侧裂片较短，三角形，裂口锐或圆，叶面疏或密被微硬毛；叶柄长 2 ～ 15 cm，毛被同茎。花腋生，单一或通常 2 朵着生于花序梗顶，花序梗长短不一，通常短于叶柄，有时较长，毛被同茎；苞片线形或叶状，被开展的微硬毛；小苞片线形；萼片近等长，披针状线形，内面 2 片稍狭，外面被开展的刚毛，基部更密，有时也杂有短柔毛；花冠漏斗状，蓝紫色或紫红色，花冠管色淡；雄蕊及花柱内藏；雄蕊不等长；花丝基部被柔毛；子房无毛，柱头头状。蒴果近球形，3 瓣裂。种子卵状三棱形，黑褐色或米黄色，被褐色短茸毛。

【生境】生于灌丛、路边。应城境内各地均有分布，多见。模式标本采自湖北省孝感市应城市长荆大道肖湾乡，E113°27′04.8″，N31°00′21.3″。

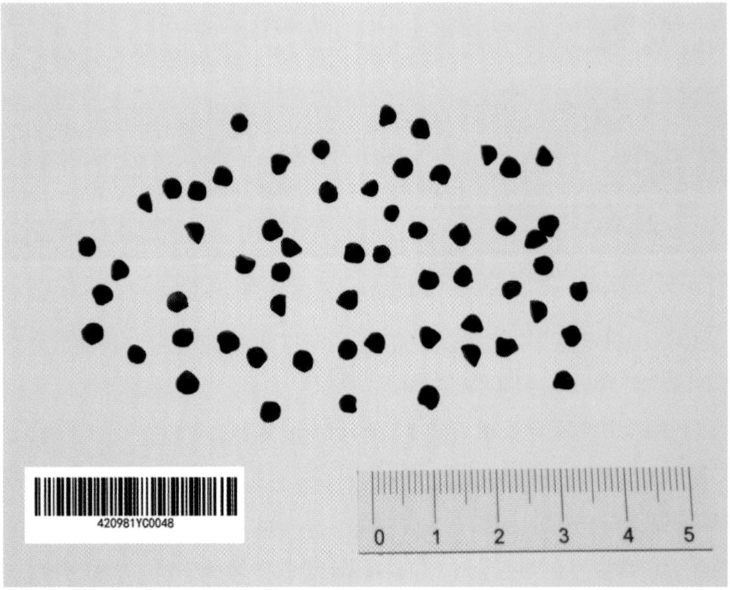

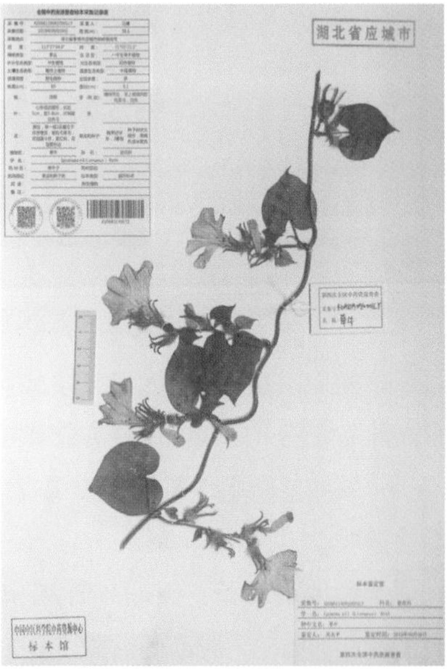

【采收加工】秋末果实成熟、果壳未开裂时采割植株，晒干，打下种子，除去杂质。

【质地】本品呈橘瓣状，长 4 ～ 8 mm，宽 3 ～ 5 mm；表面灰黑色或淡黄白色，背面有一条浅纵沟，腹面棱线的下端有一点状种脐，微凹；质硬，横切面可见淡黄色或黄绿色皱缩折叠的子叶，微显油性；气微，味辛、苦，有麻感。

【性味归经】味苦，性寒；归肺、肾、大肠经。

【功能主治】杀虫攻积，消痰涤饮，泻水通便；用于绦虫病，气逆喘咳，水肿胀满，二便不通。

【用法用量】内服：煎汤，3 ～ 6 g；或研末吞服，每次 0.5 ～ 1 g，每日 2 ～ 3 次。

六十一、紫草科

155. 盾果草 *Thyrocarpus sampsonii* Hance

【别名】盾形草、野生地、猫条干、黑骨风、铺墙草。

【来源】紫草科盾果草属盾果草的全草。

【植物形态】茎 1 条至数条，直立或斜升，常自下部分枝，有开展的长硬毛和短糙毛。基生叶丛生，有短柄，匙形，全缘或有疏细锯齿，两面都有具基盘的长硬毛和短糙毛；茎生叶较小，无柄，狭长圆形或倒披针形。苞片狭卵形至披针形，花生于苞腋或腋外；花萼裂片狭椭圆形，背面和边缘有开展的长硬毛，腹面稍有短伏毛；花冠淡蓝色或白色，显著比花萼长，筒部比檐部短，裂片近圆形，开展，喉部附属物线形，肥厚，有乳头状突起，先端微缺；雄蕊 5，着生于花冠筒中部，花药卵状长圆形。小坚果长约 2 mm，黑褐色，碗状突起的外层边缘色较淡，齿长约为碗高的一半，伸直，先端不膨大，内层碗状突起不向里收缩。花果期 5—7 月。

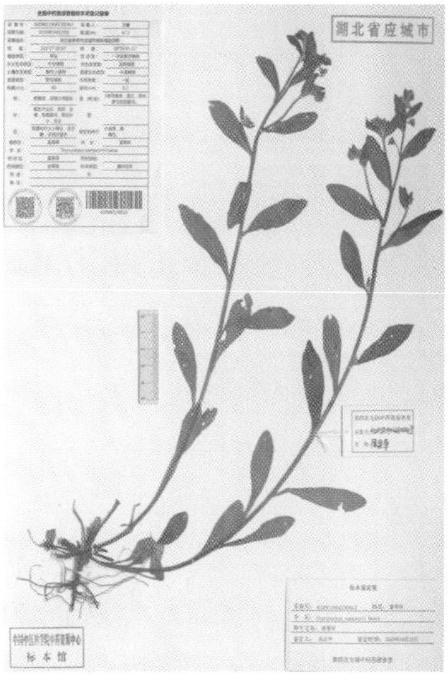

【生境】生于山坡草丛或灌丛下。应城境内各地均有分布，一般见。模式标本采自湖北省孝感市应城市杨岭镇赵四塆，E113°27′28.02″，N30°59′45.21″。

【采收加工】4～6月采收，鲜用或晒干备用。

【质地】茎较细，1条至数条，圆柱形，表面枯绿色，具灰白色糙毛，质脆，易折断，断面白色。基生叶丛生，皱缩卷曲，湿润展开后呈匙形，具柄，枯绿色或深绿色，两面均具灰白色糙毛；茎生叶较小，无柄，叶片稍厚。有时可见蓝色或紫色小花。或有两层碗状突起的小坚果，其顶部外层有直立的齿轮，内层紧贴边缘。气微，味微苦。

【性味归经】味苦，性凉；归心、大肠经。

【功能主治】清热解毒，消肿；用于痈肿，疔疮，咽喉疼痛，泄泻，痢疾。

【用法用量】内服：煎汤，9～15 g，鲜品30 g。外用：适量，鲜品捣敷。

156. 附地菜 *Trigonotis peduncularis* (Trev.) Benth. ex Baker et Moore

【别名】鸡肠、鸡肠草、地胡椒。

【来源】紫草科附地菜属附地菜的全草。

【植物形态】一年生或二年生草本。茎通常多条丛生，稀单一，密集，铺散，基部多分枝，被短糙伏毛。基生叶呈莲座状，有叶柄，叶片匙形，先端圆钝，基部楔形或渐狭，两面被糙伏毛，茎上部叶长圆形或椭圆形，无叶柄或具短柄。花序生于茎顶，幼时卷曲，后渐次伸长，只在基部具2～3个叶状苞片，其余部分无苞片；花梗短，花后伸长，顶端与花萼连接部分变粗呈棒状；花萼裂片卵形，先端急尖；花冠淡蓝色或粉色，筒部甚短，裂片平展，倒卵形，先端圆钝，喉部附属5，白色或带黄色；花药卵形，先端具短尖。小坚果4，斜三棱锥状四面体形，有短毛或平滑无毛，背面三角状卵形，具3锐棱，腹面的2个侧面近等大而基底面略小，凸起，具短柄，柄长约1 mm，向一侧弯曲。早春开花，花期甚长。

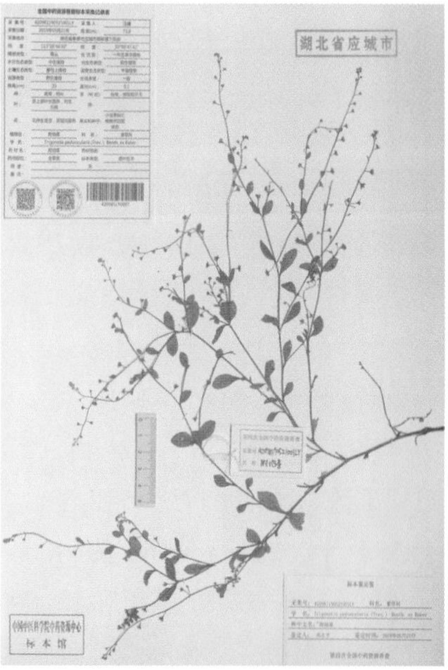

【生境】生于林缘、田间及荒地。应城境内各地均有分布，一般见。模式标本采自湖北省孝感市应城市杨岭镇下伍份湾，E113°28′48.92″，N30°59′47.41″。

【采收加工】初夏采收，鲜用或晒干备用。

【质地】本品皱缩成团。湿润展开后，根细长圆锥形。茎一至数条，纤细多分枝，基部淡紫棕色，上部枯绿色，有短糙伏毛。基生叶有长柄，叶片匙形，两面被糙伏毛，茎生叶几无柄，叶片稍小。总状花序细长，类白色或蓝色小花，有时具四面体形的小坚果。有青草气，味微苦、涩。

【性味归经】味甘、辛，性温；归心、肝、脾、肾经。

【功能主治】行气止痛，解毒消肿；用于胃痛吐酸，痢疾，热毒痈肿，手脚麻木。

【用法用量】内服：煎汤，15 ～ 30 g；或研末服。外用：适量，捣敷；或研末搽。

六十二、马鞭草科

157. 马鞭草 *Verbena officinalis* L.

【别名】兔子草、马鞭稍、蜻蜓草。

【来源】马鞭草科马鞭草属马鞭草的干燥地上部分。

【植物形态】多年生草本。茎四方形，近基部可为圆形，节和棱上有硬毛。叶片卵圆形至倒卵形或长圆状披针形，基生叶的边缘通常有粗锯齿和缺刻，茎生叶多数 3 深裂，裂片边缘有不整齐锯齿，两面均有硬毛，背面脉上尤多。穗状花序顶生和腋生，细弱，结果时长达 25 cm，花小，无柄，初密集，结果时疏离；苞片稍短于花萼，具硬毛；花萼有硬毛，有 5 脉，脉间凹穴处质薄而色淡；花冠淡紫色至蓝色，外面有微毛，裂片 5；雄蕊 4，着生于花冠管的中部，花丝短；子房无毛。果长圆形，外果皮薄，成熟时 4 瓣裂。花期 6—8 月，果期 7—10 月。

【生境】生于路边、山坡、林旁。应城境内各地均有分布，少见。模式标本采自湖北省孝感市应城市田店镇何家坡子，E113°25′13″，N31°00′45.9″。

【采收加工】6—8 月花开时采割，除去杂质，晒干备用。

【质地】本品为带根的全草。根茎圆柱形。茎四方形；表面灰绿色至黄绿色，粗糙，有纵沟；质硬，易折断，断面纤维状，中央有白色的髓或已成空洞。叶对生，灰绿色或棕黄色，多皱缩破碎，具毛；完整叶片卵形至长圆形，羽状分裂或 3 深裂。穗状花序细长，小花排列紧密，有的可见黄棕色花瓣，有的已成果穗。果实包于灰绿色宿萼内，小坚果灰黄色，于放大镜下可见背面有纵脊纹。气微，味微苦。以色青绿、带花穗、无杂质者为佳。

【性味归经】味苦、辛，性微寒；归肝、脾经。

【功能主治】清热解毒，活血散瘀，利水消肿；用于外感发热，湿热黄疸，水肿，痢疾，疟疾，白喉，喉痹，淋病，闭经，癥瘕，疮痈肿毒，牙疳。

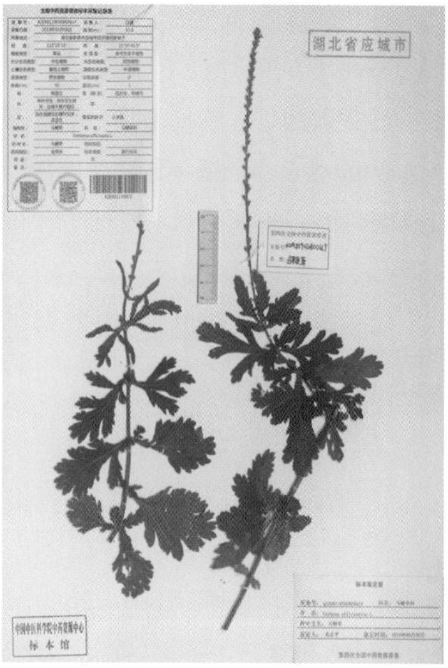

【用法用量】内服：煎汤，15 ～ 30 g，鲜品 30 ～ 60 g；或入丸、散。外用：适量，捣敷；或煎水洗。

158. 黄荆 *Vitex negundo* L.

【别名】黄荆条、黄荆子、布荆、荆条、五指风、五指柑。

【来源】马鞭草科牡荆属黄荆的果实及根、茎、叶。

【植物形态】灌木或小乔木。小枝四棱形，密生灰白色茸毛。掌状复叶，小叶 5，少有 3；小叶片长圆状披针形至披针形，顶端渐尖，基部楔形，全缘或每边有少数粗锯齿，表面绿色，背面密生灰白色茸毛。聚伞花序排成圆锥花序式，顶生，花序梗密生灰白色茸毛；花萼钟状，顶端有 5 裂齿，外有灰白色茸毛；花冠淡紫色，外有微柔毛，顶端 5 裂，二唇形；雄蕊伸出花冠管外；子房近无毛。核果近球形，直径约 2 mm；宿萼接近果实的长度。花期 4—6 月，果期 7—10 月。

【生境】生于山坡路旁或灌丛。应城境内各地均有分布，一般见。模式标本采自湖北省孝感市应城市田店镇上李村，E113°24′02.9″，N30°59′31.4″。

【采收加工】全年均可采收，以夏、秋季采收为好，根、茎洗净后切段晒干，叶、果阴干备用，叶亦可鲜用。

【质地】果实呈卵圆形，顶端稍大，略平而圆，有花柱脱落的凹痕。宿萼钟形，密被灰白色短茸毛，包被果实的 2/3 或更多；萼筒顶端 5 裂齿；外面有 5 ～ 10 条纵脉纹，其中 5 条明显，基部具果梗。除去宿萼，果实表面棕褐色，较光滑，微显细纵纹。果皮质硬，不易破裂，断面果皮较厚，黄棕色，4 室，每室有黄白色种子 1 粒或不育。气香，味微苦、涩。

【性味归经】味辛、苦，性温；归肺、胃、肝经。

【功能主治】祛风解表，止咳平喘，理气止痛，消食；用于伤风感冒，喘咳，胃痛吐酸，消化不良，食积泻痢，疝气。

【用法用量】内服：煎汤，5 ～ 10 g；或研末调服。

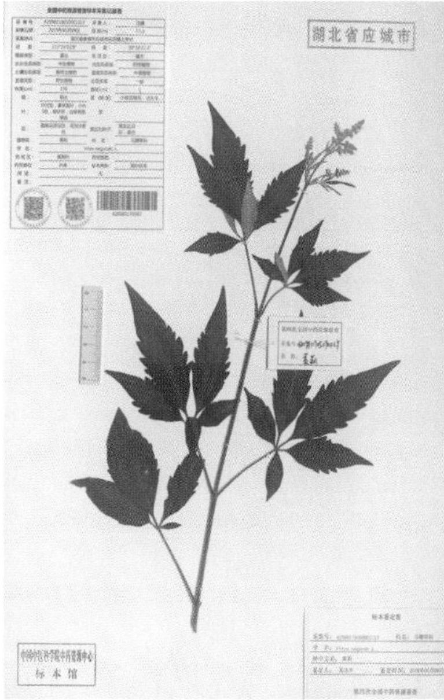

六十三、唇形科

159. 多花筋骨草 *Ajuga multiflora* Bge

【来源】唇形科筋骨草属多花筋骨草的全草。

【植物形态】多年生草本。茎直立，不分枝，四棱形，密被灰白色绵毛状长柔毛，幼嫩部分尤密。基生叶具柄，茎上部叶无柄；叶片均纸质，椭圆状长圆形或椭圆状卵圆形，先端钝或微急尖，基部楔状下延，抱茎，边缘有不甚明显的波状齿或波状圆齿，具长柔毛状缘毛，上面密被、下面疏被柔毛状糙伏毛，脉 3 或 5 出，两面凸起。轮伞花序自茎中部向上渐靠近，至顶端呈一密集的穗状聚伞花序；苞叶大，下部者与茎叶同形，向上渐小，呈披针形或卵形，渐变为全缘；花梗极短，被柔毛。花萼宽钟形，外面被绵毛状长柔毛，以萼齿上毛最密，内面无毛，萼齿 5，整齐，钻状三角形，长为花萼的 2/3，先端锐尖，具柔毛状缘毛。花冠蓝紫色或蓝色，筒状，内外两面被微柔毛，内面近基部有毛环，冠檐二唇形，上唇短，直立，先端 2 裂，裂片圆形，下唇伸长，宽大，3 裂，中裂片扇形，侧裂片长圆形。雄蕊 4，二强，伸出，微弯，花丝粗壮，具长柔毛。花柱细长，微弯，超出雄蕊，上部被疏柔毛，先端 2 浅裂，裂片细尖。花盘环状，裂片不明显，前面呈指状膨大。子房顶端被微柔毛。小坚果倒卵状三棱形，背部具网状皱纹，腹部中间隆起，具 1 大果脐，其长度占腹面的 2/3，边缘被微柔毛。花期 4—5 月，果期 5—6 月。

【生境】生于开阔的山坡疏草丛或河边草地或灌丛。应城境内各地均有分布，一般见。模式标本采自湖北省孝感市应城市杨岭镇晏王塆，E113°25′17.6″，N30°59′25.8″。

【采收加工】4—5 月开花时采收，洗净，晒干备用。

【质地】根细长、直，暗黄色。地上部分灰黄色或黄绿色，密被白色柔毛。茎直立，不分枝，四棱形，密被灰白色毛。基生叶具柄，茎上部叶无柄，叶片纸质，互生，椭圆形，边缘有不甚明显的波状齿，具糙伏毛。轮伞花序自茎中部向上渐靠近，至顶端呈一密集的穗状聚伞花序。气微，味苦。

【性味归经】味苦，性寒；归肝、肺经。

【功能主治】清热解毒，止血；用于肺热咳嗽，咯血，疮痈肿毒。

【用法用量】内服：煎汤，6 ～ 9 g。外用：适量，捣敷。

160. 匍匐风轮菜 *Clinopodium repens* (D. Don) Wall.

【别名】蜂窝草、苦地胆、九层塔。

【来源】唇形科风轮菜属匍匐风轮菜的全草。

【植物形态】多年生柔弱草本。茎匍匐生根，上部上升，弯曲，四棱形，被疏柔毛，棱上及上部尤密。叶卵圆形，先端锐尖或钝，基部宽楔形至近圆形，边缘在基部以上具向内弯的细锯齿，上面橄榄绿色，下面略淡，两面疏被短硬毛，侧脉 5 ～ 7 对，与中肋在上面近平坦或微凹陷，下面隆起；叶柄向上渐短，近扁平，密被短硬毛。轮伞花序小，近球状；苞叶与叶极相似，具短柄，均超过轮伞花序，苞片针状，绿色，被白色缘毛及具腺微柔毛。花萼管状，绿色，具 13 脉，外面被白色缘毛及具腺微柔毛，内面无毛，上唇 3 齿，齿三角形，具尾尖，下唇 2 齿，先端芒尖。花冠粉红色，外面被微柔毛，冠檐二唇形，上唇直伸，先端微缺，下唇 3 裂。雄蕊及雌蕊均内藏。小坚果近球形，褐色。花期 6—9 月，果期 10—12 月。

【生境】生于山坡、草地、林下、路边、沟边。应城境内各地均有分布，一般见。模式标本采自湖北省孝感市应城市杨岭镇晏王塆，E113°25′44.1″，N30°59′36.2″。

【采收加工】6—9 月采收，切断，鲜用或晒干备用。

【质地】茎呈四棱形，表面棕红色或棕褐色，具细纵条纹，密被柔毛，四棱处尤多。叶对生，有柄，多卷缩或破碎，完整叶片展平后呈卵圆形，边缘具锯齿，上面橄榄绿色，下面灰绿色，均被毛。轮伞花序具残存的花萼，外被毛。小坚果近球形，褐色。全品质脆，易折断与破碎，茎断面淡黄白色，中空。气微香，味微辛。

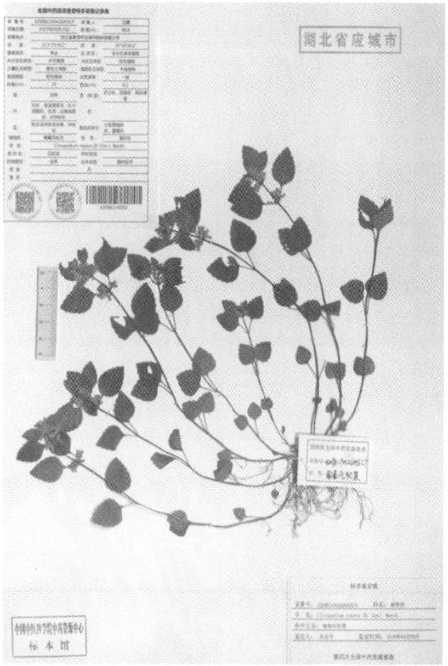

【性味归经】味辛、苦，性凉；归肝、肺经。

【功能主治】疏风清热，解毒消肿，止血；用于感冒发热，中暑，咽喉肿痛，白喉，急性胆囊炎，肝炎，肠炎，痢疾，乳腺炎，疮痈肿毒。

【用法用量】内服：煎汤，10 ～ 15 g；或捣汁。外用：捣敷；或研末调敷；或煎水洗。

161. 宝盖草 *Lamium amplexicaule* L.

【别名】佛座、风盏、连钱草、大铜钱七。

【来源】唇形科野芝麻属宝盖草的全草。

【植物形态】一年生或二年生植物。茎基部多分枝，上升，四棱形，具浅槽，常为深蓝色，几无毛，中空。茎下部叶具长柄，柄与叶片等长或超过之，上部叶无柄，叶片圆形或肾形，先端圆，基部截形或截状宽楔形，半抱茎，边缘具极深的圆齿，顶部的齿通常较其余的大，上面暗橄榄绿色，下面稍淡，两面均疏被小糙伏毛。轮伞花序 6 ～ 10 花，其中常有闭花受精的花；苞片披针状钻形，具缘毛。花萼管状钟形，外面密被白色伸直的长柔毛，内面除萼上被白色伸直长柔毛外，余部无毛，萼齿 5，披针状锥形，边缘具缘毛。花冠紫红色或粉红色，外面除上唇被有较密带紫红色的短柔毛外，余部均被微柔毛，内面无毛环，冠筒细长，冠檐二唇形，上唇直伸，长圆形，先端微弯，下唇稍长，3 裂，中裂片倒心形，先端深凹，基部收缩，侧裂片浅圆裂片状。雄蕊花丝无毛，花药被长硬毛。花柱丝状，先端不等 2 浅裂。花盘杯状，具圆齿。子房无毛。小坚果倒卵圆形，具 3 棱，先端近截状，基部收缩，淡灰黄色，表面有白色大疣状突起。花期 3—5 月，果期 7—8 月。

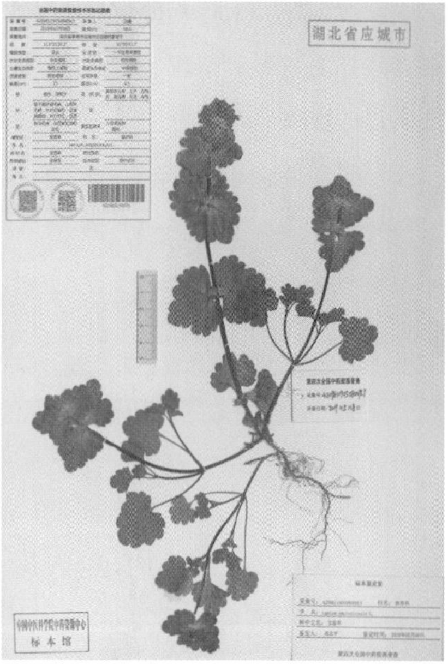

【生境】生于路旁、林缘、草地及宅旁。应城境内各地均有分布，一般见。模式标本采自湖北省孝感市应城市田店镇何家坡子，E113°25′07.2″，N31°00′41.7″。

【采收加工】夏季采收，洗净，鲜用或晒干备用。

【质地】茎呈四棱形，表面略带紫色，被疏茸毛。叶多皱缩破碎，完整叶片展平后呈肾形或圆形，基部截形，边缘具圆齿或小裂，两面被毛；茎生叶无柄，根出叶具柄。轮伞花序。小坚果倒卵圆形，具 3 棱，先端近截形，表面有白色疣状突起。质脆。气微，微苦。

【性味归经】味辛、苦，性微温；归肝、肺经。

【功能主治】清热利湿，活血祛风，消肿解毒；用于黄疸型肝炎，淋巴结结核，高血压，面神经麻痹，半身不遂；外用治跌打损伤，骨折，黄水疮。

【用法用量】内服：煎汤，10 ～ 15 g；或入丸、散。外用：适量，捣敷；或研末撒。

162. 益母草 *Leonurus japonicus* Houtt.

【别名】益母蒿、益母艾、红花艾、坤草。

【来源】唇形科益母草属益母草的新鲜或干燥地上部分。

【植物形态】一年生或二年生草本，有密生须根的主根。茎直立，钝四棱形，微具槽，有倒向糙伏毛，在节及棱上尤为密集，在基部有时近无毛，多分枝，或仅于茎中部以上有能育的小枝条。叶轮廓变化很大，茎下部叶轮廓为卵形，基部宽楔形，掌状3裂，裂片呈长圆状菱形至卵圆形，裂片上再分裂，上面绿色，有糙伏毛，叶脉稍下陷，下面淡绿色，被疏柔毛及腺点，叶脉凸出，叶柄纤细，由于叶基下延而在上部略具翅，腹面具槽，背面圆形，被糙伏毛；茎中部叶轮廓为菱形，较小，通常分裂成3个或偶有多个长圆状线形的裂片，基部狭楔形；花序最上部的苞叶近无柄，线形或线状披针形，全缘或稀具齿。轮伞花序腋生，具8～15花，轮廓为圆球形，多数远离而组成长穗状花序；小苞片刺状，向上伸出，基部略弯曲，比萼筒短，有贴生的微柔毛；花梗无。花萼管状钟形，外面有贴生微柔毛，内面于离基部1/3以上被微柔毛，5脉，显著，齿5，前2齿靠合，后3齿较短，等长，齿均宽三角形，先端刺尖。花冠粉红色至淡紫红色，外面于伸出萼筒部分被柔毛，等大，内面在离基部1/3处有近水平向的不明显鳞毛毛环，毛环在背面间断，其上部多少有鳞状毛，冠檐二唇形，上唇直伸，内凹，长圆形，全缘，内面无毛，边缘具纤毛，下唇略短于上唇，内面在基部疏被鳞状毛，3裂，中裂片倒心形，先端微缺，边缘薄膜质，基部收缩，侧裂片卵圆形，细小。雄蕊4，均延伸至上唇片之下，平行，前对较长，花丝丝状，扁平，疏被鳞状毛，花药卵圆形，二室。花柱丝状，略超出于雄蕊而与上唇片等长，无毛，先端相等2浅裂，裂片钻形。花盘平顶。子房褐色，无毛。小坚果长圆状三棱形，顶端平截而略宽大，基部楔形，淡褐色，光滑。花期通常在6—9月，果期9—10月。

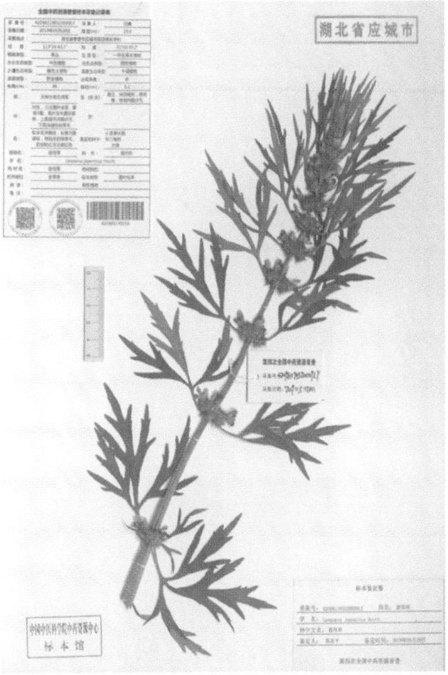

【生境】生于多种生境，尤以阳处为多。应城境内各地均有分布，多见。模式标本采自湖北省孝感市应城市田店镇长李村，E113°26′43.1″，N31°00′00.2″。

【采收加工】鲜品：春季幼苗期至初夏花前期采割；干品：夏季茎叶茂盛、花未开或初开时采割，晒干，或切段晒干备用。

【质地】鲜品：幼苗期无茎，基生叶圆心形，5～9浅裂，每裂片有2～3钝齿；花前期茎呈方柱形，上部多分枝，四面凹下成纵沟，长30～60 cm，直径0.2～0.5 cm，表面青绿色，质鲜嫩，断面中部有髓；叶交互对生，有柄，叶片青绿色，质鲜嫩，揉之有汁，下部茎生叶掌状3裂，上部叶羽状深裂或浅裂成3片，裂片全缘或具少数锯齿；气微，味微苦。干品：茎表面灰绿色或黄绿色；体轻，质韧，断面中部有髓；叶片灰绿色，多皱缩破碎，易脱落；轮伞花序腋生，小花淡紫色，花萼筒状，花冠二唇形；

切段长约 2 cm。

【性味归经】味苦、辛，性微寒；归肝、心、膀胱经。

【功能主治】活血调经，利尿消肿，清热解毒；用于月经不调，痛经闭经，恶露不尽，水肿尿少，疮痈肿毒。

【用法用量】内服：煎汤，10 ～ 15 g；或熬膏；或入丸、散。外用：适量，煎水洗；或鲜品捣敷。

163. 薄荷 *Mentha haplocalyx* Briq.

【别名】香薷草、鱼香草、土薄荷、水薄荷。

【来源】唇形科薄荷属薄荷的全草或叶。

【植物形态】多年生草本。茎直立，下部数节具纤细的须根及水平匍匐根状茎，锐四棱形，具四槽，上部被倒向微柔毛，下部仅沿棱上被微柔毛，多分枝。叶片长圆状披针形、披针形、椭圆形或卵状披针形，稀长圆形，先端锐尖，基部楔形至近圆形，边缘在基部以上疏生粗大的牙齿状锯齿，侧脉 5 ～ 6 对，上面绿色；沿脉上密生余部疏生微柔毛，或除脉外余部近无毛，通常沿脉上密生微柔毛；叶柄腹凹背凸，被微柔毛。轮伞花序腋生，轮廓球形，具梗或无梗，具梗时梗长可达 3 mm，被微柔毛；花梗纤细，被微柔毛或近无毛。花萼管状钟形，外被微柔毛及腺点，内面无毛，10 脉，不明显，萼齿 5，狭三角状钻形，先端长锐尖。花冠淡紫色，外面略被微柔毛，内面在喉部以下被微柔毛，冠檐 4 裂，上裂片先端 2 裂，较大，其余 3 裂片近等大，长圆形，先端钝。雄蕊 4，前对较长，均伸出于花冠之外，花丝丝状，无毛，花药卵圆形，2 室，室平行。花柱略超出雄蕊，先端近相等，2 浅裂，裂片钻形。花盘平顶。小坚果卵珠形，黄褐色，具小腺窝。花期 7—9 月，果期 10 月。

【生境】生于水旁潮湿处。应城境内各地均有分布，偶见。模式标本采自湖北省孝感市应城市田店镇咀子塆，E113°25′46.4″，N31°00′11.7″。

【采收加工】夏、秋季茎叶茂盛或花开至三轮时，选晴天，分次采割，晒干或阴干。

【质地】茎呈锐四棱形，有对生分枝；表面紫棕色或淡绿色，棱角处具毛；质脆，断面白色，髓部中空。叶对生，有短柄；叶片皱缩卷曲，完整叶片展平后呈长圆状披针形或椭圆形；上面深绿色，下面灰绿色，稀被柔毛，有凹点状腺鳞。轮伞花序腋生，花萼钟形，先端 5 齿裂，花冠淡紫色。揉搓后有特殊清凉香气，味辛、凉。

【性味归经】味辛，性凉；归肺、肝经。

【功能主治】疏散风热，清利头目，利咽，透疹，疏肝解郁；用于风热感冒，风温初起，头痛，目赤，喉痹，口疮，风疹，麻疹，胸胁胀闷。

【用法用量】内服：煎汤，2 ～ 10 g，不宜久煎；或入丸、散。外用：捣汁或煎汁搽。

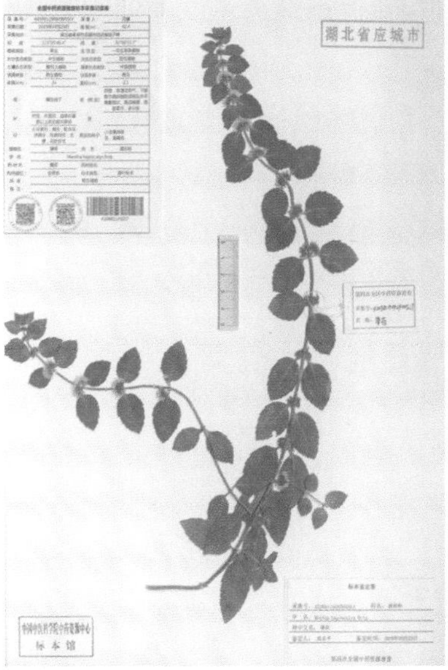

164. 石香薷 *Mosla chinensis* Maxim.

【别名】土黄连、辣辣草、野香薷、细叶七星剑。

【来源】唇形科石荠苎属石香薷的带根全草或地上部分。

【植物形态】直立草本。茎纤细，自基部多分枝，或植株矮小不分枝，被白色疏柔毛。叶线状长圆形至线状披针形，先端渐尖或急尖，基部渐狭或楔形，边缘具疏而不明显的浅锯齿，上面橄榄绿色，下面较淡，两面均被疏短柔毛及棕色凹陷腺点；叶柄被疏短柔毛。总状花序头状；苞片覆瓦状排列，偶见稀疏排列，倒卵圆形，先端短尾尖，全缘，两面被疏柔毛，下面具凹陷腺点，边缘具睫毛状毛，5脉，自基部掌状生出；花梗短，被疏短柔毛。花萼钟形，外面被白色绵毛及腺体，内面在喉部以上被白色绵毛，

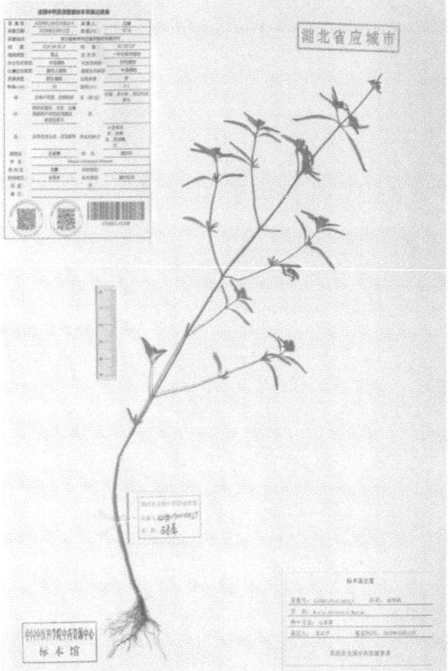

下部无毛，萼齿5，钻形，长约为花萼长的2/3，结果时花萼增大。花冠紫红色、淡红色至白色，略伸出于苞片，外面被微柔毛，内面在下唇之下方冠筒上略被微柔毛，余部无毛。雄蕊及雌蕊内藏。花盘前方呈指状膨大。小坚果球形，灰褐色，具深雕纹，无毛。花期6—9月，果期7—11月。

【生境】生于草坡或林下。应城境内各地均有分布，多见。模式标本采自湖北省孝感市应城市杨岭镇高何村，E113°24′35.3″，N31°00′14″。

【采收加工】夏季茎叶茂盛、花盛时，择晴天采割，除去杂质，阴干备用。

【质地】本品基部紫红色，上部黄绿色或淡黄色，全体被白色柔毛。茎方柱形，基部类圆形，节明显；质脆，易折断。叶对生，多皱缩或脱落，叶片展平后呈长卵形或披针形，暗绿色或黄绿色，边缘有3～5疏浅锯齿。穗状花序顶生及腋生，苞片卵圆形或倒卵圆形，脱落或残存；花萼宿存，钟形，淡紫红色或灰绿色，先端5裂。小坚果4，球形，具深雕纹。气清香而浓，味微辛而凉。

【性味归经】味辛，性微温；归肺、胃经。

【功能主治】发汗解表，化湿和中；用于暑湿感冒，恶寒发热，头痛无汗，腹痛吐泻，水肿，小便不利。

【用法用量】内服：煎汤，3～9 g；或研末。

165. 小鱼仙草 *Mosla dianthera* (Buch. -Ham. ex Roxb.) Maxim.

【别名】土荆芥、假鱼香、野香薷、热痱草、痱子草。

【来源】唇形科石荠苎属小鱼仙草的全草。

【植物形态】一年生草本。茎四棱形，具浅槽，近无毛，多分枝。叶卵状披针形或菱状披针形，有时卵形，先端渐尖或急尖，基部渐狭，边缘具锐尖的疏齿，近基部全缘，纸质，上面橄榄绿色，无毛或近无毛，下面灰白色，无毛，散布凹陷腺点；叶柄腹凹背凸，腹面被微柔毛。总状花序生于主茎及分枝的顶部，通常多数，密花或疏花；苞片针状或线状披针形，先端渐尖，基部宽楔形，具肋，近无毛，与花梗等长或略超过，至结果时则较之短，稀与之等长；花萼钟形，外面脉上被短硬毛，二唇形，上唇3齿，卵状三角形，中齿较短，下唇2齿，披针形，与上唇近等长或微超过之，结果时花萼增大，上唇反向上，下唇直伸。花冠淡紫色，外面被微柔毛，内面具不明显的毛环或无毛环，冠檐二唇形，上唇微缺，下唇3裂，中裂片较大。雄蕊4，后对能育，药室2，叉开，前对退化，药室极不明显。花柱先端相等2浅裂。小坚果灰褐色，近球形，直径1～1.6 mm，具疏网纹。花果期5—11月。

【生境】生于山坡、路旁或水边。应城境内各地均有分布，少见。模式标本采自湖北省孝感市应城市杨岭镇潘家七屋，E113°27′08. 9″，N30°58′44.3″。

【采收加工】夏、秋季采收，洗净，鲜用或晒干备用。

【质地】茎呈四棱形，表面黄绿色至红棕色，节明显，质脆，断面白色。叶皱缩，对生，具柄，完整叶片展平后呈卵状披针形或菱状披针形，先端渐尖，基部渐狭，叶缘具疏齿，两面均被腺鳞。总状花序腋生或顶生，花萼钟形，二唇形，上唇3齿。揉搓后有香气，味微苦、凉。

【性味归经】味辛，性温；归肺、大肠经。

【功能主治】祛风发表，利湿止痒；用于感冒头痛，扁桃体炎，中暑，溃疡病，痢疾，外用治湿疹，痱子，皮肤瘙痒，蜈蚣咬伤。

【用法用量】内服：煎汤，9～15 g。外用：适量，煎水洗；或鲜品捣敷。

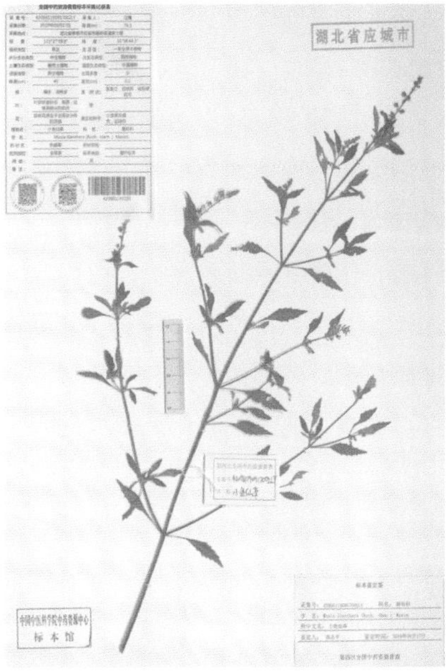

166. 紫苏 *Perilla frutescens* (L.) Britt.

【别名】桂荏、白苏、赤苏、红苏、黑苏、白紫苏。

【来源】唇形科紫苏属紫苏的带叶嫩枝、茎、叶及种子。

【植物形态】一年生芳香草本。茎直立，多分枝，紫色或绿色，钝四棱形，密被长柔毛。叶对生；叶柄紫红色或绿色，被长节毛；叶片宽卵形、圆形或卵状三角形，先端骤尖，基部圆形或宽楔形，边缘具粗锯齿，两面紫色或仅下面紫色，上面被柔毛，下面被平伏长柔毛及细油腺点。顶生和腋生轮伞花序，由2花组成偏向一侧的假总状花序，花序密被长柔毛；苞片圆形或宽卵形，具尖，全缘，被红色腺点，边缘膜质，具缘毛；花梗密被柔毛；花萼钟形，直伸，10脉，被长柔毛和黄色腺点，顶端5齿，2唇，上唇宽大，有3齿，下唇有2齿，结果时增大，基部呈囊状；花冠唇形，白色或紫红色，花冠筒内有毛环，外面被柔毛，上唇微凹，下唇3裂，裂片近圆形，中裂片较大；雄蕊4，二强，着生于花冠筒内中部，花药2室；花盘在前边膨大；雌蕊1，子房4裂，花柱基底着生，柱头2裂。小坚果灰褐色，近球形，有网纹。花期6—8月，果期7—9月。

【生境】生于山坡、草地。应城境内各地均有分布，多见。模式标本采自湖北省孝感市应城市杨岭镇赵四塆，E113°27′34″，N30°59′31.8″。

【采收加工】叶：南方7—8月，北方8—9月，枝叶茂盛时收割，摊在地上或悬于通风处阴干，干后将叶摘下即可。茎：秋季果实成熟后采割，除去杂质，晒干，或趁鲜切片，晒干备用。种子：秋季果实成熟时采收，除去杂质，晒干备用。

【质地】叶：多皱缩卷曲，破碎，完整叶片展平后呈卵圆形；先端长尖或急尖，基部宽楔形，边缘具圆锯齿；两面均为暗绿色，被疏柔毛；叶柄密被白色茸毛；质脆，气清香，味微辛。茎：方柱形，四棱钝圆，长短不一；表面紫棕色或暗紫色，四面有纵沟及细纵纹，节部稍膨大，有对生的枝痕和叶痕；体轻，质硬，断面裂片状；切片常呈斜长方形，木部黄白色，射线细密，呈放射状，髓部白色，疏松或脱落；气微香，味淡。种子：类圆形，背面圆而腹面略隆起；表面灰棕色或棕黄色，具微隆起的暗褐色网状纹理，基部稍尖，有灰色点状果梗痕；果皮薄而脆；种皮膜质，内有类白色子叶 2 片，富油性；压碎后微有香气，味淡、微辛。

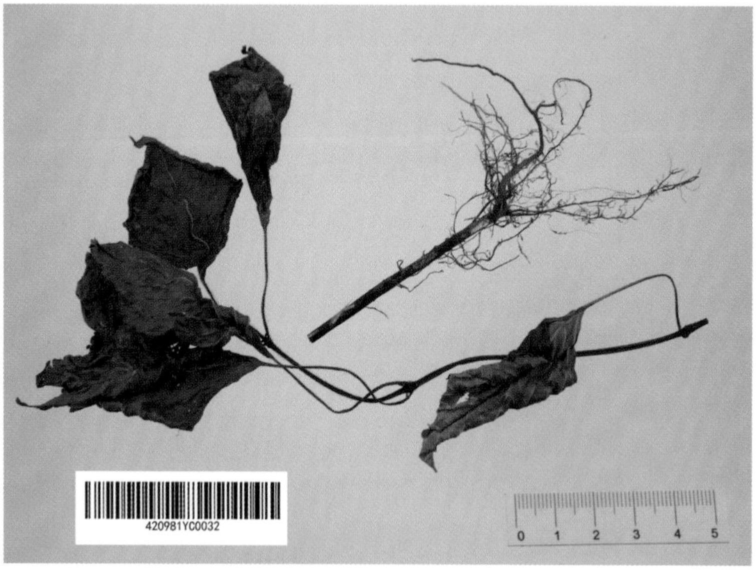

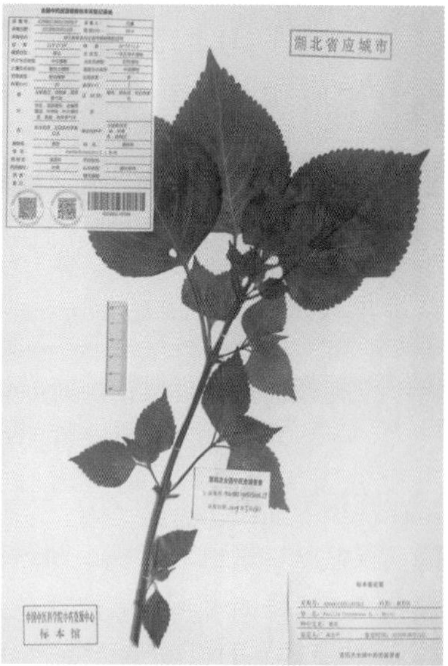

【性味归经】叶：味辛，性温；归肺、脾、胃经。茎：味辛，性温；归肺、脾经。种子：味辛，性温；归肺、大肠经。

【功能主治】叶：解表散寒，宣肺化痰，行气和中，安胎，解鱼蟹毒；用于风寒表证，咳嗽痰多，胸脘胀满，恶心呕吐，腹痛吐泻，胎气不和，妊娠恶阻，鱼蟹中毒。茎：理气宽中，止痛，安胎；用于胸膈痞闷，胃脘疼痛，嗳气呕吐，胎动不安。种子：降气消痰，平喘，润肠；用于痰壅气逆，咳嗽气喘，肠燥便秘。

【用法用量】叶：内服，煎汤，5 ～ 10 g；外用：适量，捣敷，或研末搽；或煎水洗。茎：内服，煎汤，5 ～ 10 g；或入散剂。种子：内服，煎汤，5 ～ 10 g；或入丸、散。

167. 夏枯草 *Prunella vulgaris* L.

【别名】棒槌草、铁色草、大头花、夏枯头。

【来源】唇形科夏枯草属夏枯草的干燥果穗。

【植物形态】多年生草木。根茎匍匐，在节上生须根。茎上升，下部伏地，自基部多分枝，钝四棱形，具浅槽，紫红色，被疏糙毛或近无毛。茎叶卵状长圆形或卵圆形，大小不等，先端钝，基部圆形、截形至宽楔形，下延至叶柄成狭翅，边缘具不明显的波状齿或近全缘，草质，上面橄榄绿色，具短硬毛或几无毛，下面淡绿色，几无毛，侧脉 3 ～ 4 对，在下面略凸出，叶柄自下部向上渐变短；花序下方的一对苞叶似茎叶，近卵圆形，无柄或具不明显的短柄。轮伞花序密集组成顶生长 2 ～ 4 cm 的穗状花序，每一轮伞花序下承以苞片；苞片宽心形，先端具长 1 ～ 2 mm 的骤尖头，脉纹放射状，外面在中部以下沿脉上疏生刚毛，内面无毛，边缘具睫毛状毛，膜质，浅紫色。花萼钟形，连齿倒圆锥形，外面疏生刚毛，二唇形，上唇扁平，宽大，近扁圆形，先端几平截，具 3 个不很明显的短齿，中齿宽大，齿尖均呈刺状微尖，下唇较狭，2 深裂，裂片达唇片之半或以下，边缘具缘毛，先端渐尖，尖头微刺状。花冠紫色、蓝紫色或红紫色，外面无毛，内面约近基部 1/3 处具鳞毛毛环，冠檐二唇形，上唇近圆形，内凹，多少呈盔状，先端微缺，下唇约为上唇 1/2，3 裂，中裂片较大，近倒心形，先端边缘具流苏状小裂片，侧裂片长圆形，垂向下方，细小。雄蕊 4，前对长很多，均上升至上唇片之下，彼此分离，花丝略扁平，无毛，前对花丝先端 2 裂，1 裂片能育，具花药，另 1 裂片钻形，长过花药，稍弯曲或近直立，后对花丝的不育裂片微呈瘤状凸出，花药 2 室，室极叉开。花柱纤细，先端相等 2 裂，裂片钻形，外弯。花盘近平顶。子房无毛。小坚果黄褐色，长圆状卵珠形，微具沟纹。花期 4—6 月，果期 7—10 月。

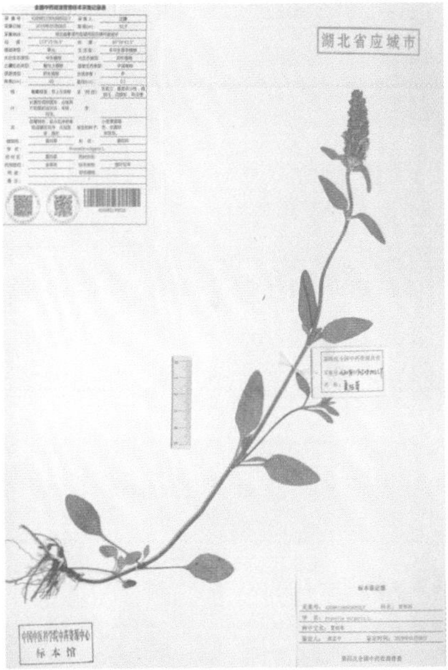

【生境】生于疏林、荒山、田埂及路旁。应城境内各地均有分布，多见。模式标本采自湖北省孝感市应城市田店镇何家坡子，E113°25′06.5″，N30°59′41.5″。

【采收加工】夏季果穗呈棕红色时采收，除去杂质，晒干。

【质地】本品呈长圆柱形或宝塔形，棕色或淡紫褐色。宿萼数轮至十数轮，覆瓦状排列，每轮有 5 ～ 6 个具短柄的宿萼，下方对生苞片 2 枚。苞片肾形，淡黄褐色，纵脉明显，基部楔形，先端尖尾状，背面生白色粗毛。宿萼唇形，上唇宽广，先端微 3 裂，下唇 2 裂，裂片尖三角形，外面有粗毛。花冠及雄蕊都已脱落。宿萼内有小坚果 4 枚，棕色，有光泽。体轻，质脆，微有清香气，味淡。以紫褐色、穗大者为佳。

【性味归经】味辛、苦，性寒；归肝、胆经。

【功能主治】清肝泻火，明目，散结消肿；用于目赤肿痛，头痛眩晕，瘰疬，瘿瘤，乳痈，乳癖。

【用法用量】内服：煎汤，6～15 g，大剂量可用至 30 g；或熬膏；或入丸、散。外用：适量，煎水洗；或捣敷。

168. 荔枝草 *Salvia plebeia* R. Br.

【别名】荠苎、雪里青、癞子草。

【来源】唇形科鼠尾草属荔枝草的全草。

【植物形态】一年生或二年生草本。主根肥厚，向下直伸，有多数须根。茎直立，粗壮，多分枝，被向下的灰白色疏柔毛。叶椭圆状卵圆形或椭圆状披针形，先端钝或急尖，基部圆形或楔形，边缘具圆齿或尖锯齿，草质，上面被稀疏的微硬毛，下面被短疏柔毛，余部散布黄褐色腺点；叶柄腹凹背凸，密被疏柔毛。轮伞花序 6 花，多数，在茎、枝顶端密集组成总状或总状圆锥花序，花序结果时延长；苞片披针形，长于或短于花萼；先端渐尖，基部渐狭，全缘，两面被疏柔毛，下面较密，边缘具缘毛；花梗长约 1 mm，与花序轴密被疏柔毛。花萼钟形，外面被疏柔毛，散布黄褐色腺点，内面喉部有微柔毛，二唇形，唇裂约至花萼长的 1/3，上唇全缘，先端具 3 个小尖头，下唇深裂成 2 齿，齿三角形，锐尖。花冠淡红色、淡紫色、紫色、蓝紫色至蓝色，稀白色，冠筒外面无毛，内面中部有毛环，冠檐二唇形，上唇长圆形，先端微凹，外面密被微柔毛，两侧折合，外面被微柔毛，3 裂，中裂片最大，阔倒心形，顶端微凹或呈浅波状，侧裂片近半圆形。能育雄蕊 2，着生于下唇基部，略伸出花冠外，弯成弧形，上臂和下臂等长，上臂具药室，二下臂不育，膨大，互相连合。花柱和花冠等长，先端不等 2 裂，前裂片较长。花盘前方微隆起。小坚果倒卵圆形，成熟时干燥，光滑。花期 4—5 月，果期 6—7 月。

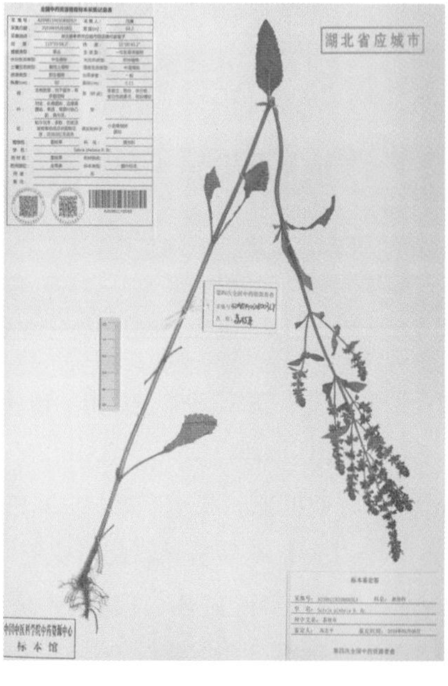

【生境】生于山坡、路旁、沟边。应城境内各地均有分布，一般见。模式标本采自湖北省孝感市应城市田店镇何家坡子，E113°25′08.2″，N31°00′43.2″。

【采收加工】6—7 月采收，洗净，切细，鲜用或晒干备用。

【质地】本品茎方形；多分枝，表面棕褐色，被柔毛，断面为类白色，中空。叶对生，棕褐色或深绿色，常皱缩或卷曲、脱落或破碎。完整叶展开后呈椭圆状卵圆形或椭圆状披针形，边缘有圆锯齿，背面有金黄色腺点，两面均被短柔毛。轮伞花序顶生及腋生，每轮具 2 ～ 6 朵花，再集成假穗状；花冠多脱落；花萼宿存，钟形，黄棕色或黄绿色，背面有金黄色腺点及短柔毛。小坚果倒卵圆形，深棕色，气微，味微辛。

【性味归经】味苦、辛，性凉；归肺、胃经。

【功能主治】清热解毒，利水消肿；用于感冒发热，咽喉肿痛，肺热咳嗽，肾炎水肿，白浊，痢疾，疮痈肿毒，湿疹瘙痒，跌打损伤，蛇虫咬伤。

【用法用量】内服：煎汤，9 ～ 30 g，鲜品 15 ～ 60 g；或绞汁饮。外用：适量，捣敷；或绞汁含漱及滴耳；或煎水洗。

169. 半枝莲 *Scutellaria barbata* D. Don

【别名】并头草、牙刷草。

【来源】唇形科黄芩属半枝莲的干燥全草。

【植物形态】根茎短粗，生出簇生的须状根。茎直立，四棱形，无毛或在序轴上部疏被紧贴的小毛，不分枝或具或多或少的分枝。叶具短柄或近无柄，腹凹背凸，疏被小毛；叶片三角状卵圆形或卵圆状披针形，有时卵圆形，先端急尖，基部宽楔形或近截形，边缘生有疏而钝的浅齿，上面橄榄绿色，下面淡绿色，有时带紫色，两面沿脉上疏被紧贴的小毛或几无毛，侧脉 2 ～ 3 对，与中脉在上面凹陷下面凸起。花单生于茎或分枝上部叶腋内；苞叶下部者似叶，但较小，椭圆形至长椭圆形，全缘，上面散布、下面沿脉疏被小毛；花梗被微柔毛，中部有一对长约 0.5 mm 具纤毛的针状小苞片。花萼外面沿脉被微柔毛，边缘具短缘毛。花冠紫蓝色，外被短柔毛，内在喉部疏被柔毛；冠筒基部囊大，向上渐宽；冠檐二唇形，上唇盔状，半圆形，先端圆，下唇中裂片梯形，全缘，两侧裂片三角状卵圆形，先端急尖。雄蕊 4，前对较长，微露出，具能育半药，退化半药不明显，后对较短，内藏，具全药，药室裂口具髯毛状毛；花丝扁平，前对内侧、后对两侧下部被疏柔毛。花柱细长，先端锐尖，微裂。花盘盘状，前方隆起，后方延伸成短子房柄。子房 4 裂，裂片等大。小坚果褐色，扁球形，具小疣状突起。花果期 4—7 月。

【生境】生于水田边、溪边或湿润草地上。应城境内各地均有分布，一般见。模式标本采自湖北省孝感市应城市田店镇长李村，E113°26′24″，N31°00′37.5″。

【采收加工】夏、秋季茎叶茂盛时采挖，洗净，晒干备用。

【质地】本品无毛或花轴上疏被毛。根纤细。茎四棱形，表面暗紫色或棕绿色。叶对生，有短柄或近无柄；叶片皱缩或卷曲，展平后叶片呈三角状卵形或卵圆状披针形，先端急尖，基部近截形或宽楔形，全缘或少数有明显的钝齿，上面橄榄绿色，下面淡绿色；质脆、易碎。花序生于枝端，花冠二唇形，紫蓝色，被毛，但商品中花冠常已脱落，留有匙形的下萼和具盔状盾形的上萼，内藏4个扁球形小坚果，褐色。全草质柔软，易折断。气微，味苦、涩。以色绿、味苦者为佳。

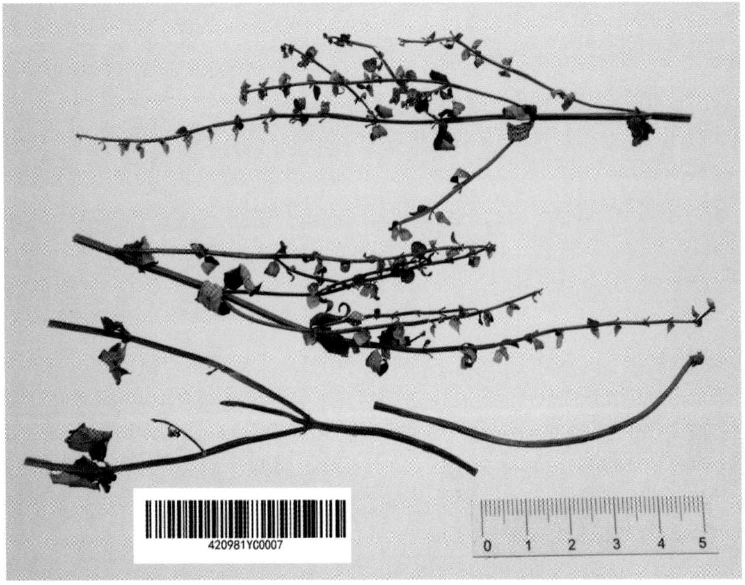

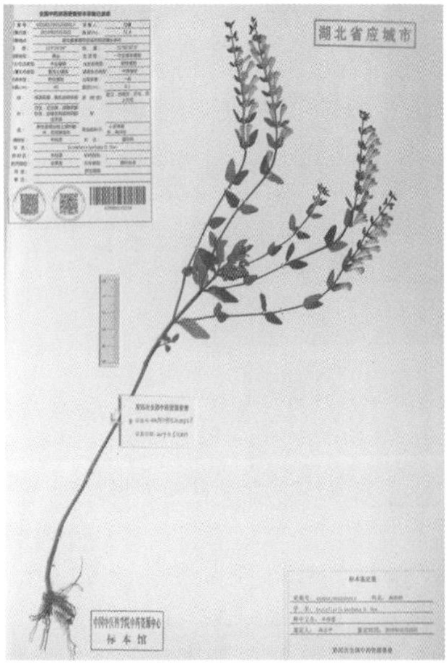

【性味归经】味辛、苦，性寒；归肺、肝、肾经。

【功能主治】清热解毒，化瘀利尿；用于疮痈肿毒，咽喉肿痛，毒蛇咬伤，跌打损伤，水肿，黄疸。

【用法用量】内服：煎汤，15～30 g，鲜品30～60 g。外用：适量，鲜品捣敷。

170. 韩信草 *Scutellaria indica* L.

【别名】三合香、红叶犁头尖、调羹草、顺经草。

【来源】唇形科黄芩属韩信草的带根全草。

【植物形态】多年生草本。根茎短，向下生出多数簇生的纤维状根，向上生出一至多数茎。茎上升直立，四棱形，通常带暗紫色，被微柔毛，尤以茎上部及沿棱角密集，不分枝或多分枝。叶草质至近坚纸质，心状卵圆形或卵圆形至椭圆形，先端钝或圆，基部圆形、浅心形至心形，边缘密生整齐圆齿，两面被微柔毛或糙伏毛，尤以下面为甚；叶柄腹平背凸，密被微柔毛。花对生，在茎或分枝顶上排列成总状花序；花梗与序轴均被微柔毛；最下一对苞片叶状，卵圆形，边缘具圆齿，其余苞片均细小，卵圆形至椭圆形，全缘，无柄，被微柔毛。花萼开花时被硬毛及微柔毛。花冠蓝紫色，外疏被微柔毛，内面仅唇片被短柔毛；冠筒前方基部膝曲，其后直伸，向上逐渐增大，至喉部；冠檐二唇形，上唇盔状，内凹，先端微缺，下唇中裂片卵圆形，两侧中部微内缢，先端微缺，具深紫色斑点，两侧裂片卵圆形。雄蕊4，二强；花丝扁平，中部以下具小纤毛。花盘肥厚，前方隆起；子房柄短。花柱细长。子房光滑，4裂。成熟小坚果栗色或暗褐色，卵形，具瘤，腹面近基部具一果脐。花果期2—6月。

【生境】生于疏林下、路旁空地及草地上。应城境内各地均有分布，一般见。模式标本采自湖北省孝感市应城市杨岭镇易家垴，E113°28′05.5″，N30°59′46.3″。

【采收加工】春、夏季采收，洗净，鲜用或晒干备用。

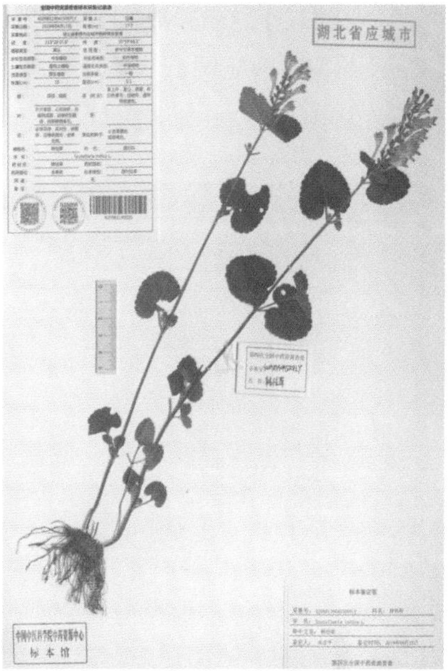

【质地】本品全体被毛，叶上尤多。根纤细。茎四棱形，有分枝，表面灰绿色。叶对生，灰绿色或绿褐色，多皱缩，展平后呈卵圆形，先端圆或钝，基部浅心形或平截，边缘有钝齿。总状花序顶生，花偏向一侧，花冠蓝色，二唇形，多已脱落。宿萼钟形，萼筒背部有一囊状盾鳞，呈“耳挖”状。小坚果卵形，栗色，气微，味微苦。以茎枝细匀、叶多、色绿褐、带“耳挖”状果枝者为佳。

【性味归经】味辛、苦，性寒；归心、肝、肺经。

【功能主治】清热解毒，活血止痛，止血消肿；用于疮痈疔毒，肺痈，肠痈，瘰疬，毒蛇咬伤，肺热喘咳，牙痛，喉痹，咽痛，筋骨疼痛，吐血，咯血，便血，跌打损伤，创伤出血，皮肤瘙痒。

【用法用量】内服：煎汤，10 ～ 15 g；或捣汁，鲜品 30 ～ 60 g；或浸酒。外用：适量，捣敷；或煎水洗。

171. 毛水苏 *Stachys baicalensis* Fisch. ex Benth.

【别名】野紫苏、山升麻、水苏草。

【来源】唇形科水苏属毛水苏的全草。

【植物形态】多年生草本，有在节上生须根的根茎。茎直立，单一，或在上部具分枝，四棱形，具槽，在棱及节上密被倒向至平展的刚毛，余部无毛。茎叶长圆状线形，先端稍锐尖，基部圆形，边缘有小的圆齿状锯齿，上面绿色，疏被刚毛，下面淡绿色，沿脉上被刚毛，中肋及侧脉在上面不明显，下面明显，叶柄短或近无柄；苞叶披针形，短于或略超出于花萼，最下部的与茎叶同形。轮伞花序通常具 6 花，多数组成穗状花序，在其基部者远离，在上部者密集；小苞片线形，刺尖，被刚毛，早落；花梗极短，被刚毛。花萼钟形，外面沿肋及齿缘密被柔毛状具节刚毛，内面无毛，10 脉，明显，具 5 齿，披针状三角形，先端具刺尖头。花冠淡紫色至紫色，冠筒直伸，近等大，外面无毛，内面在中部稍下方具柔毛毛环，冠檐二唇形，上唇直伸，卵圆形，外面被刚毛，内面无毛，下唇轮廓为卵圆形，外面疏被微柔毛，内面无毛，3 裂，中裂片近圆形，侧裂片卵圆形。雄蕊 4，均延伸至上唇片之下，前对较长，花丝扁平，被微柔毛，花药卵圆形，2 室，室极叉开。花柱丝状，略超出雄蕊，先端相等 2 浅裂。花盘平顶，边缘波状。子房黑褐色，无毛。小坚果棕褐色，卵珠状，无毛。花期 7 月，果期 8 月。

【生境】生于湿草地及河岸。应城境内各地均有分布，少见。模式标本采自湖北省孝感市应城市杨岭镇黄家么塆，E113°28′23.92″，N30°59′12.89″。

【采收加工】夏、秋季采收，晒干备用。

【质地】本品茎四棱形；表面黄绿色至绿褐色；较粗糙，棱及节上疏生倒向柔毛状刚毛。叶对生，叶展平后呈长圆状线形，边缘锯齿明显。花通常 6 朵排列成轮伞花序，着生于茎枝上部叶腋内，花萼钟形，具 5 齿，齿端锐尖，表面具毛。小坚果卵珠状，棕褐色，较光滑。气微，味淡。

【性味归经】味甘、辛，性微温；归肺、胃经。

【功能主治】祛风解毒，止血；用于感冒，咽喉肿痛，吐血，衄血，崩漏，疮痈肿毒。

【用法用量】内服：煎汤，6 ～ 9 g。外用：适量，鲜品捣敷。

六十四、茄科

172. 洋金花 *Datura metel* L.

【别名】枫茄花、枫茄子、闹羊花、喇叭花。

【来源】茄科曼陀罗属洋金花的花、果实、根和叶。

【植物形态】一年生直立草木而呈半灌木状，全体近无毛；茎基部稍木质化。叶卵形或宽卵形，顶端渐尖，基部不对称圆形、截形或楔形，边缘有不规则的短齿或浅裂，或全缘而波状，侧脉每边 4 ～ 6 条。

花单生于枝杈间或叶腋，花萼筒状，裂片狭三角形或披针形，结果时宿存部分增大成浅盘状；花冠长漏斗状，筒中部之下较细，向上扩大呈喇叭状，裂片顶端有小尖头，白色、黄色或浅紫色，单瓣，在栽培类型中有 2 重瓣或 3 重瓣；雄蕊 5 枚，在重瓣类型中常变态成 15 枚左右；子房疏生短刺毛。蒴果近球形或扁球形，疏生粗短刺，不规则 4 瓣裂。种子淡褐色。花果期 3—12 月。

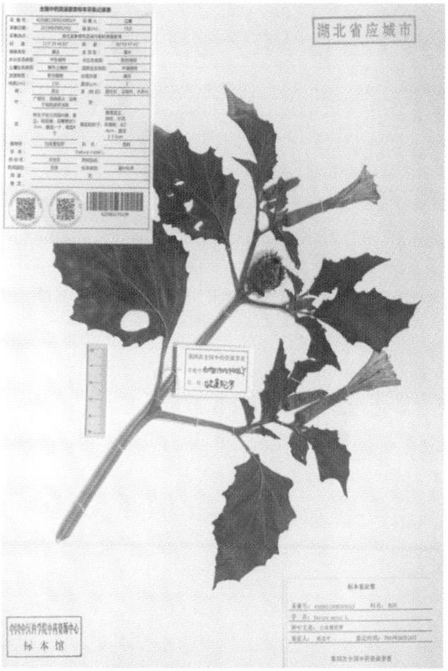

【生境】生于向阳的山坡草地或住宅旁。应城境内各地均有分布，偶见。模式标本采自湖北省孝感市应城市杨岭镇黄家湾，E113°28′48.92″，N30°59′47.41″。

【采收加工】4—11 月花初开时采收，低温干燥或晒干备用。

【质地】本品多皱缩成条状。花萼筒状，长为花冠的 2/5，灰绿色或灰黄色，先端 5 裂，基部具纵脉纹 5 条，表面微有茸毛；花冠呈喇叭状，淡黄色或黄棕色，先端 5 浅裂，裂片有短尖，短尖下有明显的纵脉纹 3 条，两裂片之间微凹；雄蕊 5，花丝贴生于花冠筒内，长为花冠的 3/4；雌蕊 1，柱头棒状。烘干品质柔韧，气特异；晒干品质脆，气微，味微苦。

【性味归经】味辛，性温；有毒；归肺、肝经。

【功能主治】平喘止咳，解痉镇痛；用于哮喘咳嗽，脘腹冷痛，风湿痹痛，小儿慢惊风，外科麻醉。

【用法用量】内服：煎汤，0.3 ～ 0.6 g；或入丸、散；或作卷烟分次燃吸（一日量不超过 1.5 g）。外用：适量，煎水洗；或研末调敷。

173. 枸杞 *Lycium chinense* Mill.

【别名】地仙苗、甜菜、枸杞尖、天精草。

【来源】茄科枸杞属枸杞的根皮（地骨皮）、叶。

【植物形态】多分枝灌木；枝条细弱，弓状弯曲或俯垂，淡灰色，有纵条纹，棘刺长 0.5 ～ 2 cm，生叶和花的棘刺较长，小枝顶端锐尖成棘刺状。叶纸质或栽培者质稍厚，单叶互生或 2 ～ 4 枚簇生，卵形、卵状菱形、长椭圆形、卵状披针形，先端急尖，基部楔形。花在长枝上单生或双生于叶腋，在

短枝上则同叶簇生；花梗向顶端渐增粗。花萼通常 3 中裂或 4 ～ 5 齿裂，裂片多少有缘毛；花冠漏斗状，淡紫色，筒部向上骤然扩大，稍短于或近等于檐部裂片，5 深裂，裂片卵形，先端圆钝，平展或稍向外反曲，边缘有缘毛；雄蕊较花冠稍短，或因花冠裂片外展而伸出花冠，花丝在近基部处密生一圈茸毛并交织成椭圆状的毛丛，与毛丛等高处的花冠筒内壁亦密生一环茸毛；花柱稍伸出雄蕊，上端弯曲，柱头绿色。浆果红色，卵状，栽培者可长成矩圆状或长椭圆状，先端尖或钝。种子扁肾形，黄色。花果期 6—11 月。

【生境】生于山坡、荒地、盐碱地、路旁及村边宅旁。应城境内各地均有分布，一般见。模式标本采自湖北省孝感市应城市田店镇汪凡村，E113°26′53.6″，N31°00′20.1″。

【采收加工】根皮：春初或秋后采挖，洗净，剥取根皮，晒干备用。叶：春、夏季采收，风干备用。

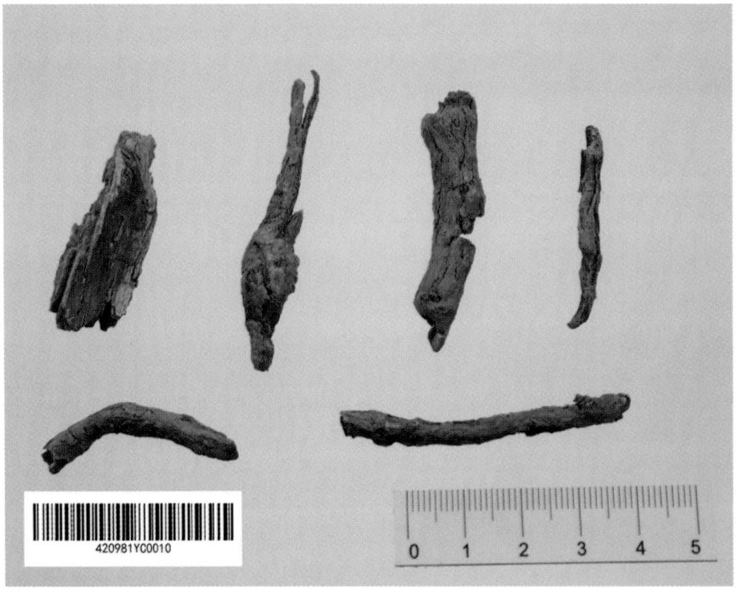

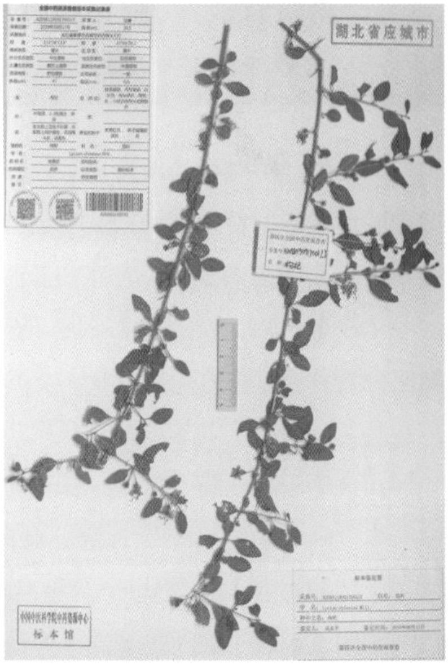

【质地】根皮：筒状或槽状；外表面灰黄色至棕黄色，粗糙，有不规则纵裂纹，易成鳞片状剥落；内表面黄白色至灰黄色，较平坦，有细纵纹；体轻，质脆，易折断，断面不平坦，外层黄棕色，内层灰白色；气微，味微甘而后苦。叶：嫩茎多干缩；叶互生，偶见簇生，叶片多卷曲，展开后呈卵形、卵状菱形或卵状披针形，全缘，表面淡绿色至棕黄色，下表面主脉明显凸出；气微，味微甜。

【性味归经】根皮：味甘，性寒；归肺、肝、肾经。叶：味甘、淡，性寒；归肝、脾、肾经。

【功能主治】根皮：凉血退蒸，清泄肺热；用于潮热盗汗，肺热喘咳，吐血，衄血，血淋，高血压，痈肿，恶疮。叶：补虚益精，清热明目；用于虚劳发热，烦渴，目赤昏痛，障翳夜盲，崩漏带下，热毒疮肿。

【用法用量】根皮：内服，煎汤，9 ～ 15 g，或入丸、散；外用：煎水含漱、淋洗，或研末撒、调敷。叶：内服，煎汤，鲜品 60 ～ 240 g，或煮食，或捣汁；外用：适量，煎水洗，或捣汁滴眼。

174. 白英 *Solanum lyratum* Thunb.

【别名】白毛藤、白草、毛千里光、毛风藤、排风藤。

【来源】茄科茄属白英的全草或根。

【植物形态】草质藤本，茎及小枝均密被具节长柔毛。叶互生，多数为琴形，基部常 3 ～ 5 深裂，裂片全缘，侧裂片越近基部的越小，先端钝，中裂片较大，通常卵形，先端渐尖，两面均被白色发亮的长柔毛，中脉明显，侧脉在下面较清晰，通常每边 5 ～ 7 条；少数在小枝上部的为心形，小；叶柄被有与茎枝相同的毛被。聚伞花序顶生或腋外生，疏花，总花梗被具节的长柔毛，花梗长 0.8 ～ 1.5 cm，无毛，顶端稍膨大，基部具关节；萼杯状，无毛，萼齿 5 枚，圆形，顶端具短尖头；花冠蓝紫色或白色，花冠筒隐于萼内；花丝长约 1 mm，花药长圆形，顶孔略向上；子房卵形，花柱丝状，柱头小，头状。浆果球状，成熟时红黑色；种子近盘状，扁平。花期夏、秋季，果期秋末。

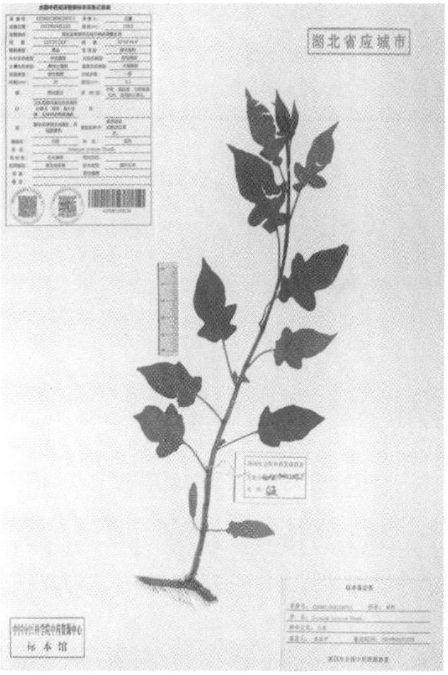

【生境】生于草地或路旁、田边。应城境内各地均有分布，一般见。模式标本采自湖北省孝感市应城市杨岭镇晏王塆，E113°25′28.8″，N30°59′44.4″。

【采收加工】夏、秋季采收，洗净，鲜用或晒干备用。

【质地】茎类圆柱形，表面黄绿色至暗棕色，密被灰白色茸毛，在较粗的茎上茸毛极少或无，具纵皱纹，且有光泽；质硬而脆，断面淡绿色，纤维性，中央空洞状。叶皱缩卷曲，密被茸毛。有的带淡黄色至暗红色果实。气微，味微苦。

【性味归经】味苦，性微寒；有小毒；归肝、胃经。

【功能主治】清热解毒，祛风利湿，化瘀；用于湿热黄疸，风热头痛，风湿性关节炎。

【用法用量】内服：煎汤，15 ～ 30 g。外用：适量，鲜品捣敷患处。

175. 龙葵 *Solanum nigrum* L.

【别名】龙葵草、天茄子、黑天天、苦葵。

【来源】茄科茄属龙葵的全草、根、种子。

【植物形态】一年生直立草本，茎无棱或棱不明显，绿色或紫色，近无毛或被微柔毛。叶卵形，先端短尖，基部楔形至宽楔形而下延至叶柄，全缘或每边具不规则的波状粗齿，光滑或两面均疏被短柔毛，叶脉每边 5 ～ 6 条。蝎尾状花序腋外生，近无毛或具短柔毛；萼小，浅杯状，齿卵圆形，先端圆，基部两齿间连接处成角度；花冠黄色，筒隐于萼内；花丝短，花药黄色，顶孔向内；子房卵形，中部以下被白色茸毛，柱头小，头状。浆果球形，成熟时黑色。种子多数，近卵形，两侧压扁。

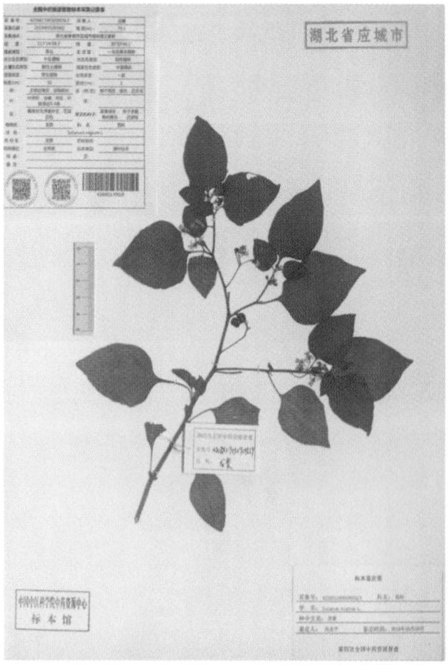

【生境】生于田边、荒地及村庄附近。应城境内各地均有分布，一般见。模式标本采自湖北省孝感市应城市杨岭镇文家岭，E113°24′08.3″，N30°59′46.1″。

【采收加工】全草、根：夏、秋季采挖，鲜用或晒干。种子：秋季果实成熟时采收，鲜用或晒干。

【质地】茎呈圆柱形，有分枝；表面绿色或黄绿色，皱缩成沟槽状；质硬而脆，断面黄白色，中空。叶对生，皱缩或破碎，完整叶片展平后呈卵形；暗绿色，全缘或有不规则的波状粗齿；两面光滑或疏被短柔毛。聚伞花序侧生，花 4 ～ 10 朵，多脱落，萼线杯状，棕褐色。浆果球形，表面棕褐色或紫黑色，皱缩。种子多数，棕色。气微，味淡。

【性味归经】种子、根：味苦，性寒。全草：味苦、微甘，性寒；有小毒；归膀胱经。

【功能主治】种子：清热解毒，化痰止咳；用于咽喉肿痛，疔疮，咳嗽痰喘。全草：清热解毒，利水消肿。根：清热利湿，活血解毒；用于痢疾，淋浊，尿路结石，风火牙痛，跌打损伤，痈疽肿毒。

【用法用量】种子：内服，6 ～ 9 g；外用，煎水含漱，或捣敷；全草：内服，煎汤，15 ～ 30 g；外用，适量，捣敷，或煎水洗。根：内服，煎汤，9 ～ 15 g，鲜品加倍；外用，适量，捣敷，或研末调敷。

六十五、玄参科

176. 通泉草 *Mazus japonicus* (Thunb.) O. Kze.

【别名】脓泡药、汤湿草、猪胡椒、野田菜。

【来源】玄参科通泉草属通泉草的全草。

【植物形态】一年生草本，无毛或疏生短柔毛。主根伸长，垂直向下或短缩，须根纤细，多数，散生或簇生。本种在体态上变化幅度很大，茎 1 ～ 5 支或更多，直立，上升或倾卧状上升，着地部分节上常能长出不定根，分枝多而披散，少不分枝。基生叶少或多数，有时成莲座状或早落，倒卵状匙形至卵状倒披针形，膜质至薄纸质，顶端全缘或有不明显的疏齿，基部楔形，下延成带翅的叶柄，边缘具不规则的粗齿或基部有 1 ～ 2 片浅羽裂；茎生叶对生或互生，少数，与基生叶相似或几乎等大。总状花序生于茎、枝顶端，常在近基部即生花，伸长或上部成束状，花稀疏；上部的花梗较短；花萼钟状，萼片与萼筒近等长，卵形，先端急尖，脉不明显；花冠白色、紫色或蓝色，上唇裂片卵状三角形，下唇中裂片较小，稍凸出，倒卵圆形；子房无毛。蒴果球形；种子小而多数，黄色，种皮上有不规则的网纹。花果期 4—10 月。

【生境】生于湿润的草坡、沟边、路旁及林缘。应城境内各地均有分布，多见。模式标本采自湖北省孝感市应城市杨岭镇舒家塆，E113°24′39.4″，N30°59′11.7″。

【采收加工】春、夏、秋季采收，洗净，鲜用或晒干备用。

【质地】本品常卷缩成团状。主根长圆锥形，多弯曲或扭曲，有须根，表面淡黄白色。茎圆柱形，细长，略具四棱，表面淡绿色或黄棕色，基部分枝多，全体被短柔毛。叶对生或互生，叶片多皱缩破碎，完整叶片展平后呈倒卵形或匙形，先端圆钝，基部楔形，下延至柄呈翼状，边缘具不规则粗钝锯齿。常见花和果实。气微香，味苦。

【性味归经】味苦，性平；归心、大肠经。

【功能主治】止痛，健胃，解毒；用于偏头痛，消化不良，疔疮，脓疱疮，烫伤。

【用法用量】内服：煎汤，9～15 g。外用：适量，捣敷患处。

177. 阴行草 *Siphonostegia chinensis* Benth.

【别名】土茵陈、吹风草、北刘寄奴。

【来源】玄参科阴行草属阴行草的干燥全草。

【植物形态】一年生草本。全株密被锈色短毛。根有分枝。茎单一，直立，上部多分枝，稍具棱角，茎上部带淡红色。叶对生；无柄或具短柄；叶片二回羽状全裂，条形或条状披针形。花对生于茎枝上部，构成疏总状花序；花梗极短，有 1 对小苞片，线形；萼筒有 10 条显著的主脉，萼齿 5，长为筒部的 1/4～1/3；花冠上唇紫红色，下唇黄色，筒部伸直，上唇镰状弯曲，额稍圆，背部密被长纤毛，下唇先端 3 裂，褶襞高拢成瓣状，外被短柔毛；雄蕊 4，二强，花丝基部被毛，下部与花冠筒合生；花柱长，先端稍粗而弯曲。蒴果披针状长圆形，先端稍偏斜，包于宿存花萼内。种子黑色。花期 7—8 月，果期 8—10 月。

【生境】生于山坡及草地上。应城境内各地均有分布，少见。模式标本采自湖北省孝感市应城市田店镇上李村，E113°24′02.9″，N30°59′31.4″。

【采收加工】秋季采收，除去杂质，晒干备用。

【质地】本品全株被短毛。根短而弯曲，稍有分枝。茎圆柱形，有棱，有的上部有分枝，表面棕褐色或黑棕色；质脆，易折断，断面黄白色，中空或有白色髓。叶对生，多脱落破碎，完整叶片羽状深裂。总状花序顶生，花有短梗，花萼长筒状，黄棕色至黑棕色，有 10 条明显纵棱，先端 5 裂，花冠棕黄色，多脱落。蒴果披针状长圆形，较萼稍短，黑褐色。种子细小。气微，味淡。

【性味归经】味苦，性寒；归脾、胃、肝、胆经。

【功能主治】活血化瘀，通经止痛，凉血，止血，清热利湿；用于跌打损伤，外伤出血，瘀血闭经，月经不调，产后瘀痛，癥瘕积聚，血痢，血淋，湿热黄疸，水肿腹胀，白带过多。

【用法用量】内服：煎汤，6 ～ 9 g。

178. 婆婆纳 *Veronica didyma* Tenore

【别名】卵子草、石补钉、双铜锤、双肾草。

【来源】玄参科婆婆纳属婆婆纳的全草。

【植物形态】茎一条至数条，直立或斜升，常自下部分枝，有开展的长硬毛和短糙毛。基生叶丛生，有短柄，匙形，全缘或有疏细锯齿，两面都有具基盘的长硬毛和短糙毛；茎生叶较小，无柄，狭长圆形或倒披针形。苞片狭卵形至披针形，花生于苞腋或腋外；花萼裂片卵形，背面和边缘有开展的长硬毛，腹面稍有短伏毛；花冠淡蓝色或白色，显著比花萼长，筒部是檐部的 1/4，裂片近圆形，开展，喉部附属物线形，肥厚，有乳头状突起，先端微缺；雄蕊 5，着生于花冠筒中部，花药卵状长圆形。小坚果长约 2 mm，黑褐色，碗状突起的外层边缘色较淡，齿长约为碗高的 1/2，伸直，先端不膨大，内层碗状突起不向里收缩。花果期 5—7 月。

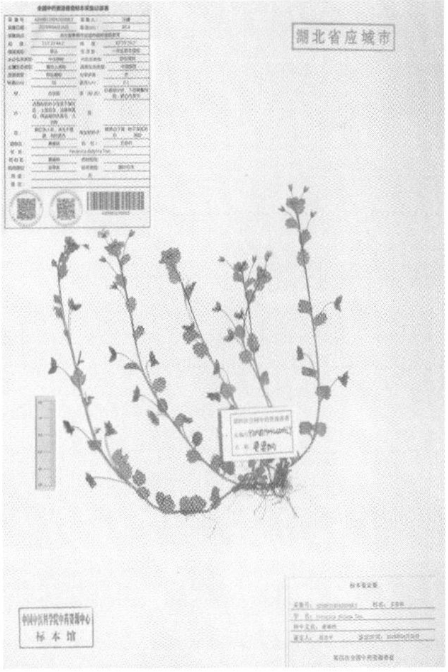

【生境】生于山坡草丛或灌丛下。应城境内各地均有分布，一般见。模式标本采自湖北省孝感市应城市杨岭镇姚家塆，E113°25′44.1″，N30°59′36.2″。

【采收加工】春、夏、秋季均可采收，洗净，晒干备用。

【质地】本品皱缩、卷曲，药材多不完整。主根较长，棕褐色，须根多而细长，棕黄色。茎表面黄绿色，弯曲而细长，长 10 ～ 25 cm，直径约 1 mm；具纵棱，被白色毛，质脆，易折断。叶对生，具短柄；叶片心形至卵形，长 5 ～ 10 mm，宽 6 ～ 7 mm，先端钝，基部圆形，边缘具深钝齿，两面被白色柔毛。

总状花序顶生；苞片叶状，互生；花萼 4 裂，裂片卵形，顶端急尖，疏被短硬毛；花冠淡紫色、蓝色、粉色或白色。质脆，易折断，断面淡黄白色。气微，味甘、淡。

【性味归经】味甘、淡，性凉；归肝、肾经。

【功能主治】补肾强腰，解毒消肿；用于肾虚腰痛，疝气，睾丸肿痛，痈肿。

【用法用量】内服：煎汤，15 ～ 30 g，鲜品 60 ～ 90 g；或捣汁饮。

179. 水苦荬 *Veronica undulata* Wall.

【别名】水菠菜、水莴苣、芒种草。

【来源】玄参科婆婆纳属水苦荬的带虫瘿的干燥地上部分。

【植物形态】一年生或二年生草本，全体无毛，或于花柄及苞片上稍有细小腺状毛。茎直立，富肉质，中空，有时基部略倾斜。叶对生，长圆状披针形或长圆状卵圆形，先端圆钝或尖锐，全缘或具波状齿，基部呈耳廓状微抱茎上，无柄。总状花序腋生；苞片椭圆形，细小，互生；花有柄；花萼 4 裂，裂片狭长状椭圆形，先端钝；花冠淡紫色或白色，具淡紫色的线条；雄蕊 2，凸出；雌蕊 1，子房上位，花柱 1，柱头头状。蒴果近圆形，先端微凹，长度略大于宽度，常有小虫寄生，寄生后果实常膨大成圆球形。果实内藏多数细小的种子，长圆形，扁平，无毛。花期 4—6 月。

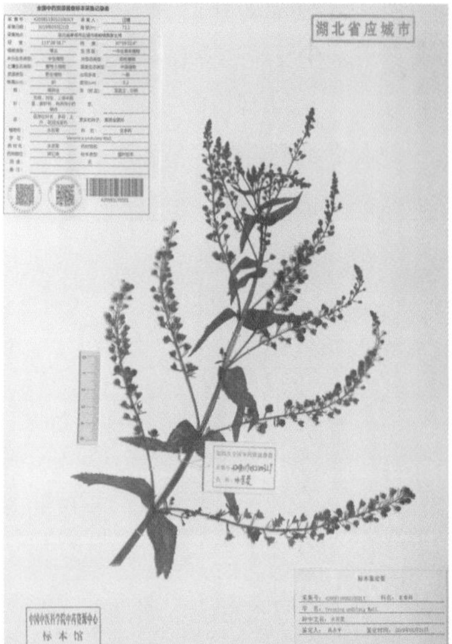

【生境】生于水田或溪边。应城境内各地均有分布，一般见。模式标本采自湖北省孝感市应城市杨岭镇黄家么塆，E113°28′38.7″，N30°59′02.4″。

【采收加工】5—6 月间采割带虫瘿的地上部分，除去杂质，晒干备用。

【质地】根茎斜走。茎上部圆柱形，常皱缩而呈纵棱状，基部类四方形，具纵沟，表面浅黄绿色至浅棕黄色；质柔韧，不易折断，切面黄白色，中空。叶对生，皱缩，易破碎，完整叶片展平后呈狭卵状矩圆形至条状披针形，先端渐尖或钝尖，基部无柄而稍抱茎，脱落后留有环状残痕，两面均无毛。总状花序腋生，果梗与花序轴几乎成直角。蒴果近圆形；顶端微凹，种子多数，细小。茎、花序轴、花梗、花萼和果实多少有大头针状腺毛。气微，味淡。

【性味归经】味苦，性凉；归肺、肝、肾经。

【功能主治】清热解毒，活血止血；用于感冒，咽痛，劳伤咯血，痢疾，血淋，月经不调，疮肿，跌打损伤。

【用法用量】内服：煎汤，10 ～ 30 g；或研末。外用：适量，鲜品捣敷。

六十六、紫葳科

180. 凌霄 *Campsis grandiflora* (Thunb.) Schum.

【别名】上树龙、五爪龙、九龙下海、接骨丹。

【来源】紫葳科凌霄属凌霄的干燥花。

【植物形态】攀援藤本。茎木质，表皮脱落，枯褐色，以气生根攀附于他物之上。叶对生，为奇数羽状复叶；小叶 7 ～ 9 枚，卵形至卵状披针形，先端尾状渐尖，基部宽楔形，两侧不等大，侧脉 6 ～ 7 对，两面无毛，边缘有粗锯齿。顶生疏散的短圆锥花序。花萼钟状，裂至中部，裂片披针形。花冠内面鲜红色，外面橙黄色，裂片半圆形。雄蕊着生于花冠筒近基部，花丝线形，细长，花药黄色，“个”字形着生。花柱线形，柱头扁平，2 裂。蒴果顶端钝。花期 5—8 月。

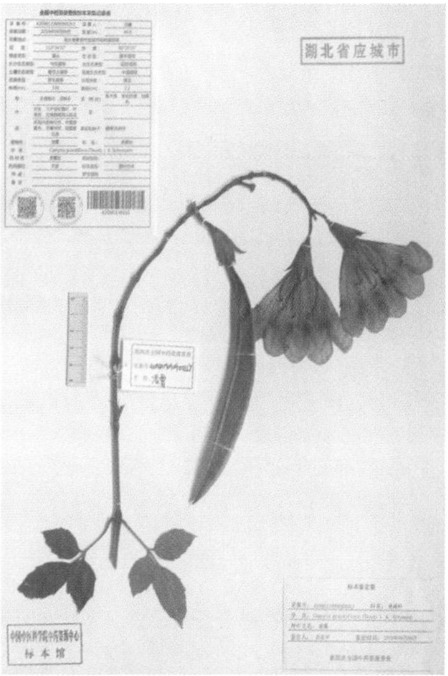

【生境】生于疏林下。应城境内各地均有分布，偶见。模式标本采自湖北省孝感市应城市长荆大道陈塔村，E113°34′02″，N30°56′05″。

【采收加工】夏、秋季花盛开时采摘，干燥备用。

【质地】本品多皱缩卷曲，黄褐色或棕褐色。花萼钟状，裂片 5，裂至中部，萼筒基部至萼齿尖有 5 条纵棱。花冠先端 5 裂，裂片半圆形，下部连合呈漏斗状，表面可见细脉纹，内表面较明显。雄蕊 4，着生于花冠上，2 长 2 短，花药“个”字形，花柱 1，柱头扁平。气清香，味微苦、酸。

【性味归经】味甘、酸，性寒；归肝、心经。

【功能主治】活血通经，凉血祛风；用于月经不调，闭经癥瘕，产后乳肿，风疹发红，皮肤瘙痒，痤疮。

【用法用量】内服：煎汤，3 ～ 6 g；或入散剂。外用：适量，研末调搽；或煎水熏洗。

六十七、爵床科

181. 爵床 *Rostellularia procumbens* (L.) Nees

【别名】白花爵床、孩儿草、密毛爵床。

【来源】爵床科爵床属爵床的全草。

【植物形态】一年生草本。茎柔弱，基部呈匍匐状，茎方形，被灰白色细柔毛，节稍膨大。叶对生；叶片卵形、长椭圆形或阔披针形，先端尖或钝，基部楔形，全缘，上面暗绿色，叶脉明显，两面均被短柔毛。穗状花序顶生或生于上部叶腋，圆柱形，密生多数小花；苞片 2；花萼 4 深裂，裂片线状披针形或线形，边缘白色；薄膜状，外药室不等大，被毛，下面的药室有距；雌蕊 1，子房卵形，2 室，被毛，花柱丝状。蒴果线形，被毛。具种子 4 粒，下部实心似柄状，种子表面有瘤状皱纹。花期 8—11 月，果期 10—11 月。

【生境】生于旷野、路旁、水沟边较阴湿处。应城境内各地均有分布，多见。模式标本采自湖北省孝感市应城市田店镇汪凡村，E113°27′03.2″，N31°00′14.5″。

【采收加工】8—9 月盛花期采收，割取地上部分，晒干备用。

【质地】根细而弯曲。茎具纵棱，基部节上常有不定根；表面黄绿色；被毛，节膨大成膝状；质脆，易折断，断面可见白色的髓。叶对生，具柄；叶片多皱缩，展平后叶片呈卵形或卵状披针形，两面及叶缘有毛。穗状花序顶生或腋生，苞片及宿存花萼均被粗毛；偶见花冠，淡红色。蒴果棒状。种子 4 粒，黑褐色，扁三角形。气微，味淡。以茎叶色绿者为佳。

【性味归经】味苦、咸、辛，性寒；归肺、肝、膀胱经。

【功能主治】清热解毒，利湿消积，活血止痛；用于感冒发热，咳嗽，咽喉肿痛，目赤肿痛，疳积，湿热泻痢，疟疾，黄疸，浮肿，小便淋浊，筋肌疼痛，跌打损伤，痈疽疔疮，湿疹。

【用法用量】内服：煎汤，10 ～ 15 g，鲜品 30 ～ 60 g；或捣汁；或研末。外用：鲜品适量，捣敷；或煎水洗。

六十八、车前科

182. 车前 *Plantago asiatica* L.

【别名】蛤蟆草、饭匙草、车轱辘菜、蛤蟆叶、猪耳朵。

【来源】车前科车前属车前的干燥全草、成熟种子。

【植物形态】二年生或多年生草本。须根多数。根茎短，稍粗。叶基生呈莲座状，平卧、斜展或直立；叶片薄纸质或纸质，宽卵形至宽椭圆形，先端钝圆至急尖，边缘波状、全缘或中部以下有锯齿或裂齿，基部宽楔形或近圆形，多少下延，两面疏生短柔毛；脉 5 ～ 7 条；叶柄基部扩大成鞘，疏生短柔毛。花序直立或弯曲上升；花序梗有纵条纹，疏生白色短柔毛；穗状花序细圆柱状，紧密或稀疏，下部常间断；苞片狭卵状三角形或三角状披针形，长大于宽，龙骨突宽厚，无毛或先端疏生短毛。花具短梗；萼片先端钝圆或钝尖，龙骨突不延至顶端，前对萼片椭圆形，龙骨突较宽，两侧萼片稍不对称，后对萼片宽倒卵状椭圆形或宽倒卵形。花冠白色，无毛，冠筒与萼片约等长，裂片狭三角形，先端渐尖或急尖，具明显的中脉，于花后反折。雄蕊着生于冠筒内面近基部，与花柱明显外伸，花药卵状椭圆形，顶端具宽三角形突起，白色，干后变淡褐色。蒴果纺锤状卵形、卵球形或圆锥状卵形，于基部上方周裂。种子卵状椭圆形或椭圆形，具角，黑褐色至黑色，背腹面微隆起。花期 4—8 月，果期 6—9 月。

【生境】生于草地、沟边、河岸湿地、田边、路旁或村边空旷处。应城境内各地均有分布，多见。模式标本采自湖北省孝感市应城市杨岭镇黄家湾，E113°28′46.7″，N30°58′55.8″。

【采收加工】4—6 月采收，鲜用或晒干备用。

【质地】全草：根丛生，须状；叶基生，具长柄，叶片皱缩，展平后呈卵状椭圆形或宽卵形，表面灰绿色或污绿色，先端钝圆至急尖，基部宽楔形，全缘或有不规则波状浅齿；穗状花序数条，花茎长；

蒴果盖裂，花萼宿存；气微香，味微苦。种子：卵状椭圆形或椭圆形，略扁；黑褐色至黑色，有细皱纹，一面有灰白色凹点状种脐；质硬；气微，味淡。

【性味归经】味甘，性寒；归肝、肾、肺、小肠经。

【功能主治】全草：清热，利尿通淋，祛痰，凉血，解毒；用于热淋涩痛，水肿尿少，暑湿泄泻，痰热咳嗽，吐血，衄血，疮痈肿毒。种子：清热，利尿通淋，渗湿止泻，明目，祛痰；用于热淋涩痛，水肿胀满，暑湿泄泻，目赤肿痛，痰热咳嗽。

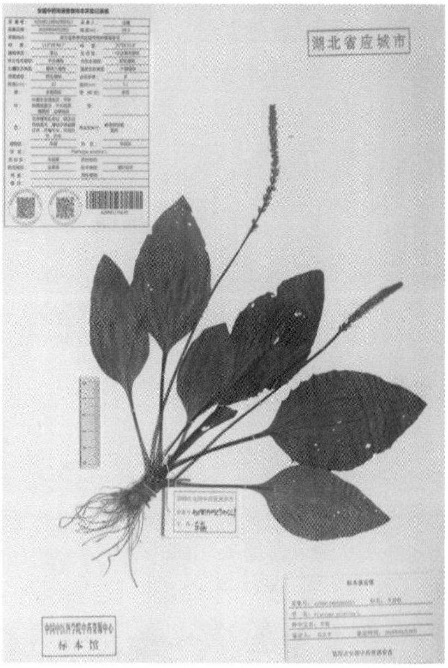

【用法用量】全草：内服，煎汤，9 ～ 15 g，或捣汁；外用，适量，捣敷。种子：内服，煎汤，5 ～ 10 g，或入丸、散；外用，适量，煎水洗，或研末撒。

六十九、忍冬科

183. 红腺忍冬 *Lonicera hypoglauca* Miq.

【别名】山银花、大叶金银花、大金银花。

【来源】忍冬科忍冬属红腺忍冬的干燥花蕾或带初开的花。

【植物形态】落叶藤本。幼枝、叶柄、叶下面和上面中脉及总花梗均密被上端弯曲的淡黄褐色短柔毛，有时还有糙毛。叶纸质，卵形至卵状矩圆形，顶端渐尖或尖，基部近圆形或带心形，下面有时粉绿色，有无柄或具极短柄的黄色至橘红色蘑菇形腺。双花单生至多朵集生于侧生短枝上，或于小枝顶集合成总状，总花梗比叶柄短或有时较长；苞片条状披针形，与萼筒几等长，外面有短糙毛和缘毛；小苞片圆卵形或卵形，顶端钝，很少卵状披针形而顶渐尖，长约为萼筒的 1/3，有缘毛；萼筒无毛或略被毛，萼齿三角状披针形，长为萼筒的 1/2 ～ 2/3，被缘毛；花冠白色，有时有淡红晕，后变黄色，唇形，筒比唇瓣稍长，外面疏生倒微伏毛，并常具无柄或有短柄的腺；雄蕊与花柱均稍伸出，无毛。果实成熟时黑色，近圆形，有时具白粉；种子淡黑褐色，椭圆形，中部有凹槽及脊状凸起，两侧有横沟纹。花期 4—6 月，果期 10—11 月。

【生境】生于灌丛或疏林中。应城境内各地均有分布，少见。模式标本采自湖北省孝感市应城市杨岭镇徐家湾，E113°29′14.9″，N30°59′19.7″。

【采收加工】夏初花开放前采收，干燥备用。

【质地】本品表面黄白色至黄棕色，无毛或疏被毛，萼筒无毛或略被毛，先端 5 裂，裂片长三角形，被毛。开放者花冠下唇反转，花柱无毛。

【性味归经】味甘，性寒；归肺、心、胃经。

【功能主治】清热解毒，疏散风热；用于痈肿，疔疮，喉痹，丹毒，热毒血痢，风热感冒，温病发热。

【用法用量】内服：煎汤，9 ～ 15 g；或入丸、散。外用：适量，研末调敷。

184. 忍冬 *Lonicera japonica* Thunb.

【别名】金银花、双花、金银藤、老翁须。

【来源】忍冬科忍冬属忍冬的花蕾（金银花）、茎枝（忍冬藤）。

【植物形态】半常绿藤本。幼枝暗红褐色，密被黄褐色、开展的硬直糙毛、腺毛和短柔毛，下部常无毛。叶纸质，卵形至矩圆状卵形，有时卵状披针形，稀圆卵形或倒卵形，极少有一至数个钝缺刻，顶端尖或渐尖，少有钝、圆或微凹缺，基部圆或近心形，有糙缘毛，上面深绿色，下面淡绿色，小枝上部叶通常两面均密被短糙毛，下部叶常平滑无毛而下面多少带青灰色；叶柄密被短柔毛。总花梗通常单生于小枝上部叶腋，与叶柄等长或稍较短，密被短柔毛，并夹杂腺毛；苞片大，叶状，卵形至椭圆形，两面均有短柔毛或近无毛；小苞片顶端圆形或截形，有短糙毛和腺毛；萼筒无毛，萼齿卵状三角形或长三角形，顶端尖而有长毛，外面和边缘都有密毛；花冠白色，有时基部向阳面呈微红色，后变黄色，唇形，筒稍长于唇瓣，很少近等长，外被多少倒生的开展或半开展糙毛和长腺毛，上唇裂片顶端钝形，下唇带状而反曲；雄蕊和花柱均高出花冠。果实圆形，成熟时蓝黑色，有光泽；种子卵圆形或椭圆形，褐色，中部有 1 凸起的脊，两侧有浅的横沟纹。花期 4—6 月（秋季亦常开花），果期 10—11 月。

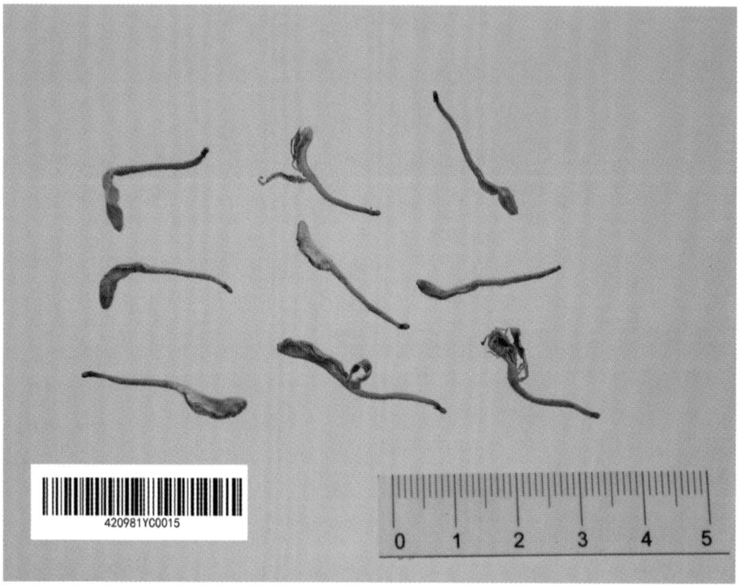

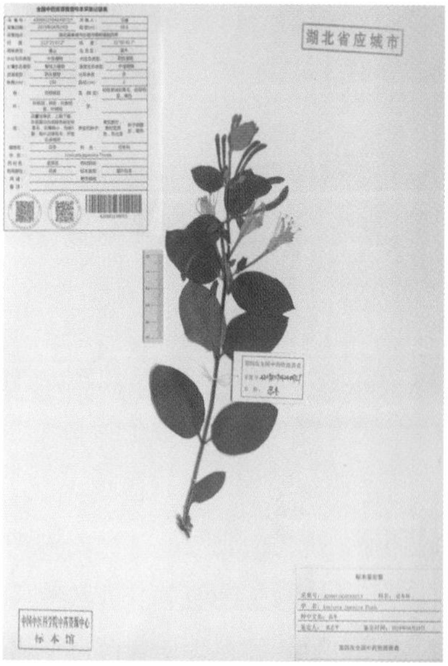

【生境】生于山坡灌丛或疏林中、乱石堆及村庄篱笆边。应城境内各地均有分布，多见。模式标本采自湖北省孝感市应城市杨岭镇赵四塆，E113°25′07.2″，N31°00′41.7″。

【采收加工】花蕾：金银花开花时间集中，必须抓紧时间采摘，一般在 5 月中下旬采第 1 次花，6 月中下旬采第 2 次花，当花蕾上部膨大尚未开放、呈青白色时采收最佳，采后应立即晾干或烘干备用。茎枝：秋、冬季割取，除去杂质，捆成束或卷成团，晒干备用。

【质地】花蕾：棒状，上粗下细，略弯曲；表面黄白色或绿白色（贮久色渐深），密被短柔毛；偶见叶状苞片；花萼绿色，先端 5 裂，裂片有毛；开放者花冠筒状，先端二唇形，雄蕊 5，附于筒壁，黄色，雌蕊 1，子房无毛；气清香，味淡、微苦。茎枝：长圆柱形，多分枝，常缠绕成束；表面棕红色至暗棕色，有的灰绿色，光滑或被毛，外皮易剥落；枝上多节，有残叶和叶痕；质脆，易折断，断面黄白色，中空；气微，老枝味微苦，嫩枝味淡。

【性味归经】花蕾：味甘，性寒；归肺、心、胃经。茎枝：味甘，性寒；归肺、胃经。

【功能主治】花蕾：清热解毒，疏散风热；用于温病发热，热毒血痢，痈肿，疔疮，喉痹及多种感染性疾病。茎枝：清热解毒，疏风通络；用于温病发热，疮痈肿毒，热毒血痢，风湿痹痛。

【用法用量】花蕾：内服，煎汤，10 ～ 20 g，或入丸、散；外用，适量，捣敷。茎枝：内服，煎汤，10 ～ 30 g，或入丸、散，或浸酒；外用，适量，煎水熏洗，或熬膏贴，或研末调敷，或鲜品捣敷。

185. 接骨草 *Sambucus chinensis* Lindl.

【别名】陆英、蒴藋、八棱麻。

【来源】忍冬科接骨木属接骨草的茎叶。

【植物形态】高大草本或半灌木。茎有棱条，髓部白色。奇数羽状复叶对生；托叶小、线形或呈腺状凸起；小叶 5 ～ 9 枚，最上 1 对小叶片基部相互合生，有时还和顶生小叶相连，小叶片披针形，先端长而渐尖，基部钝圆，两侧常不对称，边缘具细锯齿，近基部或中部以下边缘常有 1 或数枚腺齿；小叶柄短。大型复伞房花序顶生；各级总梗和花梗无毛至多少有毛，具由不孕花变成的黄色杯状腺体；苞片和小苞片线形至线状披针形；花小，萼筒杯状，萼齿三角形；花冠辐状，冠筒长约 1 mm，花冠裂片卵形，反曲；花药黄色或紫色；子房 3 室，花柱极短，柱头 3 裂。浆果红色，近球形；果核 2 ～ 3 粒，卵形，表面具小疣状突起。花期 4—5 月，果期 8—9 月。

【生境】生于林下、沟边或山坡草丛。应城境内各地均有分布，少见。模式标本采自湖北省孝感市应城市田店镇汪凡村，E113°26′47.6″，N31°00′09.2″。

【采收加工】夏、秋季采收，切段，鲜用或晒干备用。

【质地】茎具细纵棱，呈类圆柱形而粗壮，多分枝；表面灰色至灰黑色；幼枝有毛；质脆，易断；断面可见淡棕黄色或白色髓部。羽状复叶，互生或对生；小叶片纸质，易破碎，多皱缩，展平后呈狭卵形至卵状披针形，先端长渐尖，基部钝圆，两侧不等，边缘具细锯齿；鲜叶揉之有臭气。气微，味微苦。以茎嫩、叶多、色绿者为佳。

【性味归经】味甘、微苦，性平；归肝、肾经。

【功能主治】祛风，利湿，舒筋，活血；用于风湿痹痛，腰腿痛，水肿，黄疸，跌打损伤，产后恶露不尽，风疹瘙痒，丹毒，疮肿。

【用法用量】内服：煎汤，9 ～ 15 g，鲜品 60 ～ 120 g。外用：适量，捣敷；或煎水洗；或研末调敷。

七十、败酱科

186. 败酱 *Patrinia scabiosifolia* Fisch. ex Trev.

【别名】鹿肠、鹿首、马草、泽败、鹿酱。

【来源】败酱科败酱属败酱的全草。

【植物形态】多年生草本。地下根茎细长，横卧生或斜生，有特殊臭气。基生叶丛生，有长柄，花时叶枯落；茎生叶对生；上部叶渐无柄；叶片 2 ～ 3 对，羽状深裂，中央裂片最大，椭圆形或卵形，两侧裂片窄椭圆形至线形，先端渐尖，叶缘有粗锯齿，两面疏被粗毛或无毛。聚伞状圆锥花序集成疏而大的伞房状花序，腋生或顶生；总花梗常相对两侧或仅一侧被粗毛，花序基部有线形总苞片 1 对，甚小；花萼短，萼齿 5，不明显；花冠黄色，上部 5 裂，冠筒短，内侧具白色长毛；雄蕊 4，由背部向两侧延展成窄翅状。花期 7—9 月，果期 9—10 月。

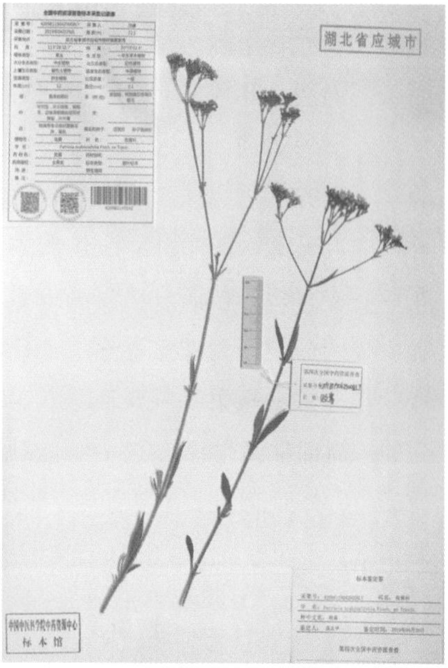

【生境】生于沟谷灌丛边、林缘草地。应城境内各地均有分布，一般见。模式标本采自湖北省孝感市应城市杨岭镇黄家湾，E113°28′38.7″，N30°59′02.4″。

【采收加工】野生者夏、秋季采挖，栽培者可在当年开花前采收。

【质地】本品常折叠成束。根茎圆柱形，弯曲；表面有栓皮，易脱落，紫棕色或暗棕色，节疏密不等，节上有芽痕及根痕；断面纤维性，中央具棕色“木心”；根长圆锥形或长圆柱形；表面有纵纹，断面黄白色。茎圆柱形；表面黄绿色或黄棕色，具纵棱及细纹理，有倒生粗毛。茎生叶多卷缩或破碎，两面疏被粗毛，完整叶片呈羽状深裂或全裂，裂片 5 ～ 11，边缘有锯齿；茎上部叶较小，常 3 裂。有的枝端有花序或果序；小花黄色。瘦果长椭圆形，无膜质翅状苞片。气特异，味微苦。

【性味归经】味辛、苦，性微寒；归肺、大肠、肝经。

【功能主治】清热解毒，活血排脓；用于肠痈，肺痈，痈肿，痢疾，产后瘀滞腹痛。

【用法用量】内服：煎汤，10～15 g。外用：适量，鲜品捣敷。

七十一、桔梗科

187. 沙参 *Adenophora stricta* Miq.

【别名】南沙参、白参、虎须。

【来源】桔梗科沙参属沙参的干燥根。

【植物形态】茎不分枝，常被短硬毛或长柔毛，少无毛。基生叶心形，大而具长柄；茎生叶无柄，或仅下部的叶有极短而带翅的柄，叶片椭圆形、狭卵形，基部楔形，少近圆钝，顶端急尖或短渐尖，边缘有不整齐的锯齿，两面疏生短毛或长硬毛，或近无毛。花序常不分枝而成假总状花序，或有短分枝而成极狭的圆锥花序，极少具长分枝而为圆锥花序的。花梗常极短；花萼常被短柔毛或粒状毛，少完全无毛的，筒部常倒卵状，少为倒卵状圆锥形，裂片狭长，多为钻形，少为条状披针形；花冠宽钟状，蓝色或紫色，外面无毛或有硬毛，特别是在脉上，裂片长为全长的 1/3，三角状卵形；花盘短筒状，无毛；花柱常略长于花冠，少较短的。蒴果椭圆状球形，极少为椭圆状。种子棕黄色，稍扁，有 1 条棱。花期 8—10 月。

【生境】生于灌丛或疏林中。应城境内各地均有分布，少见。模式标本采自湖北省孝感市应城市杨岭镇易家塆，E113°27′44.5″，N30°59′44.5″。

【采收加工】春、秋季采挖，除去须根，洗后趁鲜刮去粗皮，洗净，干燥备用。

【质地】本品表面黄白色至黄棕色，无毛或疏被毛，萼筒无毛，先端 5 裂，裂片长三角形，被毛，开放者花冠下唇反转，花柱无毛。

【性味归经】味甘，性微寒；归肺、胃经。

【功能主治】养阴清肺，益胃生津，化痰，益气；用于肺热燥咳，阴虚劳嗽，干咳痰黏，胃阴不足，食少呕吐，气阴不足，烦热口干。

【用法用量】内服：煎汤，10～15 g，鲜品 15～30 g；或入丸、散。

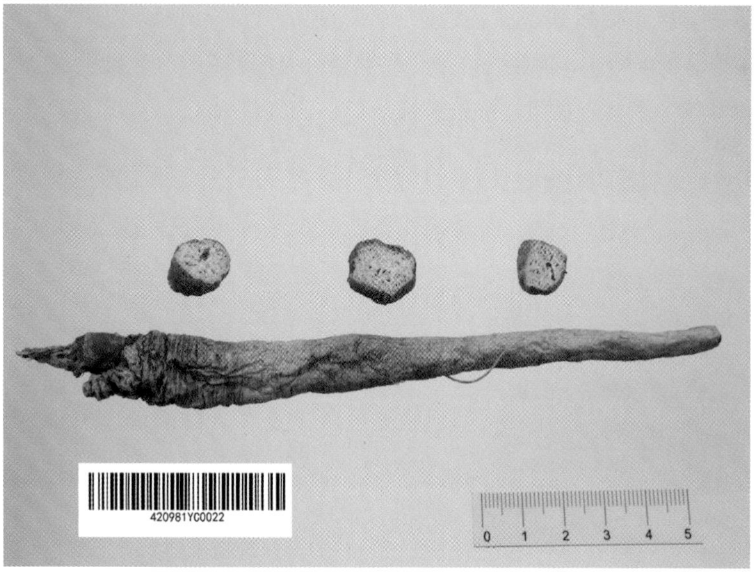

188. 半边莲 *Lobelia chinensis* Lour.

【别名】细米草、半边花、急解索、半边菊、金菊草。

【来源】桔梗科半边莲属半边莲的全草。

【植物形态】多年生草本。茎细弱，匍匐，节上生根，分枝直立，无毛。叶互生，无柄或近无柄，椭圆状披针形至条形，先端急尖，基部圆形至宽楔形，全缘或顶部有明显的锯齿，无毛。花通常 1 朵，生于分枝的上部叶腋；花梗细，基部有长约 1 mm 的小苞片 2 枚、1 枚或无，小苞片无毛；花萼筒倒长锥状，基部渐细而与花梗无明显区分，无毛，裂片披针形，约与花萼筒等长，全缘或下部有 1 对小齿；花冠粉红色或白色，背面裂至基部，喉部以下生白色柔毛，裂片全部平展于下方，呈一个平面，两侧裂片披针形，较长，中间 3 枚裂片椭圆状披针形，较短；雄蕊花丝中部以上连合，花丝筒无毛，未连合部分的花丝侧面生柔毛，花药管背部无毛或疏生柔毛。蒴果倒锥状。种子椭圆状，稍压扁，近肉色。花果期 5—10 月。

【生境】生于水田边、路沟旁、潮湿的阴坡、荒地。应城境内各地均有分布，多见。模式标本采自湖北省孝感市应城市杨岭镇文家岭，E113°24′08.3″，N30°59′46.1″。

【采收加工】夏、秋季生长茂盛时采收，洗净晒干，生用或鲜用。

【质地】本品常缠成团。根茎细长圆柱形，表面淡黄色或黄棕色，多有细纵根。根细小，侧生纤细须根。茎细长，有分枝，灰绿色，节明显，有的可见附生的细根。叶互生，无柄，绿色，呈狭披针形或长卵圆形，叶缘有疏锯齿。花梗细长，花小，单生于叶腋，花冠筒内有白色茸毛。花萼 5 裂，裂片绿色披针形。气微，味微甘而辛。

【性味归经】味辛，性平；归心经、小肠经、肺经。

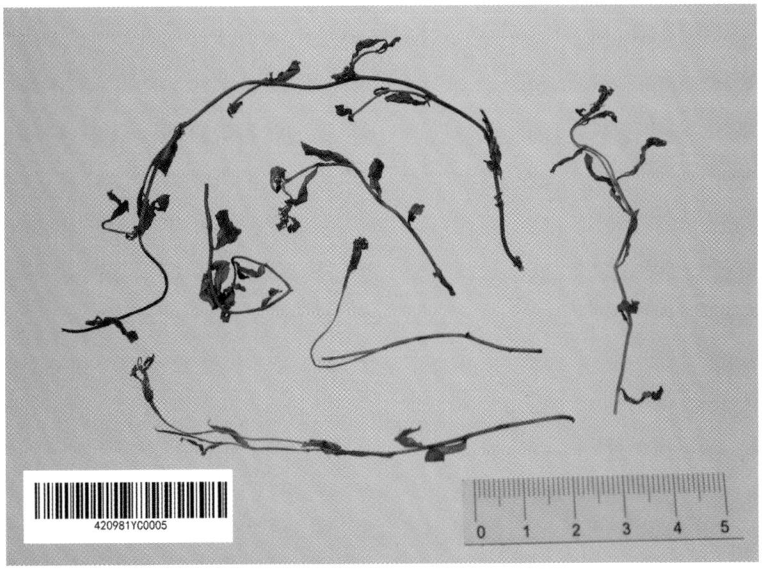

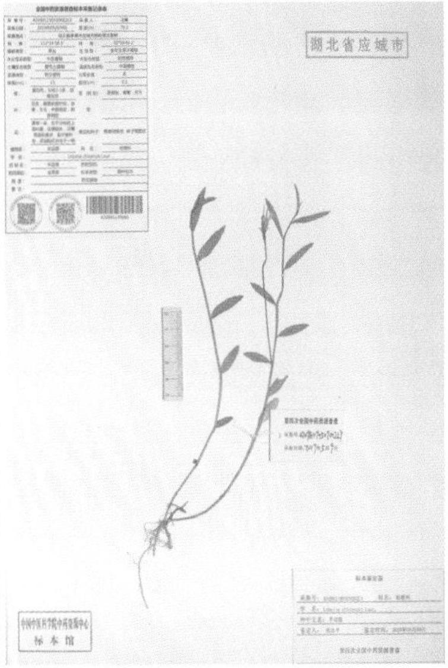

【功能主治】利尿消肿，清热解毒；用于小便不利，面目浮肿，蛇虫咬伤，胃癌肠癌、食管癌、肝癌及其并发腹水等。

【用法用量】内服：煎汤，15 ～ 30 g，或捣汁。外用：适量，捣敷；或捣汁调涂。

七十二、菊科

189. 艾 *Artemisia argyi* Levl. et Van.

【别名】金边艾、艾蒿、祈艾、医草、灸草、端阳蒿。

【来源】菊科蒿属艾的干燥叶。

【植物形态】多年生草本或略成半灌木状，植株有浓烈香气。主根明显，略粗长，侧根多；常有横卧地下根状茎及营养枝。茎单生或少数，有明显纵棱，褐色或灰黄褐色，基部稍木质化，上部草质，并有少数短的分枝；茎、枝均被灰色蛛丝状柔毛。叶厚纸质，上面被灰白色短柔毛，并有白色腺点与小凹点，背面密被灰白色蛛丝状密茸毛；基生叶具长柄，花期萎谢；茎下部叶近圆形或宽卵形，羽状深裂，每侧具裂片 2 ～ 3 枚，裂片椭圆形或倒卵状长椭圆形，每裂片有 2 ～ 3 枚小裂齿，干后背面主、侧脉多为深褐色或锈色；中部叶卵形、三角状卵形或近菱形，一（至二）回羽状深裂至半裂，每侧裂片 2 ～ 3 枚，裂片卵形、卵状披针形或披针形，不再分裂或每侧有 1 ～ 2 枚缺齿，叶基部宽楔形渐狭成短柄，叶脉明显，在背面凸起，干时锈色，基部通常无假托叶或极小的假托叶；上部叶与苞片叶羽状半裂、浅裂、3 深裂、3 浅裂或不分裂，而为椭圆形、长椭圆状披针形、披针形或线状披针形。头状花序椭圆形，无梗或近无梗，每数枚至 10 余枚在分枝上排成小型的穗状花序或复穗状花序，并在茎上通常再组成狭窄、尖塔形的圆锥花序，花后头状花序下倾；总苞片 3 ～ 4 层，覆瓦状排列，外层总苞片小，草质，卵形或狭卵形，背面密被灰白色蛛丝状绵毛，边缘膜质，中层总苞片较外层长，长卵形，背面被蛛丝状绵毛，内层总苞片质薄，背面近无毛；花序托小；雌花 6 ～ 10 朵，花冠狭管状，檐部具 2 裂齿，紫色，花柱细长，伸出花冠外甚长，先端 2 叉；两性花 8 ～ 12 朵，花冠管状或高脚杯状，外面有腺点，檐部紫色，花药狭线形，先端附属物尖，长三角形，基部有不明显的小尖头，花柱与花冠近等长或略长于花冠，先端 2 叉，花后向外弯曲，叉端截形，并有睫毛状毛。瘦果长卵形或长圆形。花果期 7—10 月。

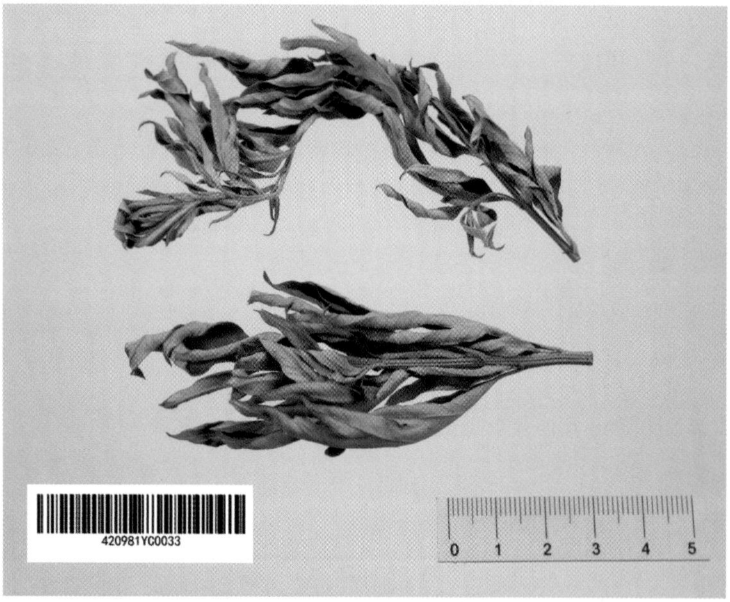

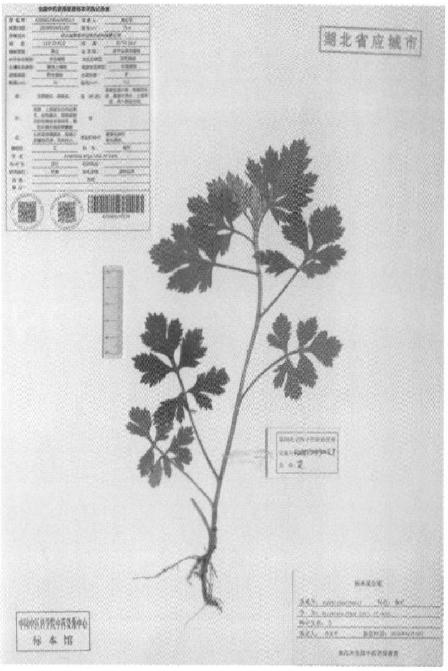

【生境】生于荒地、路旁河边及山坡。应城境内各地均有分布，多见。模式标本采自湖北省孝感市应城市杨岭镇晏王垮，E113°23′43.8″，N30°59′38.4″。

【采收加工】夏季花未开时采摘，除去杂质，晒干备用。

【质地】本品多皱缩破碎，有短柄。完整叶片展平后呈卵状椭圆形，羽状深裂，裂片椭圆状披针形，边缘有不规则的粗锯齿；上表面灰绿色或深黄绿色，被稀疏的柔毛和腺点；下表面密被灰白色茸毛。质柔软。气清香，味苦。

【性味归经】味辛、苦，性温；有小毒；归肝、脾、肾经。

【功能主治】温经止血，散寒止痛，祛湿止痒；用于吐血，衄血，崩漏，月经过多，胎漏下血，小腹冷痛，月经不调，宫冷不孕，皮肤瘙痒。醋艾炭温经止血，用于虚寒性出血。

【用法用量】内服：煎汤，3～10 g；或入丸、散；或捣汁。外用：适量，捣绒作炷或制成艾条熏灸；或捣敷；或煎水熏洗；或炒热温熨。

190. 茵陈蒿 *Artemisia capillaris* Thunb.

【别名】绵茵陈、绒蒿。

【来源】菊科蒿属茵陈蒿的幼苗。

【植物形态】多年生草本或半灌木状。茎直立，基部木质化，表面黄棕色，具纵条纹，多分枝；幼时全体被褐色丝状毛，成长后近无毛。叶一至三回羽状深裂，下部裂片较宽短，常被短绢毛；中部裂片细长如发；上部羽状分裂，3 裂或不裂，近无毛。头状花序小而多，密集成复总状；总苞片 3～4 层，无毛，外层卵形，内层椭圆形，中央绿色，边缘膜质；花黄色，管状，外层花雌性，能育，内层花两性，不育。瘦果长圆形，无毛。花期 9—10 月，果期 10—12 月。

【生境】生于山坡、路边。应城境内各地均有分布，一般见。模式标本采自湖北省孝感市应城市田店镇上李村，E113°24′00.7″，N30°59′24.8″。

【采收加工】春季幼苗高 6～10 cm 时采收，除去老茎及杂质，晒干备用。

【质地】茎呈圆柱形，多分枝，表面淡紫色或紫色，有纵条纹，被短柔毛，体轻，质脆，断面类白色；叶密集，或多脱落，下部叶二至三回羽状深裂，裂片条形或细条形，两面密被白色柔毛，茎生叶一至二回羽状全裂，基部抱茎，裂片细丝状，头状花序卵形，多数集成圆锥状，有短梗，总苞片 3～4 层，卵形，苞片 3 裂，外层雌花 6～10 朵，可多达 15 朵，内层两性花 2～10 朵；瘦果长圆形，黄棕色；气芳香，味微苦。

【性味归经】味苦、辛，性微寒；归脾、胃、肝、胆经。

【功能主治】清湿热，退黄疸；用于黄疸尿少，湿疮瘙痒，传染性黄疸型肝炎。

【用法用量】内服：煎汤，6 ～ 15 g。外用：适量，煎水熏洗。

191. 青蒿 *Artemisia caruifolia* Buch. -Ham. ex Roxb.

【别名】蒿子、臭蒿、香蒿、苦蒿。

【来源】菊科蒿属青蒿的干燥地上部分、根。

【植物形态】一年生或二年生草本，高 30 ～ 150 cm，全体平滑无毛。茎圆柱形，幼时青绿色，表面有细纵槽，下部稍木质化，上部叶腋间有分枝。叶互生；二回羽状全裂，第一回裂片椭圆形，第二回裂片线形，全缘，或每边一至三回羽状浅裂，先端尖，质柔，两面平滑无毛，绿色。头状花序排列成总状圆锥花序，每一头状花序侧生，稍下垂，直径约 6 mm；总苞半球形，苞片 3 ～ 4 层，外层的苞片狭长，内层的卵圆形，边缘膜质；花托外围着生管状雌花，内仅雌蕊 1 枚，柱头 2 裂；内部多为两性花，绿黄色，花冠管状，雄蕊 5 枚，花丝细短，雌蕊 1 枚，花柱丝状，柱头 2 裂，呈叉状。瘦果矩圆形至椭圆形，微小，褐色。花期 6—7 月，果期 9—10 月。

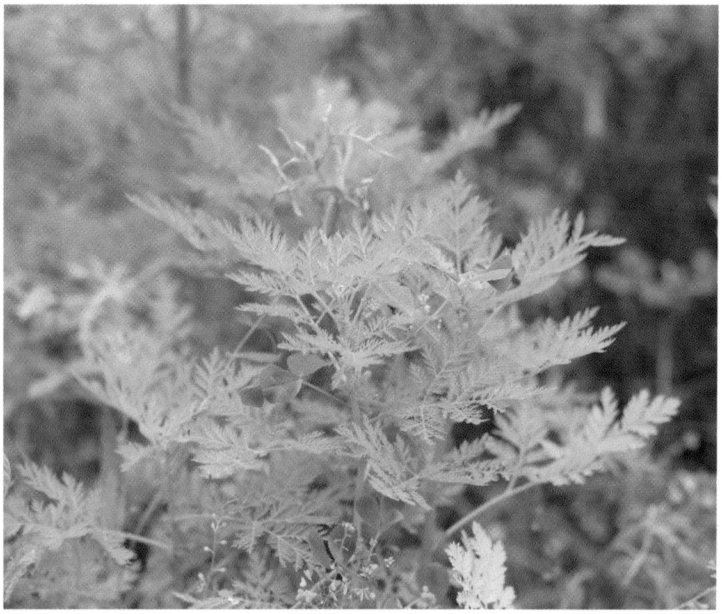

【生境】生于河岸、沙地。应城境内各地均有分布，多见。模式标本采自湖北省孝感市应城市杨岭镇新四村，E113°25′44.1″，N30°59′36.2″。

【采收加工】地上部分：秋季花盛开时采割，除去老茎，阴干备用。根：秋、冬季采挖，洗净，切段，晒干备用。

【质地】地上部分：茎呈圆柱形，上部多分枝，长 30 ～ 80 cm，直径 0.2 ～ 0.6 cm，表面黄绿色或棕黄色，具纵棱线，质略硬，易折断，断面中部有髓；叶互生，暗绿色或棕绿色，卷缩易碎，完整叶片展平后为三回羽状深裂，裂片及小裂片矩圆形或长椭圆形，两面被短毛；气香特异，味微苦。根：呈圆柱形，略弯曲；主根短，侧根发达，长短不等，直径 1 ～ 15 mm，须根众多；表面棕黄色，有细长的纵皱纹；质柔韧，不易折断，断面不平坦，黄白色，纤维性强；气微香，味苦而微凉。

【性味归经】味苦、辛，性寒；归肝、胆经。

【功能主治】地上部分：清热解暑，除蒸，截疟；用于暑邪发热，阴虚发热，夜热早凉，骨蒸劳热，疟疾寒热，湿热黄疸。根：用于劳热骨蒸，关节酸疼，便血。

【用法用量】地上部分：内服，煎汤，6～15 g，治疟疾可用 20～40 g，不宜久煎，鲜品用量加倍，水浸绞汁饮，或入丸、散；外用，适量，研末调敷，或鲜品捣敷，或煎水洗。根：内服，煎汤，3～15 g。

192. 蒌蒿 *Artemisia selengensis* Turcz. ex Bess.

【别名】水蒿、柳叶蒿、泥蒿。

【来源】菊科蒿属蒌蒿的全草。

【植物形态】多年生草本。根茎稍粗，直立或斜向上，有匍匐地下茎。茎少数或单一，初时绿褐色，后为紫红色，无毛，有明显纵棱。叶互生；下部叶在花期枯萎，中部叶密集，羽状深裂，侧裂片 1～2 对，线状披针形或线形，边缘有疏尖齿，先端渐尖，基部渐狭成柄，无假托叶；上部叶 3 裂或线形而全缘，上面绿色，无毛，背面被白色蛛丝状平贴的绵毛。头状花序近球形，具细梗，苞片小或无，在分枝上排成总状或复总状花序，并在茎上组成稍开展的圆锥花序，花后头状花序下垂；总苞片 3～4 层，外层卵形，黄褐色，被短绵毛，中层宽卵形，内层椭圆形，有宽膜质边缘；花黄色，外层雌性，内层两性，均结实。瘦果卵状椭圆形，略压扁，无毛。花果期 8—11 月。

【生境】生于湿润的疏林中、山坡、路旁、荒地。应城境内各地均有分布，一般见。模式标本采自湖北省孝感市应城市杨岭镇黄家湾，E113°28′46.7″，N30°58′55.8″。

【采收加工】春季采收嫩根苗，鲜用。

【质地】叶有柄，互生，羽状深裂，裂片再分裂，末端尖，叶背密被灰白色毛，茎上部叶有时全缘。花茎生于茎端及叶腋，着生多数小头状花序，排列成穗状花序；花冠筒状，呈淡黄色。

【性味归经】味苦、辛，性温。

【功能主治】开胃利膈；用于食欲不振。

【用法用量】内服：煎汤，5 ～ 10 g。

193. 鬼针草 *Bidens pilosa* L.

【别名】金盏银盘、盲肠草、豆渣菜、豆渣草。

【来源】菊科鬼针草属鬼针草的干燥全草。

【植物形态】一年生草本，茎直立，钝四棱形，无毛或上部被极稀疏的柔毛。茎下部叶较小，3 裂或不分裂，通常在开花前枯萎，三出，小叶 3 枚，很少为具 5（7）小叶的羽状复叶，两侧小叶椭圆形或卵状椭圆形，先端锐尖，基部近圆形或宽楔形，有时偏斜，不对称，具短柄，边缘有锯齿，顶生小叶较大，长椭圆形或卵状长圆形，先端渐尖，基部渐狭或近圆形，边缘有锯齿，无毛或被极稀疏的短柔毛，上部叶小，3 裂或不分裂，条状披针形。总苞基部被短柔毛，苞片 7 ～ 8 枚，条状匙形，上部稍宽，草质，边缘疏被短柔毛或几无毛，外层托片披针形，干膜质，背面褐色，具黄色边缘，内层较狭，条状披针形。无舌状花，盘花筒状，冠檐 5 齿裂。瘦果黑色，条形，略扁，具棱，上部具稀疏瘤状突起及刚毛，顶端芒刺 3 ～ 4 枚，具倒刺毛。

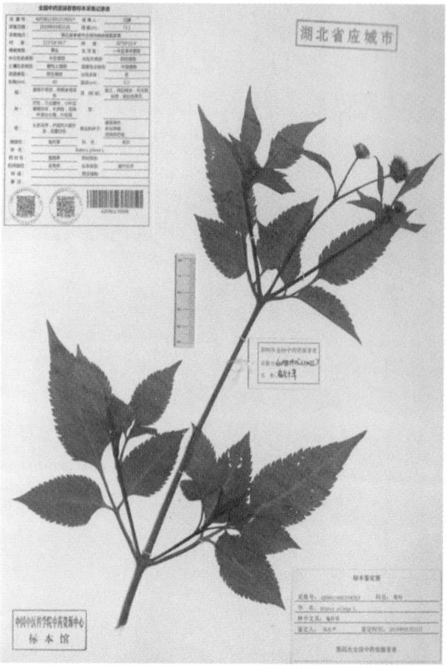

【生境】生于路边、荒野或住宅附近。应城境内各地均有分布，多见。模式标本采自湖北省孝感市应城市杨岭镇黄家湾，E113°28′38.7″，N30°59′02.4″。

【采收加工】夏、秋季采收，除去泥土，晒干备用。

【质地】茎略呈方形或圆柱形，幼茎被稀疏短柔毛，尤以节处为多。叶纸质，黄绿色，易碎，多皱缩或破碎，常脱落，完整叶片展平后二回羽状深裂，裂片披针形，上面无毛，下面主脉被疏毛。茎顶常有扁平盘状花托，着生 10 余枚针束状、有四棱的果实，偶见黄色的头状花序。气微，味淡。以身干、色绿、叶多、无杂质者为佳。

【性味归经】味苦，性平；归肝、肺、大肠经。

【功能主治】清热解毒，散瘀消肿；用于阑尾炎，肾炎，胆囊炎，肠炎，细菌性痢疾，肝炎，腹膜炎，上呼吸道感染，扁桃体炎，喉炎，闭经，烫伤，毒蛇咬伤，跌打损伤，皮肤感染。

【用法用量】内服：煎汤，15 ～ 30 g，鲜品倍量；或捣汁。外用：适量，捣敷；或取汁搽；或煎水熏洗。

194. 天名精 *Carpesium abrotanoides* L.

【别名】地菘、天蔓青、野烟叶、野烟。

【来源】菊科天名精属天名精的全草及干燥成熟果实（鹤虱）。

【植物形态】多年生粗壮草本。茎圆柱状，下部木质，近无毛，上部密被短柔毛，有明显的纵条纹，多分枝。基生叶于开花前凋萎，茎下部叶广椭圆形或长椭圆形，先端钝或锐尖，基部楔形，被短柔毛，老时脱落，几无毛，叶面粗糙，下面淡绿色，密被短柔毛，有细小腺点，边缘具不规整的钝齿，齿端有腺体状胼胝体；叶柄密被短柔毛；叶较密，长椭圆形或椭圆状披针形，先端渐尖或锐尖，基部宽楔形，无柄或具短柄。头状花序多数，生于茎端及沿茎、枝生于叶腋，近无梗，成穗状花序式排列，着生于茎端及枝端者具椭圆形或披针形苞叶 2 ～ 4 枚，腋生头状花序无苞叶或有时具 1 ～ 2 枚甚小的苞叶。总苞钟球形，基部宽，上端稍收缩，成熟时开展成扁球形；苞片 3 层，外层较短，卵圆形，先端钝或短渐尖，膜质或先端草质，具缘毛，背面被短柔毛，内层长圆形，先端圆钝或具不明显的啮蚀状小齿。雌花狭筒状，两性花筒状，向上渐宽，冠檐 5 齿裂。

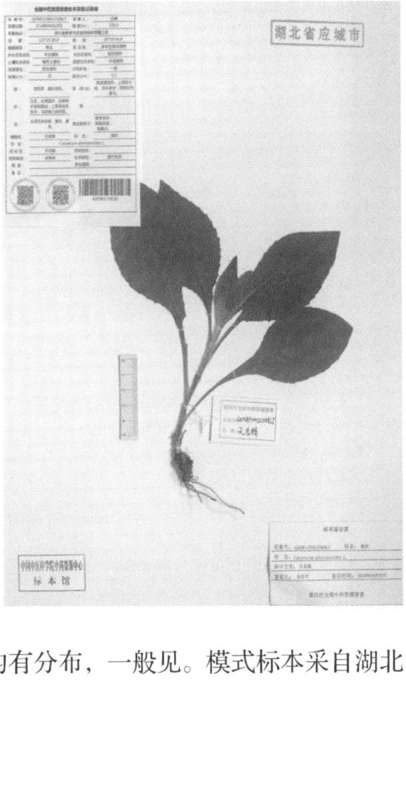

【生境】生于村旁、路边荒地、溪边及林缘。应城境内各地均有分布，一般见。模式标本采自湖北省孝感市应城市杨岭镇晏王塆，E113°25′28.8″，N30°59′44.4″。

【采收加工】全草：7—8 月采收，洗净，鲜用或晒干备用。果实：9—10 月果实成熟时割取地上部分，晒干，打下果实，洗净。

【质地】全草：根茎不明显，有多数细长的棕色须根；茎表面黄绿色或黄棕色，有纵条纹，上部多分枝，质较硬，易折断，断面类白色，髓白色、疏松；叶多皱缩或脱落，完整叶片呈卵状椭圆形或长椭圆形，先端尖或钝，基部狭成具翅的短柄，边缘有不规则锯齿，上面被贴生短毛，下面被短柔毛或腺点，质脆、易碎；头状花序多数，腋生，花序梗极短，花黄色；气特异，味淡、微辛。果实：圆柱状，细小；表面黄褐色或暗褐色，具多数纵棱；顶端收缩呈细喙状，先端扩展成灰白色圆环，基部稍尖，有着生痕迹；果皮薄，纤维性，种皮薄、透明，子叶 2，类白色，稍有油性；气特异，味微苦。

【性味归经】全草：味苦、辛，性寒；归肝、肺经。果实：味苦、辛，性平；有小毒；归脾、胃经。

【功能主治】全草：清热化痰，解毒杀虫，化瘀，止血；用于乳蛾，喉痹，急慢性惊风，牙痛，疮痈肿毒，痔瘘，皮肤痒疹，毒蛇咬伤，虫积，血瘕，吐血，衄血，血淋，创伤出血。果实：杀虫消积；用于蛔虫病，蛲虫病，绦虫病，虫积腹痛，小儿疳积。

【用法用量】全草：内服，煎汤，9 ~ 15 g；或研末，3 ~ 6 g；或捣汁；或入丸、散；外用，适量，捣敷，或煎水熏洗、含漱。果实：内服，多入丸、散，或煎汤，5 ~ 10 g。

195. 刺儿菜 *Cirsium setosum* (Willd.) MB.

【别名】青刺蓟、千针草、刺蓟菜。

【来源】菊科蓟属刺儿菜的干燥地上部分（小蓟）。

【植物形态】多年生草本。茎直立，上部有分枝，花序分枝无毛或被薄茸毛。基生叶和中部茎叶椭圆形、长椭圆形或椭圆状倒披针形，先端钝或圆形，基部楔形，通常无叶柄，有时有极短的叶柄，上部茎叶渐小，椭圆形、披针形或线状披针形，或全部茎叶不分裂，叶缘有细密的针刺，针刺紧贴叶缘，或叶缘有刺齿，齿顶针刺大小不等，或大部茎叶羽状浅裂、半裂或边缘有粗大圆锯齿，裂片或锯齿斜三角形，顶端钝，

齿顶及裂片顶端有较长的针刺，齿缘及裂片边缘的针刺较短且贴伏。全部茎叶两面同色，绿色，或下面色淡，两面无毛，极少两面异色，上面绿色，无毛，下面被稀疏或稠密的茸毛而呈灰色。头状花序单生于茎端，或少数或多数头状花序在茎枝顶端排列成伞房花序。总苞卵形、长卵形或卵圆形。总苞片约6层，覆瓦状排列，向内层渐长；内层及最内层长椭圆形至线形；中外层苞片顶端短针刺，内层及最内层渐尖，膜质，短针刺。小花紫红色或白色，细管部细丝状。瘦果淡黄色，椭圆形或偏斜椭圆形，压扁，顶端斜截形。冠毛污白色，多层，整体脱落；冠毛长羽毛状，顶端渐细。花果期5—9月。

【生境】生于山坡、河旁或荒地、田间。应城境内各地均有分布，一般见。模式标本采自湖北省孝感市应城市杨岭镇杨家塆，E113°29′50″，N30°59′30.4″。

【采收加工】夏、秋季花开时采割，除去杂质，晒干备用。

【质地】茎呈圆柱形；表面灰绿色或带紫色，具纵棱及白色毛；质脆，易折断，断面中空。叶互生，无柄或有短柄；叶片皱缩或破碎，完整叶片展平后呈椭圆形或线状披针形；全缘或微齿裂至羽状深裂，齿尖具针刺。头状花序单个或数个顶生；总苞钟状，苞片5～8层，黄绿色；花紫红色。气微，味微苦。

【性味归经】味甘、苦，性凉；归心、肝经。

【功能主治】凉血止血，散瘀，解毒消痈；用于衄血，吐血，尿血，血淋，便血，崩漏，外伤出血，疮痈肿毒。

【用法用量】内服：煎汤，10～15 g，鲜品30～60 g；或捣汁；或研末。外用：适量，捣敷；或煎水洗。

196. 小蓬草 *Conyza canadensis* (L.) Cronq.

【别名】小飞蓬、飞蓬、加拿大蓬、小白酒草、蒿子草。

【来源】菊科白酒草属小蓬草的全草。

【植物形态】一年生草本，根纺锤状，具纤维状根。茎直立，圆柱状，多少具棱，有条纹，被疏长硬毛，上部多分枝。叶密集，基部叶花期常枯萎，下部叶倒披针形，顶端尖或渐尖，基部渐狭成柄，边缘具疏锯齿或全缘，中部和上部叶较小，线状披针形或线形，近无柄或无柄，全缘或少有1～2齿，两面或仅上面被疏短毛，边缘常被上弯的硬缘毛。头状花序多数，小，排列成顶生多分枝的大圆锥花序；花序梗细，总苞近圆柱状；总苞片2～3层，淡绿色，线状披针形或线形，顶端渐尖，外层短于内层，背面被疏毛，边缘干膜质，无毛；花托平，具不明显的突起；雌花多数，舌状，白色，舌片小，稍超出花盘，线形，顶端具2小钝齿；两性花淡黄色，花冠管状，上端具4或5齿裂，管部上部被疏微毛；瘦果线状披针形，稍压扁，被贴微毛；冠毛污白色，1层，糙毛状。花期5—9月。

【生境】生于旷野、荒地、田边和路旁。应城境内各地均有分布，多见。模式标本采自湖北省孝感市应城市杨岭镇黄家湾，E113°28′39.7″，N30°58′54.1″。

【采收加工】夏、秋季采收，洗净，鲜用或晒干备用。

【质地】茎直立，表面黄绿色或绿色，具细棱及长硬毛。单叶互生，叶片展平呈线状披针形，基部狭，先端渐尖，具疏锯齿或全缘。多数小头状花序集成大圆锥花序，花黄棕色。气香特异，味微苦。

【性味归经】味微苦、辛，性凉；归肝、胆经。

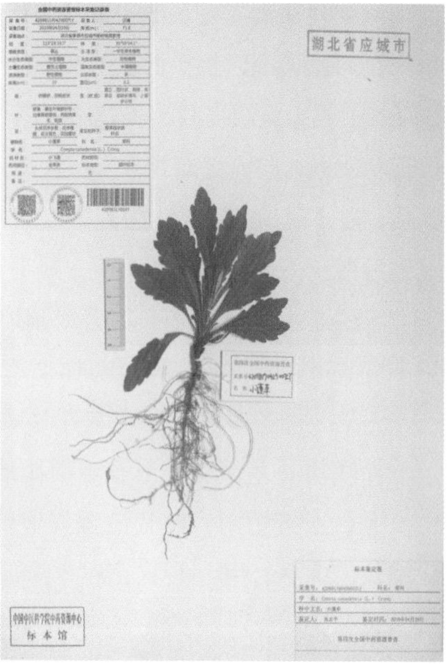

【功能主治】清热利湿，散瘀消肿；用于痢疾，肠炎，肝炎，胆囊炎，跌打损伤，风湿骨痛，疮痈肿痛，外伤出血，牛皮癣。

【用法用量】内服：煎汤，15 ～ 30 g。外用：适量，鲜品捣敷。

197. 野菊 *Chrysanthemum indicum* L.

【别名】苦薏、路边黄、山菊花。

【来源】菊科菊属野菊的根或全草、干燥头状花序。

【植物形态】多年生草本，有地下长或短匍匐茎。茎直立或铺散，分枝或仅在茎顶有伞房状花序分枝。茎枝被疏毛，上部及花序枝上的毛稍多或较多。基生叶和下部叶花期脱落。中部茎叶卵形、长卵形或椭圆状卵形，羽状半裂、浅裂或分裂不明显而边缘有浅锯齿。基部截形、稍心形或宽楔形，柄基无耳或有分裂的叶耳。两面同色或几同色，淡绿色，或干后两面呈橄榄色，有稀疏短柔毛，或下面的毛稍多。多数在茎顶排列成疏松的伞房圆锥花序或少数在茎顶排列成伞房花序。总苞片约 5 层，外层卵形或卵状三角形，中层卵形，内层长椭圆形。全部苞片边缘白色或褐色，宽膜质，顶端钝或圆。舌状花黄色，顶端全缘或 2 ～ 3 齿。花期 6—11 月。

【生境】生于山坡、草地、灌丛、田边及路旁。应城境内各地均有分布，多见。模式标本采自湖北省孝感市应城市杨岭镇易家塆，E113°27′44.5″，N30°59′44.5″。

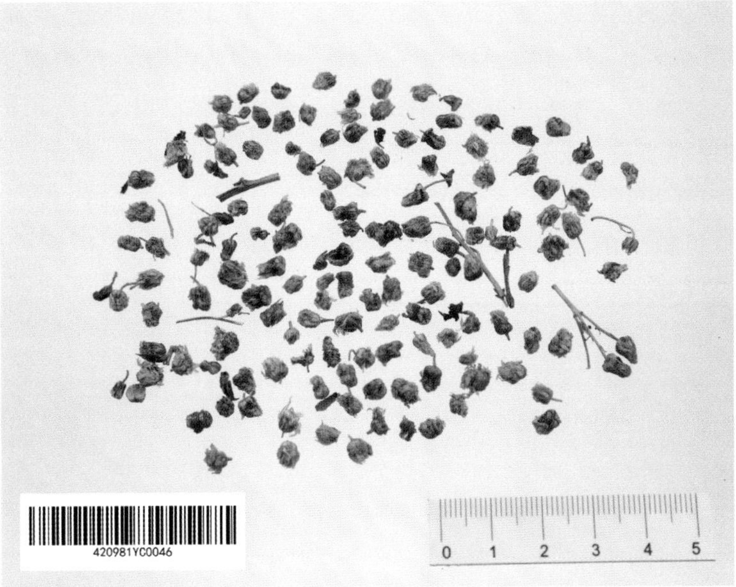

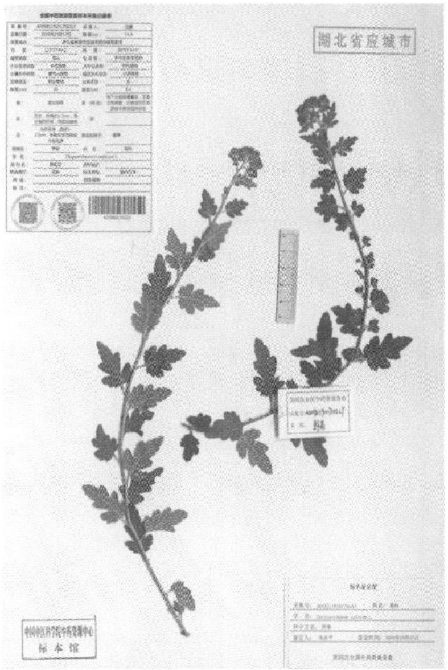

【采收加工】根或全草：夏、秋季采收，鲜用或晒干备用。花序：秋季花盛期分批采收，鲜用或晒干备用。

【质地】根或全草：主根圆柱形，浅棕褐色；茎圆柱形，易折断，断面呈黄白色；叶互生，卵形或矩圆形，羽状深裂，侧裂片 2 对，叶片呈绿色；头状花序扁球形，直径 0.5 ～ 1.5 cm，总苞片 4 ～ 5 层，外层苞片卵形或卵状三角形，被白毛，边缘膜质，内层苞片卵形，膜质，无毛；总苞基部残留有花梗；舌状花 1 轮，黄色，多皱缩，管状花多数，深黄色；叶苦，嚼之有清凉感。花序：类球形，棕黄色；总苞由 4 ～ 5 层苞片组成，外层苞片卵形或卵状三角形，外表面中部灰绿色或浅棕色，通常被白毛，边缘膜质，内层苞片卵形，膜质，无毛；总苞基部残留有花梗；舌状花 1 轮，黄色，皱缩卷曲，管状花多数，深黄色；体轻；气芳香，味苦。

【性味归经】根或全草：味苦、辛，性寒；归肝经。花序：味苦、辛，性凉；归肝、心经。

【功能主治】根或全草：清热解毒；用于感冒，气管炎，肝炎，高血压，痢疾，痈肿，疔疮，目赤肿痛，瘰疬，湿疹。花序：清热解毒，疏风平肝；用于疔疮，痈疽，丹毒，湿疹，皮炎，风热感冒，咽喉肿痛，高血压。

【用法用量】根或全草：内服，煎汤，6 ～ 12 g，鲜品 30 ～ 60 g，或捣汁；外用，适量，捣敷，或煎水洗，或熬膏搽。花序：内服，煎汤，10 ～ 15 g，鲜品 30 ～ 60 g；外用，适量，捣敷，或煎水含漱、淋洗。

198. 一年蓬 *Erigeron annuus* (L.) Pers.

【别名】治疟草、千层塔。

【来源】菊科飞蓬属一年蓬的全草。

【植物形态】一年生或二年生草本，茎粗壮，直立，上部有分枝，绿色，下部被开展的长硬毛，上部被较密的上弯的短硬毛。基部叶花期枯萎，长圆形或宽卵形，少有近圆形，顶端尖或钝，基部狭成具翅的长柄，边缘具粗齿，下部叶与基部叶同形，但叶柄较短，中部和上部叶较小，长圆状披针形或披针形，顶端尖，具短柄或无柄，边缘有不规则的齿或近全缘，最上部叶线形，全部叶边缘被短硬毛，两面被疏短硬毛或有时近无毛。头状花序数个或多数，排列成疏圆锥花序，总苞半球形，总苞片 3 层，草质，披针形，近等长或外层稍短，淡绿色或多少褐色，背面密被腺毛和疏长节毛；外围的雌花舌状，2 层，上部被疏微毛，舌片平展，白色，或有时淡天蓝色，线形，顶端具 2 小齿，花柱分枝线形；中央的两性花管状，黄色，檐部近倒锥形，裂片无毛；瘦果披针形，压扁，被疏贴柔毛；冠毛异形，雌花的冠毛极短，膜片状连成小冠，两性花的冠毛 2 层，外层鳞片状，内层为 10 ～ 15 条刚毛。花期 6—9 月。

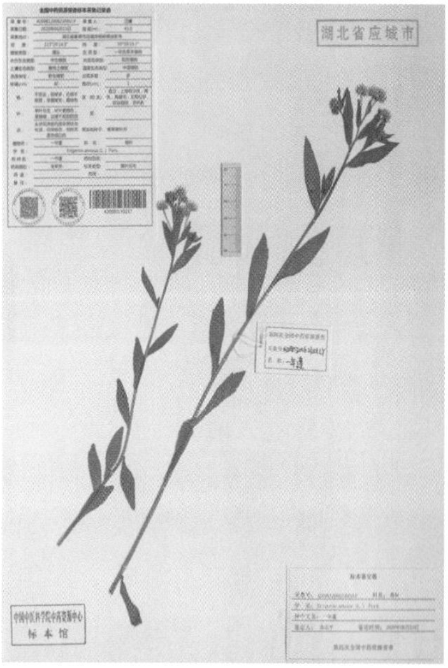

【生境】生于路边、旷野或山坡、荒地。应城境内各地均有分布，多见。模式标本采自湖北省孝感市应城市杨岭镇徐家湾，E113°29′14.9″，N30°59′19.7″。

【采收加工】夏、秋季采收，洗净，鲜用或晒干备用。

【质地】根呈圆锥形，有分枝，黄棕色，具多数须根。全体疏被粗毛。茎呈圆柱形，表面黄绿色，有纵棱线，质脆，易折断，断面有白色的髓。单叶互生，叶片皱缩或已破碎，完整叶片展平后呈披针形，黄绿色。有的于枝顶和叶腋可见头状花序排列成伞房状或圆锥状花序。气微，味微苦。

【性味归经】味甘、苦，性凉；归胃、大肠经。

【功能主治】消食止泻，清热解毒，截疟；用于消化不良，胃肠炎，牙龈炎，疟疾，毒蛇咬伤。

【用法用量】内服：煎汤，30 ～ 60 g。外用：适量，捣敷。

199. 林泽兰（原变种） *Eupatorium lindleyanum* DC. var. *lindleyanum*

【别名】白鼓钉、化食草、毛泽兰、野马追。

【来源】菊科泽兰属林泽兰的干燥地上部分。

【植物形态】多年生草本。根茎短，有多数细根。茎直立，下部及中部红色或淡紫红色，常自基部分枝或不分枝而上部仅有伞房状花序分枝；全部茎枝被稠密的白色长或短柔毛。下部茎叶花期脱落；中部茎叶长椭圆状披针形或线状披针形，不分裂或 3 全裂，质厚，基部楔形，顶端急尖，三出基脉，两面粗糙，被白色长或短粗毛及黄色腺点，上面及沿脉的毛密；自中部向上与向下的叶渐小，与中部茎叶同形同质；全部茎叶基出三脉，边缘有深或浅齿，无柄或几无柄。头状花序多数在茎顶或枝端排列成紧密的伞房花序；花序枝及花梗紫红色或绿色，被白色密集的短柔毛。总苞钟状，含 5 朵小花；总苞片覆瓦状排列，约 3 层；外层苞片短，披针形或宽披针形，中层及内层苞片渐长，长椭圆形或长椭圆状披针形；全部苞片绿色或紫红色，顶端急尖。花白色、粉红色或淡紫红色，外面散生黄色腺点。瘦果黑褐色，长 3 mm，椭圆状，5 棱，散生黄色腺点；冠毛白色，与花冠等长或稍长。花果期 5—12 月。

【生境】生于湿润山坡、草地或溪旁。应城境内各地均有分布，多见。模式标本采自湖北省孝感市应城市杨岭镇易家塆，E113°25′25.3″，N30°58′53.8″。

【采收加工】秋季花初开时采割，晒干备用。

【质地】茎呈圆柱形；表面黄绿色或紫褐色，有纵棱，密被毛；质硬，易折断，断面纤维性，髓部白色。叶对生，无柄或几无柄；叶片多皱缩，展平后叶片 3 全裂，似轮生，裂片条状披针形，中间裂片较长；先端钝圆，边缘具疏锯齿，上表面绿褐色，下表面黄绿色，两面被毛，有腺点。头状花序顶生。气微，味微苦、涩。

【性味归经】味苦，性平；归肺经。

【功能主治】化痰止咳，平喘；用于痰多咳嗽，气喘。

【用法用量】内服：煎汤，30 ～ 60 g。

200. 鼠麴草 *Gnaphalium affine* D. Don

【别名】鼠曲草、鼠耳、香茅、鼠耳草。

【来源】菊科鼠麴草属鼠麴草的全草。

【植物形态】一年生草本，全株密被白绵毛。茎直立，通常基部分枝成丛。叶互生，基生叶花后凋落，下部和中部叶匙形或倒披针形，基部渐狭，下延，两面均被白绵毛。头状花序多数，排成伞房状；总苞球状钟形，总苞片3层，金黄色，干膜质；花黄色，边缘雌花花冠丝状，中央两性花管状。瘦果长椭圆形，具乳头状突起，冠毛黄白色。花期4—7月，果期8—9月。

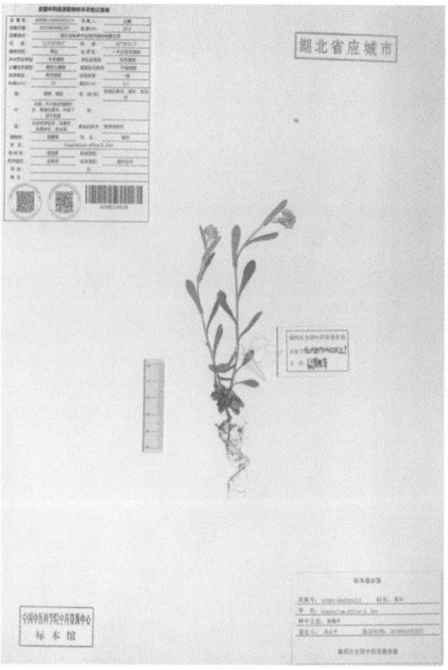

【生境】生于山坡、路旁、田边。应城境内各地均有分布，一般见。模式标本采自湖北省孝感市应城市杨岭镇晏王垮，E113°25′06.5″，N30°59′41.5″。

【采收加工】春、夏季花开时采收，除去杂质，晒干备用。

【质地】本品密被白绵毛。根纹细，灰棕色。茎常自基部分枝成丛。叶皱缩卷曲，展平后叶片呈匙形或倒披针形，全缘，两面均密被白绵毛。头状花序顶生，多数，金黄色或棕黄色，舌状花及管状花多已脱落，花托扁平，有花脱落后的痕迹。气微，味微甘。以色灰白、叶及花多者为佳。

【性味归经】味甘、微酸，性平；归肺经。

【功能主治】化痰止咳，祛风除湿，解毒；用于咳嗽痰多，风湿痹痛，泄泻，水肿，蚕豆病，赤白带下，痈肿，疔疮，阴囊湿痒，荨麻疹，高血压。

【用法用量】内服：煎汤，6～15 g；或研末；或浸酒。外用：适量，煎水洗；或捣敷。

201. 旋覆花 *Inula japonica* Thunb.

【别名】猫耳朵、六月菊、金佛草、金佛花。

【来源】菊科旋覆花属旋覆花的根和干燥头状花序。

【植物形态】多年生草本。根状茎短，横走或斜升，有多少粗壮的须根。茎单生，有时2～3个簇生，直立，有时基部具不定根，有细沟，被长伏毛，或下部有时脱毛，上部有上升或开展的分枝，全部有叶。基部叶常较小，在花期枯萎；中部叶长圆形、长圆状披针形或披针形，基部多少狭窄，常有圆形半抱茎的小耳，无柄，顶端稍尖或渐尖，边缘有小尖头状疏齿或全缘，上面有疏毛或近无毛，下面有疏伏毛和腺点；中脉和侧脉有较密的长毛；上部叶渐狭小，线状披针形。多数或少数排列成疏散的伞房花序；花序梗细长。总苞半球形；总苞片约6层，线状披针形，近等长，但最外层常叶质而较长；

外层基部革质，上部叶质，背面有伏毛或近无毛，有缘毛；内层除绿色中脉外干膜质，渐尖，有腺点和缘毛。舌状花黄色，较总苞长 2 ～ 2.5 倍；舌片线形；管状花花冠有三角状披针形裂片；冠毛 1 层，白色，有 20 余条微糙毛，与管状花近等长。瘦果圆柱形，有 10 条沟，顶端截形，被疏短毛。花期 6—10 月，果期 9—11 月。

【生境】生于山坡、路旁、湿润草地、河岸和田埂上。应城境内各地均有分布，一般见。模式标本采自湖北省孝感市应城市杨岭镇晏王塆，E113°26′10.1″，N31°00′09.9″。

【采收加工】根：秋季采挖，洗净，晒干备用。花序：7—10 月分批采收，晒干备用。

【质地】花序：扁球形或类球形；总苞由多数苞片组成，呈覆瓦状排列，苞片披针形或条形，灰黄色，总苞基部有时残留花梗，苞片及花梗表面被白色茸毛，舌状花 1 列，黄色，多卷曲，常脱落，先端 3 齿裂，管状花多数，棕黄色，先端 5 齿裂，子房顶端有多数白色冠毛；有的可见圆柱形小瘦果；体轻，易散碎；气微，味微苦。

【性味归经】根：味苦、辛、咸，性微温。花序：味苦、辛、咸，性微温；归肺、脾、胃、大肠经。

【功能主治】根：祛风湿，平喘咳，解毒生肌；用于风湿痹痛，喘咳，疔疮。花序：消痰行水，降气止呕；用于喘咳痰黏，呕吐嗳气，胸痞胁痛。

【用法用量】根：内服，煎汤，9 ～ 15 g；外用，适量，捣敷。花序：内服，煎汤，3 ～ 10 g。

202. 马兰 *Kalimeris indica* (L.) Sch. -Bip.

【别名】蓑衣莲、鱼鳅串、路边菊、田边菊。

【来源】菊科马兰属马兰的全草或根。

【植物形态】多年生草本。根茎有匍匐枝。茎直立，上部或从下部起有分枝，上部有短毛。叶互生；叶基渐狭成具翅的长柄；叶片薄质，倒卵状长圆形或倒披针形，叶缘从中部以上有齿，或羽状裂片，两面或上面被疏微毛或无毛；上部叶小，全缘，无柄。头状花序单生，在枝端排列成疏伞房状；总苞半球形，内层倒披针状长圆形，外层倒披针形；外部舌状花 1 层，15 ～ 20 朵，舌片淡紫色；内层管状花被短毛。瘦果倒卵状长圆形，极扁，褐色，边缘色浅而有厚肋，上部有腺毛及短柔毛，不等长，易脱落。花期 5—9 月，果期 8—10 月。

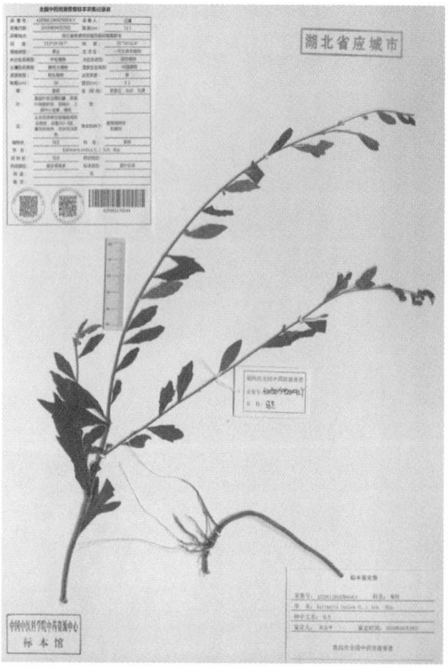

【生境】生于路边、山野、山坡上。应城境内各地均有分布，多见。模式标本采自湖北省孝感市应城市杨岭镇黄家湾，E113°28′38.7″，N30°59′02.4″。

【采收加工】7—10 月采收，鲜用或晒干备用。

【质地】根茎呈细长圆柱形，着生多数浅细纵纹，质脆，易折断，断面柱形，表面黄绿色，有细纵纹，质脆，易折断，断面中央有白色髓。叶互生，叶片皱缩卷曲，多已碎落，完整叶片展平后呈倒卵状毛圆形或倒披针形，有的于枝顶可见头状花序，花淡紫色或已结果。瘦果倒卵状长圆形，扁平，有毛。气微，味淡、微涩。

【性味归经】味辛，性凉；归肺、肝、胃、大肠经。

【功能主治】凉血止血，清热利湿，解毒消肿；用于吐血，衄血，血痢，崩漏，创伤出血，黄疸，水肿，淋浊，感冒，咳嗽，咽痛喉痹，痔疮，痈肿，丹毒。

【用法用量】内服：煎汤，10 ～ 30 g，鲜品 30 ～ 60 g；或捣汁。外用：适量，捣敷；或煎水熏洗。

203. 稻槎菜 *Lapsana apogonoides* Maxim.

【别名】鹅里腌、回荠。

【来源】菊科稻槎菜属稻槎菜的全草。

【植物形态】一年生矮小草本。茎细，自基部发出多数或少数的簇生分枝及莲座状叶丛；全部茎枝柔软，被细柔毛或无毛。基生叶椭圆形、长椭圆状匙形或长匙形，大头羽状全裂或几全裂，顶裂片卵形、菱形或椭圆形，边缘有极稀疏的小尖头，或长椭圆形而边缘大锯齿，齿顶有小尖头，侧裂片 2 ～ 3 对，椭圆形，边缘全缘或有极稀疏的针刺状小尖头；茎生叶少数，与基生叶同形并等样分裂，向上茎叶渐小，不裂。全部叶质地柔软，两面同色，绿色，或下面色淡，淡绿色，几无毛。头状花序小，果期下垂或歪斜，少数（6 ～ 8 枚）在茎枝顶端排列成疏松的伞房状圆锥花序，花序梗纤细，总苞椭圆形或长圆形；总苞片 2 层，外层卵状披针形，内层椭圆状披针形，先端喙状；全部总苞片草质，外面无毛。舌状小花黄色，两性。瘦果淡黄色，稍压扁，长椭圆形或长椭圆状倒披针形，有 12 条粗细不等细纵肋，肋上有微粗毛，顶端两侧各有 1 枚下垂的长钩刺，无冠毛。花果期 1—6 月。

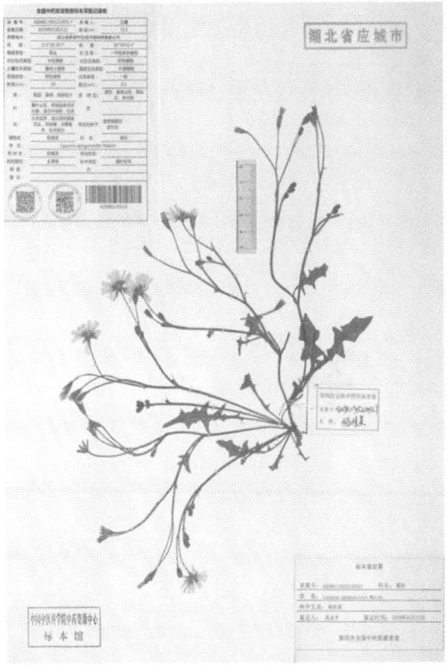

【生境】生于田野、荒地及路边。应城境内各地均有分布，一般见。模式标本采自湖北省孝感市应城市杨岭镇黄家么塆，E113°28′38.7″，N30°59′02.4″。

【采收加工】春、夏季采收，洗净，鲜用或晒干备用。

【质地】本品细弱，直根，须根较少；茎柔软，基部丛生，具纵纹，多分枝，基叶丛生，茎生叶柄短，纸质；少数头状花序排列成疏松的伞房状圆锥花序，有细梗，花瓣黄色，轮状排列；瘦果长椭圆形。

【性味归经】味苦，性平；归肺、肝经。

【功能主治】清热解毒，透疹；用于咽喉肿痛，痢疾，疮痈肿毒，蛇咬伤，麻疹透发不畅。

【用法用量】内服：煎汤，15 ～ 30 g；或捣汁。外用：适量，鲜品捣敷。

204. 火绒草 *Leontopodium leontopodioides* (Willd.) Beauv.

【别名】老头草、薄雪草、老头艾。

【来源】菊科火绒草属火绒草的地上部分。

【植物形态】多年生草本。地下茎粗壮，为短叶鞘所包裹，有多数簇生的花茎和与花茎同形的根出条，无莲座状叶丛。花茎直立，较细，被灰白色长柔毛或白色近绢状毛，不分枝或有时上部有伞房状或近总状花序枝，下部有较密、上部有较疏的叶。叶直立，条形或条状披针形，无鞘，无柄，上面灰绿色，被柔毛，下面被白色或灰白色密绵毛或有时被绢毛。苞叶少数，较上部叶稍短，长圆形或条形，两面或下面被白色或灰白色厚茸毛，在雄株多少开展成苞叶群，在雌株多少直立，不排列成明显的苞叶群。头状花序大，在雌株常有较长的花序梗排列成伞房状；总苞半球形，被白色绵毛；总苞片约 4 层，常狭尖，稍露出茸毛之上；小花雌雄异株，稀同株；雄花花冠狭漏斗状，有小裂片；雌花花冠丝状，花后生长；冠毛白色；雄花冠毛有锯齿或毛状齿；雌花冠毛有微齿；不育的子房无毛或有乳头状突起。瘦果长圆形，黄褐色，有乳头状突起或密粗毛。花果期 7—10 月。

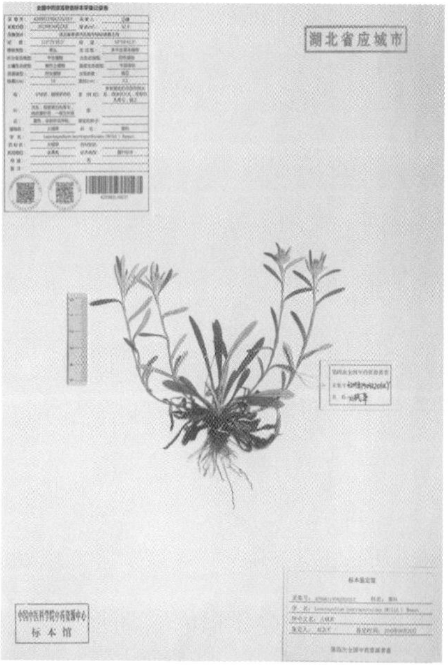

【生境】生于石砾地、山地。应城境内各地均有分布，偶见。模式标本采自湖北省孝感市应城市杨岭镇晏王塆，E113°25′06.5″，N30°59′41.5″。

【采收加工】夏、秋季采割，洗净，晒干备用。

【质地】本品须根众多，表面褐色，内为黄白色。根状茎分枝短缩。茎圆柱形，质脆，密被毛。叶多反卷皱缩，完整叶片展开后呈条形或条状披针形，顶端有明显的尖头，两面被毛，上面较疏呈灰绿色，下面较密呈灰白色。苞叶披针形或椭圆形，与茎上部叶近等长，两面密被毛。头状花序多，密集，冠毛白色。气微，味微苦。

【性味归经】味微苦，性寒；归肺、肾经。

【功能主治】疏风清热，利尿，止血；用于流行性感冒，急、慢性肾炎，尿路感染，创伤出血。

【用法用量】内服：煎汤，9 ～ 15 g。

205. 翅果菊 *Pterocypsela indica* (L.) Shih

【别名】野莴苣、山马草、苦莴苣、山莴苣。

【来源】菊科翅果菊属翅果菊的全草或根。

【植物形态】一年生或二年生草本。茎无毛，上部有分枝。叶互生，无柄；叶形多变化，条形、长椭圆状条形或条状披针形，不分裂而基部扩大戟形半抱茎至羽状或倒向羽状深裂或全裂，裂片边缘缺刻状或具锯齿状针刺；上部叶花期枯萎；上部叶变小，条状披针形或条形；全部叶有狭窄膜片状长毛。头状花序在茎顶排列成宽或窄的圆锥花序；每个头状花序有小花 25 朵，舌状花淡黄色或白色。瘦果黑色，压扁，边缘不明显，内弯，每面仅有 1 条纵肋，喙短而明显，冠毛白色。花果期 9—11 月。

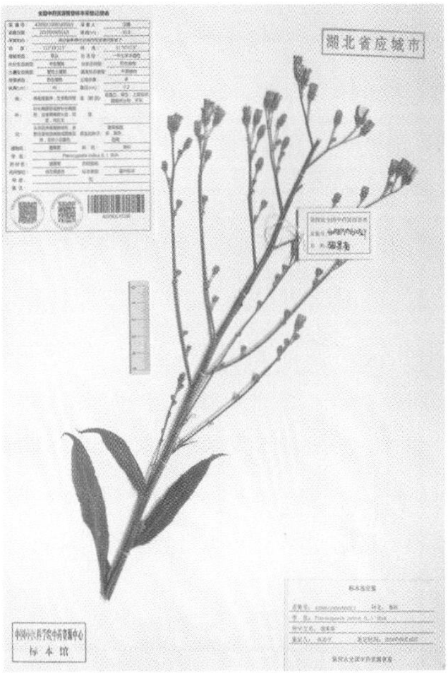

【生境】生于田间、路旁、灌丛。应城境内各地均有分布，多见。模式标本采自湖北省孝感市应城市田店镇何家坡子，E113°25′52.5″，N31°00′07.6″。

【采收加工】春、夏季采收，洗净，鲜用或晒干备用。

【质地】根呈圆锥形，多自顶部分枝；顶端有圆盘形的芽或芽痕；表面灰黄色或灰褐色，具细纵皱纹及横向点状须根痕，经加工蒸煮者呈黄棕色，半透明状；质坚实，较易折断，折断面近平坦，隐约可见不规则的形成层环纹，有时有放射状裂隙；气微臭，味微甜而后苦。茎长条形而皱缩，叶互生，无柄，叶形多变，叶缘不分裂、深裂或全裂，基部扩大戟形半抱茎；有的可见头状花序或果序；果实黑色，有白色冠毛；气微，味微甜而后苦。

【性味归经】味苦，性寒；归胃经。

【功能主治】清热解毒，活血，止血；用于咽喉肿痛，肠痈，疮痈肿毒，宫颈炎，产后血瘀腹痛，疣瘤，崩漏，痔疮出血。

【用法用量】内服：煎汤，9 ~ 15 g。外用：适量，鲜品捣敷。

206. 千里光 *Senecio scandens* Buch. -Ham. ex D. Don

【别名】九里明、九领光、千里急、眼明草。

【来源】菊科千里光属千里光的干燥地上部分。

【植物形态】多年生攀援草本，根状茎木质，粗。茎伸长，弯曲，多分枝，被柔毛或无毛，老时变木质，皮淡色。叶具柄，叶片卵状披针形至长三角形，顶端渐尖，基部宽楔形、截形、戟形或稀心形，通常具浅或深齿，稀全缘，有时具细裂或羽状浅裂，至少向基部具 1 ~ 3 对较小的侧裂片，两面被短柔毛或无毛；羽状脉，侧脉 7 ~ 9 对，弧状，叶脉明显；叶柄具柔毛或近无毛，无耳或基部有小耳；上部叶变小，披

针形或线状披针形，长渐尖。头状花序有舌状花，多数，在茎端排列成顶生复聚伞圆锥花序；分枝和花序梗被短柔毛；花序具苞片，小苞片通常 1 ～ 10 枚，线状钻形。总苞圆柱状钟形，具外层苞片；苞片约 8 枚，线状钻形。总苞片 12 ～ 13 枚，线状披针形，渐尖，上端和上部边缘有缘毛状短柔毛，草质，边缘宽干膜质，背面有短柔毛或无毛，具 3 脉。舌状花 8 ～ 10；舌片黄色，长圆形，钝，具 3 细齿，具 4 脉；管状花多数；花冠黄色，檐部漏斗状；裂片卵状长圆形，尖，上端有乳头状毛。花药基部有钝耳；耳长约为花药颈部的 1/7；附片卵状披针形；花药颈部伸长，向基部略膨大；花柱分枝顶端截形，有乳头状毛。瘦果圆柱形，被柔毛；冠毛白色。

【生境】生于灌丛中。应城境内各地均有分布，一般见。模式标本采自湖北省孝感市应城市杨岭镇易家塆，E113°27′44.5″，N30°59′44.5″。

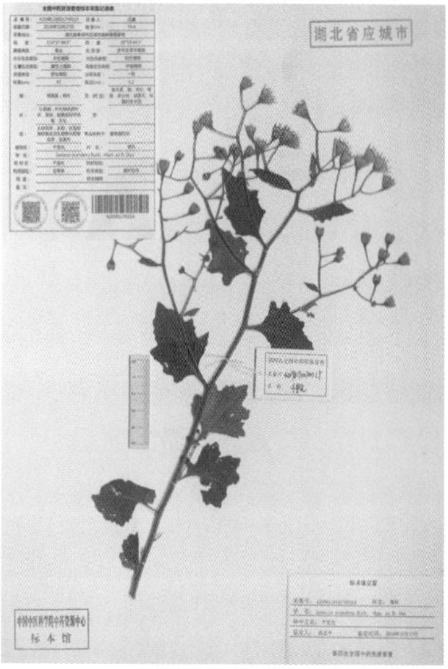

【采收加工】全年均可采收，除去杂质，阴干备用。

【质地】茎呈细圆柱形，稍弯曲，上部有分枝；表面灰绿色、黄棕色或紫褐色，具纵棱，密被柔毛。叶互生，多皱缩、破碎，完整叶片展平后呈卵状披针形至长三角形，有时具侧裂片，边缘有不规则锯齿，基部戟形或截形，两面被柔毛。头状花序；总苞钟形；花黄色至棕色，冠毛白色。气微，味苦。

【性味归经】味苦，性寒；归肺、肝经。

【功能主治】清热解毒，明目，利湿；用于疮痈肿毒，感冒发热，目赤肿痛，泄泻，痢疾，皮肤湿疹。

【用法用量】内服：煎汤，9 ～ 15 g；或入丸、散。外用：适量，研末调敷。

207. 一枝黄花 *Solidago decurrens* Lour.

【别名】野黄菊、山边半枝香、洒金花。

【来源】菊科一枝黄花属一枝黄花的干燥全草。

【植物形态】多年生草本。茎直立，通常细弱，单生或少数簇生，不分枝或中部以上有分枝。中部茎叶椭圆形、长椭圆形、卵形或宽披针形，下部楔形渐窄，有具翅的柄，仅中部以上边缘有细齿或全缘；向上叶渐小；下部叶与中部茎叶同形，有长 2 ～ 4 cm 或更长的翅柄。全部叶质地较厚，叶两面、沿脉及叶缘有短柔毛或下面无毛。头状花序较小，多数在茎上部排列成紧密或疏松的总状花序或伞房圆锥花序，少有排列成复头状花序。总苞片 4 ～ 6 层，披针形或披狭针形，顶端急尖或渐尖。舌状花舌片椭圆形。瘦果无毛，极少在顶端被疏柔毛。花果期 4—11 月。

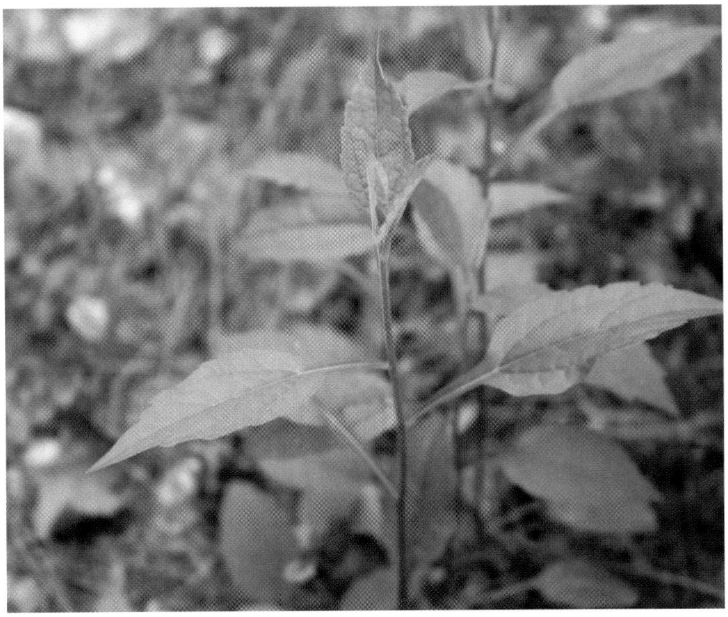

【生境】生于阔叶林缘、林下、灌丛中及山坡、草地上。应城境内各地均有分布，一般见。模式标本采自湖北省孝感市应城市杨岭镇金家塆，E113°28′20.3″，N30°59′26.6″。

【采收加工】秋季采挖，除去泥沙，晒干备用。

【质地】根茎短粗，簇生淡黄色细根。茎圆柱形；表面黄绿色、灰棕色或暗紫红色，有棱线，上部被毛；质脆，易折断，断面纤维性，有髓。单叶互生，多皱缩、破碎，完整叶片展平后呈卵形或披针形；先端稍尖或钝，全缘或有不规则的疏锯齿，基部下延成柄。头状花序排成总状，偶有黄色舌状花残留，多皱缩扭曲，苞片 3 层，卵状披针形。瘦果细小，冠毛黄白色。气微香，味微苦、辛。

【性味归经】味辛、苦，性凉；归肺、肝经。

【功能主治】清热解毒，疏散风热；用于喉痹，乳蛾，咽喉肿痛，疮痈肿毒，风热感冒。

【用法用量】内服：煎汤，9 ～ 15 g，鲜品 20 ～ 30 g。外用：适量，鲜品捣敷；或煎汁搽。

208. 苦苣菜 *Sonchus oleraceus* L.

【别名】滇苦菜、苦荬菜、滇苦荬菜。

【来源】菊科苦苣菜属苦苣菜的全草。

【植物形态】一年生或二年生草本。根圆锥状，垂直直伸，有多数纤维状的须根。茎直立，单生，有纵条棱或条纹，不分枝或上部有短的伞房花序状或总状花序式分枝，全部茎枝光滑无毛，或上部花序分枝及花序梗被头状具柄的腺毛。基生叶羽状深裂，全形长椭圆形或倒披针形，或大头羽状深裂，全形倒披针形，或基生叶不裂，全形椭圆形、椭圆状戟形、三角形、三角状戟形或三角状圆形，全部基生叶基部渐狭成长或短翼柄；中下部茎叶羽状深裂或大头状羽状深裂，全形椭圆形或倒披针形，基部急狭成翼柄，翼狭窄或宽大，向柄基且逐渐加宽，柄基圆耳状抱茎，顶裂片与侧裂片等大、较大或大，宽三角形、戟状宽三角形、卵状心形，侧生裂片 1 ～ 5 对，椭圆形，常下弯，全部裂片顶端急尖或渐尖，下部茎叶或接花序分枝下方的叶与中下部茎叶同型并等样分裂或不分裂而呈披针形或线状披针形，且顶端长渐尖，下部宽大，基部半抱茎；全部叶或裂片边缘及抱茎小耳边缘有大小不等的急尖锯齿或大锯齿，或上部及接花序分枝处的叶边缘大部分全缘或上半部边缘全缘，顶端急尖或渐尖，两面光滑无毛，质地薄。头状花序少数在茎顶排列成紧密的伞房花序或总状花序或单生于茎顶。总苞宽钟状；总苞片 3 ～ 4 层，覆瓦状排列，向内层渐长；外层长披针形或长三角形，中、内层长披针形至线状披针形；全部总苞片顶端长急尖，外面无毛或外层或中、内层上部沿中脉有少数头状具柄的腺毛。舌状小花多数，黄色。瘦果褐色，长椭圆形或长椭圆状倒披针形，压扁，每面各有 3 条细脉，肋间有横皱纹，顶端狭，无喙，冠毛白色，单毛状，彼此纠缠。花果期 5—12 月。

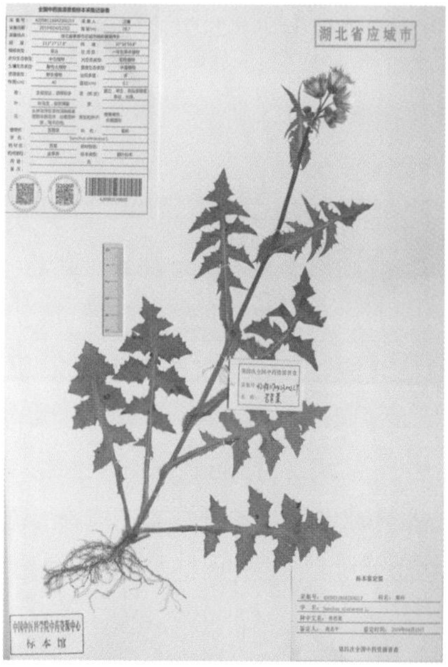

【生境】生于山坡、林下、平地田间、空旷处或近水处。应城境内各地均有分布，多见。模式标本采自湖北省孝感市应城市杨岭镇吴榨乡，E113°27′17.8″，N30°58′56.8″。

【采收加工】全年均可采收，鲜用或晒干备用。

【质地】本品皱缩、卷曲。茎表面黄绿色，具纵棱，基部略带淡紫色，上部有的被暗褐色毛；质脆，易折断，断面中空。叶互生，皱缩、破碎，完整叶片展平后呈椭圆状或倒披针形，一回羽状深裂至全裂，裂片边缘有不规则的小尖刺，顶端裂片较大，基生叶叶片下延略呈翅状，叶面光滑无毛，上面黄绿色，下面灰绿色。有的在茎顶可见头状花序，舌状花黄色，有的可见果实。气微，味微苦。

【性味归经】味苦，性寒；归肝经。

【功能主治】清热解毒，凉血止血；用于肠炎，痢疾，急性黄疸型肝炎，阑尾炎，乳腺炎，口腔炎，咽炎，扁桃体炎，吐血，衄血，咯血，便血，崩漏，疮痈肿毒，中耳炎。

【用法用量】内服：煎汤，15 ～ 30 g。外用：适量，鲜品捣敷；或捣汁滴耳。

209. 蒲公英 *Taraxacum mongolicum* Hand. -Mazz.

【别名】黄花地丁、婆婆丁、蒲公草、耩褥草。

【来源】菊科蒲公英属蒲公英的干燥全草。

【植物形态】多年生草本。根圆柱状，黑褐色，粗壮。叶倒卵状披针形、倒披针形或长圆状披针形，先端钝或急尖，边缘有时具波状齿或羽状深裂，有时倒向羽状深裂或大头羽状深裂，顶端裂片较大，三角形或三角状戟形，全缘或具齿，每侧裂片 3 ～ 5 片，裂片三角形或三角状披针形，通常具齿，平展或倒向，裂片间常夹生小齿，基部渐狭成叶柄，叶柄及主脉常带红紫色，疏被蛛丝状白色柔毛或几无毛。花葶一至数个，与叶等长或稍长，上部紫红色，密被蛛丝状白色长柔毛；总苞钟状，淡绿色；总苞片 2 ～ 3 层，外层总苞片卵状披针形或披针形，边缘宽膜质，基部淡绿色，上部紫红色，先端增厚或具小到中等的角状突起；内层总苞片线状披针形，先端紫红色，具小角状突起；舌状花黄色，边缘花舌片背面具紫红色条纹，花药和柱头暗绿色。瘦果倒卵状披针形，暗褐色，上部具小刺，下部具成行排列的小瘤，顶端逐渐收缩为圆锥形至圆柱形喙基，纤细；冠毛白色。花期 4—9 月，果期 5—10 月。

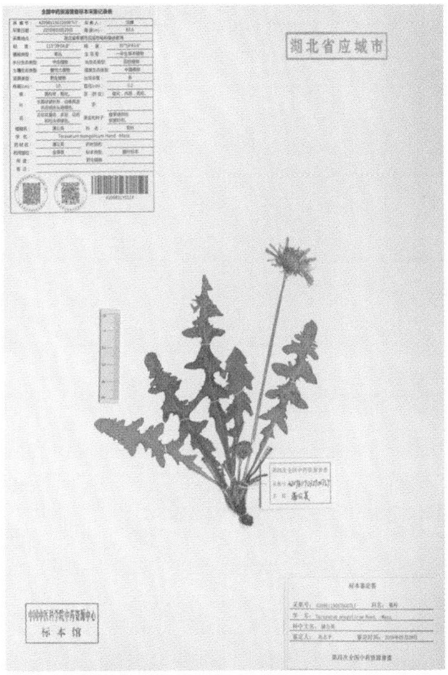

【生境】生于山坡、草地、路边、田野。应城境内各地均有分布，多见。模式标本采自湖北省孝感市应城市杨岭镇徐家塆，E113°29′04.8″，N30°59′43.6″。

【采收加工】春季至秋季花初开时采挖，除去杂质，洗净，晒干备用。

【质地】本品呈皱缩卷曲的团块。根呈圆柱状，多弯曲；表面棕褐色，皱缩；根头部有棕褐色或黄白色的茸毛，有的已脱落。叶基生，多皱缩、破碎，完整叶片呈倒披针形，绿褐色或暗灰绿色，先端尖或钝，边缘浅裂或羽状分裂，基部渐狭，下延呈柄状，下表面主脉明显。花茎一至数条，每条顶生头状花序，总苞片多层，内面 1 层较长，花冠黄褐色或淡黄白色。有的可见多数具白色冠毛的倒卵状披针形瘦果。气微，味微苦。

【性味归经】味苦、甘，性寒；归肝、胃经。

【功能主治】清热解毒，消肿散结，利尿通淋；用于疮痈肿毒，乳痈，瘰疬，目赤，咽痛，肺痈，肠痈，湿热黄疸，热淋涩痛。

【用法用量】内服：煎汤，10 ～ 30 g，大剂量 60 g；或捣汁；或入散剂。外用：适量，捣敷。

210. 苍耳 *Xanthium sibiricum* Patrin ex Widder

【别名】苍子、稀刺苍耳、菜耳、猪耳、野茄。

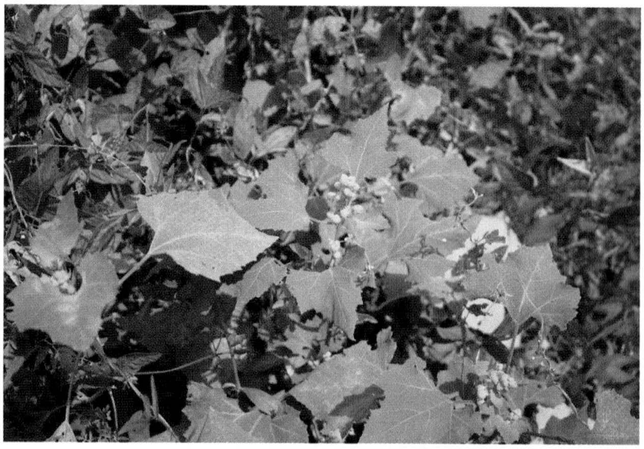

【来源】菊科苍耳属苍耳的全草、根、花、干燥成熟带总苞的果实（苍耳子）。

【植物形态】一年生草本。根纺锤状，分枝或不分枝。茎直立不分枝或少有分枝，下部圆柱形，上部有纵沟，被灰白色糙伏毛。叶互生；有长柄；叶片三角状卵形或心形，先端尖或钝，基出三脉，上面绿色，下面苍白色，被粗糙或短白伏毛。头状花序近无柄，聚生，单性同株；雄花序球形，总苞片小，1 列，密生柔生，花托柱状，托片倒披针形，小花管状，先端 5 齿裂，雄蕊 5，花药长圆状线形；雌花序卵形，总苞片 2 ～ 3 列，外层苞片小，内层苞片大，结成囊状卵形，外面有倒刺毛，顶有 2 圆锥状的尖端，小花 2 朵，无花冠，子房在总苞内，每室有 1 花，花柱线形，凸出在总苞外。成熟具瘦果的总苞变坚硬，卵形或椭圆形，连同喙部绿色、淡黄色或红褐色；瘦果 2，倒卵形，瘦果内含 1 粒种子。花期 7—8 月，果期 9—10 月。

【生境】生于路边、沟旁、田边、草地、村旁。应城境内各地均有分布，多见。模式标本采自湖北省孝感市应城市长荆大道肖湾村，E113°27′11.5″，N31°00′27.8″。

【采收加工】全草：夏季采割，去泥，切段晒干备用或鲜用。根：秋后采挖，鲜用或切片晒干备用。花：夏季采收，鲜用或阴干备用。果实：秋季果实成熟时采收，干燥，除去梗、叶等杂质。

【质地】本品多皱缩，茎弯曲，表皮淡绿色至淡黄色，被灰白色糙伏毛。质脆，易折断，断面不平整。叶片皱缩，多破碎，完整叶片呈三角状卵圆形，基部心形，边缘有不规则的粗齿或不明显浅裂，叶基出三脉，两面被粗糙伏毛。花单性，雄花序球形，总苞片长圆形、披针形，被短柔毛，花冠钟状，上端有宽裂片，雄性花序椭圆形，外层总苞片小，披针形，被短柔毛。果实：纺锤形或卵圆形；表面黄棕色或黄绿色，全体有钩刺，顶端有 2 枚较粗的刺，分离或相连，基部有果梗痕；质硬而韧，横切面中央有纵隔膜，2 室，各有 1 枚瘦果；瘦果倒卵形，一面较平坦，顶端具 1 凸起的花柱基，果皮薄，灰黑色，具纵纹；种皮膜质，浅灰色，子叶 2，有油性。气微，味微苦。

【性味归经】全草：味苦、辛，性微寒；有小毒；归肺、脾、肝经。根：味微苦，性平；有小毒；归肺、脾经。果实：味辛、苦，性温；有有毒；归肺经。

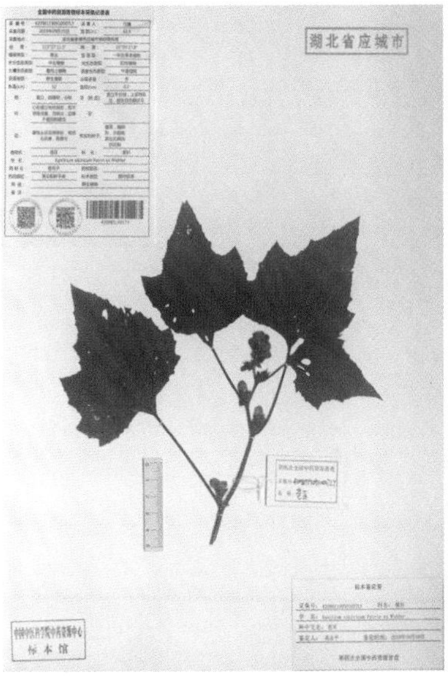

【功能主治】全草：祛风，散热，除湿，解毒；用于感冒，头风，头晕，鼻渊，目赤，目翳，风温痹痛，拘挛麻木，风癞，疔疮，疥癣，皮肤瘙痒，痔疮，痢疾。根：消热解毒，利湿；用于疔疮，痈疽，丹毒，缠喉风，阑尾炎，宫颈炎，痢疾，肾炎水肿，乳糜尿，风湿骨痛。花：祛风，除湿，止痒；用于白癞顽痒，白痢。果实：散风寒，通鼻窍，祛风湿；用于风寒头痛，鼻塞流涕，风疹瘙痒，湿痹拘挛。

【用法用量】全草：内服，煎汤，6 ～ 12 g，大剂量 30 ～ 60 g，或捣汁，或熬膏，或入丸、散；外用，适量，捣敷，或烧存性研末调敷，或煎水洗，或熬膏搽。根：内服，煎汤，15 ～ 30 g，或捣汁，或熬膏；外用，适量，煎水熏洗，或熬膏搽。花：内服，煎汤，6 ～ 15 g；外用，适量，捣敷。果实：内服，煎汤，3 ～ 10 g；或入丸、散；外用，适量，捣敷，或煎水洗。

211. 黄鹌菜 *Youngia japonica* (L.) DC.

【别名】黄花枝香草、野青菜、还阳草。

【来源】菊科黄鹌菜属黄鹌菜的全草或根。

【植物形态】一年生或二年生草本。植物体有乳汁，须根肥嫩，白色。茎直立，由基部抽出一至数枝。基生叶丛生，倒披针形，琴状或羽状半裂，顶裂片较侧裂片稍大，侧裂片向下渐小，有深波状齿，无毛或被细软毛，叶柄具翅或有不明显的翅；茎生叶互生，少数，通常 1 ～ 2 片，少有 3 ～ 5 片，叶形同基生叶，等样分裂或不裂，小或较小；上部叶小，扇形，苞片状；叶质薄，上面被细柔毛，下面被密细茸毛。头状花序小而窄，具长梗，排列成聚伞状圆锥花序；总苞无毛，外层苞片 5，三角形或卵形，形小，内层苞片 8，披针形；舌状花黄色，花冠先端 5 齿，具细短软毛。瘦果红棕色或褐色，长约 2 mm，稍扁平，具粗细不匀的纵棱 11 ～ 13 条；冠毛白色，和瘦果近等长。花果期 6—7 月。

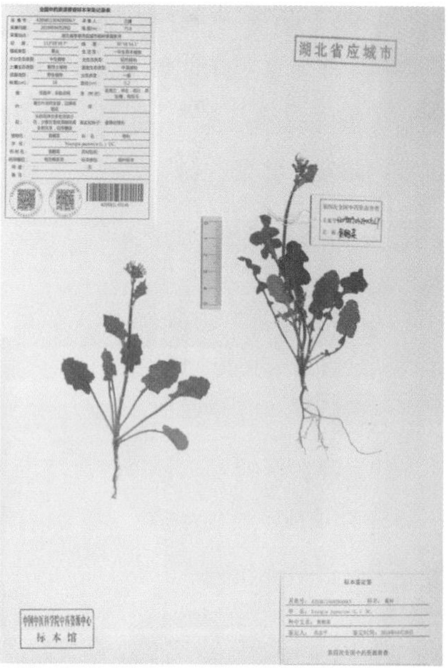

【生境】生于路旁、溪边、草丛、林内。应城境内各地均有分布，一般见。模式标本采自湖北省孝感市应城市杨岭镇黄家湾，E113°28′39.7″，N30°58′54.1″。

【采收加工】全年均可采收，洗净，鲜用或晒干备用。

【质地】本品多皱缩、卷曲，体轻。根直伸，生多数须根。茎直立纤细，有细纵纹，顶端伞房花序分枝状；表面黄绿色或棕黄色。基生叶丛生，皱缩、卷曲，表面黄绿色或灰绿色，两面近无毛；叶柄有狭或宽翼或无翼；纸质。舌状小花黄色。冠毛白色。气微，味甘、微苦。

【性味归经】味甘、微苦，性凉；归肝、肾经。

【功能主治】清热解毒，利尿消肿；用于感冒，咽痛，结膜炎，乳痈，疮痈肿毒，毒蛇咬伤，痢疾，肝硬化腹水，急性肾炎，淋浊，血尿，风湿性关节炎，跌打损伤。

【用法用量】内服：煎汤，9 ~ 15 g，鲜品 30 ~ 60 g；或捣汁。外用：适量，鲜品捣敷；或捣汁含漱。

七十三、水鳖科

212. 水鳖 *Hydrocharis dubia* (Bl.) Backer

【别名】水苏、芣菜、马尿花、水旋覆、油灼灼。

【来源】水鳖科水鳖属水鳖的全草。

【植物形态】浮水草本。匍匐茎发达，顶端生芽，并可产生越冬芽。叶簇生，多漂浮，有时伸出水面；

叶片心形或圆形，先端圆，基部心形，全缘，远轴面有蜂窝状贮气组织，并具气孔；叶脉5条，稀7条，中脉明显，与第一对侧生主脉所成夹角呈锐角。雄花序腋生；佛焰苞2枚，膜质，透明，具紫红色条纹，苞内雄花5～6朵，每次仅1朵开放；萼片3，离生，长椭圆形，常具红色斑点，尤以先端为多，先端急尖；花瓣3，黄色，与萼片互生，广倒卵形或圆形，先端微凹，基部渐狭，近轴面有乳头状突起；雄蕊12枚，成4轮排列，最内轮3枚退化，最外轮3枚与花瓣互生，基部与第3轮雄蕊连合，第2轮雄蕊与最内轮退化雄蕊基部连合，最外轮与第2轮雄蕊长约3 mm，花药长约1.5 mm，第3轮雄蕊长约3.5 mm，花药较小，花丝近轴面具乳突，退化雄蕊顶端具乳突，基部有毛；花粉圆球形，表面具凸起纹饰；雌佛焰苞小，苞内雌花1朵；花梗长4～8.5 cm；花大，直径约3 cm；萼片3，先端圆，长约11 mm，宽约4 mm，常具红色斑点；花瓣3，白色，基部黄色，广倒卵形至圆形，较雄花花瓣大，长近轴面具乳头状突起；退化雄蕊6枚，成对并列，与萼片对生；腺体3枚，黄色，肾形，与萼片互生；花柱6，每枚2深裂，密被腺毛；子房下位，不完全6室。果实浆果状，球形至倒卵形，具数条沟纹。种子多数，椭圆形，先端渐尖；种皮上有许多毛状突起。花果期8—10月。

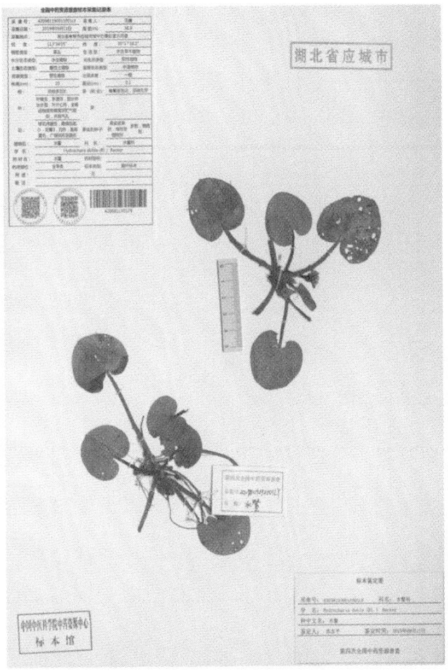

【生境】生于静水池沼中。应城境内各地均有分布，一般见。模式标本采自湖北省孝感市应城市城中办事处富水河堤，E113°34′05″，N30°57′58.1″。

【采收加工】春、夏季采收，鲜用或晒干备用。

【质地】浮水草本，须根长10～20 cm，根丛生。具匍匐茎。叶簇生，叶柄长2～7 cm，叶片卷曲，展开后叶片为心形或圆形，长2～4.5 cm，宽4～5 cm，全缘。叶表面污绿色，具蜂窝状贮气组织和气孔。花污黄色，3瓣。果实近球形，种子多数。气微，味苦、微咸。

【性味归经】味苦，性寒；有小毒；归肾经。

【功能主治】清热利湿；用于湿热带下。

【用法用量】内服：研末，2～4 g。

七十四、百合科

213. 粉条儿菜 *Aletris spicata* (Thunb.) Franch.

【别名】肺筋草、小肺筋草、金线吊白米、蛆儿草、蛆芽草。

【来源】百合科粉条儿菜属粉条儿菜的根及全草。

【植物形态】植株具多数须根，根毛局部膨大，膨大部分白色。叶簇生，纸质，条形，有时下弯，先端渐尖。花葶有棱，密生柔毛，中下部有几枚苞片状叶；总状花序，疏生多花；苞片 2 枚，窄条形，位于花梗的基部，短于花；花梗极短，有毛；花被黄绿色，上端粉红色，外面有柔毛，分裂部分占 1/3 ～ 1/2；裂片条状披针形；雄蕊着生于花被裂片的基部，花丝短，花药椭圆形；子房卵形，花柱长 1.5 mm。蒴果倒卵形或矩圆状倒卵形，有棱角，密生柔毛。花期 4—5 月，果期 6—7 月。

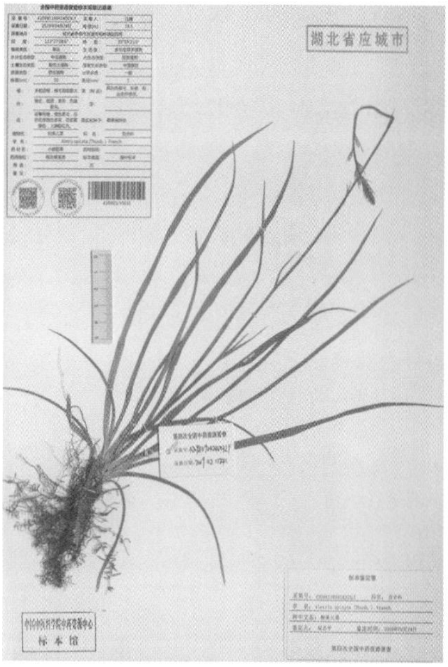

【生境】生于路边、灌丛边或草地上。应城境内各地均有分布，一般见。模式标本采自湖北省孝感市应城市杨岭镇赵四塆，E113°27′08.6″，N30°59′23.6″。

【采收加工】5—6 月采收，洗净，鲜用或晒干备用。

【质地】根茎短，须根丛生，纤细弯曲，有的着生多数白色细小块根。叶簇生，条形，稍反曲；灰绿色，先端尖，全缘。花茎细柱形，稍波状弯曲，被毛；总状花序穗状，花几无梗，黄棕色，花被 6 裂，裂片条状披针形。蒴果倒卵形。气微，味淡。

【功能主治】清热，润肺止咳，活血调经，杀虫；用于咳嗽，咯血，百日咳，肺痈，乳痈，肋腺炎，闭经，蛔虫病，风火牙痛。

【用法用量】内服：煎汤，10 ～ 30 g，鲜品 60 ～ 120 g。外用：适量，捣敷。

214. 天门冬 *Asparagus cochinchinensis* (Lour.) Merr.

【别名】天门冬、明天冬、天冬草、倪铃、丝冬。

【来源】百合科天门冬属天门冬的干燥块根。

【植物形态】攀援植物。根在中部或近末端成纺锤状膨大。茎平滑，常弯曲或扭曲，分枝具棱或狭翅。叶状枝通常每3枚成簇，扁平或由于中脉龙骨状而略呈锐三棱形，稍镰刀状；茎上的鳞片状叶基部延伸为硬刺，在分枝上的刺较短或不明显。花通常每2朵腋生，淡绿色；花梗长2～6 mm，关节一般位于中部，有时位置有变化；雄花花被长2.5～3 mm；花丝不贴生于花被片上；雌花大小和雄花相似。浆果直径6～7 mm，成熟时红色，有1粒种子。花期5—6月，果期8—10月。

【生境】生于山坡、路旁、疏林下、山谷或荒地。应城境内各地均有分布，一般见。模式标本采自湖北省孝感市应城市杨岭镇金家塆，E113°28′20.3″，N30°59′26.6″。

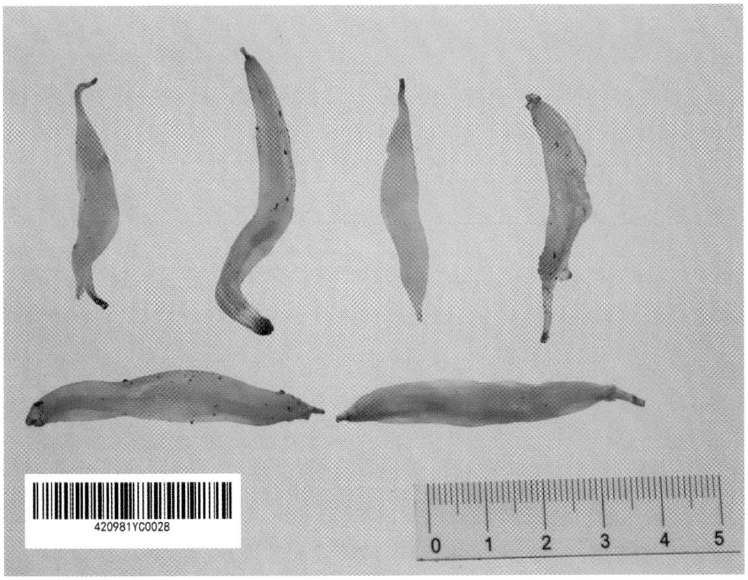

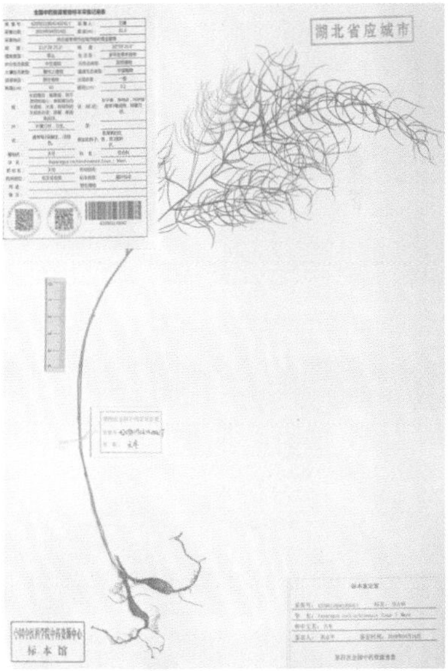

【采收加工】秋、冬季采挖，洗净，除去茎基和须根，置沸水中煮或蒸至透心，趁热除去外皮，洗净，干燥备用。

【质地】本品长纺锤形，略弯曲；表面黄白色至淡黄棕色，半透明，光滑或具深浅不等的纵皱纹，偶有残存的灰棕色外皮；质硬或柔润，有黏性，断面角质样，中柱黄白色；气微，味甜、微苦。

【性味归经】味甘、苦，性寒；归肺、肾经。

【功能主治】养阴润燥，清肺生津；用于肺燥干咳，顿咳痰黏，腰膝酸痛，骨蒸潮热，内热消渴，热病津伤，咽干口渴，肠燥便秘。

【用法用量】内服：煎汤，6 ~ 12 g；或熬膏；或入丸、散。

215. 百合 *Lilium brownii* var. *viridulum* Baker

【别名】重迈、中庭、重箱、摩罗。

【来源】百合科百合属百合的干燥肉质鳞叶。

【植物形态】鳞茎球形；鳞片披针形，无节，白色。茎有的有紫色条纹，有的下部有小乳头状突起。叶散生，通常自下向上渐小，先端渐尖，基部渐狭，具 5 ~ 7 脉，全缘，两面无毛。花单生或几朵排列成近伞形；花梗长 3 ~ 10 cm，稍弯；苞片披针形；花喇叭形，有香气，乳白色，外面稍带紫色，无斑点，向外张开或先端外弯而不卷；外轮花被片宽 2 ~ 4.3 cm，先端尖；内轮花被片宽 3.4 ~ 5 cm，蜜腺两边具小乳头状突起；雄蕊向上弯，花丝长 10 ~ 13 cm，中部以下密被柔毛，少有稀疏的毛或无毛；花药长椭圆形，长 1.1 ~ 1.6 cm；子房圆柱形，花柱长 8.5 ~ 11 cm，柱头 3 裂。蒴果矩圆形，有棱，具多数种子。花期 5—6 月，果期 9—10 月。

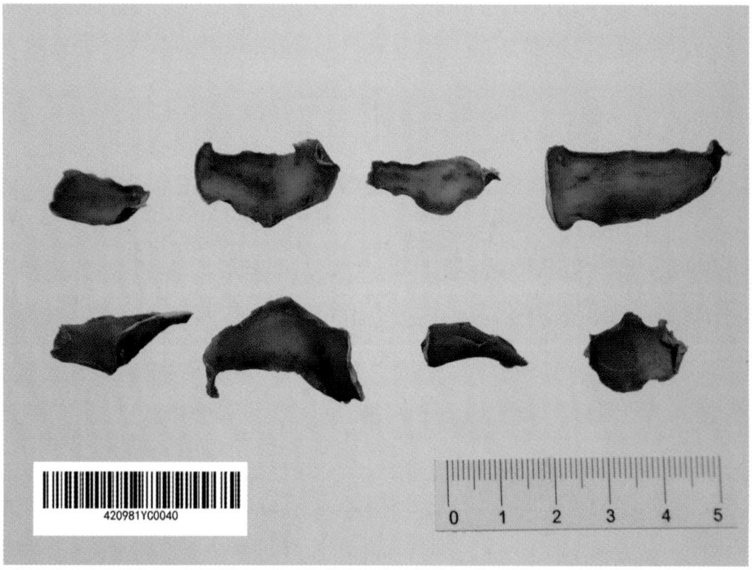

【生境】生于山坡草丛中、疏林下、山沟旁。应城境内各地均有分布，偶见。模式标本采自湖北省孝感市应城市杨岭镇伍份村，E113°31′29″，N30°58′36″。

【采收加工】秋季采挖，洗净，剥取鳞叶，置沸水中略烫，干燥。

【质地】本品长椭圆形，长 2 ~ 5 cm，宽 1 ~ 2 cm，中部厚 1.3 ~ 4 mm；表面黄白色至淡棕黄色，有的微带紫色，有数条纵直平行的白色维管束；先端稍尖，基部较宽，边缘薄，微波状，略向内弯曲。质硬而脆，断面较平坦，角质样。气微，味微苦。

【性味归经】味甘，性寒；归心、肺经。

【功能主治】养阴润肺，清心安神；用于阴虚燥咳，咳嗽咯血，虚烦惊悸，失眠多梦，精神恍惚。

【用法用量】内服：煎汤，10 ～ 30 g；或蒸食；或煮粥食。外用：适量，捣敷。

216. 麦冬 *Ophiopogon japonicus* (L. f.) Ker-Gawl.

【别名】金边阔叶麦冬、沿阶草、麦门冬、矮麦冬、狭叶麦冬。

【来源】百合科沿阶草属麦冬的干燥块根。

【植物形态】根较粗，中间或近末端常膨大成椭圆形或纺锤形的小块根；小块根淡褐黄色；地下走茎细长，节上具膜质的鞘。茎很短，叶基生成丛，禾叶状，具 3 ～ 7 条脉，边缘具细锯齿。花葶通常比叶短得多，总状花序具几朵至十几朵花；花单生或成对着生于苞片腋内；苞片披针形，先端渐尖；花梗关节位于中部以上或近中部；花被片常稍下垂而不展开，披针形，白色或淡紫色；花药三角状披针形；花柱基部宽阔，向上渐狭。种子球形。花期 5—8 月，果期 8—9 月。

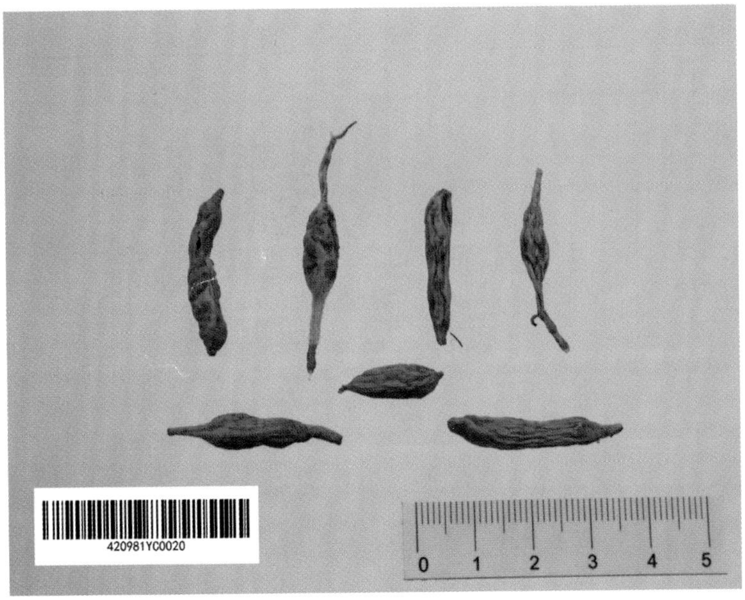

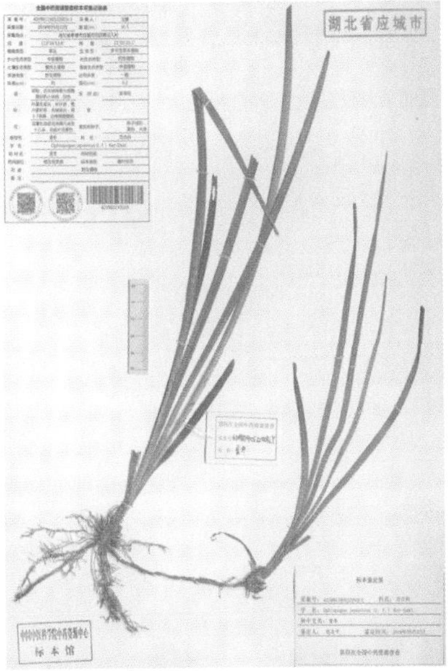

【生境】生于山坡阴湿处、林下或溪旁。应城境内各地均有分布，一般见。模式标本采自湖北省孝感市应城市田店镇汪凡村，E113°26′53.6″，N31°00′20.1″。

【采收加工】夏季采挖，洗净，反复暴晒、堆置至七八成干，除去须根，干燥备用。

【质地】本品纺锤形，两端略尖；表面淡黄色或灰黄色，有细纵纹；质柔韧，断面黄白色，半透明，中柱细小；气微香，味甘、微苦。

【性味归经】味甘、微苦，性微寒；归心、肺、胃经。

【功能主治】养阴生津，润肺清心；用于肺燥干咳，阴虚劳嗽，喉痹咽痛，津伤口渴，内热消渴，心烦失眠，肠燥便秘。

【用法用量】内服：煎汤，6 ～ 15 g；或入丸、散、膏。外用：适量，研末调敷；或煎水搽；或鲜品捣汁搽。

217. 绵枣儿 *Scilla scilloides* (Lindl.) Druce

【别名】石枣儿、天蒜、地兰、山大蒜、鲜白头。

【来源】百合科绵枣儿属绵枣儿的鳞茎或全草。

【植物形态】鳞茎卵形或近球形，鳞茎皮黑褐色。基生叶通常 2 ～ 5 枚，狭带状，柔软。花葶通常比叶长；总状花序具多数花；花紫红色、粉红色至白色，小，在花梗顶端脱落；花梗基部有 1 ～ 2 枚较小的、狭披针形苞片；花被片近椭圆形、倒卵形或狭椭圆形，基部稍合生而成盘状，先端钝而且增厚；雄蕊生于花被片基部，稍短于花被片；花丝近披针形，边缘和背面常具小乳突，基部稍合生，中部以上骤然变窄，变窄部分长约 1 mm；子房基部有短柄，表面有小乳突，3 室，每室 1 个胚珠；花柱长约为子房的 1/2 ～ 2/3。蒴果近倒卵形。种子 1 ～ 3 粒，黑色，矩圆状狭倒卵形。花果期 7—11 月。

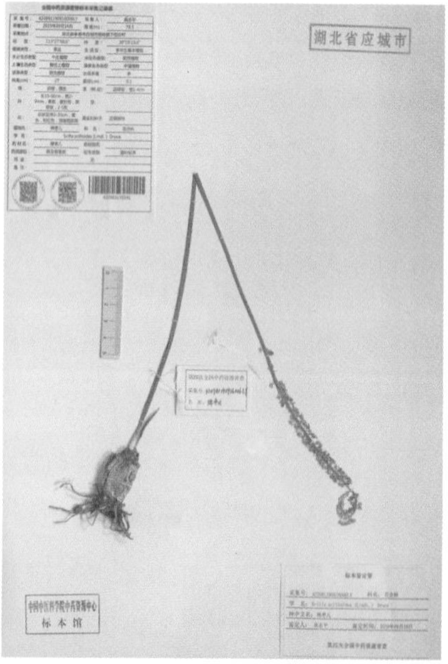

【生境】生于山坡、草地、路旁或林缘。应城境内各地均有分布，多见。模式标本采自湖北省孝感市应城市杨岭镇下伍份湾，E113°27′08.6″，N30°59′23.6″。

【采收加工】6—7 月采收，洗净，鲜用或晒干备用。

【质地】鳞茎卵形或近球形，长 2 ～ 3 cm，直径 0.5 ～ 1.5 cm；表面黄褐色或黑棕色，外被数层膜质鳞叶，向内为半透明肉质叠生的鳞叶，中央有黄绿色心芽，上端残留茎基，下部有须根；质硬或较软，断面有黏性。无臭，味微苦而辣。

【性味归经】味苦、甘，性寒；有小毒；归肝、脾、肾经。

【功能主治】活血止痛，解毒消肿，强心利尿；用于跌打损伤，筋骨疼痛，疮痈肿毒，乳痈，心脏病水肿。

【用法用量】内服：煎汤，3 ～ 9 g。外用：适量，捣敷。

218. 菝葜 *Smilax china* L.

【别名】金刚兜、大菝葜、金刚刺、金刚藤。

【来源】百合科菝葜属菝葜的干燥根茎。

【植物形态】攀援灌木。根状茎粗厚，坚硬，为不规则的块状。茎疏生刺。叶薄革质或坚纸质，干后通常红褐色或近古铜色，圆形、卵形或其他形状，下面通常淡绿色，较少苍白色；叶柄占全长的 1/2 ～ 2/3，具宽 0.5 ～ 1 mm（一侧）的鞘，几乎都有卷须，少有例外，脱落点位于靠近卷须处。伞形花序生于叶尚幼嫩的小枝上，具十几朵或更多的花，常呈球形；总花梗长 1 ～ 2 cm；花序托稍膨大，近球形，较少稍延长，具小苞片；花绿黄色，内花被片稍狭；雄花中花药比花丝稍宽，常弯曲；雌花与雄花大小相似，有 6 枚退化雄蕊。浆果成熟时红色，有粉霜。花期 2—5 月，果期 9—11 月。

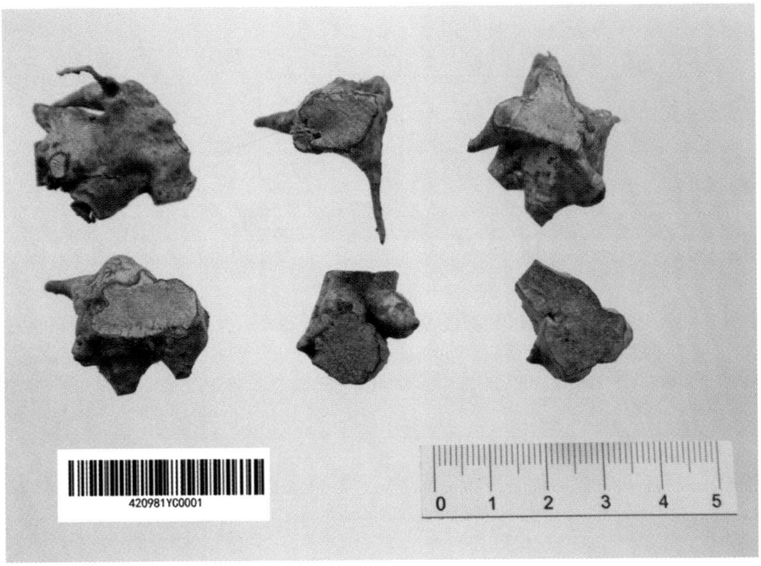

【生境】生于林下、灌丛中、路旁、河谷或山坡上。应城境内各地均有分布，多见。模式标本采自湖北省孝感市应城市杨岭镇金家塆，E113°24′49.1″，N30°59′13.5″。

【采收加工】秋末至次年春季采挖，除去须根，洗净，晒干备用或趁鲜切片，干燥备用。

【质地】本品呈不规则块状或弯曲扁柱形，有结节状隆起；表面黄棕色或紫棕色，具圆锥状凸起的茎基痕，并残留坚硬的刺状须根残基或细根；质坚硬，难折断，断面呈棕黄色或红棕色，纤维性，可见点状维管束和多数小亮点；切片呈不规则形状，边缘不整齐，切面粗纤维性，质硬，折断时有粉尘飞扬。气微，味微苦、涩。

【性味归经】味甘、微苦、涩，性平；归肝、肾经。

【功能主治】利湿去浊，祛风除痹，解毒散瘀；用于小便淋浊，白带过多，风湿痹痛，疮痈肿毒。

【用法用量】内服：煎汤，10 ～ 30 g；或浸酒；或入丸、散。

七十五、薯蓣科

219. 粉背薯蓣 *Dioscorea collettii* var. *hypoglauca* (Palibin) C. T. Ting et al.

【别名】百枝、竹木、赤节、白菝葜、川萆薢。

【来源】薯蓣科薯蓣属粉背薯蓣的根茎。

【植物形态】多年生缠绕藤本。根茎横生，竹节状。叶互生，三角状心形或卵状披针形，顶端渐尖，边缘波状，叶片干后近黑色，下面常盖有白色粉状物。花单性，雌雄异株，雄花序穗状，单生或 2 ～ 3

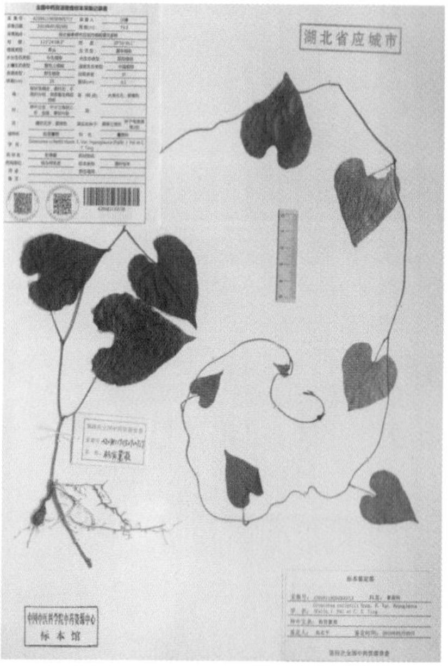

枝簇生于叶腋，花序基部的花通常 2 ~ 3 朵聚集在一起，至花序的顶端通常单生；雄花雄蕊 3，开放后药隔变宽，退化雄蕊有时只存有花丝，与发育的雄蕊互生；雌花序穗状，单生，很少双生，雌花花被 6，子房下位，退化雄蕊呈花丝状，柱头 3 裂。蒴果成熟后反曲下垂，表面栗褐色，成熟后顶端开裂。种子四周围以薄膜状的翅，通常两两迭生，着生于每室的中央。花期 5—8 月，果期 6—10 月。

【生境】生于山腰陡坡、山谷缓坡或水沟边阴处的混交林边缘或疏林。应城境内各地均有分布，少见。模式标本采自湖北省孝感市应城市杨岭镇文家岭，E113°24′08.3″，N30°59′46.1″。

【采收加工】秋、冬季挖取根茎，除去须根、泥土，切片，晒干备用。

【质地】本品呈竹节状，类圆柱形，有分枝，表面皱缩，常残留有茎枯萎痕及未除尽的细长须根。商品多为不规则的薄片，大小不一，边缘不整齐，有的有棕黑色或灰棕色的外皮。切面黄白色或淡灰棕色，平坦，细腻，有粉性及不规则的黄色筋脉花纹（维管束），对光视极明显。质松，易折断。气微，味苦、微辛。以片大而薄、切面黄白色者为佳。

【性味归经】味苦，性平；归肝、胃、膀胱经。

【功能主治】祛风湿，利湿浊；用于膏淋，白浊，带下，疮疡，湿疹，风湿痹痛。

【用法用量】内服：煎汤，10 ~ 15 g；或入丸、散。

七十六、鸢尾科

220. 鸢尾 *Iris tectorum* Maxim.

【别名】扁竹、赤利麻、土知母。

【来源】鸢尾科鸢尾属鸢尾的根茎。

【植物形态】多年生草本。植株基部围有老叶残留的膜质叶鞘及纤维。根茎较短，肥厚，常呈蛇头状，少为不规则的块状，环纹较密。叶基生；叶片剑形，先端渐尖，基部鞘状，套叠排成 2 列，有数条不明显的纵脉。花茎与叶近等长，中下部有 1 ~ 2 片茎生叶，顶端有 1 ~ 2 分枝；苞片 2 ~ 3；花梗长 1 ~ 2 cm；花蓝紫色，直径达 10 cm，花被裂片 6，2 轮排列，外轮裂片倒卵形或近圆形，外折，中脉具不整齐橘黄色的鸡冠状突起，内轮裂片较小，倒卵形，拱形直立，花被管长 3 ~ 4 cm，

雄蕊 3，花药黄色；子房下位，3 室，花柱分枝 3，花瓣状，蓝色，覆盖着雄蕊，先端 2 裂，边缘流苏状。蒴果椭圆状至倒卵状，有 6 条明显的肋；种子梨形，黑褐色，种皮皱褶。花期 4—5 月，果期 6—7 月。

【生境】生于林缘、水边湿地及向阳坡地。应城境内各地均有分布，偶见。模式标本采自湖北省孝感市应城市杨岭镇伍份村，E113°31′29″，N30°58′36″。

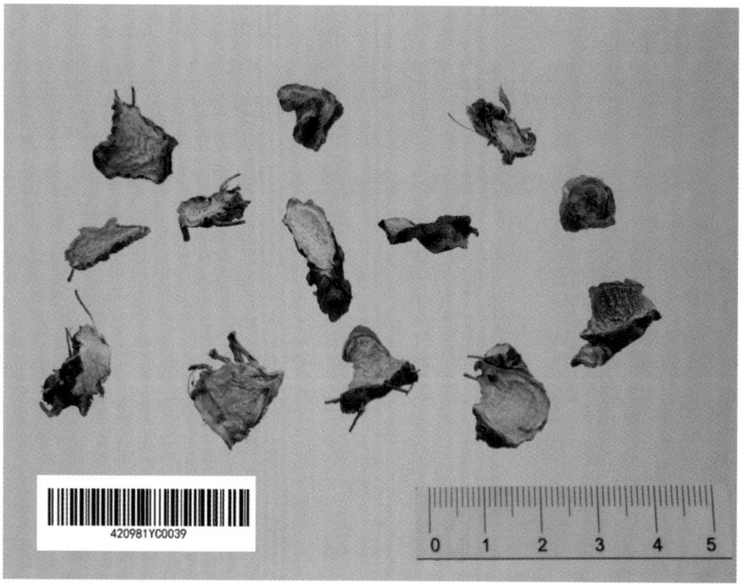

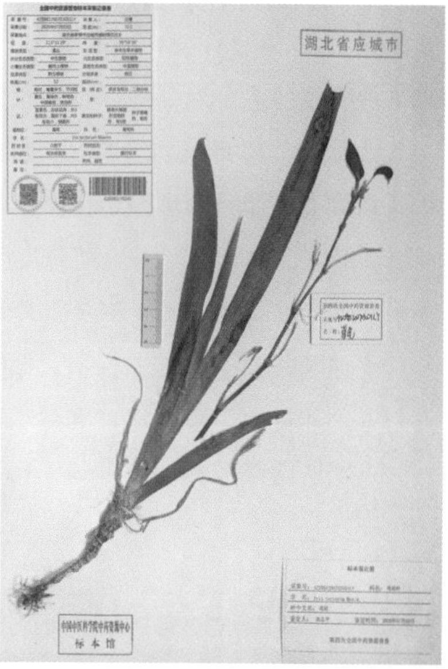

【采收加工】夏季花未开时采摘，除去杂质，晒干备用。

【质地】本品干燥根茎呈扁圆柱形，表面灰棕色，有节，节间部分一端膨大，另一端缩小，膨大部分密生同心环纹，越近顶端越密。质坚硬，断面可见散在的小点（维管束）。气微，味苦、辛。

【性味归经】味苦、辛，性寒；有毒；归脾、胃、大肠经。

【功能主治】消积杀虫，破瘀行水，解毒；用于食积胀满，蛔虫腹痛，癥瘕臌胀，咽喉肿痛，痔瘘，跌打损伤，疮痈肿毒，蛇犬咬伤。

【用法用量】内服：煎汤，6 ～ 15 g；或绞汁；或研末。外用：适量，捣敷；或煎水洗。

七十七、灯心草科

221. 野灯心草 *Juncus setchuensis* Buchen.

【别名】秧草、疏花灯心草。

【来源】灯心草科灯心草属野灯心草的干燥根及根茎。

【植物形态】多年生草本。根状茎短而横走，具黄褐色稍粗的须根。茎丛生，直立，圆柱形，有较深而明显的纵沟，茎内充满白色髓心。叶全部为低出叶，呈鞘状或鳞片状，包围在茎的基部，基部红褐色至棕褐色；叶片退化为刺芒状。聚伞花序假侧生；花多朵排列紧密或疏散；总苞片生于顶端，圆柱形，似茎的延伸，先端锐尖；小苞片 2 枚，三角状卵形，膜质；花淡绿色；花被片卵状披针形，先端锐尖，边缘宽膜质，内轮与外轮者等长；雄蕊 3 枚，比花被片稍短；花药长圆形，黄色，比花丝短；子房 1 室（三隔膜发育不完全），侧膜胎座呈半月形；花柱极短；柱头 3 分叉。蒴果通常卵形，比花被片长，顶端钝，成熟时黄褐色至棕褐色。种子斜倒卵形，棕褐色。花期 5—7 月，果期 6—9 月。

【生境】生于山沟、林下阴湿地、溪旁、道旁的浅水处。应城境内各地均有分布，一般见。模式标本采自湖北省孝感市应城市杨岭镇单屋岭，E113°24′15.6″，N30°59′56.7″。

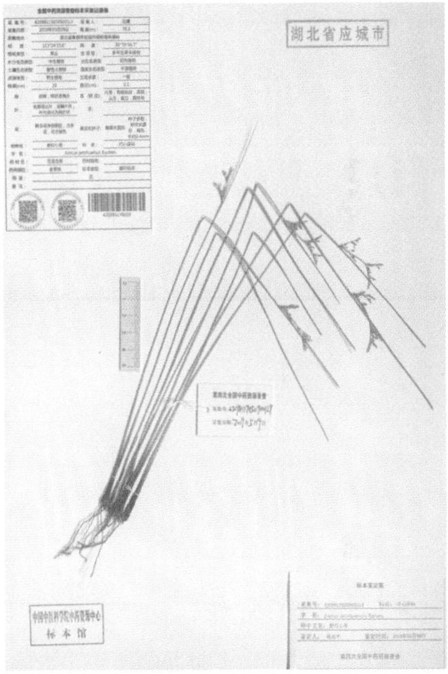

【采收加工】夏、秋季采挖，洗净，干燥备用。

【质地】根茎为不规则结节状，节间密，表面棕褐色至黑褐色，残留有红棕色具光泽的叶鞘或鳞片状的芽孢及少量茎基，切面黄白色至红棕色。须状根细圆柱形，表面灰褐色，弯曲柔韧，直径 1 ~ 1.5 mm，不易折断。气微，味淡。

【性味归经】味甘、淡，性凉；归肺、心、膀胱经。

【功能主治】清热解表，凉血止血，利水通淋，清心除烦；用于风热感冒，崩漏带下，小便淋涩，心烦失眠。

【用法用量】内服：煎汤，3 ~ 6 g。

七十八、鸭跖草科

222. 饭包草 *Commelina benghalensis* L.

【别名】圆叶鸭跖草、狼叶鸭跖草、竹叶菜、火柴头。

【来源】鸭跖草科鸭跖草属饭包草的全草。

【植物形态】多年生披散草本。茎上部直立，基部匍匐，被疏柔毛，匍匐茎的节上生根。叶具明显叶柄；叶片椭圆状卵形或卵形，长 3 ～ 6.5 cm，宽 1.5 ～ 3.5 cm，顶端钝或急尖，基部圆形或渐狭而成阔柄状，全缘，边缘具毛，两面被短柔毛、疏长毛或近无毛，叶鞘和叶柄被短柔毛或疏长毛。佛焰苞片漏斗状而压扁，被疏毛，长约 1.2 cm，宽 1.7 cm，与上部叶对生或 1 ～ 3 个聚生，无柄或柄极短；聚伞花序数朵，几不伸出苞片，花梗短；萼片膜质，披针形，长约 2 mm，无毛；花瓣蓝色；雄蕊 6 枚，能育者 3 枚，花丝丝状，无毛；子房长圆形，具棱，无毛，长约 1.5 mm，花柱线形，长约 2 mm。蒴果椭圆形，膜质，长 4 ～ 5 mm；种子长约 2 mm，有窝孔及皱纹，黑色。花期夏、秋季，果期 11—12 月。

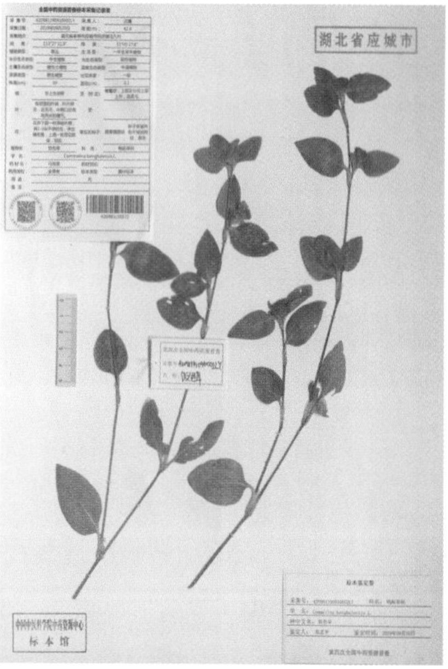

【生境】生于湿地。应城境内各地均有分布，一般见。模式标本采自湖北省孝感市应城市田店镇汪凡村，E113°27′11.5″，N31°00′27.8″。

【采收加工】夏、秋季采收，晒干备用。

【质地】茎多分枝，长可达 70 cm，被疏柔毛。叶片卵形，总苞片佛焰苞状，柄极短，与叶对生。种子多皱。蒴果椭圆形。

【性味归经】味苦，性寒；归肝、脾经。

【功能主治】清热解毒，利湿消肿；用于小便短赤、涩痛，赤痢，疔疮。

【用法用量】内服：煎汤，6 ～ 9 g。外用：适量，捣敷患处。

223. 鸭跖草 *Commelina communis* L.

【别名】鸡舌草、碧竹子、碧蟾蜍、竹叶菜。

【来源】鸭跖草科鸭跖草属鸭跖草的干燥地上部分。

【植物形态】一年生草本。多有须根。茎多分枝，具纵棱，基部匍匐，上部直立，仅叶鞘及茎上部被短毛。单叶互生，无柄或近无柄；叶片卵圆状披针形或披针形，先端渐尖，基部下延成膜质鞘，抱茎，有白色缘毛，全缘。总苞片佛焰苞状，有 1.5 ～ 4 cm 长的柄，与叶对生，心形，稍镰刀状弯曲，先端短急尖，边缘常有硬毛。聚伞花序生于枝上部者，有花 3 ～ 4 朵，具短梗，生于枝最下部者，有花 1 朵，梗长约 8 mm；萼片 3，卵形，膜质；花瓣 3，深蓝色，较小的 1 片卵形，长约 9 mm，较大的 2 片近圆形，有长爪，长约 15 mm；雄蕊 6，能育者 3，花丝长约 13 mm，不育者 3，花丝较短，无毛，先端蝴蝶状；雌蕊 1，子房上位，卵形，花柱丝状而长。蒴果椭圆形，长 5 ～ 7 mm，2 室，2 瓣裂，每室种子 2 粒。种子长 2 ～ 3 mm，表面凹凸不平，具白色小点。花期 7—9 月，果期 9—10 月。

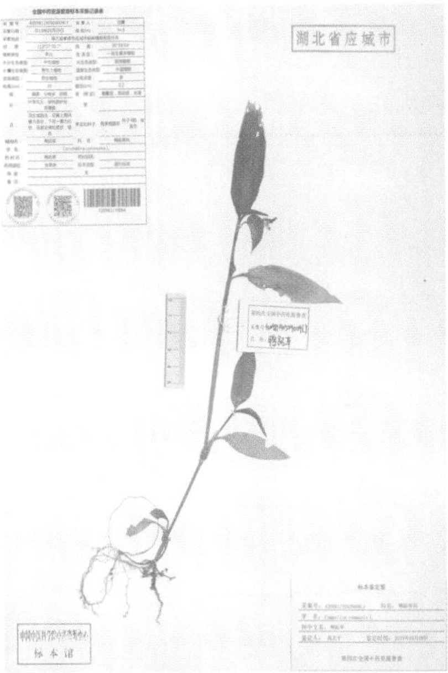

【生境】生于沟边、路边、田埂、荒地、宅旁、墙角。应城境内各地均有分布，多见。模式标本采自湖北省孝感市应城市杨岭镇有名店林场，E113°27′00.7″，N30°59′09″。

【采收加工】夏、秋季采收，晒干备用。

【质地】本品长可达 60 cm，黄绿色或黄白色，较光滑。茎有纵棱，直径约 0.2 cm，多有分枝或须根，节稍膨大，节间长 3 ～ 9 cm；质柔软，断面中心有髓。叶互生，多皱缩、破碎，完整叶片展平后呈卵圆状披针形或披针形，长 3 ～ 9 cm，宽 1 ～ 2.5 cm；先端渐尖，全缘，基部下延成膜质鞘，抱茎，叶脉平行。花多脱落，总苞片佛焰苞状，心形，两边不相连；花瓣皱缩，蓝色。气微，味淡。

【性味归经】味甘、淡，性寒；归肺、胃、小肠经。

【功能主治】清热泻火，解毒，利水消肿；用于感冒发热，热病烦渴，咽喉肿痛，水肿尿少，热淋涩痛，疮痈肿毒。

【用法用量】内服：煎汤，15 ~ 30 g，鲜品 60 ~ 90 g；或捣汁。外用：适量，捣敷。

七十九、禾本科

224. 荩草 *Arthraxon hispidus* (Thunb.) Makino

【别名】绿竹、马耳草、马耳朵草、中亚荩草。

【来源】禾本科荩草属荩草的全草。

【植物形态】一年生。秆细弱，无毛，基部倾斜，具多节，常分枝，基部节着地易生根。叶鞘短于节间，生短硬疣毛；叶舌膜质，边缘具纤毛；叶片卵状披针形，基部心形，抱茎，除下部边缘生疣毛外，余均无毛。总状花序细弱，长 1.5 ~ 4 cm，2 ~ 10 枚呈指状排列或簇生于秆顶；总状花序轴节间无毛，长为小穗的 2/3 ~ 3/4。无柄小穗卵状披针形，呈两侧压扁，长 3 ~ 5 mm，灰绿色或带紫色；第一颖草质，边缘膜质，包住第二颖的 2/3，具 7 ~ 9 脉，脉上粗糙至生疣基硬毛，尤以顶端及边缘为多，先端锐尖；第二颖近膜质，与第一颖等长，舟形，脊上粗糙，具 3 脉而 2 侧脉不明显，先端尖；第一外稃长圆形，透明膜质，先端尖，长为第一颖的 2/3；第二外稃与第一外稃等长，透明膜质，近基部伸出一膝曲的芒；芒长 6 ~ 9 mm，下部扭转；雄蕊 2；花药黄色或带紫色，长 0.7 ~ 1 mm。颖果长圆形，与稃体等长。有柄小穗退化仅剩针状刺，柄长 0.2 ~ 1 mm。花果期 8—10 月。

【生境】生于山坡、草地阴湿处。应城境内各地均有分布，一般见。模式标本采自湖北省孝感市应

城市杨岭镇赵四塆，E113°27′08.6″，N30°59′23.6″。

【采收加工】7—9 月割取全草，晒干备用。

【质地】本品秆细弱，茎圆小，具多节，光滑无毛，叶舌膜质，细薄，多为茎叶果混合，气微弱。

【性味归经】味苦，性平；归肺、肝经。

【功能主治】止咳定喘，杀虫解毒；用于久咳气喘，肝炎，咽喉炎，口腔炎，鼻炎，淋巴结炎，乳腺炎，疮疡疥癣。

【用法用量】内服：煎汤，6 ～ 15 g。外用：适量，煎水洗；或捣敷。

225. 茵草 *Beckmannia syzigachne* (Steud.) Fern.

【别名】罔草。

【来源】禾本科茵草属茵草的种子。

【植物形态】一年生。秆直立，高 15 ～ 90 cm，具 2 ～ 4 节。叶鞘无毛，多长于节间；叶舌透明膜质，长 3 ～ 8 mm；叶片扁平，长 5 ～ 20 cm，宽 3 ～ 10 mm，粗糙或下面平滑。圆锥花序长 10 ～ 30 cm，分枝稀疏，直立或斜升；小穗扁平，圆形，灰绿色，常含 1 小花，长约 3 mm；颖草质；边缘质薄，白色，背部灰绿色，具淡色的横纹；外稃披针形，具 5 脉，常具伸出颖外的短尖头；花药黄色，长约 1 mm。颖果黄褐色，长圆形，长约 1.5 mm，先端具丛生短毛。花果期 4—10 月。

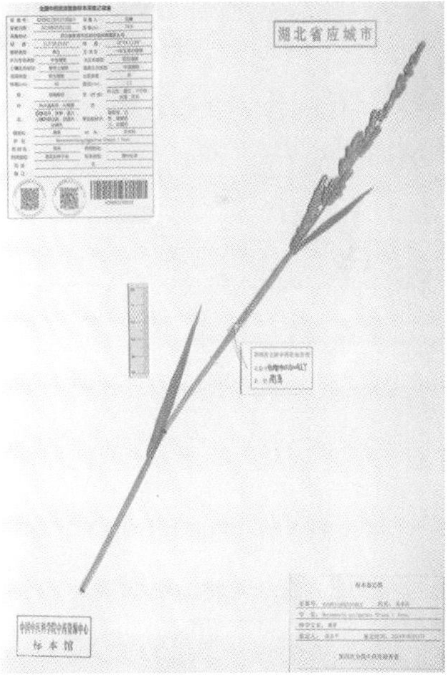

【生境】生于湿地、水沟边及浅的流水中。应城境内各地均有分布，多见。模式标本采自湖北省孝感市应城市杨岭镇黄家么塆，E113°28′23.92″，N30°59′12.89″。

【采收加工】秋季采收，晒干备用。

【质地】秆直立，叶粗糙扁平，具横纹，质薄，颖果黄褐色，长圆形，先端具丛生短毛，气微，味甜。

【性味归经】味甘，性寒；归脾经。

【功能主治】益气健胃；用于气虚，呕吐。

【用法用量】内服：适量，煮食。

226. 狗牙根 *Cynodon dactylon* (L.) Pers.

【别名】铁线草、绊根草、堑头草、马挽手。

【来源】禾本科狗牙根属狗牙根的全草。

【植物形态】低矮草本，具根茎。秆细而坚韧，下部匍匐地面蔓延甚长，节上常生不定根，直立部分高 10 ～ 30 cm，直径 1 ～ 1.5 mm，秆壁厚，光滑无毛，有时两侧略压扁。叶鞘微具脊，无毛或有疏柔毛，鞘口常具柔毛；叶舌仅为 1 轮纤毛；叶片线形，长 1 ～ 12 cm，宽 1 ～ 3 mm，通常两面无毛。穗状花序 2 ～ 6 枚，长 2 ～ 5（6） cm；小穗灰绿色或带紫色，长 2 ～ 2.5 mm，仅含 1 小花；颖长 1.5 ～ 2 mm，第二颖稍长，均具 1 脉，背部成脊而边缘膜质；外稃舟形，具 3 脉，背部明显成脊，脊上被柔毛；内稃与外稃近等长，具 2 脉。鳞被上缘近平截；花药淡紫色；子房无毛，柱头紫红色。颖果长圆柱形。花果期 5—10 月。

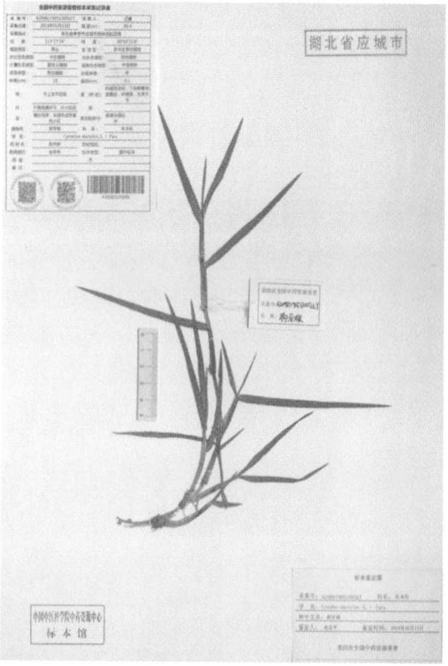

【生境】生于村庄附近、道旁河岸、荒地山坡。应城境内各地均有分布，多见。模式标本采自湖北省孝感市应城市杨岭镇赵四塆，E113°27′34″，N30°59′31.8″。

【采收加工】夏、秋季采割，洗净，鲜用或晒干备用。

【质地】根茎细长呈竹鞭状。匍匐茎部分长可达 1m，直立茎部分长 10 ～ 30 cm。叶片线形，长 1 ～ 12 cm，宽 1 ～ 3 mm；叶鞘微具脊，鞘口常具柔毛。气微，味微苦。

【性味归经】味苦、微甘，性凉；归肝经。

【功能主治】祛风活络，凉血止血，解毒；用于风湿痹痛，半身不遂，劳伤吐血，鼻衄，便血，跌打损伤，疮痈肿毒。

【用法用量】内服：煎汤，30 ～ 60 g；或浸酒。外用：适量，捣敷。

227. 稗 ***Echinochloa crusgalli* (L.) Beauv.**

【别名】稗子、扁扁草。

【来源】禾本科稗属稗的根和苗叶、种子。

【植物形态】一年生。秆高 50 ～ 150 cm，光滑无毛，基部倾斜或膝曲。叶鞘疏松裹秆，平滑无毛，下部者长于节间而上部者短于节间；叶舌缺；叶片扁平，线形，长 10 ～ 40 cm，宽 5 ～ 20 mm，无毛，边缘粗糙。圆锥花序直立，近尖塔形，长 6 ～ 20 cm；主轴具棱，粗糙或具疣基长刺毛；分枝斜上举或贴向主轴，有时再分小枝；穗轴粗糙或生疣基长刺毛；小穗卵形，长 3 ～ 4 mm，脉上密被疣基刺毛，具短柄或近无柄，密集在穗轴的一侧；第一颖三角形，长为小穗的 1/3 ～ 1/2，具 3 ～ 5 脉，脉上具疣基毛，基部包卷小穗，先端尖；第二颖与小穗等长，先端渐尖或具小尖头，具 5 脉，脉上具疣基毛；第一小花通常中性，其外稃草质，上部具 7 脉，脉上具疣基刺毛，顶端延伸成一粗壮的芒，芒长 0.5 ～ 1.5（3） cm，内稃薄膜质，狭窄，具 2 脊；第二外稃椭圆形，平滑，有光泽，成熟后变硬，顶端具小尖头，尖头上有一圈细毛，边缘内卷，包着同质的内稃，但内稃顶端露出。花果期夏、秋季。

【生境】生于沼泽地、沟边及水稻田中。应城境内各地均有分布，多见。模式标本采自湖北省孝感市应城市杨岭镇黄家么塆，E113°28′23.92″，N30°59′12.89″。

【采收加工】根和苗叶：夏季采收，鲜用或晒干备用。种子：夏、秋季果实成熟时采收，舂去壳，晒干备用。

【质地】幼叶小，深绿色，须状根褐色，根下叶带紫色，粗糙，颖果椭圆形，平滑，有光泽，成熟后变硬，气微，味微苦。

【性味归经】根和苗叶：味甘、淡，性微寒；归肝、脾、肾经。种子：味辛、甘、苦，性微寒；无毒；归脾经。

【功能主治】根和苗叶：凉血止血；用于金疮，外伤出血。种子：益气宜脾。

【用法用量】根和苗叶：外用，适量，捣敷，或研末撒。种子：内服，适量，煮食。

228. 牛筋草 *Eleusine indica* (L.) Gaertn.

【别名】蟋蟀草、路边草、鸭脚草、蹲倒驴。

【来源】禾本科穇属牛筋草的根或全草。

【植物形态】一年生草本。根系极发达。秆丛生，基部倾斜，高 10 ～ 90 cm。叶鞘两侧压扁而具脊，松弛，无毛或疏生疣毛；叶舌长约 1 mm；叶片平展，线形，长 10 ～ 15 cm，宽 3 ～ 5 mm，无毛或上面被疣基柔毛。穗状花序 2 ～ 7 个指状着生于秆顶，很少单生，长 3 ～ 10 cm，宽 3 ～ 5 mm；小穗长 4 ～ 7 mm，宽 2 ～ 3 mm，含 3 ～ 6 小花；颖披针形，具脊，脊粗糙；第一颖长 1.5 ～ 2 mm；第二颖长 2 ～ 3 mm；第一外稃长 3 ～ 4 mm，卵形，膜质，具脊，脊上有狭翼，内稃短于外稃，具 2 脊，脊上具狭翼。囊果卵形，长约 1.5 mm，基部下凹，具明显的波状皱纹。鳞被 2，折叠，具 5 脉。

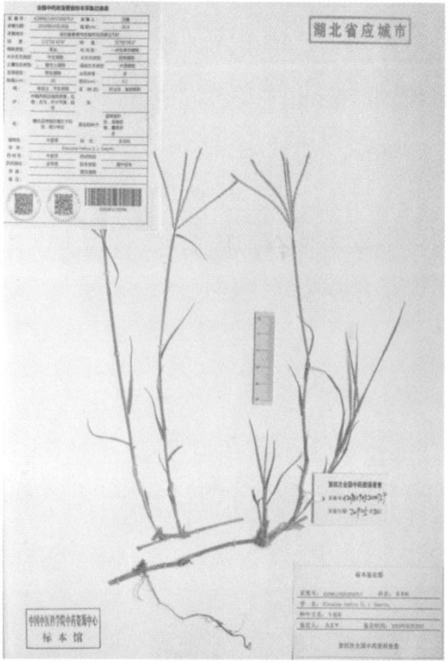

【生境】生于荒芜之地及道路旁。应城境内各地均有分布，多见。模式标本采自湖北省孝感市应城市田店镇汪凡村，E113°26′47.6″，N31°00′09.2″。

【采收加工】8—9 月采挖，除去或不去茎叶，洗净，鲜用或晒干备用。

【质地】根呈须状，黄棕色，直径 0.5 ～ 1 mm。茎呈扁圆柱形，淡灰绿色，有纵棱，节明显，节间长 4 ～ 8 mm，直径 1 ～ 4 mm。叶线形，长可达 15 cm，叶脉平行条状。穗状花序数个呈指状排列于秆顶。气微，味淡。

【性味归经】味甘、淡，性平；归肝、肺、胃经。

【功能主治】清热利湿，消肿止痛；用于伤寒发热，小儿急惊风，湿热黄疸，痢疾，小便不利，跌打损伤。

【用法用量】内服：煎汤，9 ～ 15 g，鲜品 30 ～ 90 g。

229. 白茅 *Imperata cylindrica* (L.) Beauv.

【别名】毛启莲、红色男爵白茅。

【来源】禾本科白茅属白茅的干燥根茎（白茅根）、花穗（白茅花）、初生未放花序（白茅针）。

【植物形态】多年生，具粗壮的长根状茎。秆直立，高 30 ～ 80 cm，具 1 ～ 3 节，节无毛。叶鞘聚集于秆基，甚长于其节间，质地较厚，老后破碎呈纤维状；叶舌膜质，长约 2 mm，紧贴其背部或鞘口具柔毛，分蘖叶片长约 20 cm，宽约 8 mm，扁平，质地较薄；秆生叶片长 1 ～ 3 cm，窄线形，通常内卷，顶端渐尖呈刺状，下部渐窄，或具柄，质硬，被白粉，基部上面具柔毛。圆锥花序稠密，长 20 cm，宽达 3 cm，小穗长 4.5 ～ 5（6） mm，基盘具长 12 ～ 16 mm 的丝状柔毛；两颖草质及边缘膜质，近相等，具 5 ～ 9 脉，顶端渐尖或稍钝，常具纤毛，脉间疏生长丝状毛，第一外稃卵状披针形，长为颖片的 2/3，透明膜质，无脉，顶端尖或齿裂，第二外稃与其内稃近相等，长约为颖的 1/2，卵圆形，顶端具裂齿及纤毛；雄蕊 2 枚，花药长 3 ～ 4 mm；花柱细长，基部多少连合，柱头 2，紫黑色，羽状，长约 4 mm，自小穗顶端伸出。颖果椭圆形，长约 1 mm，胚长为颖果的 1/2。

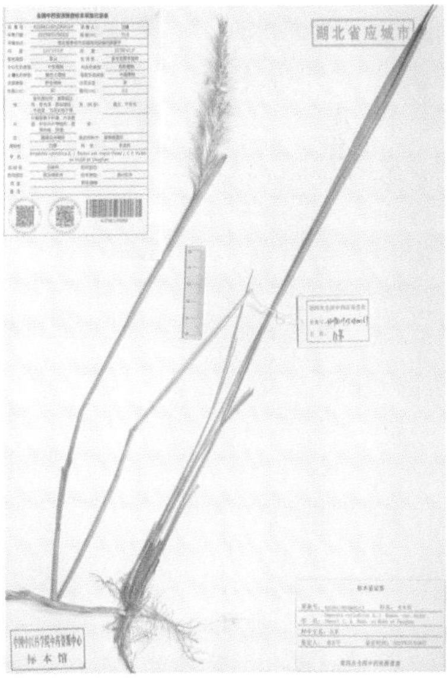

【生境】生于平原、河岸、草地。应城境内各地均有分布，多见。模式标本采自湖北省孝感市应城市田店镇何家坡子，E113°25′13″，N31°00′45.9″。

【采收加工】根茎：春、秋季采挖，洗净，晒干，除去须根和膜质叶鞘，捆成小把。花穗：4—5 月花盛开前采收。初生未放花序：4—5 月采摘未开放的花序，鲜用或晒干备用。

【质地】根茎：长圆柱形，长 30 ～ 60 cm，直径 0.2 ～ 0.4 cm；表面黄白色或淡黄色，微有光泽，具纵皱纹，节明显，稍凸起，节间长短不等，通常长 1.5 ～ 3 cm；体轻，质略脆，断面皮部白色，多有裂隙，放射状排列，中柱淡黄色，易与皮部剥离；气微，味微甜。花穗：呈圆柱形，长 5 ～ 20 cm，小穗基部和颖片密被细长丝状毛，占花穗的绝大部分，灰白色，质轻而柔软，若棉絮状；小穗黄褐色，介于细长丝状毛中，不易脱落，外颖长圆状披针形，膜质，雌蕊花柱 2 裂，裂片线形，裂片上着生黄棕色毛；花序柄圆柱形，青绿色；气微，味淡。以干燥、洁白、无叶、柄短者为佳。

【性味归经】根茎：味甘，性寒；归肺、胃、膀胱经。花穗：味甘，性温；归肺经。初生未放花序：味甘，性平；归肺经。

【功能主治】根茎：凉血止血，清热利尿；用于血热吐血，衄血，尿血，热病烦渴，湿热黄疸，水肿尿少，热淋涩痛。花穗：止血，定痛；用于吐血，衄血，刀伤。初生未放花序：止血，解毒；用于衄血，尿血，大便出血，外伤出血，疮痈肿毒。

【用法用量】根茎：内服，煎汤，15 ～ 30 g，鲜品 30 ～ 60 g，或捣汁，或研末。花穗或初生未放花序：内服，煎汤，9 ～ 15 g；外用，适量，捣敷，或塞鼻。

230. 芦苇 *Phragmites communis* Trin.

【别名】芦茅根、苇根、芦菇根、顺江龙。

【来源】禾本科芦苇属芦苇的新鲜或干燥根茎。

【植物形态】多年生，根状茎十分发达。秆直立，高 1 ～ 3 (8) m，直径 1 ～ 4 cm，具 20 多节，基部和上部的节间较短，最长节间位于下部第 4 ～ 6 节，长 20 ～ 25 (40) cm，节下被蜡粉。叶鞘下部者短于上部者，长于其节间；叶舌边缘密生一圈长约 1 mm 的短纤毛，两侧缘毛长 3 ～ 5 mm，易脱落；叶片披针状线形，长 30 cm，宽 2 cm，无毛，顶端长渐尖成丝形。圆锥花序大型，长 20 ～ 40 cm，宽约 10 cm，分枝多数，长 5 ～ 20 cm，着生稠密下垂的小穗；小穗柄长 2 ～ 4 mm，无毛；小穗长约 12 mm，含 4 花；颖具 3 脉，第一颖长 4 mm；第二颖长约 7 mm；第一不孕外稃雄性，长约 12 mm，第

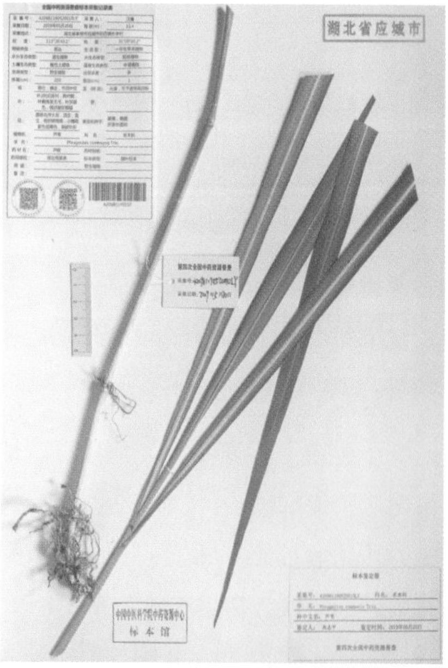

二外稃长 11 mm，具 3 脉，顶端长渐尖，基盘延长，两侧密生等长于外稃的丝状柔毛，与无毛的小穗轴相连接处具明显关节，成熟后易自关节上脱落；内稃长约 3 mm，两脊粗糙；雄蕊 3，花药长 1.5 ～ 2 mm，黄色；颖果长约 1.5 mm。

【生境】生于江河湖泽、池塘或沟渠沿岸和低湿地。应城境内各地均有分布，多见。模式标本采自湖北省孝感市应城市田店镇长李村，E113°26′43.1″，N31°00′00.2″。

【采收加工】全年均可采挖，除去芽、须根及膜状叶，鲜用或晒干备用。

【质地】鲜品呈长圆柱形，有的略扁，长短不一，直径 1 ～ 2 cm。表面黄白色，有光泽，外皮疏松可剥离，节呈环状，有残根和芽痕。体轻，质韧，不易折断。切断面黄白色，中空，壁厚 1 ～ 2 mm，有小孔排列成环。气微，味甘。芦根呈扁圆柱形。节处较硬，节间有纵皱纹。

【性味归经】味甘，性寒；归肺、胃经。

【功能主治】清热泻火，生津止渴，除烦，止呕，利尿；用于热病烦渴，肺热咳嗽，肺痈吐脓，胃热呕哕，热淋涩痛。

【用法用量】内服：煎汤，15 ～ 30 g，鲜品用量加倍；或捣汁用。

231. 狗尾草 *Setaria viridis* (L.) Beauv.

【别名】莠、莠草子、莠草、光明草、阿罗汉草。

【来源】禾本科狗尾草属狗尾草的干燥全草。

【植物形态】一年生。根为须状，高大植株具支持根。秆直立或基部膝曲，高 10 ～ 100 cm，基部直径达 3 ～ 7 mm。叶鞘松弛，无毛或疏具柔毛或疣毛，边缘具较长的密绵毛状纤毛；叶舌极短，边缘有长 1 ～ 2 mm 的纤毛；叶片扁平，长三角状狭披针形或线状披针形，先端长渐尖或渐尖，基部钝圆形，几呈截状或渐窄，长 4 ～ 30 cm，宽 2 ～ 18 mm，通常无毛或疏被疣毛，边缘粗糙。圆锥花序紧密呈圆柱状或基部稍疏离，直立或稍弯垂，主轴被较长柔毛，长 2 ～ 15 cm，宽 4 ～ 13 mm（除刚毛外），刚

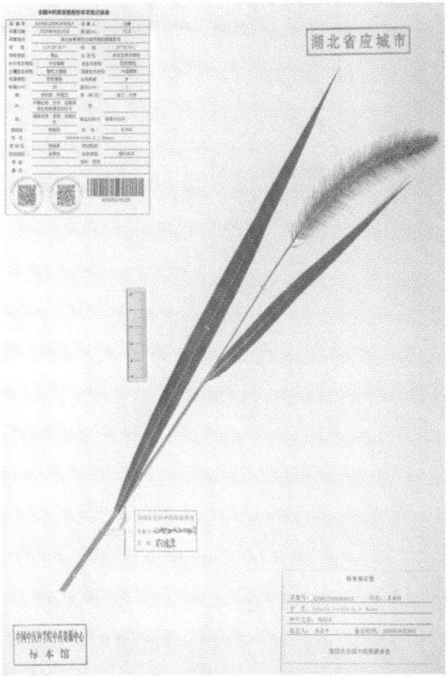

毛长 4 ～ 12 mm，粗糙或微粗糙，直或稍扭曲，通常绿色或褐黄色到紫红色或紫色；小穗 2 ～ 5 个簇生于主轴上或更多的小穗着生于短小枝上，椭圆形，先端钝，长 2 ～ 2.5 mm，铅绿色；第一颖卵形或宽卵形，长约为小穗的 1/3，先端钝或稍尖，具 3 脉；第二颖几与小穗等长，椭圆形，具 5 ～ 7 脉；第一外稃与小穗等长，具 5 ～ 7 脉，先端钝，其内稃短小狭窄；第二外稃椭圆形，顶端钝，具细点状皱纹，边缘内卷，狭窄；鳞被楔形，顶端微凹；花柱基分离；叶上下表皮脉间均为微波纹或无波纹的、壁较薄的长细胞。

【生境】生于荒野、道旁。应城境内各地均有分布，多见。模式标本采自湖北省孝感市应城市杨岭镇黄家湾，E113°28′39.7″，N30°58′54.1″。

【采收加工】夏、秋季采收，晒干备用。

【质地】本品段状，呈灰黄白色。根须状。草质茎圆柱形，纤细。叶片线状。圆锥花序呈圆柱状，小穗 2 ～ 6 个成簇，生于缩短的分枝上，基部有刚毛，有的已脱落；颖和外稃略与小穗等长。颖果长圆形，成熟后背部稍隆起，边缘卷抱内稃。质纤弱，易折断。气微，味淡。

【性味归经】味甘、淡，性凉；归心、肝经。

【功能主治】清热利湿，祛风明目，解毒，杀虫；用于风热感冒，黄疸，小儿疳积，痢疾，小便涩痛。

【用法用量】内服：煎汤，6 ～ 12 g，鲜品 30 ～ 60 g。外用：适量，煎水洗；或捣敷。

八十、棕榈科

232. 棕榈 *Trachycarpus fortunei* (Hook.) H. Wendl.

【别名】棕衣树、棕树、陈棕、棕板、棕骨。

【来源】棕榈科棕榈属棕榈的根、叶鞘纤维、叶、干燥叶柄、花蕾及花、干燥成熟果实。

【植物形态】乔木状，高 3 ～ 10 m 或更高，树干圆柱形，被不易脱落的老叶柄基部和密集的网状纤维，除非人工剥除，否则不能自行脱落，裸露树干直径 10 ～ 15 cm 甚至更粗。叶片呈 3/4 圆形或近圆形，深裂成 30 ～ 50 片具皱褶的线状剑形，裂片宽 2.5 ～ 4 cm，长 60 ～ 70 cm，先端具短 2 裂或 2 齿，硬挺甚至顶端下垂；叶柄长 75 ～ 80 cm，甚至更长，两侧具细圆齿，顶端有明显的戟突。花序粗壮，多次分枝，从叶腋抽出，通常雌雄异株。雄花序长约 40 cm，具有 2 ～ 3 个分枝花序，下部的分枝花序长 15 ～ 17 cm，一般只二回分枝；雄花无梗，每 2 ～ 3 朵密集着生于小穗轴上，也有单生的；黄绿色，卵球形，钝三棱；花萼 3 片，卵状急尖，几分离，花冠约长于花萼 2 倍，花瓣宽卵形，雄蕊 6 枚，花药卵状箭形；雌花序长 80 ～ 90 cm，花序梗长约 40 cm，其上有 3 个佛焰苞包着，具 4 ～ 5 个圆锥状的分枝花序，下部的分枝花序长约 35 cm，二至三回分枝；雌花淡绿色，通常 2 ～ 3 朵聚生；花无梗，球形，着生于短瘤突上，萼片宽卵形，3 裂，基部合生，花瓣卵状近圆形，长于萼片，退化雄蕊 6 枚，心皮被银色毛。果实阔肾形，有脐，宽 11 ～ 12 mm，高 7 ～ 9 mm，成熟时由黄色变为淡蓝色，有白粉，柱头残留在侧面附近。种子胚乳均匀，角质，胚侧生。花期 4 月，果期 12 月。

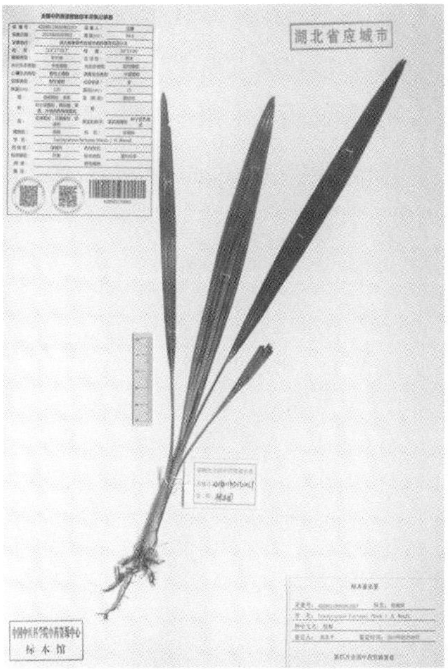

【生境】生于路旁。应城境内各地均有分布，多见。模式标本采自湖北省孝感市应城市杨岭镇有名店林场，E113°27′00.7″，N30°59′09″。

【采收加工】根：全年均可采挖，洗净，切段晒干或鲜用。叶鞘纤维：全年均可采收，多于9—10月采收剥下的纤维状鞘片，除去残皮，晒干备用。叶：全年均可采收，鲜用或晒干备用。干燥叶柄：采收时割取旧叶柄下延部分和鞘片，除去纤维状的棕毛，晒干备用。花蕾及花：4—5月花将开或刚开放时连序采收，晒干备用。果实：11—12月果实成熟时采收，除去杂质，干燥备用。

【质地】叶鞘纤维：棕榈皮陈久者，名“陈棕皮”。将叶柄削去外面纤维，晒干，名为“棕骨”；废棕绳多取自破旧的棕床，名为“陈棕”。①陈棕皮：粗长的纤维，成束状或片状，长20～40 cm，大小不等；棕褐色，质韧，不易撕断；气无，味淡。以无粗皮、杂质及陈久者为佳。②棕骨：呈长条形，长短不一，红棕色，基部较宽而扁平，或略向内弯曲，向上则渐窄而厚，背面中央隆起，呈三角形，背面两侧平坦，上有密的红棕色茸毛，腹面平坦，或略向内凹，有左右交叉的纹理；撕去表皮后，可见坚韧的纤维；质坚韧，不能折断；气无，味淡。以红棕色、片大、质厚、陈久者为佳。③陈棕：呈破碎的网状；深棕色，粗糙；质坚韧，不易断；气微，味淡。干燥叶柄：长条板状，一端较窄而厚，另一端较宽而稍薄，大小不等；表面红棕色，粗糙，有纵直皱纹，一面有明显的凸出纤维，纤维的两侧着生多数棕色茸毛；质硬而韧，不易折断，断面纤维性；无臭，味淡。果实：肾形，长7～9 mm，短径5～7 mm。表面深灰棕色或灰黄色，有网状皱纹，有时剥落，内部较平滑，在肾形的凹陷处可见短小的果柄，或圆形的果柄残痕；质坚硬；剥去果皮及种皮后，可见两片肥厚的棕色胚乳；气无，味淡。

【性味归经】根：味苦、涩，性凉；归心、肝、脾经。叶鞘纤维：味苦、涩，性平；归肝、脾、大肠经。叶：味苦、涩，性平；归脾、胃经。干燥叶柄：味苦、涩，性平；归肺、肝、大肠经。花蕾及花：味苦、涩，性平；归肝、脾经。果实：味苦、涩，性平；归肝、肺经。

【功能主治】根：收敛止血，涩肠止痢，除湿，消肿，解毒；用于吐血，便血，崩漏，带下，痢疾，淋浊，水肿，关节疼痛，瘰疬，流注，跌打损伤肿痛。叶鞘纤维：收敛止血；用于吐血，衄血，便血，血淋，尿血，血崩，外伤出血。叶：收敛止血，降血压；用于吐血，劳伤，高血压。干燥叶柄：收敛止血；用于吐血，衄血，尿血，便血，崩漏。花蕾及花：收敛止血；用于吐血，衄血，便血，血淋，尿血，血崩，外伤出血。果实：收敛止血；用于吐血，衄血，便血，尿血。

【用法用量】根：内服，煎汤，9 ～ 15 g；外用，煎水洗。叶鞘纤维：内服，煎汤，10 ～ 15 g；外用，适量，捣敷。叶：内服，煎汤，6 ～ 12 g，或泡茶。干燥叶柄：内服，3 ～ 9 g, 一般炮制后用。花蕾及花：内服，煎汤，3 ～ 10 g，或研末，3 ～ 6 g；外用，适量，煎水洗。果实：内服，煎汤，10 ～ 15 g，或研末，6 ～ 9 g。

八十一、天南星科

233. 半夏 *Pinellia ternata* (Thunb.) Breit.

【别名】三步跳、麻玉果、燕子尾、地文。

【来源】天南星科半夏属半夏的干燥块茎。

【植物形态】块茎圆球形，直径 1 ～ 2 cm，具须根。叶 2 ～ 5 枚，有时 1 枚。叶柄长 15 ～ 20 cm，基部具鞘，鞘内、鞘部以上或叶片基部（叶柄顶头）有直径 3 ～ 5 mm 的珠芽，珠芽在母株上萌发或落地后萌发；幼苗叶片卵状心形至戟形，全缘单叶，长 2 ～ 3 cm，宽 2 ～ 2.5 cm；老株叶片 3 全裂，裂片绿色，背淡，长圆状椭圆形或披针形，两端锐尖，中裂片长 3 ～ 10 cm，宽 1 ～ 3 cm；侧裂片稍短；全缘或具不明显的浅波状圆齿，侧脉 8 ～ 10 对，细弱，细脉网状，密集，集合脉 2 圈。花序柄长 25 ～ 30（35） cm，长于叶柄。佛焰苞绿色或绿白色，管部狭圆柱形，长 1.5 ～ 2 cm；檐部长圆形，绿色，有时边缘青紫色，长 4 ～ 5 cm，宽 1.5 cm，钝或锐尖。肉穗花序：雌花序长 2 cm，雄花序长 5 ～ 7 mm，其中间隔 3 mm；附属器绿色变青紫色，长 6 ～ 10 cm，直立，有时“S”形弯曲。浆果卵圆形，黄绿色，先端渐狭为明显的花柱。花期 5—7 月，果期 8 月。

【生境】生于草坡、荒地、玉米地、田边或疏林下。应城境内各地均有分布，偶见。模式标本采自湖北省孝感市应城市杨岭镇金家塆，E113°28′48.92″，N30°59′47.41″。

【采收加工】夏、秋季采挖，洗净，除去外皮和须根，晒干备用。

【质地】本品类球形，有的稍扁斜，直径 0.7 ～ 1.6 cm。表面白色或浅黄色，顶端有凹陷的茎痕，周围密布麻点状根痕；下面钝圆，较光滑。质坚实，断面洁白，富粉性。气微，味辛辣、麻舌而刺喉。

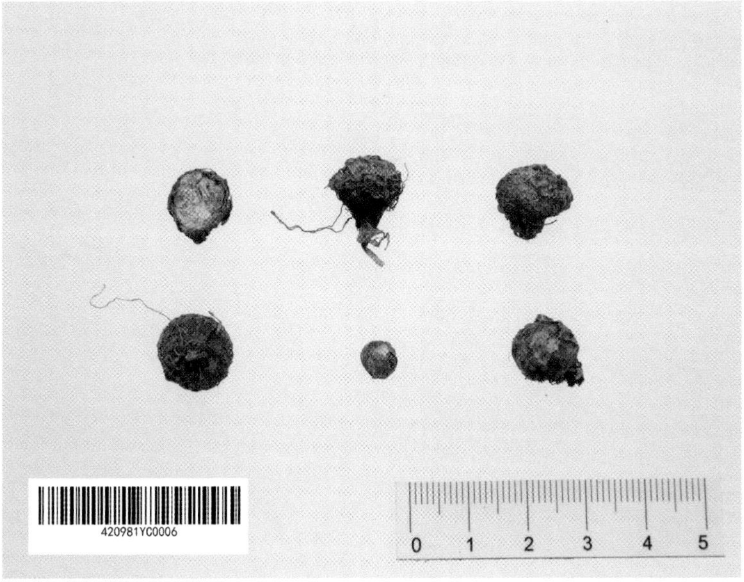

【性味归经】味辛，性温；有毒；归脾、胃、肺经。

【功能主治】燥湿化痰，降逆止呕，消痞散结；用于湿痰寒痰，喘咳痰多，痰饮眩悸，风痰眩晕，痰浊头痛，呕吐反胃，胸脘痞闷，梅核气，痈肿，痰核。

【用法用量】内服：煎汤，5 ～ 10 g；或入丸、散。外用：适量，研末调敷。

八十二、香蒲科

234. 水烛 *Typha angustifolia* L.

【别名】蒲厘花粉、蒲花、蒲棒花粉、蒲草黄。

【来源】香蒲科香蒲属水烛香蒲的干燥花粉。

【植物形态】多年生草本。匍匐性根茎生淤泥中，茎丛生，挺出水面，线状，呈半圆柱形；花单性，多数而微小，密集成圆柱状的穗状花序，分为粗细两段，细者在上，为雄花，粗者在下，为雌花，粗细之间尚有一极短的轴，雄蕊四周有毛，花丝短，子房 1 室，果实细小，种子悬垂。

【生境】生于浅水中、水边。应城境内各地均有分布，多见。模式标本采自湖北省孝感市应城市杨岭镇晏王塆，E113°28′02″，N30°59′35″。

【采收加工】夏季采收蒲棒上部的黄色雄花序，晒干后碾轧，筛取花粉。

【质地】本品为黄色粉末。体轻，放水中则飘浮水面。手捻有滑腻感，易附着于手指上。气微，味淡。

【性味归经】味甘，性平；归肝、心经。

【功能主治】止血，化瘀，通淋；用于吐血，衄血，咯血，崩漏，外伤出血，闭经痛经，胸腹刺痛，跌打损伤肿痛，血淋涩痛。

【用法用量】内服：5 ～ 10 g，包煎。外用：适量，捣敷患处。

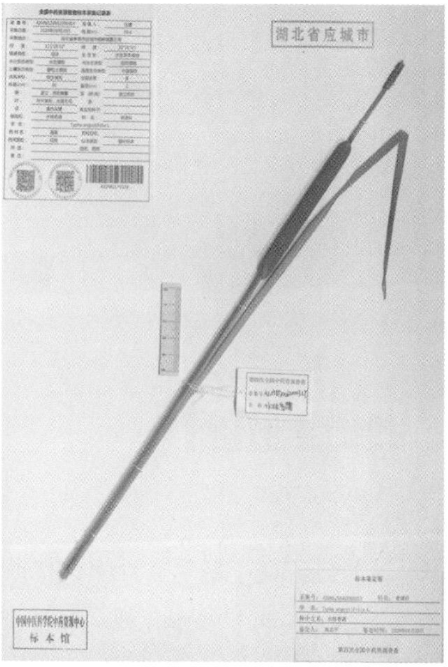

八十三、莎草科

235. 莎草 *Cyperus rotundus* L.

【别名】香附子、雷公头、三棱草、香头草。

【来源】莎草科莎草属莎草的干燥根茎（香附）。

【植物形态】多年生草本，高 15 ～ 95 cm。茎直立，三棱形；根状茎匍匐延长，部分膨大呈纺锤形，有时数个相连。叶丛生于茎基部，叶鞘闭合包于茎上；叶片线形，长 20 ～ 60 cm，先端尖，全缘，具平行脉，主脉于背面隆起。花序复穗状，3 ～ 6 个在茎顶排成伞状，每个花序具 3 ～ 10 个小穗，线形，长 1 ～ 3 cm，宽约 1.5 mm；颖 2 列，紧密排列，卵形至长圆形，长约 3 mm，膜质两侧紫红色有数脉。基部有叶片状的总苞 2 ～ 4 片，与花序等长或过之；每颖着生 1 花，雄蕊 3；柱头

3，丝状。小坚果长圆状倒卵形，三棱状。花期 5—8 月，果期 7—11 月。

【生境】生于山坡、草地、耕地、路旁、水边潮湿处。应城境内各地均有分布，一般见。模式标本采自湖北省孝感市应城市长荆大道陈塔村，E113°34′02″，N30°56′05″。

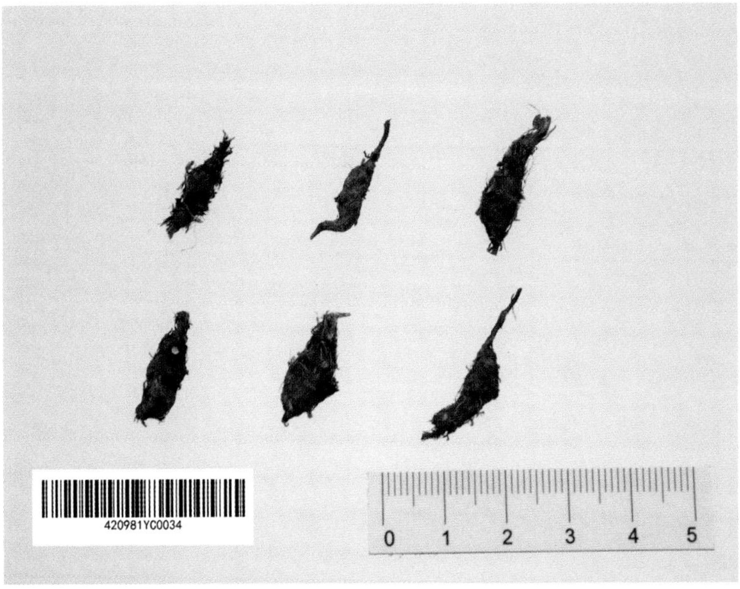

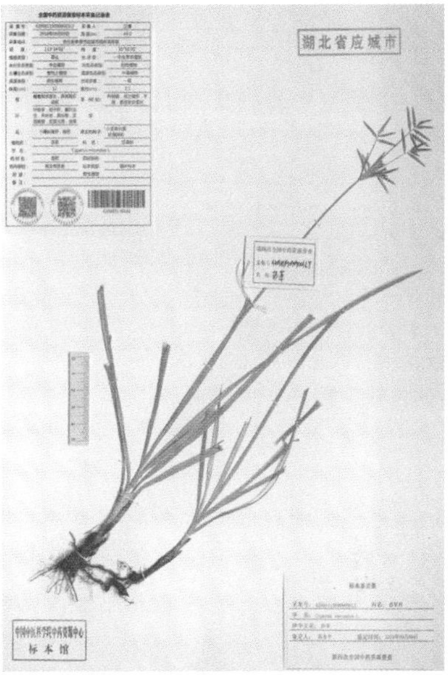

【采收加工】秋季采挖，燎去毛须，置沸水中略煮或蒸透后晒干备用，或燎后直接晒干备用。

【质地】本品呈纺锤形，有的略弯曲，长 2 ～ 3.5 cm，直径 0.5 ～ 1 cm。表面棕褐色或黑褐色，有纵皱纹，并有 6 ～ 10 个略隆起的环节，节上有未除净的棕色毛须和须根断痕；去净毛须者较光滑，环节不明显。质硬，经蒸煮者断面黄棕色或红棕色，角质样；生晒者断面白色而显粉性，内皮层环纹明显，中柱色较深，点状维管束散在。气香，味微苦。

【性味归经】味辛、微苦、微甘，性平；归肝、脾、三焦经。

【功能主治】疏肝解郁，理气宽中，调经止痛；用于肝郁气滞，胸胁胀痛，疝气疼痛，乳房胀痛，脾胃气滞，脘腹痞闷，胀满疼痛，月经不调，闭经痛经。

【用法用量】内服：煎汤，5 ～ 10 g；或入丸、散。外用：适量，研末撒；或调敷。

中文名索引

拉丁名索引

A

B

C

D

E

F

G

H

I

J

K

L

参考文献

[1] 国家药典委员会 . 中华人民共和国药典 [M]. 北京：中国医药科技出版社，2015.

[2] 南京中医药大学 . 中药大辞典 [M]. 上海：上海科学技术出版社，2006.

[3] 国家中医药管理局《中华本草》编委会 . 中华本草 [M]. 上海：上海科学技术出版社，1999.

[4] 《全国中草药汇编》编写组 . 全国中草药汇编 [M]. 北京：人民卫生出版社，1975.

[5] 中国科学院中国植物志编辑委员会 . 中国植物志 [M]. 北京：科学出版社，1978.

[6] 傅书遐 . 湖北植物志 [M]. 武汉：湖北科学技术出版社，2002.

[7] 中国科学院植物研究所 . 中国高等植物图鉴 [M]. 北京：科学出版社，2001.

[8] 傅立国 . 中国高等植物 [M]. 青岛：青岛出版社，2012.

[9] 《中国高等植物彩色图鉴》编委会 . 中国高等植物彩色图鉴 [M]. 北京：科学出版社，2016.

[10] 湖北省农业厅 . 湖北本草撷英 [M]. 武汉：湖北人民出版社，2016.

[11] 徐国均，何宏贤，徐珞珊，等 . 中国药材学 [M]. 北京：中国医药科技出版社，1996.

[12] 湖北省中药资源普查办公室，湖北省中药材公司 . 湖北中药资源名录 [M]. 北京：科学出版社，1990.

[13] 高学敏 . 中药学 [M].2 版 . 北京：中国中医药出版社，2007.

[14] 王秀娟 . 中草药图鉴 [M]. 北京：化学工业出版社，2012.